图1-1 保育

图1-2 数字背膘测试仪

图1-3 产房

图1-4 产房保健

图1-5 称猪车

图1-6 初生仔猪护理

图1-7　脉冲液体加药器

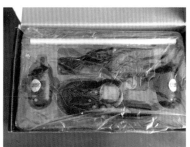

图1-8　母猪分娩感应仪

图1-9　人工授精

图1-10　妊娠

图1-11　碗式饮水系统

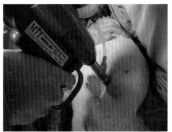

图1-12　无针头连续注射器

图 1-13 消毒间

图 1-14 液体料槽

图 1-15 种猪耳牌识别系统

图 1-16 高温焚尸炉

图 1-17 空气过滤系统

图 1-18 喷水空气除臭系统

图 1-19　污水接触氧化池

图 1-20　熏蒸消毒

图 1-21　养猪废水处理器

图 1-22　有机肥加工设备

图 1-23　传染性胸膜肺炎
肺间质增宽和胸腔的红色
积液、肺炎区纤维素性病变

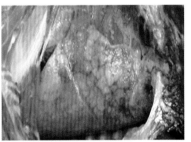

图 1-24　传染性胸膜肺炎
胸腔有纤维蛋白渗出，肺脏、
胸膜、隔膜、心脏黏连

图 1-25　胸膜肺炎放线杆菌形态

图 1-26　猪传染性胸膜
肺炎（肺脏出血）

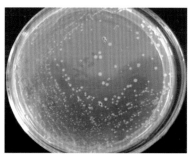

图 1-27　副猪嗜血杆菌菌落形态

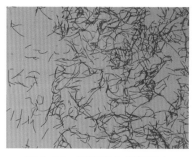

图 1-28　副猪嗜血杆菌形态

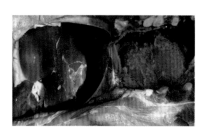

图 1-29　副猪嗜血杆菌引起
肝脏纤维性物质附着

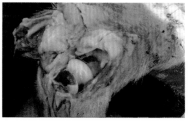

图 1-30　副猪嗜血杆菌病，
关节变性脓变

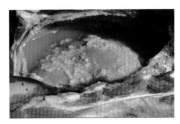

图 1-31　心包积液，绒毛心

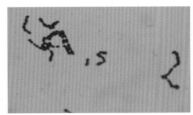

图 1-32　链球菌形态

图 1-33　链球菌引起病死猪腹部发绀

图 1-34　链球菌引起
脑膜出血、水肿

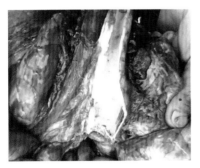

图 1-35　链球菌引起气管
充满泡沫样黏液

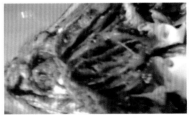

图 1-36　链球菌引起心内膜出血

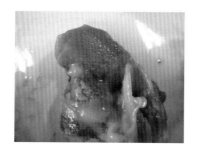

图1-37 伪狂犬病引起
扁桃体化脓灶

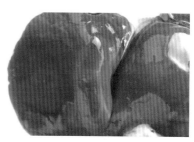

图1-38 伪狂犬病引起肝脏
白色点状坏死

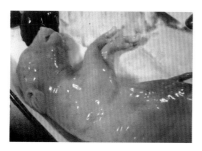

图1-39 伪狂犬病引起流产
胎儿皮肤点状出血

图1-40 伪狂犬病引起
肾脏点状出血

图1-41 猪丹毒杆菌形态

图1-42 猪丹毒症状

图 1-43 猪瘟引起肠
道纽扣样溃疡

图 1-44 猪瘟引起喉
头点状出血

图 1-45 猪瘟引起淋巴结出血、
水肿，呈大理石状

图 1-46 猪瘟引起
肾脏发育不良、点状出血

图 1-47 猪瘟引起胃底溃疡

图 1-48 猪瘟引起胃浆膜出血

实用养猪大全

（第3版）

白红杰　主编

河南科学技术出版社

·郑州·

图书在版编目（CIP）数据

实用养猪大全/白红杰主编 . —3 版 . —郑州：河南
科学技术出版社，2018.7
ISBN 978-7-5349-9253-7

Ⅰ.①实… Ⅱ.①白… Ⅲ.①养猪学 Ⅳ.①S828

中国版本图书馆 CIP 数据核字（2018）第 115135 号

出版发行：河南科学技术出版社
　　　　　地址：郑州市经五路 66 号　　邮编：450002
　　　　　电话：（0371）65737028　65788613
　　　　　网址：www.hnstp.cn
策划编辑：陈　艳　陈淑芹
责任编辑：陈　艳
责任校对：吴华亭
封面设计：张　伟
版式设计：栾亚平
责任印制：朱　飞
印　　刷：郑州环发印务有限公司
经　　销：全国新华书店
开　　本：850 mm×1168 mm　1/32　印张：16.25　彩页：8 面　　字数：500 千字
版　　次：2018 年 7 月第 3 版　　2018 年 7 月第 1 次印刷
定　　价：38.00 元

如发现印、装质量问题，影响阅读，请与出版社联系并调换。

《实用养猪大全》（第3版）
编写人员名单

主　　编　白红杰

副主编　赵　博　闫祥洲

编　　者　王丽英　王治方　王　璟　王开军

　　　　　白红杰　冯小旭　闫祥洲　刘丙贤

　　　　　刘小福　邢宝松　任巧玲　朱文豪

　　　　　李凤利　陈俊峰　陈秋鹏　张家庆

　　　　　范　磊　赵　博　高　方　高彬文

　　　　　郭红霞　徐　彬　梁　跃

第3版前言

随着我国城镇化进程的迅猛推进，国家对生态环境越来越重视，环保政策越来越严格，特别是国家和地方政府划分养猪禁养区域后，养猪业依赖的土地政策、养猪人工和其他影响因素正发生着重大变化。一大部分效率低、成本高、抗风险能力弱的小、散养猪户和养猪企业将被淘汰出局，集团化、产业化养猪迅速崛起。养猪业进入了联合兼并、资源重整的阶段。

随着资本、技术、环境、人员等因素的高度集聚，养猪业呈现出高收益的同时，也承担着更大的风险。但当前我国多数小、散养猪户还没意识到行业发生的重大变化，还不熟悉、不了解自动化、信息化、智能化等现代化养猪技术。针对广大养猪朋友的需要，我们组织了长期从事养猪科研教学、生产、技术推广第一线的资深专家重新编写和完善了《实用养猪大全》第3版一书，本书作者是河南省农业科学院资深养猪专家，担任河南省农业科学院原种猪场多年场长，具备深厚的理论知识和实际管理经验。本书除具有系统的养猪科班知识外，又有很多其他养猪书籍上难以寻觅的经验积淀和技术窍门。该书自2002年首版、2008年再版以来，共重印28次，发行30多万册，在全国同类书籍中发行量领先，并且连续10多年畅销不衰，深受广大读者喜爱。《实用养猪大全》第3版更加贴近生产一线，更加符合养猪潮流，相信会让你耳目一新，养猪最新出现的新知识、新技术、新工艺值得引起你的兴趣和关注。

在新品种、新品系章节中，从育种学和生产实际方面分析对比了当前流行的新品种、新品系的优点和不足，介绍了国内外优秀种猪生产销售企业，帮助牧业同行在选择品种时减少引种过程中的迷惑和损失。

在猪的营养部分，讲述了不同类别猪的不同生理特点和实际营养需要量，详细讲述了不同品种、不同阶段猪的营养配制技术，从节能减排角度给出了不同季节猪饲料的调控方案。

在猪场规划建设部分，介绍了新型猪舍建设规范技术要求和新饲养设备的应用技术条件，如在猪舍精细化小环境控制技术中，重点介绍了猪舍正负压循环通风系统、猪场粪污生物处理综合利用系统，为广大养猪朋友建设新猪场和改造扩建旧猪场，提供了标准化建设方案和技术参数。

猪场管理篇章是本书的重点部分，系统介绍了种猪精细化培养、高产母猪管理、仔猪培育和肥猪催肥等多项技术集成，详细讲解了不同类别猪的培育和调教技术参数。

在养猪模式改造升级部分，详细介绍了散养、规模化和工厂化养猪的特点和条件，探讨了模式升级技术思路。

在养猪成本管理控制和绩效管理部分，系统介绍了成本管理控制体系建设和绩效薪酬体系建设，通过表格形式，清晰地分析了规模化养猪企业的难点，并对不同规模养猪企业的成本管理控制方案和绩效管理方案进行分析，提供解决方案，让养猪的朋友一目了然。

猪场信息化建设部分是本书的又一个亮点，数据化管理猪场和物联网养猪技术在本节有详细的介绍，数据化、专业化、信息化、可控制等大数据和物联网技术的应用，让养猪变得更加轻松。进一步提高了养猪业的智能化管理水平，使猪场管理变得简单、高效。

本书的第三篇为猪场生物安全和疫病控制。从生物安全角度介绍了猪病防治基本知识、诊疗技术、常用药物、常见病诊断要点和防治技术等内容，利用实验室精准诊断技术、免疫效果跟踪监测和最近猪病流行情况，提出了猪伪狂犬病、蓝耳病和猪瘟等烈性病的净化方案。

　　本书作者虽然多年来坚守生产一线，但面对快速变化的养猪业，对一些问题的看法和提出的解决方案难免有片面之处；如有错漏之处，恳请各位专家、老师指正，以便今后能做进一步思考和探索，逐步改正和完善。

编者

2017 年 11 月于郑州

目 录

第一篇 技术入门篇

第一篇
技术入门篇

第一章 猪的生物学和行为学特性

认识和了解猪的生物学特性和行为学特性，可以在养猪生产管理中利用其优点，克服其不足，获得较好的饲养效果，取得较高的经济效益。

第一节 猪的生物学特性

猪在长期的进化过程中，因自然和人工选择的作用，逐渐形成了特有的生物学特性。主要有以下8种。

一、繁殖特性

猪的繁殖特性表现为性成熟早，多胎高产，世代间隔短。

（一）性成熟早

公、母猪发育到一定年龄，生殖功能达到比较成熟的阶段，就会出现性行为，能够产生成熟的生殖细胞，在这期间如进行交配，母猪就能受胎，即称为性成熟。猪达到性成熟的时间受品种、性别、气候、营养状况等因素的影响。

（二）单产仔头数多

高产优良猪种的经产母猪平均一胎产仔14头以上，比其他家畜要高产。我国太湖猪的产仔数高于其他地方猪种和外国猪种。

生产实践中，猪的实际繁殖效率并不高，母猪卵巢中约有卵原细胞 11 万个，但繁殖利用年限内只排卵 400 个左右，母猪一个发情周期内可以排卵 12~30 个，产仔 10~18 头。可见，猪的繁殖效率潜力很大。通过外激素处理，可使母猪在一个发情期内排卵 30~40 个，产仔数多的母猪一胎可以产 15 头以上。只要采取适当的繁殖措施，改善营养和饲养管理条件，以及采用先进的选育方法，还可以进一步提高猪的繁殖效率。

（三）繁殖不受季节影响

母猪的发情周期为 18~23 天，平均 21 天。母猪达到性成熟以后遵循发情周期发情，在正常的饲养管理条件下，母猪保持正常的体内环境和外界环境，都能按期发情配种，不受季节影响，可常年发情。

（四）母性好、带仔能力强

母猪保护仔猪，在行走、躺卧时十分谨慎，不踩伤、压伤仔猪，当母猪躺卧时，选择靠栏角位置，不断用嘴将其仔猪拱出卧位后慢慢地依栏躺下，以防压住仔猪；一旦遇到仔猪被压，只要听到仔猪的尖叫声，马上站起。

这些母性行为，地方猪种表现尤为明显。现代培育品种，尤其是高度选育的瘦肉型猪种，母性行为有所减弱。

二、生长发育特性

发育快，生长周期短。猪的生长强度大，出生后 2 个月内生长发育快，30 日龄的体重为出生重的 5~6 倍，2 月龄体重为 1 月龄的 2~3 倍，断奶后至 8 月龄前，生长迅速，尤其是瘦肉型猪生长发育快，是其突出的特性。在满足其营养需要的条件下，一般 160~170 天体重可达到 100~120 千克，相当于出生重的 100~120 倍。生长期短、生长速度快、周转快等优越的生理学特性和经济学特点，对养猪经营者降低成本、提高经济效益起着非常关键的作用。

三、猪的消化和采食特性

猪的消化系统发达，食物来源多样化。猪属于单胃动物，门齿、犬齿和臼齿都很发达，胃是肉食动物的简单胃与反刍动物的复杂胃之间的中间类型。具有杂食性，既能吃植物性饲料，又能吃动物性饲料。"猪吃百科草，只要你去找"，猪吃的饲料很广泛，但特别喜爱甜食。

猪的贲门腺占胃的大部分。猪的幽门腺比其他动物宽大。猪胆囊浓缩能力低，且肝胆汁的量也相当少。

与牛、马的采食量和消化速度相比，猪的采食量大，但很少过饱，消化道长，消化极快，能消化大量的饲料，以满足其迅速生长发育的营养需要，所以喂猪时必须喂饱。猪对精料有机物的消化率为76.7%，也能较好地消化青粗饲料，对青草和优质干草的有机物消化率分别达到64.6%和51.2%。猪虽耐粗饲，但是对粗饲料中粗纤维的消化较差，而且饲料中粗纤维含量越高对日粮的消化率就越低。因为猪胃内没有分解粗纤维的微生物，几乎全靠大肠内的微生物分解。

四、猪的感官特性

猪的嗅觉和听觉灵敏，但视觉不发达。

（一）嗅觉

猪有特殊的鼻子，嗅区广阔，嗅黏膜的绒毛面积很大，分布在嗅区的嗅神经非常密集。因此，猪的嗅觉非常灵敏，基本上任何气味都能嗅到和辨别。猪对气味的识别能力比狗高1倍，比人高7~8倍。仔猪在生后几小时便能鉴别气味，依靠嗅觉寻找乳头，在3天内就能固定乳头。因此，在生产中按强弱固定乳头或寄养时在3天内进行较为顺利。凭着灵敏的嗅觉，识别群体内的个体、自己的圈舍和卧位，保持群体之间、母仔之间的密切联系；很快认出混入本群的他群仔猪，并加以驱赶。灵敏的嗅觉在公、母猪性联系中也起很大作用，发情母猪闻到公猪特有的气味，即使公猪不在场，也会出现"呆立"反应。同样，公猪能敏锐地闻到发情母猪的气味，快速找到发情母猪。

（二）听觉

猪耳大，外耳腔深而广，听觉相当发达，即使很微弱的声响也都能敏锐地察觉到。另外，猪头转动灵活，可以迅速判断声源方向，能辨别声音的强度、音调和节律，容易对呼名、口令和声音刺激建立条件反射。仔猪出生后几小时，就对声音有反应，到3~4月龄时就能很快地辨别出不同声音。猪对意外声响特别敏感，尤其对与吃喝有关的声响更为敏感，当它听到饲喂器具的声响时，立即望食，并发出饥饿叫声。在现代养猪场，为避免由于饲喂声响所引起的猪群骚动，常采用群体同时给料装置。猪对危险信息特别警觉，即使睡眠时，一旦有意外响声，就立即苏醒，站立戒备。因此，为了保持猪群安静，尽量避免突然的音响，尤其不要轻易抓捕小猪，以免影响其生长发育。

（三）视觉

猪的视觉很弱，缺乏精确的辨别能力，视距、视野范围小，不靠近物体就看不见东西。对光刺激一般比声音刺激出现条件反射慢很多，对光的强弱和物体形态的分辨能力也较弱，辨色能力也差。人们常利用这一特点，利用假母猪进行公猪采精训练。

五、猪的感温特性

猪的体温调节系统功能差，表现为小猪怕冷和大猪怕热，如果遇到极端的变动环境和极恶劣的条件，猪体会出现新的应激反应，如果抗衡不了这种环境，动态平衡就遭到破坏，生长发育受阻，生理出现异常，严重时就出现患病和死亡。

一方面成年猪汗腺退化，皮下脂肪层厚，散热难；另一方面被毛少，表皮层较薄，对光化性照射的防护力差。适宜温度为 20~23℃。仔猪的适宜温度为 22~32℃。当环境温度不适宜时，猪表现出热调节行为，以适应环境温度。

猪是相对不耐热的动物。当环境温度过高时，为了有利于散热，躺卧时四肢张开，充分伸展躯体，呼吸加快或张口喘气。猪对气温 35℃、相对湿度 65% 以上的环境不能长期忍受。当温度升高到猪的耐受临界温度以上时，猪的热应激开始，呼吸频率升高，呼吸量增加，采食量减少，生长速度减慢，饲料转化率降低、公猪射精量减少、性欲变差、母猪不发情。当环境温度超出等热区上限时，猪则难以生存。同样，冷应激对猪的影响也很大，当环境温度低于猪的临界温度时，其采食量增加，增重减慢，饲料转化率降低，打战、挤堆，进而死亡。

六、猪的群居特性

猪喜群居，社群位次严格。同一小群或同窝仔猪间能和睦相处，但不同窝或同群的猪新合到一起，就会相互撕咬，并按来源分小群躺卧，几日后才能形成一个有次序的群体。在猪群内，不论群体大小，都会按体质强弱建立明显的位次关系，体质好、"战斗力强"的排在前面，稍弱的排在后面，依次形成固定的位次关系；若猪群过大，就难以建立位次，相互争斗频繁，影响采食和休息。

七、猪的适应能力特性

猪适应性强，分布广。猪对自然地理、气候等条件的适应性强，除因宗教和社会习俗等原因而禁止养猪的地区外，凡是人类生存的地方都可以养猪。从生态学适应性看，主要表现为对气候寒暑的适应、对饲料多样性的适应、对饲养方法和方式（自由采食和限喂，舍饲与放牧）的适应，这些是猪饲养广泛的主要原因之一。

八、猪的实用价值特性

猪的屠宰率高，肉脂品质好。猪的屠宰率因品种、膘情、体重不同而有差别，一般可达到65%~80%。猪肉含水分少，脂肪和蛋白质含量都很高，矿物质、维生素的含量也丰富，因而猪肉的品质优良，风味可口。

猪的生物学特性是其在长期进化过程中逐渐形成的。不同的猪种形成的地区环境不同，其既有共性，又各有独特之处，上述为一般猪的共性。猪的生物学特性随着人们选育方向的变化及高科技在育种中的运用还将不断发生变化，因此在生产实践中，必须不断研究，不断总结，充分提高认识水平，才能提高利用水平。

第二节　猪的行为习性

随着养猪生产的变革与发展，人们越来越重视研究猪的行为活动模式及其机制，以及调教方法，广泛应用于养猪生产，从猪适应反应着手，加强调教，发挥猪后效行为潜力，使其后天行为符合现代养猪工艺生产需要。

一、采食行为

猪的采食行为包括摄食与饮水。

（一）采食特性

猪的采食具有选择性，特别喜爱甜食。未哺乳的初生仔猪就喜爱甜食。颗粒料和粉料相比，猪爱吃颗粒料；干料与湿料相比，猪爱吃湿料，且花费时间也少。

（1）猪的采食具有竞争性，群饲的猪比单饲的猪吃得多、吃得快，增重也多。仔猪在出生后几分钟就开始寻找乳头吃奶。分娩完成后，母猪开始哺乳，母猪发出一种低沉而有节奏的呼噜声呼唤仔猪来到身边，而仔猪发出长而尖锐的叫声作为回应。仔猪能通过它的叫声唤起母猪和其他仔猪发生哺乳行为。出生后48小时，仔猪就建立起一种"乳头序位"，每头仔猪吸吮一个特定乳头。前面乳头产奶量多，被最优势的仔猪抢占。一旦乳头序位建立起来，就很少有争斗行为发生，这就是优势等级的一种形式。

（2）猪在白天采食6~8次，比夜间多1~3次，猪的采食量和摄食频率随体重增加而增加。

在多数情况下，饮水与采食同时进行。

（二）饮水

猪的饮水量是相当大的，仔猪出生后就需要饮水，主要来自母乳中的水分。成年猪的饮水量除饲料组成外，很大程度上取决于环境温度。吃干料的猪每次采食后需要立即饮水，自由采食的猪通常采食与饮水交替进行，直到满足需要为止。

二、排泄行为

猪是爱干净的动物，在自然的条件下猪不在吃睡的地方排粪便，这是本能的避敌遗传习惯，现在圈舍饲养改变了猪的一些自然习性，需要良好的管理调教。猪不随便排泄，喜欢睡在干净和干燥的地方，通常在一个阴暗潮湿的角落里排粪排尿并远离睡觉的地方。生长猪在采食过程中不排粪，饱食后约5分钟开始排粪1~2次，多为先排粪再排尿；在饲喂前也有排泄的，但多为先排尿后排粪，在两次饲喂的间隔时间里猪多为排尿而很少排粪，夜间一般排粪2~3次，早晨的排泄量最大。猪的夜间排泄活动时间占总时间的1.2%~1.7%。

三、群居行为

稳定的猪群，是按优势序列原则，组成有等级制的社群结构，个体之间保持熟悉，和睦相处；当重新组群时，稳定的社群结构发生变化，发生激烈的争斗，等级顺位的建立，根据猪的体重、性别、年龄等因素，体重大的公猪占优，优势序列建立后，开始正常生活，优势强的猪用特殊的叫声和佯攻就能吓退位次较低的猪，避免了争斗行为，组成稳定的社群结构。

在现代养猪生产中，根据猪的群居行为安排合理的工艺流程，最大限度地保持猪的原始群体，减少争斗，减少应激。

四、等级排位、争斗行为

争斗行为包括进攻防御、躲避和守势等活动，公猪发生争斗的可能性比母猪大。妊娠母猪群养时，"等级关系"明显，具有优势的母猪总是具有优先采食权或优先选择躺卧或休息的地方。

在生产实践中能见到的争斗行为一般为争夺饲料和地盘所引起，新合并的猪群内相互交锋，除争夺饲料和地盘外，还有调整猪群群居结构的作用。一头陌生的猪进入一群中，这头猪便成为全群猪攻击的对象。当猪群密度过大，每头猪所占空间下降时，群内咬斗次数和强度增加，会造成猪群吃料攻击行为增加，降低采食量和增重。

五、母性行为

母性行为包括分娩前后母猪的一系列行为，如做窝、哺乳及其他抚慰仔猪的活动等。

六、性行为

性行为包括发情、求偶和交配行为。母猪在发情期，可见特异性求偶表情，公、母猪都表现一些交配行为。发情母猪主要表现卧立不安，食欲忽高忽低，发出特有的音调柔和而有节律的哼哼声，爬跨其他母猪，或等待其他母猪爬跨，频频排尿，尤其是公猪在场时排尿更为频繁。公猪一旦接触母猪，就会追逐它，嗅其体侧肋部和外阴部，把嘴插向母猪两腿之间，突然往上拱动母猪的臀部，口吐白沫，往往发出连续的、柔和而有节律的喉音哼声，这种特有的叫声称为"求偶歌声"，当公猪兴奋时，还出现有节律的排尿。

七、猪的活动与休息

猪的行为有明显的昼夜规律性，猪的活动时间大多在白天进行，在温暖适宜的条件下，也有夜间活动和采食的。猪的昼夜活动随年龄及生产特点不同也有差异，仔猪行动时间占全天时间的30%~40%，公猪30%~35%，母猪15%~20%。休息高峰在深夜，最喜欢清晨活动。

仔猪出生后3天内，除了吃奶和排泄外，几乎都是睡觉，随日龄增大睡眠逐渐减少，活动增加。但到40日龄时随仔猪采食量的增大，睡眠时间又会增加。

八、后效行为

后效行为是猪出生后学会的识别事物和听人指挥等条件反射行为，与先天的觅食、哺乳及性行为等有较大差异。后效行为特点：猪出生后对新事物熟悉后便建立较固定的认识，对吃、饮的记忆力很强，能准确记住睡窝、食槽、水器、排泄点的位置，以及喂料时间。一般来说，通过训练，均能建立猪的良好的后效行为，达到提高生产效率的目的。

九、异常行为

猪的异常行为是猪超出正常行为范围的行为表现，很多不良恶癖给生产造成了危害，异常行为的出现与外界环境的变化有重要关系。带来较大的经济损失，这些异常行为的产生与猪长期受到的不良刺激有关。

异常行为包括：争斗、闹圈、咬头尾等超出范围的恶癖行为。

异常行为特点：多与环境中有害刺激有关，如长期圈禁养猪会咬嚼自动饮水器；单调、无聊、狭小的空间会让母猪不停地咬栏柱。饲养密度的增加，攻击行为也增加。有些神经质的母猪产后会出现食仔现象。营养缺乏和环境拥挤导致的咬尾行为会给生产造成极大危害。

了解猪的以上行为特征，为生产饲养管理好猪群提供了科学依据。在整个养猪生产工艺流程中，充分利用这些行为特性，精心安排各类猪群的生活环境，使猪群处于最优生长状态，可充分发挥猪的生产潜力。做好以下两方面的工作，以提高养猪效益。

一是饲养条件上，要制定合理的饲养工艺，设计新型的、符合猪的生理特点的栏舍和设备，有效控制环境，最大限度地满足猪的生理习性，提高生产效益。

二是加强后效行为的训练，建立有效的条件反射，让猪从小养成良好的生活习惯，充分发挥其生产潜力，达到繁殖力高、多产肉、少消耗、高效益的目标。

第二章　猪的品种资源及杂交利用

第一节　猪的品种（系）

猪的品种资源丰富，根据来源可分为地方品种、培育品种和引入品种三大类型。

根据猪胴体瘦肉含量又可分为脂肪型、肉脂型和瘦肉型品种。通过对优良猪品种的了解和认识，可以在养猪生产中为品种选育、改良方面提供思路，以挖掘出不同品种的最大生产潜力和经济效益。

一、猪的品种、品系的特征和区别

（一）品种的概念和特性

1. 品种的概念　品种指一个种内具有共同来源和特有一致性状的群体，其遗传性稳定，且有较高的经济价值，具有相同品质的类群。品种按培育程度一般分为两类：

（1）原始品种：又称地方品种，或土种。是在粗放条件下经长期选育而成，高度适应当地生态条件，但生产力一般较差等。

（2）育成品种：或称培育品种。是在集约条件下通过水平较高的育种措施培育而成，生产效益好，遗传性状稳定的品种，但要求较高的饲养条件。

2. 品种的特性

（1）来源相同。

（2）性状及适应性相似。

（3）遗传性稳定。

（4）完整的品种结构，保持一定程度的异质性。

（5）足够的数量，保证能自群繁育而不至于被迫进行亲缘交配。

（6）被政府或品种协会所承认。

（二）品系的概念和特性

1. 品系的概念　品系是指同一起源，但与原亲本或原品种性状有一定差别，尚未正式鉴定命名为品种的过渡性变异类型。

2. 品系的特性　同品种特性，微小差别使品系不如品种稳定。

（三）品种和品系之间的关系和区别

1. 关系　品种范围大，品种包括品系，如杜洛克猪（品种）内包括美系、加系、法系等。

2. 区别　品系是品种形成的过渡类型，品系是品种的构成单位。

二、常用种猪品种介绍

目前我国流行的猪种分为我国地方猪种、国外引入猪种、新培育猪种、配套系猪等。

（一）我国地方猪品种

我国地理条件和生态环境多样而复杂，我国地方品种为 64 个。猪种的类型，主要按自然地理区域和生长特点及经济用途划分，分为六个类型。

1. 华北型　华北型猪种分布广，主要在淮海、秦岭以北。代表猪种有民猪、八眉猪、黄淮海黑猪等。

2. 华南型　华南型猪种分布在我国南部。华南型猪毛色多为黑白花，头、臀部多为黑色，腹部多为白色，体躯偏小，耳小直立或向两侧平伸，性成熟早。

3. 华中型　华中型猪种分布在长江南岸地区。华中型猪体躯较大，体型与华南型猪相似。毛色以黑白花为主，头尾多为黑色，体躯中部有大小不等的黑斑。

4. 江海型　江海型猪种分布于汉水和长江中下游沿岸及东南沿海地区。毛色由全黑逐步向黑白花过渡，个别猪种全为白色。

5. 西南型　西南型猪种分布在云贵高原和四川盆地。毛色多为全黑和有相当数量的黑白花，也有少量红毛猪。

6. 高原型　高原型猪种分布在青藏高原。被毛多为全黑色，少数为黑白花和红色。头狭长，嘴筒直尖。

（二）培育猪种

培育品种有 20 多个，包括三江白猪、湖北白猪、豫农白猪等。但在现在的养猪生产中，培养品种占比很低，没有形成特有的种猪特点、特性。

1. 三江白猪　产于黑龙江省东江地区。三江白猪头轻嘴直，两耳下垂或稍前倾，全身背毛白色。与杜洛克、汉普夏、长白猪杂交都有较好的配合力，特别是与杜洛克猪杂交效果显著。

2. 湖北白猪　产于华中地区，湖北省武昌、汉口一带。全身被毛全白，头稍轻、直长，两耳前倾或稍下垂。

3. 豫农白猪　由河南省农科院培育形成，该猪种繁殖性能好、适应能力强。全身被毛白色，头中等大小，两耳直立，面部微凹。背腰平直，腹稍大但不下垂，腿臀丰满，四肢健壮。

（三）国内配套系猪

配套系是指一些专门化品系经科学测定之后所组成的固定杂交繁殖、生产的体系——既是一种育种模式，也是一种生产模式，配套系不是简单的品种杂交，它有完整的配套杂交体系，它有固定的模式；配套系猪的后代生产性能比较稳定。

1. 光明猪配套系　光明猪配套系是由深圳光明畜牧公司培育，父系以杜洛克、母系以比利时斯格猪驯化选育而成，主要以活体膘厚、产仔数高为特征。

2. 华农温氏 I 号猪配套系　广东华农温氏畜牧股份有限公司和华南农业大学共同选育四系配套肉猪。父 I 系为 HN111 品系，为父系父本，来源于法国皮特兰猪。父 II 系为 HN121 品系，为父系母本，来源于美国、丹麦和中国台湾省的杜洛克。母 I 系 HN151 品系为母系父本，来源于丹麦和美国长白猪。母 II 系 HN161 品系为母系母本，来源于丹麦和美国大白猪。以四系配套生产的 HN401 肉猪肌肉发达、生长速度快、瘦肉率高、肉质优良、综合经济效益好。

3. 渝荣配套系　以荣昌猪为基础培育的配套系，配套系采用三系配套，一个父系 A，一个母本父系 C 和一个母本母系 B，即 ACB 三系配套。A 系（父本父系）由丹系与台系杜洛克猪杂交合成，B 系（母本母系）由优良地方猪种荣昌猪与大白猪杂交选育而成，C 系（母本父系）由丹系与加系长白猪杂交合成。ACB 配套系具有肉质优良、繁殖力好、适应性强等突出特性。

（四）国外配套系猪

1. 迪卡配套系　由美国迪卡公司 20 世纪 70 年代培育的品种，包括原种猪（GGP）、祖代种猪（GP）、父母代种猪（PS）及商品代种猪。迪卡猪均具有典型方砖形体型、背腰平直、肌肉发达、腿臀丰满、结构匀称、四肢粗壮、体质结实。其繁育体系模式如图 2-1 所示。

2. 斯格配套系　由比利时培育。斯格猪外貌与长白猪相似，其后腿和臀部肌肉十分发达，四肢比长白猪粗短，嘴筒比长白猪短。斯格猪的主要特点是生长速度快、产仔率高、瘦肉率高、适

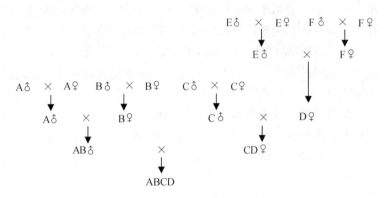

图 2-1　迪卡猪繁育体系模式

应性强、肉质好，胴体瘦肉率 63%～68%。斯格配套系其繁育体系模式如图 2-2 所示。

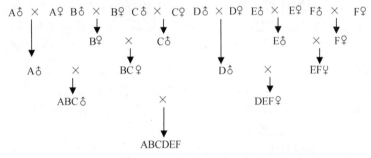

图 2-2　斯格猪繁育体系模式

3. PIC 配套系　PIC 配套系由英国育成。外貌与长白猪相似，后腿、臀部肌肉发达。PIC 五元杂交体系，充分利用个体和母本杂交优势，通过多层次杂交，通过专门化育种，在五元杂交系统中，把不同品系的优点组合在一起，生产更好的商品猪（五元杂交商品猪）。

4. 达兰配套系　达兰配套系是由荷兰 TOPIGS 国际种猪公司

培育而成。全身被毛白色或夹杂黑色，头颈轻，面部平或稍凹，耳中等大小。达兰配套系包括三个专门化品系，即 80 系、30 系和 20 系，80 系为公猪系，30 系和 20 系为母猪系。

（五）国外优秀猪种

当今世界上有五大著名猪种，即大约克猪、长白猪、杜洛克猪、皮特兰猪、汉普夏猪。

1. 大约克猪

（1）产地与分布：又名大白猪，原产于英国北部的约克郡及其临近地区。大白猪 1852 年被正式确定为品种，以后又逐渐分化成了大、中、小三个类型，并各自形成独立的品种，分别称之为大白猪（大约克夏猪）、中白猪（中约克夏猪）、小白猪（小约克夏猪）。大白猪属于瘦肉型猪品种，中白猪属于兼用型猪品种，小白猪属于脂肪型猪品种。

（2）体质外貌：全身背毛白色，体型大而圆，呈长方形，头长、颜面宽且呈中等凹陷，耳直立，嘴部平直而稍呈弓形，四肢较高，后躯宽长。母猪乳头 6 对以上。

（3）生产性能：大约克猪繁殖性能较高，经产母猪平均产仔 12.5 头，产活仔数 11 头。母猪泌乳性强，初情期在 5.5 月龄左右。大约克猪具有增重快、饲料转化率高、胴体瘦肉率较高、产仔数较多、泌乳性良好等优点。

（4）杂交利用：大约克猪杂交方式：杜×长×大或杜×大×长，即用长白公（母）猪与大约克母（公）猪交配生产，杂一代母猪再用杜洛克公猪（终端父本）杂交生产商品猪。我国用大约克猪作父本与本地猪进行二元杂交或三元杂交，效果也很好。

2. 长白猪

（1）产地与分布：原名兰特瑞斯猪，原产于丹麦。我国饲养的长白猪来自于 6 个国家：瑞典、英国、荷兰、法国、日本和丹麦，划分成 6 个系列，即瑞系、英系、荷系、法系、日系和丹系。

（2）体质外貌：长白猪全身白毛，体躯呈流线型，头小，鼻嘴直，狭长，两耳向前下平行直伸，背腰特长，后躯发达，臀腿丰满，乳头数7~8对。

（3）生产性能：长白猪具有生长速度快、饲料利用率高、瘦肉率高、产仔多的优良特点。缺点是长白猪饲养管理难度大，抗逆性差，肢蹄较弱，对饲料营养要求高。性成熟较晚，多为6.5月。

（4）杂交利用：在生产中长白猪多用作母本，具有增重快、饲料转化率高、膘薄、瘦肉多等特点，瘦肉率可达62%以上。如果以长白猪为父本，以我国本地良种猪为母本杂交后代均能显著提高产仔数、日增重、瘦肉率和饲料转化率。长白猪引进的初期，往往由于猪的蹄部损伤而易发生四肢病，现在这种情况明显减少，猪的蹄质坚实、光滑。

3. 杜洛克猪

（1）产地与分布：原产于美国东部的新泽西州和纽约州等地，是目前分布最广的品种之一，也是当今世界较为流行的品种之一。

（2）体质外貌：杜洛克原种猪毛棕红色、结构匀称紧凑、四肢粗壮、体躯深广、肌肉发达，头大小适中、较清秀，颜面稍凹、嘴筒短直，耳形适中或向前下垂。

（3）生产性能：杜洛克猪具有增重快、饲料报酬高、胴体品质好、眼肌面积大、瘦肉率高等优点。缺点是杜洛克母猪平均产仔数只有9头左右，母性较差，育成率较低。

（4）杂交利用：杜洛克猪具有良好的生产性能，但因在繁殖性能方面较差。故在与其他猪种杂交时，经常作为父本，以达到增产瘦肉和提高产仔数的目的。

4. 皮特兰猪

（1）产地与分布：原产于比利时的布拉帮特省，是由法国的贝叶杂交猪与英国的巴克夏猪进行回交，再与英国的大白猪杂交育成。

（2）体质外貌：毛色呈灰白色并带有不规则的深黑色斑点，偶尔出现少量棕色毛。头部清秀，颜面平直，嘴大且直，双耳略微向前；体躯呈圆柱形，腹部平行于背部，肩部肌肉丰满，背直而宽大。

（3）生产性能：生长速度快，瘦肉率高，6月龄体重可达90~100千克，屠宰率76%，瘦肉率可高达70%。

（4）杂交利用：由于皮特兰猪瘦肉率高，且产肉性能高，多用作父本进行二元或三元杂交。国内一些育种场常将其与杜洛克杂交生产皮×杜二元杂交公猪，瘦肉率达72%，是良好的终端父本。

5. 汉普夏猪

（1）产地与分布：原产于美国肯塔基州布奥尼地区。

（2）体质外貌：全身黑色，前肢白色，后肢黑色。肩部和颈部接合处有一条白带围绕，包括肩胛部、前胸部和前肢，呈一白带环，在白色与黑色边缘，由黑皮白毛形成一灰色带，故又称银带猪。头中等大小，耳中等大小而直立，嘴较长而直，体躯较长，背腰呈弓形，后躯臀部肌肉发达。

（3）生产性能：性成熟较晚，母猪初情期一般5.5月龄，产仔数一般每窝10头左右。汉普夏猪生长速度较慢，日增重700克左右，饲料利用率3.0左右，瘦肉率61%，屠宰率72%以上。

（4）杂交利用：利用汉普夏猪与杜洛克猪杂交生产杂种公猪作父本，大约克猪与长白猪杂交生产杂种母猪为母本进行双杂交能显著提高商品猪的生产性能。

三、常用品系种猪

（一）新美系种猪

国内养猪主流品系中新美系最多，分布最广泛，其最大的特点是好养，适应能力强，从 20 世纪 90 年代开始引进，美系现在占中国种猪市场的份额可达 40%～50%。随着养猪对产仔性能要求的逐渐提高，美系种猪市场份额呈逐年下降趋势。

1. 优点　适应性好，体形大，肉质好，生长速度快，尤其是作为父本。

2. 缺点　繁殖力差，后备母猪发情配种困难。

3. 代表厂家

（1）国外：PIC、华多农场等。

（2）国内：四川铁骑力士、河南诸美等。

（二）加系种猪

加系种猪在中国市场能占 10%～15% 的份额，仅次于美系种猪和丹系种猪。

1. 优点　体型大，身长体壮；和美系猪相比产子数多。

2. 缺点　体系不如美系健壮、肢蹄容易出现问题。

3. 代表厂家

（1）国外：加裕遗传公司、吉博克等。

（2）国内：天兆集团、牧原。

（三）丹系种猪

丹系种猪是欧洲优秀种猪的典型代表，繁殖性能好，在越来越重视繁殖率的规模化养猪企业，丹系种猪非常受欢迎。呈逐年上升趋势，在国内种猪市场，丹系种猪占 20%～30%。

1. 优点　繁殖性能好、母猪泌乳能力强；生长速度快，胴体瘦肉率高。

2. 缺点　仔猪初生重低、母猪肢体不够结实，对饲养管理要求较高。

3. 代表厂家

（1）国外：丹育国际。

（2）国内：北京育种中心、河南万东等。

（四）法系种猪

法系种猪从 20 世纪 90 年代开始进入中国，目前在多个省份都有法系种猪。法系种猪占种猪市场份额不大，在为 10% 以下。

1. 优点　集中了目前世界上优良种猪的性状表现，体型大、生长速度快、腿臀丰满、四肢健壮结实、母猪发情明显、产仔数高。

2. 缺点　体系不够理想，瘦肉率不够高。

3. 代表厂家

（1）国外：法国种猪育种公司、纽克利斯。

（2）国内：河南新大、上海万谷等。

（五）英系种猪

引入中国历史很长，分布很广。特别是改良后的新英系种猪以优良性能迅速占领市场 10% 的份额，并呈上升趋势。

1. 优点　英系种猪的最大的特点就是综合素质好，各项指标都较为理想。繁殖性能、体型、肢蹄、生长速度、瘦肉率等都处于一个良好的水平。

2. 缺点　种公猪体系不够理想，特点不突出；种母猪腹围大，不符合现代流线型审美，在中小型种猪场推广有一定难度。

3. 代表厂家

（1）国外：JSR、JJ、ACMC。

（2）国内：广州市良种猪场、河南农科院种猪场。

第二节　种猪性能科学评定

为选择优良的种质资源，必须对选留后备种猪进行性能测定和科学评价，猪的生产性能从繁殖性状、肥育性状、胴体性状和肉质性状4方面评定。

一、繁殖性能评定

繁殖指标众多，常用猪的繁殖性能指标有以下五个方面。

（一）产仔数

产仔数有两个指标，即总产仔数和产活仔数。产仔数属低遗传力性状，也是一个符合性状。由排卵数、受精率、胚胎存活率三个部分组成。由于猪的产仔数的遗传力低，要想通过选择取得有效遗传进展的难度较大。不管采取哪种选择方式，群体要大、准确性要高是有效选择产仔数的关键。

1. 总产仔数　指出生24小时内同窝仔猪的总头数，包括死胎、木乃伊胎及畸形猪。

2. 活产仔数　指出生24小时内同窝活仔猪数，包括弱仔猪。

（二）初生重和断奶重

1. 初生重　包括初生个体重和初生窝重。

（1）初生个体重：指仔猪出生后12小时以内称取的个体重量。仔猪的初生个体重在生产中是非常重要指标之一。初生个体重的大小与其品种有关，我国地方猪的初生个体重小于国外引进猪种的仔猪。

（2）初生窝重指同窝仔猪（活仔）初生个体重总和。

2. 断奶重　包括断奶个体重和断奶窝重。

（1）断奶个体重：指仔猪断奶时个体的重量。

（2）断奶窝重：指断奶时全窝仔猪（含寄养仔猪）的总体重。断奶一般以 28 日龄为标准。

其公式为：

　　28 日龄体重＝某日龄实际体重×该日龄校正系数（r）

（三）泌乳力

泌乳力多以 21 日龄时仔猪的窝重（包括寄养仔猪）来表示。因为 21 日龄前仔猪的增重主要依靠母乳。所以泌乳力是非常重要的生产性能指标。泌乳力对仔猪影响大，主要表现在两个方面：

1. 仔猪断奶窝重　母猪的泌乳力是哺乳母猪生产性能的直接体现，母猪泌乳量的多少，直接影响哺乳仔猪的生长发育，进而影响仔猪的断奶窝重。而仔猪的断奶窝重是一个非常重要的选种指标，它与猪的产仔数、初生重、哺育率、哺乳期增重和断奶个体重等主要繁殖性状均呈正相关。因此，提高母猪的泌乳力，可以提高仔猪的断奶窝重。

2. 仔猪哺育率　母猪初乳的多少及其营养成分，直接影响初生仔猪的免疫力。当初生仔猪吃不到初乳或初乳进食量不足时，仔猪免疫力低，体质下降，易发生下痢等疾病，降低仔猪的哺育率。一些个体虽不死亡，但生长速度缓慢，育肥期长，增加养猪成本，直接降低猪场的经济效益。

（四）产仔间隔

产仔间隔（FI）是一个用来表征猪场生产效率的常用指标，指母猪前、后两胎产仔日期间隔的天数。它与母猪年产仔窝数存在直接关联：

　　　　母猪年产仔窝数＝365（一年的天数）／
　　　　产仔间隔 FI（完成一次产仔需要的时间）

产仔间隔的计算方法：

　　平均妊娠长度＋平均哺乳长度＋平均断奶到成功配种间隔长度

（五）年断奶仔猪数（PSY）

每头母猪每年提供猪的头数，又叫育成仔猪数（或断奶仔猪数），PSY不是指每头分娩母猪窝提供的断奶猪的头数，而是指平均每头已配种母猪每年提供的断奶仔猪头数——应该包括那些配过种但没有分娩的（返情、流产、死亡、淘汰、空胎，甚至中间转走的）母猪平均数。

二、生长性状评定

猪生长性状的3个常用指标：生长速度、活体背膘厚和饲料转化率。

（一）生长速度

生产中常见的生猪生长速度有两个标准。

（1）从出生到体重到达100千克需要的时间。

（2）指断奶后到上市屠宰为止的平均每日增重。公式为

$$平均日增重 = \frac{末重 - 初重}{测定天数}$$

（二）活体背膘厚

背膘厚表示猪脂肪多少，背膘厚度越厚瘦肉率越低；相反，则瘦肉率越高。

1. 测定仪器　B超。

2. 测定部位　母猪P2点或倒数第3~4肋间处离背中线5cm处。

3. 测定方法　测量部位尽量干净→探头平面、探头模平面及猪背测量位置涂上菜油→将探头及探头模置于测量位置上，使探头模与猪背密接→观察并调节屏幕影响，获得理想影像时即冻结影像→测量背膘厚，并加说明资料（如测量时间、猪号、性别等）。

（三）饲料利用率

饲料利用率：常用表示每单位增重所需的饲料（饲料消耗/增重）。计算这一指标时，饲料消耗量应包括各类饲料在内。该指标反映了肥育猪对饲料的利用程度，当比值过大，说明生产一定体重的肥育猪需要较多的饲料，从而增加了养殖成本，养猪的效益较低；比值低，说明生产一定体重的肥育猪需要的饲料少，养猪生产的效益高。

料肉比＝某一时期所消耗的饲料量／同一时期体重的增加量

三、胴体性状评定

胴体性状的指标很多，常用的有胴体重、胴体长、眼肌面积等。

（一）胴体重

猪的胴体是屠宰后去掉头、蹄、尾、血、毛和内脏后带板油和肾脏，其重量为胴体重。胴体重占屠前活重的百分数，就是屠宰率。其计算公式为

$$屠宰率＝\frac{胴体重}{屠宰前活重}×100\%$$

（二）胴体长

胴体长的测量位置为左侧胴体，胴体直长为耻骨联合前缘至第 1 颈椎凹陷处的长度。胴体斜长为从耻骨联合前缘至第 1 肋骨与胸骨接合处的长度。

（三）背膘厚

背膘厚是指在第 6、7 胸椎接合处垂直于背部处测量皮下脂肪厚度（除掉皮厚）。多点测膘以测定肩部最厚处、胸腰椎结合处和腰荐结合处三点皮下脂肪厚度，以其均值代表膘厚。

（四）眼肌面积

测量最后胸椎处背最长肌的横断面积，测量时先用硫酸纸描

下断面形状，再用求积仪求得面积，或测量断面高度、宽度用公式计算（单位：厘米）。

$$眼肌面积（平方厘米）= 眼肌高度×眼肌宽度×0.7$$

（五）后腿比例

后腿重量占胴体重量的比例，将后腿沿最后第 1 和第 2 腰椎间垂直切下，称重，计算比例：

$$后腿比例 = \frac{后腿重量}{胴体重} ×100\%$$

（六）胴体瘦肉率

将剥离板油和肾脏的胴体分为瘦肉、脂肪、皮和骨四种成分。剥离时肌肉内、肌间脂肪随肌肉一起，不另剔出，作业损耗≤2%。胴体瘦肉率计算公式如下：

$$胴体瘦肉率 = \frac{瘦肉重}{骨重+皮重+脂肪重+瘦肉重} ×100\%$$

四、肉质性状评定

肉质的优劣是通过许多肉质指标来判定的，常见的有 pH 值、肉色、系水力或滴水损失、大理石纹、肌内脂肪含量、嫩度、风味等指标。

（一）肉质

可通过肉的外观色泽、酸碱度、系水力、肌肉纤维和品味等来评价肉质。

（二）胴体质量

优良胴体的肌肉紧密、富有弹性，用手按压时，凹陷处立即复原。正常的肌肉其 pH 值为 6.1~6.4。要求系水力强，无异味，有肉的自然香味。

（三）肉质评定

1. 胴体等级　猪肉品质的评定指标通常为：肉色（肉色为 5

分制，肉色越深，分值越高）、总色素、系水力、滴水损失、pH值等。

2. 肉色

（1）评定部位：胸腰椎接合处背最长肌横断面。

（2）评定时间：新鲜肉样——宰后 1~2 小时。

（3）评定标准：按 5 级分制标准评分——1 分为灰白肉色（异常肉色），2 分为轻度灰白肉色（倾向异常肉色），3 分为正常鲜红色，4 分为正常深红肉色，5 分为暗黑色（异常肉色），3 分和 4 分均为正常。

3. 系水力　系水力指肌肉蛋白质保持其内含水分的能力。用加压重量法度量肌肉失水率来表示，即失水率愈高，系水力愈低。反之，失水率愈低，系水力愈高。

（1）肉样部位：在第 1~2 腰椎处背最长肌，切取厚度为 1.0厘米的薄片，再用直径为 2.532 厘米的圆形取样器（圆面积为5.0 平方厘米）切取肉样。

（2）测定时间：宰后 2 小时内。

（3）方法：切取肉样应在不吸水的硬橡胶板上进行。用感应量为 0.01 克的扭力天平称量肉样重量。然后将肉样置于两层医用纱布间，上下各垫 18 层滤纸（中速滤纸），滤纸外层各放一块硬质塑料垫板，然后放置于钢环允许膨胀压缩仪平台上，用匀速摇动摇把加压至 35 千克，并保持 5 分钟（用自动定时器控制时间），撤除压力后立即称量压后肉样重。

$$失水率（\%）=\frac{压前肉样重-压后肉样重}{压前肉样重}\times100\%$$

五、种猪性能测定

种猪性能测定是按测定方案将种猪置于相对一致标准化环境条件下进行度量的全过程，利用先进的种猪性能测定设备，按照种猪性能测定技术规程，对种猪的质量进行科学、客观、准确的检测和评价。

（一）测定站测定与现场测定

1. 测定站测定　将所有待测个体集中在一个专门的性能测定站或某一特定的猪场中，在一定时间内进行性能测定。测定站测的主要性状有：留种猪日增重、平均背膘厚、饲料转化率、瘦肉率和肉质指数，这样的测定相对比较准确，但是费用高。

2. 现场测定　进行公猪性能测定和后备母猪生长发育测定及母猪繁殖性能测定。公猪性能测定要求单圈饲养，母猪测定要记录同窝仔猪遗传缺陷性状。被测定种猪必须有个体详细系谱及其他档案，现场测定必须按现场测定规定，统一测定方法、评定标准、统一营养。现场测定的主要性状有：达100千克体重的日龄、100千克体重的平均背膘厚、窝产活仔数、21日龄窝重、窝育成仔猪数。

（二）测定标准、规范和内容

1. 测定标准、规范

（1）坚持种猪性能测定制度，保持测定条件稳定，测定人员固定，饲料及饲养方式稳定，测定仪器、测定方法、测定部位一致。

（2）记录每头母猪的配种信息，总产仔数，产活仔数，仔猪出生个体重，仔猪窝重，死胎数，木乃伊数，仔猪断奶活仔数，仔猪断奶个体重，断奶窝重。测定标准见《种猪信息登记操作规范》。

（3）测定方法符合《种猪测定操作规范》。

（4）每个血统每年屠宰测定30~40头种猪，测定屠宰率、瘦肉率、背膘厚、眼肌面积、pH值、肉色、大理石纹、滴水损失、系水力，测定方法见《种猪屠宰测定标准》。

（5）种猪重要基因的测定，测定所有后备种猪的氟烷基因、酸肉基因、FSH 基因、ESR 基因、MC4R、HMGA1、CCKAR、PRKAG3 和 CAST 基因。测定方法见《种猪基因研究方案》。

（6）按照选择种猪综合资料制订配种计划。控制近交系数。

（7）测定部位要正确，猪保持自然站立状态后，将鳌合剂涂擦于左侧背部，B 超仪探头放在腰荐结合距背中线 5 厘米处，水平向前滑动，观察图像，寻找倒数第 1 根肋骨，当第 1 根肋骨的图像清晰可见时，再向前轻轻滑动探头，使图像固定在倒数第 3 与第 4 根肋骨间，然后轻轻左右摆动，直到出现两条平直（或稍向下倾斜）筋膜亮线与胸膜亮线，固定图像读取数据，背膘厚度指皮肤到筋膜亮线间的距离；眼肌厚度指从筋膜亮线到胸膜亮线之间的距离。

（8）测定后做好后续工作，工作完成后要及时地保护 B 超探头，对其进行清洁，防止碰撞探头，要把 B 超仪放在通风、干燥的环境中，防止过热、过潮湿。

2. 测定内容

（1）供测猪的选择与分群：每窝选留 1~2 头母猪和 1 头公猪进行测定。

（2）测定种猪的个体外形鉴定：对所有留种的后备种猪进行个体鉴定，评定每头种猪的前胸、肢蹄、四肢结实度、肌肉丰满度、骨骼结构、运动灵活性、乳头数、睾丸，种猪个体鉴定方法见《种猪个体评定操作规范》。种猪个体评定表见表 2-1。

表 2-1　种猪个体评定表

耳缺号								
胸腹发育								
关节								
前脚趾大小								
脚趾间距								

续表

后脚趾大小								
后脚趾间距								
臀部结构								
肌肉结构								
乳头质量								
乳头间距、阴户大小								
阴户位置								
公猪睾丸								
体长								
体宽								
深度								
骨骼结构								
性欲								
评价								

（3）体尺测定：测定时种猪体轴保持与地面平行，最好有专门的测定台或限位栏，种猪在测定台上（栏内）只能顺向站立，不能前进、后退和转身。

根据种猪的体况还要有可以调节高低的采食料筒，边喂食边测定，以保持种猪体姿的稳定，避免因猪体晃动而产生的测定误差。

（4）性状测定：

1）日增重：（宰后冷胴体重×1.43-入试重）/测定天数。

2）饲料效率：测定组总的饲料消耗量/N定组总增重。

3）瘦肉率估计模型。

（三）系谱建立和系谱测定

1. 系谱　系谱是某头猪祖先及其性能等的记载。由于系谱上的记录早于本身的成绩记录，因此，在对个体种用价值的评定中，往往最先利用这一部分资料。

2. 系谱的形式　主要有下面 4 种。

（1）竖式系谱：竖式系谱编制时，种猪的猪名或猪号记在上面，下面是父母（祖 I 代），再向下是父母的父母（祖 II 代）。每一代祖先中的公猪记在右侧，母猪记在左侧。系谱正中画出双线，右半部分为父系，左半部分为母系。每头祖先的生产成绩等有关资料，也应扼要地记入相应的位置，见表 2-2。

表 2-2　种猪的猪号与名字

母				父				I
外祖母		外祖父		祖 母		祖 父		II
外祖母的母亲	外祖母的父亲	外祖父的母亲	外祖父的父亲	祖母的母亲	祖母的父亲	祖父的母亲	祖父的父亲	III

（2）横式系谱：横式系谱是将种猪的名字记在系谱的左边，历代祖先顺序向右记载，愈向右祖先代数愈高。各代的公猪记在上方，母猪记在下方。系谱正中可画一横虚线，上半部分为父系，下半部分为母系。具体见图 2-3。

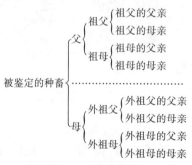

图 2-3　横式系谱

（3）结构式系谱：结构式系谱比较简单，无须注明各项内容，只要能表明系谱中的亲缘关系即可。其编制原则如下：①公猪用方块"□"表示，母畜用圆圈"○"表示；②绘图前，先将出现次数最多的共同祖先找出，放在一个适中的位置上，以免线条过多交叉；③为使制图清晰，可将同一代的祖先放在一个水平线上。有的共同祖先在几个世代中重复出现，则可将它放在最早出现的那一代位置上；④同1头猪，不论它在系谱中出现多少次，只能占据一个位置，出现多少次即用多少根线条来连接。现以某品种1号母猪的系谱为例，绘出结构式系谱，如图2-4所示。

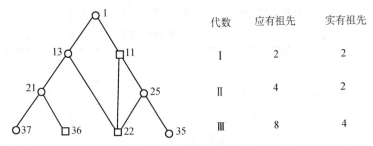

代数	应有祖先	实有祖先
Ⅰ	2	2
Ⅱ	4	2
Ⅲ	8	4

图2-4　结构式系谱

（4）箭头式系谱：箭头式系谱是专供作评定亲缘程度时使用的一种格式，凡与此无关的个体都可以不必画出。

现以某品种 X 号母猪的系谱为例，绘出箭头式系谱如图2-5所示。

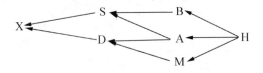

图2-5　箭头式系谱

3. 系谱测定的运用　系谱测定，是通过查阅和分析各代祖先的生产性能、发育表现及其他材料，来估计该种猪的近似种用价值，同时还可了解该种猪祖先的近交情况。此外，通过对系谱祖先选配情况的分析，可为今后选配工作提供借鉴。

（1）应注意的是父母代，然后是祖父母代。因为在没有近交的情况下，每经过一代，个体与祖先的关系就会减少一半。

（2）多用于种猪尚处于幼年或青年时期，本身尚无产量记载，更无后裔测定资料。

（3）系谱测定不是针对某一性状的，它比较全面，但主要着重在缺点方面，如查看在祖先中有无遗传缺陷者，有无性能低劣者，有无近交和杂交情况等。系谱测定应有重点，一般把重点放在上代的外形和生产性能上。有比较才有鉴别，系谱测定时需有 2 头以上种猪的系谱对比观察，选出优良者作为种用。

（4）系谱测定的必要条件是各代记录完善。如果系谱中仅有各代祖先的名号，而没有其他材料，除分析近交程度外，无法进行其他测定。

（5）单独用系谱选择，对改良猪群的作用不大，应当和其他一些方法结合起来使用。

第三节　种猪的选育技术

种猪的质量直接影响着整个猪群的生产效益。必须重视种猪的选择与培育。

一、种猪选育 3 个原则

（一）做好日常生产记录，定期总结，掌握家底

种猪场的日常档案较多，包括种猪系谱卡、公猪配种计划表、采精登记表、配种记录表、母猪配种产仔登记卡、仔猪出生与断乳转群记录表、免疫注射记录表等。为掌握公母猪繁殖性能，每次生产变动，都必须有完整记录，并且每周小结以便发现

生产中的问题，及时进行调整。每月汇总，报告场级领导掌握动态；每半年及年终都必须进行全面总结，对公母猪生产性能进行排序，以便做好下阶段配种、生产计划。

（二）建立育种核心群，区分种猪扩繁群

种猪场年更新比例都在30%左右，通常是在2~5胎的原种群中挑选同窝仔数多且无遗传疾患、体型外貌符合要求并生长速度快的留作后备进行补充。但为了加快世代更替，提高选育进展水平，一般拟采取头胎留种，争取一年一个世代。为此，必须建立育种核心群，区分种猪扩繁群。

1. 育种核心群的组建方法

（1）应对现存种猪群的血缘进行分析，将生产性能相对较低或生产头数比较少的血缘转入扩繁群。

（2）对已有的繁殖及生长性能等测定的数据进行分析，根据生产性能的高低或选择指数进行排队，在保证血缘的情况下，将繁殖性能好、生长速度快、体型外貌符合品种要求的种猪选入联合育种核心群。

2. 育种核心群的数量 根据本场规模，选择1/4~1/3的猪群（一般不少于50头）组成核心群，以保障猪群的淘汰更新。核心群内公、母比例最好能维持在1∶5，以保证公猪数量和质量。

（三）掌握核心群的选育方法

1. 制订配种计划 核心群避免全同胞的随机交配，利用育种软件的"种猪选配计划表制订"，设定种公、母猪之间的最大亲缘相关系数，由电脑计算并制定最优化的种猪选配计划表，该表按要求列出了符合亲缘相关系数限制条件的现有种公猪号码。根据该选配计划表，按照预先设定的育种方案，兼顾各品种猪血缘间、血缘内的配种比例，再进行种公、母猪的选配。

2. 实施重复配种 生产中应严格制订和执行配种计划，如出现短暂性供精问题，应按计划使用备用公猪。为保证母猪配种受

胎，公猪一次采精后，应优先保障同一母猪二次配种的备用精液。严禁采用其他公猪精液的双重配种，以保证后代血统的准确。

二、选种标准及方法

（一）外形选择

这种选择方法是根据体型外貌、外形结构加以选择，要求种猪体质强健，性征表现明显，符合种用标准。具体要求如下：

1. 品种特征　要求毛色、头型、耳型、体型外貌等具备该品种所应有的品种特征。

2. 体躯结构　种猪的整体结构要均匀，头颈、前躯、中躯和后躯各部位之间结合要自然、良好。各部位结构应良好。头应适中，大则屠宰率低、生长慢。耳根软者一般体质较弱，眼睛亮而有神者性情温顺。背腰长，臀部和大腿要宽平、深厚、丰满，四肢强壮有力。

3. 性征

（1）公猪：要求睾丸发育良好，轮廓鲜明，左右大小一致，不允许有单睾、隐睾，赫尔尼亚、包皮积尿不明显。头颈要比母猪粗重，前躯较后躯发达，前胸开阔，公猪虽对奶头数量要求不严格，但奶头亦应符合种猪要求，排列整齐。

（2）母猪：外形要求较轻而头部清秀，奶头符合品种应具备的奶头数，排列整齐且无瞎奶头。母猪外生殖器官应发育良好。

（二）成绩选择

1. 根据系谱选择　根据亲代的表现型推断后代的表现型。这种方法选择种猪的准确度较低。进行系谱选择，必须具备完整的记录档案，根据记录分析各性状逐代传递的趋向。同时利用测交淘汰携有隐性有害基因的个体，避免将其后代留作种用。根据自身或同胞（半同胞）或后裔的生产性能进行选择，对提高种质效果明显。

（1）后裔测定：准确度较高，但需时较长，工作量大，费用高等。

（2）同胞性能测定：可与后裔测定结合进行，性能测定一般从30~45千克开始，到90千克结束。这种方法可早期选择种猪，有利于发挥优秀种猪的作用，缩短世代间隔。

2. 根据品种标准选择 长白猪、大约克猪及杜洛克猪的外形鉴定标准（表2-3至表2-5所示），以供参考。

表2-3　长白猪标准

类别	说明	标准评分
一般外貌	（1）体型较大，发育良好，舒展，全身大致呈梯形 （2）头、颈轻，身体伸长，后躯很发达，体要高，背线稍呈弓状，腹线大致平直，各部位匀称，身体紧凑 （3）性情温顺，有精神，性征表现明显，体质强健，合乎标准 （4）被毛白色，毛质好，有光泽，皮肤平滑无皱折，应无斑点	25
头、颈	（1）头轻，脸要长些，鼻平直。鼻端不狭，下巴正，面颊紧凑，目光温和有神，耳不太大，向前方倾斜盖住脸部，两耳间距不过狭 （2）颈稍长，宽度略薄又很紧凑，向头和肩平顺地移转	5
前躯	要轻，紧凑，肩附着好，向前肢和中躯移转良好。胸要深、充实，前胸要宽	15
中躯	背腰长，向后躯移转良好，背大体平直强壮，背的宽度不狭，肋部开张，腹部深、丰满又紧凑，下肷部深而充实	20
后躯	（1）臀部宽、长。尾根附着高，腿厚、宽，飞节充实、紧凑，整个后躯丰满 （2）尾的长度、粗细适中	20
乳房、生殖器	（1）乳房形质良好，正常的乳头有12个以上，排列整齐，乳房无过多的脂肪 （2）生殖器发育正常，形质良好	5
肢、蹄	（1）四肢稍长，站立端正，肢间要宽，飞节健壮 （2）管部不太粗，很紧凑，系部要短、有弹性，蹄质好，左右一致，步态轻盈准确	10
合计		100

表2-4 大约克猪标准

类别	说明	标准评分
一般外貌	（1）大型，发育良好，有足够的体积，全身大致呈长方形 （2）头、颈应轻，身体富有长度、深度和高度，背线和腹线外观大体平直，各部位结合良好，身体紧凑 （3）性情温顺，有精神，性征表现良好，体质强健，合乎标准 （4）毛色白，毛质好，有光泽，皮肤平滑无皱折，应无斑点	25
头、颈	（1）头要轻，脸稍长，面部稍凹下，鼻端宽，下巴正，面颊紧凑 （2）目光温和有神，两眼间距宽，耳朵大小中等，稍向前方直立，两耳间隔宽 （3）颈不太长，宽度中等紧凑，向前和肩移转良好	5
前躯	不重，紧凑，肩附着良好，向前肢和中躯移转良好。胸部深、充实，前胸宽	15
中躯	背要长，向后躯移转良好，背平直、健壮、宽背，肋开张好，腹部深、丰满紧凑，下胁部深、充实	20
后躯	臀部宽、长，尾根附着高，腿应厚。宽、飞节充实、紧凑，尾的长度、粗细适中	20
乳房、生殖器	（1）乳房形质良好，正常的乳头有12个以上，排列良好，乳房无过多脂肪 （2）生殖器发育正常，形质良好	5
肢蹄	（1）四肢较长，站立端正，肢间距离宽，飞节强健。 （2）管部不太粗，很紧凑，系部要短、有弹性，蹄质好，左右一致，步态轻盈准确	10
合计		100

表2-5 杜洛克猪标准

类别	说明	标准评分
一般外貌	（1）大型，发育良好，全身大体呈半月状 （2）头、颈要轻，体要高，后躯很发达，背线从头到臀部呈弓状，腹线平直各部位结合良好，身体紧凑 （3）性情温顺，有精神，性征表现明显，体质强健，合乎标准 （4）毛色褐色，毛质好，有光泽，皮肤平滑无皱折，应无斑点	25

续表

类别	说明	标准评分
头、颈	（1）头要轻，脸的长度中等，面部微凹，鼻端不狭，下巴正，面颊要紧凑，目光温和有神。两眼间距宽，耳略小，向前折弯，两耳间隔宽，颈稍短，宽度中等，很紧凑 （2）向头和肩移转良好	5
前躯	不重，很紧凑，肩附着良好，向前肢和中躯移转良好。胸部深、充实，前胸宽	15
中躯	背腰长度中等，向后躯移转良好，背部微带弯曲，强壮，背要宽，肋开张好，腹部深，下肷部深、充实	20
后躯	臀部宽、长，应不倾斜，腿厚、宽，小腿很发达、紧凑。尾的长度粗细适中	20
乳房、生殖器	（1）乳房形质良好，正常的乳头有12个以上，排列良好，乳房无过多脂肪 （2）生殖器发育正常，形质良好	5
肢蹄	（1）四肢较长，站立端正，肢间距宽，飞节强健。 （2）管部不太粗，很紧凑，系部要短有弹性，蹄质好，左右一致，步态轻盈、准确	10
合计		100

3. 根据生长发育记录选择

（1）根据种猪本身的体重、体尺进行选择。体重可反映种猪的生长发育及增重情况，是对幼龄仔猪进行选择的重要依据之一。

（2）体尺包括体长、体高、胸围、腿围等。有固定的测量部位，依据体尺测量选择种猪，须在6月龄方可进行。

（3）体重、体尺的成绩越高，种猪的等级越高。生长发育亦可用指数进行选择，以太湖猪为例：

$$I=（0.46P_1+0.86P_2）W_j$$

式中：I 为选择指数；P_1 为6月龄体重（千克）；P_2 为6月龄体

长（厘米）；0.46、0.86 为加权值；W_j 为校正系数。

4. 根据生产阶段选择　选种是育种工作最重要的一环，不同生长阶段都要进行，主要有以下几次选择。

（1）第 1 次选种，在 70 日龄左右，在保育猪舍中进行。根据父母的生产性能等级，同窝出生仔猪数，个体的生长速度及体形外貌，均优秀者可多选几头。

（2）第 2 次选种，在场内生长发育性能测定结束时进行，用测定期中平均日增重。参考背膘厚度、饲料利用率及父母的成绩等级进行选择，单一指标的选择会影响正确性。要育种必须进行性能测定，可与后备猪培育任务结合，但应规定选择强度。母猪留种率应低于 40%，以测定结束时头数做基数，公猪在 10% 以下。

（3）第 3 次定种，在公猪 12～15 月龄时，可用与配母猪的平均产仔数作为指标。公猪的配种产仔数效果是不同的，个体间差异可达到显著程度。配种产仔数多的可选留，而产仔低淘汰；母猪在 12～18 月龄时，计算已产胎数、平均产仔数、21 日龄窝重、断奶至再孕间隔天数作为母猪繁殖力的参考指数，对母猪进行选择和淘汰。

5. 性能测定选择　种猪的性能测定最初在丹麦开始，并通过系统的后裔测定成功地培育出了长白猪，猪性能测定的目的是筛选出被选性状遗传上优异的个体。

猪的性能测定根据所用的设施和管理方法而有许多不同的方式，不过，在所有的测定情况下，基本目标是一致的，那就是必须消除或考虑环境对性能的影响，使个体间的遗传差异能显示出来。处理环境对性能的影响有下面两种方法：

（1）在相同的环境下测定所有的个体（即相同的猪舍、气候条件、营养和管理）。

（2）在不同的环境中测定，要求每种环境中都有亲属，用亲属的性能来估计环境效应。

三、种猪育种目标及方案制定

育种目标就是从遗传上来改良种猪，形成新的品种（系），主要包括纯种（系）的选育提高，新品种（系）的育成，杂种优势的利用等。

（一）育种目标

育种目标是由终端市场需求决定的。主要的目标性状是生长速度、饲料转化率、屠宰后的胴体瘦肉率和繁殖性能等。随着市场和消费需求的变化，育种目标也会发生变化。随着育种工作的进展，育种目标也复杂一些，包括：

（1）提高生长肥育猪的生长速度和饲料利用率（主选日增重）。

（2）提高胴体瘦肉量和肌肉品质。

（3）提高母猪的繁殖力和育成率（主选母猪年育成幼猪数）。

（二）育种技术

采用常规育种技术、分子育种技术、电脑技术、育种经验相结合综合技术体系，加快育种选育进展，提高育种效率。

1. 分子生物技术　分子生物技术在猪育种当中的应用主要有以下方面：

（1）猪的基因标志技术：其主要目标是寻找重要经济性状（如瘦肉率、产奶量、抗病性等）位点与已连锁的 DNA 标记，并将其用于分子标记辅助选择来改良畜禽品种。提高选择的有效性及遗传改进量。目前在猪 19 对染色体上，已有近 3 000 个标记。

（2）猪数量性状、主效基因的检测与利用：定位数量性状位点（QTL）等。常用的方法是分离分析法、候选基因法和基因组扫描法。目前，猪应激综合征基因、窝产仔数候选基因等已在育种中应用。

（3）数量性状的标记辅助选择：在猪育种中，对遗传力较低（如繁殖性状）、度量费用昂贵（如抗病性）、表型值在发育前早期难以测定（如瘦肉率）或限性表现（如产奶量）的性状，如用标记辅助选择（MAS），则可提高选择的准确性和遗传进展，提高育种效率。

2. 联合育种　联合育种的目的是解决小群体选育所面临的问题。将计算机、网络、分子生物技术及遗传育种理论的最新方法等现代科学技术应用到猪育种当中去，增加核心群体的数量，提高选择强度，减缓近交衰退，加快遗传进展，提高猪的遗传水平。联合育种可以提高遗传进展和育种值估计的可靠性，降低近交增量。

3. 计算机信息技术

（1）遗传评估系统的建立：正确的选种要基于对畜禽遗传质的准确评定。最佳线性无偏预测（BLUP）法，可以大大加快遗传改良的进度。

（2）计算机图像分析系统的应用：在猪的育种实践中通过图像可分析 B 超活体测定的背膘厚及眼肌面积，不必等屠宰后进行测定，这样不仅降低了测定费用，而且加大了选择强度，提高了选种的准确性。

（3）通过信息网络技术的应用：实现了信息共享，使所有育种者或公司都能受益。

（三）育种方案

1. 根据性能测定制定方案　性能测定是种猪育种客观评定不可缺少的基础工作，也是选种留种的基础工作，是实现遗传改良最重要的育种措施。

（1）根据各品种不同的遗传特点制定相应的育种方案：大约克猪、长白猪主选繁殖性能和背膘厚，杜洛克猪主选背膘厚和达 100 千克日龄。

（2）采用数量遗传学方法测定种猪各项生产性能；应用BLUP 方法计算育种值，根据育种值和外貌评定进行选种和选配。

（3）将分子育种技术应用到种猪的选种选配工作中，剔除种猪中的有害基因，聚合优良基因。图 2-6 所示是常用育种技术路线图。

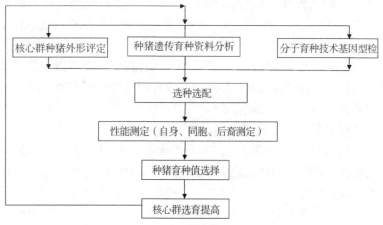

图 2-6　常用育种技术路线图

2. 种猪不同阶段选择方案

（1）断奶期选择：按照品种标准，根据亲代系谱、断奶同胞数、同胞均匀度及本身的生长发育和体型外貌进行初步选择。

（2）保育结束选择：按照品种标准，根据个体的生长发育、体型外貌等进行选择。

（3）生长育肥性能测定结束选择：按照国家性能测定标准进行大群性能测定，85~100 千克测定活体膘厚，称重，外形评估，结合发育情况进行以育种值为主的综合选择。

（4）配种期选择：根据公母猪发情配种情况进行选择。

1）种公猪选择：按照品种标准，根据种公猪本身的配种性欲、精子质量、疾病状况及性能测定成绩、体型外貌成绩、配种成绩（用 15 头以上与配母猪的繁殖性能的平均值表示）进行选择。

2）种母猪选择：主要依据是个体本身的繁殖性能。

3. 不同品种猪外貌体型选留标准

（1）大约克猪：

1）体型外貌符合品种特征，健康，生长发育正常；被毛符合种用标准；头大小适中，颜面微凹，耳中等大小，向上竖起，胸宽深，背腰长，平直或微弓，腹线平直，公猪要吊肚。后躯发达，外形清秀；肌肉丰满，臀部和腰部肌肉发育良好。

2）有效乳头 6 对以上，排列整齐，无瞎奶和附乳头。

3）四肢粗壮结实，趾蹄对称，和地面都能很好接触，系部与地面有合适接触角度，无卧系、X 形腿、O 形腿。

4）母猪外阴发育正常，大小适中；公猪包皮不可过大，睾丸对称，发育正常；无阴囊赫尔尼亚和脐赫尔尼亚及隐睾。

（2）长白猪：

1）体型外貌符合品种特征，健康，生长发育正常；被毛白色，允许偶有少量暗黑斑点。

2）头小颈轻，鼻嘴狭长，耳较大，向前倾或下垂；背腰平直，后躯发达；腿臀丰满，整体呈前轻后重，外观清秀美观，体质结实，四肢坚实。

3）有效乳头 6 对以上，排列整齐，长短适中，无瞎奶和附乳头。

4）四肢粗壮结实，趾蹄对称，和地面都能很好接触，无卧系、X 形腿、O 形腿。

5）母猪外阴发育正常，大小适中，偏小者不要选；公猪包皮不可过大，睾丸对称，发育正常。

（3）杜洛克猪：

1）体型外貌符合品种特征，健康，生长发育正常；毛棕红色或咖啡色。

2）头小，嘴短直，耳中大，略向前倾，耳根较硬，耳尖下垂，胸宽深，背腰略弓或平直，腹线平直，公猪要吊肚。后躯发达；肌肉丰满，可见尾根上有明显凹陷，双脊背，可见背部正中有一条凹线。

3）有效乳头在 6 对以上，排列整齐，长短适中，无瞎奶和附乳头。

4）四肢粗壮结实，蹄壳呈黑色，趾蹄对称，和地面都能很好接触，无卧系、X 形腿、O 形腿。

5）母猪外阴发育正常，大小适中，偏小者不要选，公猪包皮不可过大，睾丸对称，发育正常。

6）杜洛克猪在注重肌肉发达的同时要考虑体长。

4. 育种值估计　育种值是种猪选育的主要依据，而育种值估计的准确性直接影响猪群的遗传进展。常用的 BLUP 法的第一步是建立数学模型，而建立模型时首先要了解影响性状的各种因素。

（1）估计猪育种值时考虑的主要因素有：

1）繁殖性状（母猪）：主要指总产仔数和活产仔数。其影响因素主要有：产仔年份、季节；胎次；配种方式：人工授精或自然交配；窝别：来自同一窝的猪除了在遗传上有相似性外，在环境上也有相似性；母猪舍内环境效应。

2）生产性状：包括生长性状、胴体组成性状和肉质性状。其影响因素主要有：出生月份、季节；性别；圈舍；窝别。遗传组：按年度和性别划分基础的遗传组（虚拟组）；肥育天数；屠宰体重。

（2）个体育种值的估算。由于猪是多胎动物，其个体育种值的估算采用多次度量值的均值进行计算。

选用公式：$\left[A = P + (P_k - P) \dfrac{k}{I + (x-I)\dfrac{1}{t}} h_2 \right]$

式中，A 为个体某性状的育种值；P 为某性状的群体均值；P_k 为个体某性状 k 次度量均值；t 为重复力；h_2 为某种性状的遗传力。

（3）综合育种值：综合育种值可定义为

$$\left[AT = \sum W_i A_i \right]$$

式中，W_i：性状 i 的经济加权值。A_i：性状 i 的育种值。

（4）线性混合模型计算 BLUP 育种值。混合模型可用矩阵的形式表示为

$$y = Xb + Zu + e$$

（5）BLUP 在猪育种中的应用：目前育种值估计已有通用的软件，如 PEST 软件包和 PIG-BLUP 是目前较常用的软件。加拿大、丹麦、法国、荷兰等国家已将动物模型 BLUP 法作为猪育种值估计的常规方法。BLUP 是一个非常灵活的线性模型分析方法，能够在群体规模很大、群体结构复杂、获得的数据十分不均衡的情况下，获得较传统的育种值估计方法更为准确地估计育种值。与传统育种方法相比，BLUP 有以下几个方面的优点：①充分利用多种亲属的信息。②能消除由于环境造成的偏差。③能校正由于选配所造成的偏差。④能考虑不同群体不同世代的遗传差异。⑤当利用个体的多次记录时，可将由于淘汰所造成的偏差降到最低。

然而，美中不足的是 BLUP 技术在提高育种值准确性的同时也提高了群体的近交增量。同时动物模型 BLUP 的理论和方法复杂而又灵活，其推广和应用受到一定条件限制。

第四节　猪的杂种优势及其利用

猪的杂交是指不同品种、不同品系或不同品群之间进行交

配，以及后代表现出优秀的性能、性状的过程。

一、杂交优势及度量方法

（一）杂交的概念

杂交是指不同品种或不同品系个体间的交配。在杂交中用作公猪的品种叫父本，用作母猪的品种叫母本，杂交所产生的后代叫杂种。对杂种的名称一般父本品种名称在前，母本品种名称在后，如用长白作父本、大白作母本生产的二元母猪叫"长大"母猪。

（二）杂交优势

不同品种的猪杂交所生产的杂种，往往在生长速度、繁殖性能、适应性等方面的表现在一定程度上优于其亲本，这就是"杂种优势"。

亲本越纯（遗传稳定性强），杂种优势率越高。亲本品质越好，杂交效果越明显。根据杂交效果表现不同，猪的经济性状可分为以下三种类型：

第一类为最易获得杂种优势的性状，如肢蹄的结实性、产仔数、泌乳力、断奶重、育成数等。

第二类为较易获得杂种优势的性状，如生长性状和饲料利用率。

第三类为不易获得杂种优势的性状，如外形结构、胴体长、屠宰率、膘厚及肉的品质等。

杂种优势一般只限于杂交一代，如果杂种一代之间继续杂交，即导致优势分散，群体发生退化。下面表述三类杂交优势：

1. 父本杂交优势　取决于公猪系的基因型，杂种替代纯种猪作父本时，公猪性能所表现出的优势，如性成熟早、睾丸发育良好、射精量大、精液品质好、受胎率高、公猪性欲旺盛等特点。

2. 母本杂交优势　取决于母猪系的基因型，杂种替代纯种猪作母本时所表现出的优势，如杂种母猪产仔数增加、泌乳力强、体质强健、易饲养、性成熟早、使用寿命长等。

3. 个体杂交优势　又可以称为子代杂交优势或直接杂交优势。取决于商品猪的基因型，指杂种仔猪本身表现出的优势，主要表现在杂种仔猪的生长速度快、死亡率降低、断奶窝重大等特点。

（三）杂种优势的度量方法

1. 配合力测定　配合力是指种群通过杂交所能获得的杂种优势的程度，亦称杂交效果的好坏。在未找到准确预测杂种优势的简捷方法以前，配合力测定仍是研究杂种优势的主要方法。配合力有两种，即一般配合力与特殊配合力。

2. 杂种优势的计算方法　特殊配合力一般用杂种优势值表示，杂种优势值的度量常以杂种（FI）超过两个亲本平均值（P）的部分来表示，即

$$H - F: -P （H 表示杂种优势值）$$

为了各性状间便于比较，杂种优势值常以相对值表示，即化成杂种优势率。杂种优势率

$$H（\%）= \frac{F_l - P}{P} \times 100\% P$$

（四）杂交亲本的选种原则

1. 对父本猪种的要求　要突出其种性的纯度，要求其生长速度和饲料报酬的性能要高，个体性状要突出膘薄、瘦肉率高、产肉量大、眼肌面积及后腿比例都比较高。

2. 对母本猪种的要求　突出繁殖力高的性状特点，包产仔数、产活仔数、仔猪初生重、仔猪成活率、仔猪断奶窝重、泌乳力和护仔性等性状良好。由于杂交母本猪种需要量大，还需强调其对当地环境的适应性。

二、繁育体系的构建

（一）构建塔式体系

选择纯种，建立纯种猪的品系。没有纯种，也就没有杂种可言，保存较优的纯种猪是建立杂种繁育体系的前提。因而必须建立相应的纯繁与杂交相结合的繁育体系，这个繁育体系通常由原种猪群、繁殖群和肥猪群组成，分别对应原种场、繁殖场和商品场，见图2-7。

图2-7 塔式体系

1. 原种场 主要任务是选育好原种猪群，建立纯种猪的品系结构，提高和繁殖引入品种。它们在杂交猪生产体系中处于金字塔的最高级，为繁殖场生产种猪。

2. 繁殖场 主要任务是大量繁殖种母猪，以满足商品场和广大农村对种畜的需要。

3. 商品场 主要任务是生产大量的优质杂交猪。商品场一般充分利用杂种优势。

上述三种性质的猪场是相互有机联系的，因而形成整体的繁育体系。

合理的猪群结构是实现杂交繁育体系的基本条件。猪群的结构主要是指繁育体系各层次中种猪的数量，特别是种母猪的规模，以便确定相应的种公猪的规模及最终能生产出的商品肥育猪的规模。由于母猪的规模和比例是各繁育体系结构的关键，因此各层次母猪占总母猪的比例大致是：核心群占 2.5%，繁育群占 11%，商品群占 86.5%，呈典型的金字塔结构。

（二）种猪的选育与淘汰

1. 提高种猪选育水平

（1）加强对瘦肉率、日增重、料肉比的选育：瘦肉率、日增重、料肉比一直是十分关注的生产指标，现代化的育种公司要始终对这些性状进行不断的选育，收集整理分析目前猪群的生产指标，包括不同品种、不同血缘、不同杂交组合猪的数据，由于瘦肉率和日增重具有较高的遗传力，要在目前优秀的种猪中进行不停的测定选育，使这些重要的经济性状不断提高。

（2）加大对母猪繁殖性能的选育：母猪的繁殖性能遗传力只有 0.1 左右，非常低，选育进展十分缓慢。借助现代分子生物技术，标记影响母猪繁殖性能的主效基因，如雌激素受体（ESR）、促卵泡素受体（FSHR）、胰岛素样生长因子 2（IGF2）、促乳素受体（PRLR）、猪氟烷基因（RYR1）等。

（3）加强对体长、肢蹄、腿臀的选育：体长对猪的胴体长度和产肉量都有一定的影响，猪体长的遗传力较高，因此参考体长进行选种，会取得较好的效果。随着繁殖及生长性能的提高猪患肢蹄病的频率增大，肢蹄缺陷或肢蹄病会给养猪业造成很大的经济损失，腿和臀是肢体中产瘦肉最多的部位，腿臀比例在评定胴体时具有重要的意义。因此要对种猪的体长、肢蹄和腿臀比例进行适当的选择，培育出产肉更高，外形更好，肢蹄更结实的种猪。

（4）加强对猪抗病性的选育：随着猪料肉比、生长速度的提高，抗病性能大幅下降，需要对猪的抗病性进行选育。

（5）加大肉质性状的选育：肉质除了受到环境的影响外，

还受到遗传因素的影响。目前在生产上应用的是利用分子标记的方法剔除氟烷基因，降低应激导致的死亡率和 PSE 的发生率，提高猪肉的质量。

2. 种猪的淘汰原则

（1）种公猪的淘汰原则。种公猪的使用年限一般控制在 1.5~2.5 年，种公猪年淘汰率在 40%~50%。有下列情况的种公猪应被淘汰：

1）性欲低下，经调教及药物处理仍无改善的后备公猪。

2）睾丸器质性病变（肿大、萎缩）的公猪；精液品质差，配种受胎率低，与配母猪产仔少的公猪。

3）患过细小病毒、乙脑、伪狂犬等传染疾病的公猪；肢蹄疾病严重，影响配种使用的公猪；因病长期不能配种的公猪；3 周岁以上的老年公猪。

（2）种母猪淘汰原则。

1）正常淘汰：对年龄较大、生产性能下降的种母猪予以淘汰。传统栏舍饲养，母猪一般利用 7~8 胎，年更新比例为 25%。工厂化限位饲养，母猪一般利用 6~7 胎，年更新比例为 30%~35%。

2）异常淘汰：生产性能低下、不发情、患过繁殖障碍疾病等的后备母猪应淘汰。

三、杂种优势的利用

杂种优势的利用已成为规模化养猪的重要技术环节，在技术和方法上也日趋成熟，已由一般的种间或品种间杂交，发展成一套"配方化"系间杂交的现代化体系。

（一）杂交的方式

杂交方式可分终端杂交、轮回杂交和终端轮回杂交三种类型。

1. 终端杂交 包括两元杂交、回交、三元杂交和四元杂交。

2. 轮回杂交 包括两品种轮回杂交（交叉杂交）、三品种轮回杂交等。

3. 终端轮回杂交 包括纯种公猪与交叉杂交母猪的终端轮回杂交和两品种杂交公猪与交叉杂交母猪的终端轮回杂交。目前，在国内瘦肉猪生产上，主要采用两品种杂交和三品种杂交，也用到四品种杂交和配套系杂交。

（二）杂交效果的综合分析

（1）如果父本品种和母本品种的优势性状相吻合，其杂种的性状优势就明显，但其杂种优势率都接近亲本平均数。

（2）亲本品种之间的生产性能差异越大，杂交效果越好。

（3）亲本品种之间的血缘关系越远，其杂交效果越好。

（4）国外良种与国内脂肪型母猪的二元杂交不一定获得瘦肉型猪，但比母本瘦肉率要高。

（5）国外瘦肉型猪种与我国培育的瘦肉型猪杂交，杂种猪的瘦肉率可接近国外良种，且杂种的繁殖性能好，适应性强，易饲养。

（6）在二元和三元杂交中，繁殖力高的品种宜作母本。生长速度快、饲料报酬高、胴体品质好的品种宜作父本。

（三）国外优秀猪种的杂交组合

国外优秀猪种的杂交组合杜长大体系是以杜洛克公猪作终端父本，以长白与大白杂交母猪长大母猪为母本进行生产的杂交方式。首先用长白公猪（L）与大白母猪（Y）配种或用大白公猪（Y）与长白母猪（L）配种，在它们所生的后代中精选优秀的LY或YL母猪作为父母代母猪。最后用杜洛克公猪（D）与LY或YL母猪配种生产优质三元杂交肉猪。其模式图如图2-8所示。

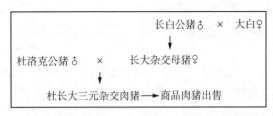

图 2-8　杜长大体系

（四）国外猪种和本地猪种的杂交组合

国外种猪与本地种猪的杂交组合杜长大土体系是以杜洛克公猪作终端父本，以地方猪与大白杂交母猪为母本进行生产的杂交方式。先用大约克公猪（Y）与当地母猪（I）配种，在它们所生的后代中精选优秀的 YI 母猪作为父母代母猪。最后用杜洛克公猪（D）与 YI 母猪配种生产优质三元杂交肉猪。其模式图如图 2-9 所示。

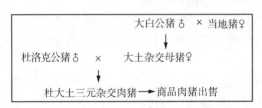

图 2-9　杜长大土体系

第三章　种猪的繁殖调控技术

第一节　种猪繁殖力

种猪繁殖力是指种猪维持正常繁殖功能、生育后代的能力。种猪繁殖水平的高低是遗传、育种、饲料营养、饲养管理、环境控制、繁殖技术、疫病防控共同作用的结果。

一、繁殖力的概念及评定

（一）繁殖力

在一定时期内，猪维持正常繁殖机能与生育后代的能力叫作繁殖力。猪的繁殖力受繁殖技术、公母猪的繁殖遗传性、公猪的精液品质、母猪的排卵数、卵子的受精能力及胚胎的发育情况等多种因素影响。

（二）评定猪繁殖能力的主要指标

评定猪繁殖能力的大小，常用下列几项指标。

1. 可繁殖母猪率　本年度末能够参加繁殖的母猪数占年末猪群总头数的百分比叫作可繁殖母猪率。它反映猪群中有繁殖能力的母猪数占整个猪群的比重。计算公式是：

$$可繁殖母猪率（\%）= \frac{本年末可繁殖母猪头数}{本年度末猪群总头数} \times 100\%$$

2. 发情率（ER）　表示一定时期内发情母猪占可繁殖母猪

数的百分比。用于评定某种繁殖技术或管理措施对诱导发情的效果及猪群发情的机能。

$$发情率 = \frac{发情母猪数}{可繁母猪数} \times 100\%$$

3. 配种率　本年度内参加配种的母猪数占年内可繁殖母猪数的百分比叫作配种率。

$$配种率（\%）= \frac{年内参加配种的母猪数}{年内可繁殖母猪数} \times 100\%$$

4. 受胎率　年内受胎母猪数占年内参加配种母猪数的百分比叫作受胎率。

$$受胎率 = \frac{年内受胎母猪头数}{年内参加配种的母猪头数} \times 100\%$$

它是评定不同猪群或不同繁殖措施受胎能力高低的指标。

5. 情期受胎率　在同一个发情期内，受胎母猪数占配种母猪数的百分比叫作情期受胎率。

$$情期受胎率 = \frac{同一个情期内受胎母猪头数}{同一个情期内配种母猪头数} \times 100\%$$

6. 不返情率（NR）　表示配种后一定时期内不再发情的母猪数占配种母猪的百分比。反映配种质量和母畜数生殖能力。

$$不返情率 = \frac{配种后一定时期返情的母猪数}{配种母猪数} \times 100\%$$

7. 产仔率　年内产出的活仔猪数占年内受胎母猪数的百分比叫作产仔率。它是反映种猪和妊娠母猪饲养管理水平高低的指标。

8. 产仔窝数　一般指猪在一年之内产仔的窝数。

$$产仔窝数 = \frac{年内分娩总窝数}{年内繁殖母猪数} \times 100\%$$

9. 窝产仔数（LS）　表示猪每胎产仔的头数（包括死胎和

死产）。一般用平均数来进行比较个体和猪群的产仔能力。

$$窝产仔数 = \frac{产仔总数}{产仔窝数} \times 100\%$$

10. 增殖率　年内出生的活仔猪数占年内可繁母猪的百分比叫作增殖率。

11. 成活率　年内成活的仔猪数（包括一部分年末出生的仔猪数）占年内出生仔猪数的百分比，叫作仔猪成活率。它是反映仔猪生活力强弱和仔猪培育效果的指标。

$$成活率 = \frac{年内成活仔猪数}{年内出生活仔猪数} \times 100\%$$

$$或 \frac{断乳成活仔猪数}{出生时活仔猪数} \times 100\%$$

12. 净增率　年内生猪增加数量占年初总猪数的百分比叫作净增率。它反映猪群年内的增减情况。

$$净增率 = \frac{年末总头数 - 年初总头数}{年初总头数} \times 100\%$$

二、猪群繁殖力的影响因素

种猪的繁殖力除受品种遗传因素制约外，还受到环境营养、年龄、管理等多方面影响。生产中通常把猪群的繁殖力说成受母猪繁殖力、公猪繁殖力和饲养员的技术水平、营养和环境控制等5个因素影响。

（一）公猪因素

公猪繁殖力在生产中，只要消除影响精液生产的不良管理方法或采用促进精子发生的生产措施，大多数猪场公猪的繁殖力就可提高，因此，生产者需做的是不让公猪生活在有害环境中，但许多猪场由于缺乏资金和测定精液受精力的实验技术，无法制定提高精液品质的管理措施。这一部分将讨论公猪的常规管理、管理措施对精液生产的影响及改进测定精液受精力的方法。

（二）母猪因素

母猪繁殖力的评定和管理比公猪更为困难，母猪繁殖力涉及许多不同的生理过程，包括排卵、受精、胚胎的发育和胎儿的检查等，这些都不同于精液品质检查。如果生产环境不适宜，许多因素影响正常仔猪的出生，对生产者来说，很难确定哪个因素影响最大。

提高母猪繁殖力的办法是参考以前的记录、分析提高潜力的因素。母猪排卵数一般为 16~20 枚。因为窝产仔猪数等于排卵数的母猪品种极少，所以许多猪场用排卵数来确定母猪繁殖力是不科学的。在排卵前 24 小时输精，卵子受精率很高，可超过 90%。如果受精率低则是由于排卵和配种时间不协调导致。因此，影响母猪繁殖力的一个因素是配种时间和配种次数，尽管它不是遗传因素。另外，即使母猪管理很好，胚胎发育率也很低。据估计仅 55%~60% 的受精卵发育产仔，其余大部分是在配种后 30 天丢失。

（三）人员的技术因素

公猪的利用强度、利用年限、母猪的初配期、经产母猪的年龄、饲养管理水平及仔猪断奶时间等都会影响到种猪的繁殖力。

（四）营养因素

适当的营养水平对保持种猪的繁殖功能是十分必要的，营养过度会引起肥胖导致母猪的卵巢、输卵管及子宫等生殖器官脂肪过厚，阻碍卵泡的发育、排卵和受精；公猪过于肥胖，阴囊脂肪过厚，会破坏睾丸温度调节功能，影响生精能力。反之，营养不良会导致母猪出现乏情、发情症状不明显、排卵数较少，则不易受精。

（五）环境因素

外界环境温度过高，会明显降低公猪睾丸合成雄激素的能力，导致性欲减退，精液品质降低，高温对母猪的繁殖率的影响也是十分显著的，热应激导致母猪排卵延迟，排卵数减少，降低胚胎存活率，增加死胎数，甚至流产。相反，低温同样会对公猪、母猪产生不良影响，对繁殖性能产生一定的危害。

三、提高猪繁殖力的措施

（一）从遗传因素提高繁殖力

通过杂交将高产仔数基因导入被改良群体；运用 BLUP 方法，选择母系指数高的个体；在分子水平上，选择携带高产仔数基因的个体；利用杂种优势，以二元母猪生产商品猪。

（二）从营养方面提高繁殖力

控制种猪体况；饲料分阶段配制；不喂霉变饲料；怀孕料添加粗纤维和与繁殖有关的重要维生素和微量元素。粗纤维使母猪免于饥饿感，保持安静，还可增加产仔数。其机制是增加了血浆中生酮基质的含量。生酮基质可节省母体葡萄糖，增加血浆代谢物，给胎儿提供更多养分。

（三）从管理方面提高繁殖力

为种猪创造较好的生活环境，特别是温度方面，较大的温度变化一方面会对种猪的繁殖性能产生影响，另一方面还会对种猪的生长发育情况产生影响。当环境温度较高时会降低公猪的精液品质，从而有可能导致母猪无法受孕，对此，在公猪的饲养管理过程中，应格外注意配置相应的防暑降温设备。另一方面，也不可忽视为母猪做好防暑降温措施，当环境温度较高时，母猪所受到的危害比公猪更加严重。

第二节　种公猪繁殖系统

一、种公猪的生殖系统

种公猪的生殖系统包括大脑（下丘脑、垂体）、性腺（即睾丸）、附睾、输精管、尿生殖道、副性腺、包皮与包皮憩室等。

（一）大脑（下丘脑和垂体）

1. 下丘脑　下丘脑是公猪生殖腺轴的高级器官，调节着垂体前叶促性腺激素的分泌。

下丘脑分泌的 GnRH（促性腺释放激素）能控制垂体前叶产生和分泌 LH 和 FSH。

2. 垂体前叶　分泌促性腺激素，调节睾丸激素分泌和精子发生及成熟。

垂体前叶可分泌多种促性腺激素，其中包括促卵泡素（FSH）和促黄体素（LH）。这两种激素负责调节睾丸功能。

（二）睾丸

睾丸主要功能是产生精子和分泌雄性激素。

1. 睾丸的形态、结构　公猪的睾丸左右成对，呈卵圆形，位于由腹膜从腹股沟管延伸到阴囊内的固有鞘膜内，而阴囊位于公猪体壁外的会阴部。

2. 睾丸的功能

（1）睾丸曲精细管：具有产生精子的功能，曲精细管的生殖细胞经过多次的增殖、分裂、变形，最后形成雄性的配子——精子。精子随着精细管的液体流经直精细管、睾丸网和输出管到达附睾。

（2）睾丸间质细胞：分泌雄性激素——睾酮。位于睾丸间质的睾丸间质细胞和位于精细管的睾丸足细胞是睾丸内的两种重要内分泌细胞。垂体前叶释放的 LH 刺激睾丸间质细胞分泌雄激素。产生的主要雄激素是睾酮。睾酮对于精子产生和性行为具有重要作用。FSH 刺激睾丸足细胞产生雄激素结合蛋白，将睾酮转化成二氢睾酮和雌激素，并分泌抑制素。雄激素结合蛋白与雄激素形成复合物，并随精子进入附睾。局部高浓度的雄激素对于维持附睾上皮的正常功能十分必要。

（3）睾丸需要在低于体温的温度下才能发挥其生精功能。①公猪依靠阴囊、睾丸蔓状丛和提睾肌来维持生精所需要的温度。睾丸需要在低于体温 3~5℃的条件下，曲精细管才具有正常的生精功能。②双侧隐睾的公猪因睾丸温度与体温一致而不能产生精子，导致不育。公猪出生后睾丸仍未下降到阴囊内的现象称之为隐睾。隐睾分单侧隐睾和双侧隐睾，单侧隐睾因为另一侧睾丸具有正常的生精功能，因此单侧隐睾的公猪仍然具备生育力。而双侧隐睾的公猪，因为两侧睾丸都与体温一致，影响睾丸的生精能力，因而没有生育力。

（三）附睾

睾丸网进入输出管，最终形成一个卷曲的管道，称为附睾。附睾管与精细管一样，自身环绕许多次。附睾可分为头、体、尾三部分。

附睾的主要功能是精子的成熟、运输和贮存。

公猪的精子在附睾内需要大约半个月时间的成熟过程，连续一周没有交配或采精，之后再连续 3 天每天配种一次或采精一次，通常不会对精液的质量产生明显影响。

（四）输精管

附睾管在附睾尾端延续为输精管。输精管是公猪生殖管的一部分，射精时，在催产素和神经系统的支配下，输精管肌层发生规律性收缩，使管内和附睾尾部贮存的精子排入尿生殖道。

（五）副性腺

骨盆尿道附近有三对副性腺：精囊腺或称精囊、前列腺和尿道球腺。

1. 精囊腺　公猪的精囊腺发达，通常为橘黄色，是精液中精清的主要成分，其分泌物含有刺激精子代谢和给精子提供能源的成分。

2. 前列腺　前列腺的分泌物为碱性，并含有钙、酸性磷酸酯酶和纤维蛋白溶解酶等。前列腺分泌的碱性液体的主要功能是中和阴道酸性分泌物，也可能是精液的特征性的气味来源。

3. 尿道球腺　射精时尿道球腺会分泌一些黏稠胶状物并随精液排出。

（六）尿生殖道

泌尿生殖系统的末端部分是尿道阴茎部，它是阴茎内的中心管道。尿道阴茎部开口于阴茎龟头部。

（七）龟头、阴茎、包皮囊、包皮憩室

1. 龟头　龟头呈逆时针螺旋状。龟头受到高度的神经支配，必须给以适当刺激才能保证正常勃起。

2. 阴茎　阴茎有3个海绵体包围于尿道阴茎部周围。阴茎勃起时，血液被"泵"入这些部位；不勃起时，阴茎回缩。猪的阴茎形成典型的"S"状折叠。在回缩状态时，阴茎游离端位于包皮内。未成熟的小公猪的龟头由于与包皮边缘连在一起而无法完全伸展。当公猪达到性成熟时，由睾丸分泌的雄激素导致包皮内缘发生角化从而使阴茎完全脱离包皮。包皮系带坚韧时，组织边缘不能完全角化而仍与阴茎连在一起。在这种情况下，在勃起和射精时，阴茎头会向包皮内弯曲。

3. 包皮囊　包皮的末端有一个腔称为包皮囊，尿液、精液和一些分泌液聚集在其中，这种液体具有成熟公猪所特有的气味。

二、种公猪的生殖功能发育

（一）性成熟前发育

性成熟前发育阶段开始于 30 日龄并一直持续到公猪达到性成熟。在此成熟阶段，生成精子的细胞基础逐步完成。

（二）初情期和性成熟

1. 初情期 初情期是公猪第一次交配并能射出精液的阶段。此时公猪的生殖功能还很不完善，射出的精液中的含精量少，而且不成熟精子较多，所以一般公猪可能还不具备真正的生育力，即不能保证射出的精子具有受精能力。

2. 性成熟 小公猪发育到一定年龄后，能够产生成熟的具有受精能力的精子，同时，表现出第二性征，这个时期可称为性成熟。

3. 配种年龄 引进品种一般在 8～9 个月龄开始配种，这时公猪的体重相当于成年体重的 60%～70%。

4. 利用年限 公猪从开始配种起，可利用年限为 1.5～2.5 年。

（三）公猪的性行为

1. 性行为发展过程

（1）性行为最早出现于 1 月龄左右。

（2）4.5～5.5 月龄，公猪的阴茎能够伸出。

公猪体重在 75～95 千克。开始阴茎伸出的长度短，为 2～3 厘米；伸出的时间也只有几秒钟，但不能排出分泌物。

（3）6～7 月龄，公猪能够射出具有受精能力的精子。

2. 性欲强度 公猪的性欲强度既受其自身雄激素水平的影响，也受交配经验和利用频率的影响。刚刚性成熟的公猪的性欲往往不强，但随着几次成功的交配之后，公猪的性欲会逐渐增强。2～3 岁，公猪的性欲强度达到最高，以后开始逐渐下降。

3. 性行为

（1）性行为过程：当公猪接近发情母猪后，会发出哼哼的叫声，嘴巴不停地开合，并分泌出大量的白色泡沫。频频排尿，嗅闻母猪的外阴，拱母猪的侧腹部、头部，并拱挑母猪的乳房部位。母猪站立不动，公猪会绕到母猪的后部，爬跨母猪，并用前肢夹着母猪的侧腹部，接着阴茎伸出，试图插入母猪阴道内。阴茎插入后开始抽动并来回旋转，当其阴茎的螺旋部分（龟头）插入母猪的螺旋形的子宫颈皱褶时，子宫颈会收缩，将公猪的阴茎锁定，使其不能转动，这样就会刺激公猪的性欲达到高潮而开始射精。

公猪在射精时，肛门呈节律性收缩，尾巴起伏。公猪射精完毕后，眼睛会向下观察，似选择从哪一侧跳下。交配行为结束。

（2）射精机制：公猪受到性刺激时，其阴茎海绵体的动脉血管充血扩张，导致阴茎勃起，收缩的阴茎肌肉开始松弛，从而使"S"状弯曲伸直，阴茎从包皮内伸出。射精过程是由分布于附睾尾和睾丸输出管的平滑肌的节律性收缩引起的。射精过程中，公猪的龟头略微变大。

（3）射精时间：公猪的射精时间可达 3~15 分钟。平均射精时间 5 分钟左右。

（4）分段射精：公猪射精过程，从成分上呈明显的阶段性。公猪最初射出的精液主要是胶状物，然后是一些清亮的液体，其中几乎不含精子，可能混有少量的尿液（尿生殖道中的少量残存尿液），有十几到几十毫升，之后开始射出浓白的精液，含有浓度很高的精子，为 30~100 毫升，之后，精液的浓度会越来越稀，直到完全是清亮的液体。有些公猪这种由浓到稀，由稀到浓再变稀的过程会进行三次，也就是说可出现三次浓份精液，有些公猪则只出现一个由浓到稀的过程。公猪射精到最后，先是一些清亮的液体，最后会排出大量的胶状物，然后阴茎软缩，射精结束。

三、精子发生和精液特性

（一）种公猪的精子发生

种公猪性成熟后，其精子发生便连续不断，直至性机能衰退。在睾丸的曲精细管内，活动型精原细胞经有丝分裂增数，形成初级精母细胞。初级精母细胞经减数分裂Ⅰ成为次级精母细胞。次级精母细胞经减数分裂Ⅱ成为单倍体的精细胞。单倍体精细胞经过变态成为头尾分明形似蝌蚪的精子。这一过程称为精子的发生。精子发生的全过程需要44～45日。在精细管内形成的精子通过精直小管、睾丸网到睾丸输出管进入附睾。在附睾中脱去原生质小滴，完善膜结构，获得负电荷，贮存于附睾尾中。这个过程需要9～12日。所以，同一批精子从发生到交配射出体外，大约需要两个月。

在生产实践中，采用外环境条件（包括温度、光照、营养等）来改善精液品质和生精能力，需要两个月后才能见到效果；同样道理，种公猪精子品质的某些突然变化，也应追溯到两个月前的某些影响因素。

（二）种公猪的精液特性

1. 射精量与精子密度　种公猪睾丸大，精子发生周期短（其他家畜需要50天以上）。每天每克睾丸组织产生的精子数量多（2 400万～3 100万个/克），加之副性腺发达，每次射精量大。国外培育品种平均180～250毫升，个别可达500毫升以上。单位体积密度2.5亿/毫升，总精子数达600亿个以上。

2. pH值、钠、钾离子含量　猪精液pH值呈弱碱性，pH值平均7.5（7.3～7.9）。钠、钾离子含量平均高于其他家畜。

3. 果糖，三梨醇　是精子代谢的主要能量物质。猪精液中果糖、三梨醇含量比其他家畜低。

4. 猪在同一次射精不同阶段的精液特性　猪射精量大，射精持续时间特长，可达5~12分钟。一次射精中有2~3次间隙。各阶段射出的精液组成也不相同。

（1）第一部分为含精子少的水样液体。主要来自尿道球腺，有清洗尿生殖道的作用，占整个射精子量的5%~10%。

（2）第二部分称为浓精部分。精子密度大，常呈乳白色，占整个射精量的30%~50%。

（3）第三部分以后精子密度呈递减趋势，且白色胶状凝块增多（前两部分同样含有少量胶状凝块），占总射精量的30%~40%，在自然交配时起阻塞阴道口防止精液倒流的作用。

第三节　种母猪繁殖系统

一、种母猪的生殖系统

母猪的生殖系统主要由性腺（卵巢）、生殖道（包括输卵管、子宫、阴道）、外生殖器（包括尿生殖前庭、阴唇和阴蒂）组成。

（一）卵巢

1. 卵巢　是母猪的主要性腺。性成熟前的卵巢位于第一荐椎岬部两旁稍后方，或骨盆腔入口两侧的上部。

2. 卵巢的主要功能　是产生卵子和分泌雌性激素、孕激素。母猪性成熟后，每个发情周期的开始阶段都会有大批的卵泡发育。成熟的卵泡分泌大量的雌激素，从而使母猪表现发情行为和生殖系统一系列的变化；成熟卵泡排卵后，卵子被输卵管的伞部承接；卵泡排卵后血液流入腔内，凝成血块，称为红体。之后，卵泡中的血块逐步被吸收，为黄体细胞所代替，称之为黄体。如果母猪没有怀孕，形成的黄体叫周期黄体或假黄体，周期黄体存在到发情周期的15~16天，在前列腺素F的作用下，会退化成结缔组织瘢痕，称为白体。如果母猪怀孕了，则周期黄体会发育成妊娠黄体或称作真黄体，黄体存在的时间可保持整个妊娠期。周期黄体和妊娠黄体均可分泌孕激素，对子宫为怀孕做准备和维持怀孕有重要作用。

（二）生殖道

1. 输卵管 母猪输卵管长度为 15~30 厘米，位于输卵管系膜内，是卵子受精和卵子进入子宫的必经通道。输卵管前 1/3 段较粗，称为壶腹，是精子和卵子结合受精处。精子在输卵管内获得受精能力。输卵管的主要功能是承接并运送卵子，同时也是精子获能、精卵结合和早期卵裂的场所。

2. 子宫 子宫由子宫角（左右两个）、子宫体和子宫颈三部分组成。

（1）子宫角：母猪的子宫角长度为 1~1.5 米，宽度为 1.5~3 厘米，子宫角长而弯曲，形似小肠，与肠道形态明显的不同是子宫角表面有许多纵向纹，且管壁厚实。

（2）子宫体：子宫体位于子宫角与子宫颈之间，长 3~5 厘米，黏膜上有许多皱襞。

（3）子宫颈：子宫颈长达 10~18 厘米，子宫的门户，子宫颈与阴道之间没有明显界限，当母猪发情时，在雌激素的作用下，子宫颈口括约肌松弛、开放，所以无论本交时的阴茎，或者给母猪输精时的输精管海绵头都很容易通过阴道直接到达子宫颈管内。

子宫颈管也是其交配器官的一部分。子宫体和子宫角是胚胎和胎儿发育的场所，在胚胎附植前，子宫分泌的子宫液有利于早期的胚胎发育，随着胚泡的发育，子宫黏膜会逐步发育成母体胎盘从而和胎儿胎盘发生物质交换。

由于母猪只有达到发情盛期，在大量雌激素的作用下，子宫颈口才会充分开张，因此，配种过早、过晚，母猪都不会接受公猪的爬跨或输精，即使强制配种或输精，精液也不能进入子宫。在人工授精中，如果输精管的海绵头不能锁定在母猪的子宫颈管内，则可能配种过早或过晚。

3. 阴道　母猪阴道较短，约10厘米。其既是交配器官，又是胎儿分娩的通道。阴道呈扁管状，位于子宫颈与阴道前庭之间，有较厚的肌肉壁。发情时母猪阴道黏膜在雌激素的作用下充血肿胀，表面光滑，并且分泌增加，呈潮红色，这是掌握母猪配种时机的重要依据。

（三）外生殖器官

母猪的外生殖器官包括：尿生殖前庭、阴唇和阴蒂。

1. 尿生殖前庭　泌尿生殖道的末端，是外生殖器。由阴唇、阴门裂、阴蒂组成。通入前庭的入口，由左右两片阴唇构成，上连合处较圆，下连合处较尖，下连合后下方汇合成一尖状的突出物。

2. 阴唇　外面皮肤上有稀疏的细毛，皮肤的深处有阴门缩骨，上方连肛门外括约肌。

3. 阴蒂　位于下连合前方，由海绵体及包皮组成。猪的阴蒂特别发达，较长，靠近前庭，稍弯曲，并消失在包皮套中。阴蒂头突出于阴蒂窝的表面。

二、母猪生殖功能发育和发情周期

（一）母猪生殖功能发育阶段

1. 初情期　母猪首次出现发情或排卵称为初情期。从外观征状看，表现出性兴奋，外阴部红肿，出现爬跨等行为。从卵巢变化看，第一次有卵泡成熟和排卵。但整个生殖器官尚未发育完善，尚不具备受孕的条件。引进国外育成品种5~6月龄。

2. 性成熟　母猪初情期以后，生殖器官逐渐发育完善，能产生正常的生殖细胞，一旦与公猪交配并能正常受孕，这个时期称为性成熟。中国地方猪种性成熟早，一般 3~4 月龄；国外引进培育品种性成熟较晚，一般 6~7 月龄。

3. 母猪的初配年龄　中国地方品种 6~7 月龄，体重 50~60 千克；国外引进品种 8~10 月龄，体重 120~135 千克。

（二）发情表现

根据母猪发情期内的外观症状，可以把它分为四个时期：发情初期、高潮期、适配期、低潮期。

1. 发情初期　表现鸣叫不安、爬圈、食欲开始减退、阴户开始肿胀、黏膜粉红、微湿润等。

2. 高潮期　表现更兴奋不安，鸣叫，食欲下降甚至拒食（培育品种的不明显），在圈内起卧不安，爬圈或爬跨同圈母猪，或其他母猪爬跨发情母猪。但不会安静接受爬跨；阴户及阴蒂肿胀更加明显，黏膜潮红或鲜红、前庭更湿润、有透明黏膜，排尿频繁。

3. 适配期　神情表现呆滞，安静接受公猪或同圈母猪爬跨。阴户肿胀度减退，出现皱褶，黏膜颜色紫红或暗红，黏液变稠。按压母猪腰荐部时，表现安静不动（又称静止反射），这就是适配期。

4. 低潮期　行为、食欲恢复正常，阴户收缩，红肿消失，拒绝公（母）猪爬跨，发情逐渐终止。

（三）排卵和受精

1. 排卵　排卵是指卵泡发育成熟后破裂释放卵子。母猪排卵是在高潮期稍后的一段时间内实现的。

（1）排卵时间：一般在发情开始后的第 16~42 小时，排卵有一个过程，持续 4~6 小时。发情期内如果母猪不交配，则排卵时间会较晚，在发情开始后 48~60 小时后排卵。如果配种，不仅排卵会比不配种早，而且排卵持续期也会短些。

（2）数量：在一个发情期内母猪排卵数一般为 10~30 个，

引进品种中，经产母猪平均排卵数为 26 个。母猪的排卵数受品种、年龄、胎次影响。青年母猪排卵数较少，首次发情排卵数比第二次发情的排卵数少；母猪在 4~6 胎排卵数为最多；营养水平高的母猪排卵数高于营养差的母猪。

（3）在排卵时间上，发情期越长，排卵越晚，基本上处在发情持续期进行到 70% 左右时。不同发情持续期的母猪的平均排卵时间如表 3-1 所示。

表 3-1　不同发情持续期与排卵时间的关系

发情持续期（小时）	63	54	48	36
排卵时间（发情开始后）小时	41	37	34	27

2. 受精　卵泡排卵后，卵子被输卵管的伞部承接，并沿输卵管向子宫方向运行，当达到输卵管壶腹部时，会做暂时停留。

母猪交配后或人工授精后，精子会沿子宫向输卵管方向运行，并在子宫和输卵管内完成精子获能过程，即精子只有与子宫和输卵管中的液体相互作用后，才能获得受精能力。精子到达受精部位（输卵管壶腹部）后，与卵子相遇，精子穿透卵子的放射冠，穿过透明带，进入卵黄膜内（通常只有一个精子能进入卵黄膜内），卵子很快完成减数分裂 Ⅱ，分裂出一个极体和卵母细胞。然后精子的头形成雄性原核，卵子的核形成雌性原核，两核相向运动融合，就完成了受精过程。受精卵进一步发育为胚胎。

第四节　精液采集、检验和分装技术

人工授精技术，指人工采集公猪精液。经检查合格后，适量稀释，放在 17℃ 恒温冰箱保存。当发情母猪需要配种时，再人工将精液输送到母猪子宫内使母猪受孕的方法。

一、采精技术规范

（一）采精前准备工作

1. 采精室的准备

（1）采精前，做好采精室的清洁卫生，保证室内温度适宜。

（2）检查假母猪是否稳当，确保橡胶防滑垫放在假母猪正后方，以使公猪站立舒适。根据公猪体格大小，必要时调节假母猪的高度。

2. 采精材料的准备

（1）恒温加热板的预热：采精前应先对加热板和载玻片预热，调定到37℃。

（2）集精杯的准备。

1）集精杯的安装：在集精杯内套一层（或两层）卫生袋，杯口上固定过滤网，将一张消毒纸巾盖在网面上，再将集精杯盖轻轻盖上。

2）集精杯预热：集精杯通常用保温杯代替。集精杯在采精时，温度最好是在37℃左右，但要求并不是十分严格，只要达到温暖不烫就可以了。可用电吹风加热至温暖状态（30～37℃）。

3. 公猪的准备　将公猪赶进采精室，关好采精栏门，进行公猪体表的清洁。

（1）用硬刷刷拭公猪体表，尤其是注意刷掉下腹及侧腹的灰尘和污物。

（2）如果公猪阴毛过长，应进行修整，以免黏附污物。一般以2～3厘米为宜。

（二）采精方法与精液收集

1. 锁定龟头　脱去右手外层手套。右手呈空拳，当龟头从包皮口伸入空拳后，让其在空拳中转动，当感觉到龟头已经完全勃起时，用中指、无名指、小指锁定龟头，并向左前略向上方牵出，龟头一端略向左下方。

2. 精液收集　公猪射精是分段的，清亮的精液中基本不含精子，应将集精杯移离右手下方，当射出的精液有些乳白色混浊时，说明是含精的精液，应收集。最后的精液很稀，基本不含精子，也不要收集。

3. 要保证公猪的射精过程完整　采精过程中，虽然最后射出的精液不收集，但也不要中止采精，直到公猪阴茎软缩，环顾周围，试图爬下假母猪，再稍微松开公猪的龟头，让其自然软缩退回。经常不完整的射精会导致公猪患生殖疾病而过早被淘汰。

二、精液品质检查与记录

精液品质的常规检查包括直观项目和微观检查。

（一）直观检查

精液采集到后，首先要进行直观检查，直观检查包括色泽、气味、采精量等。

1. 色泽　正常的精液从浅灰白色到乳白色，白色越浓厚，密度越高；反之，白色越浅越透明密度越低。色泽呈红色、褐红色精液中混有鲜血或陈血；透明度高、红色、褐红色、褐黄色等不正常色泽的精液均不合格。

2. 气味　正常精液有淡腥味，如发出腥臊味说明混有脓液，发出腥臊味混有尿液或包皮液，均为不合格精液。

3. 采精量　是与收集精液的总精子数有关的重要指标，公猪正常采精量为200~500毫升，平均220毫升。

4. pH 值　正常猪精液 pH 值为 7.2 ~ 7.9，偏碱性，平均7.5。

应注意：pH 值只在公猪精液出现质量问题，查找原因时测定。

（二）微观检查

1. 精子的形态结构检查 精子分头尾两部分，头部呈椭圆形，尾部为一条长长的鞭毛。在显微镜下，精子的形状似蝌蚪。

（1）头部：精子的头部在显微镜下观察呈椭圆形，但实际上一面凹入，侧扁，似一厚壁的勺。主要由细胞核构成，其中含有公猪一半的染色体。核的前面被顶体覆盖，内含与精子受精有关的酶等物质。顶体是一个相当不稳定的部分，容易变性和从头部脱落。

（2）精子尾部：精子尾部分为颈部、中段、主段和末段四个部分。

1）颈部：为一很短的螺旋状结构，是精子最脆弱的部分，极易从此处断裂。

2）中段：中段是精子动力来源，推动精子运动。

3）主段：尾部最长的部分，是精子的驱动部分。

4）末段：尾部的末段较短，纤维鞘消失，其结构仅由纤丝及外面的精子膜组成。

2. 精子活力测定 前进运动精子称为有效精子。前进运动精子占总精子数的百分比叫作精子活力或活率。精子活力测定通常采用估测法，操作步骤如下：

（1）稀释液与精液等温和活力检查取样。

（2）制作活力检查的精液压片：将精液滴注在事先放在恒温加热板上预热的载玻片中间；将一张干净的盖玻片的一个边放在精液滴的左侧与载玻片呈向右的30度角，稍微向右移动至精液进入载玻片与盖玻片间的夹缝中，轻轻放下盖玻片。这样做的目的是防止盖上盖玻片时产生气泡。

（3）精子活力评分：按照五级评分制，评分标准如表3-2所示。

表3-2 精子活力评分标准

分值	精液运动状态	评价
5分	整个视野中有明显的大的运动波	很好
4分	出现一些运动波和精子成群运动	好
3分	出现成群运动	一般
2分	无成群运动，部分呈前进运动	较差
1分	只有蠕动	差
0分	无精子活动	

按五级制评分，合格精液的精子活力应不低于3分。

3. 精子凝集度检查 公猪的精子容易发生凝集，生殖系统的炎症、免疫反应、尿液、包皮液、有毒或有粉迹的采精手套等都可导致精子发生凝集，严重的凝集导致精液报废。

精子凝集的检查可与精子活力测定同时进行，在100倍镜下，观察精子的凝集程度。轻度凝集的精液，可在视野下见到散在的由10个以下精子凝集的小团，凝集团数量较少，活力在0.6（五级制2分）以上，可认为是疑似问题精液，凝集度可用一个"+"表示，在输精瓶上做好标记，6小时后观察精子活力。如果凝集状况没有明显增加，活力合格；如果凝集团增大，数量增加，则应将这些精液废弃；凝集团聚集，用"+++"表示，同样为不合格精液。

4. 精子密度测定 猪精子密度测定的方法有多种，最可靠的方法是血球计数板计数法，但这种方法对条件和技术要求较高。较为快捷的方法是运用比色仪、分光光度计或专用的精子密度计进行测定。

5. 精子畸形率测定 精子畸形率是指精液中畸形（即形态异常）的精子占总精子数的百分率，畸形率越高，则精液的质量越差。畸形率的高低受气候、营养、遗传、健康等因素的影响，因此，在后备公猪开始使用时及正常使用的种公猪每个季节都要进行畸形率测定。各种畸形精子见图3-1。

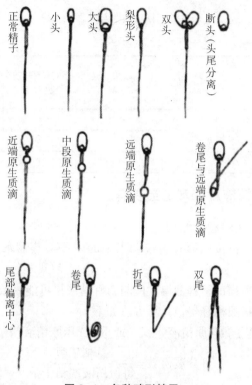

图3-1 各种畸形精子

$$畸形率（\%）=\frac{畸形精子总数}{总精子数}\times100$$

公猪精子的畸形率不应高于18%。如果畸形率较高，首先应检查操作过程，必要时要进行第二次测定，如果仍然不合格，精液不可用。

（三）精液质量与处理记录表

可根据实际需要，设计记录表。每头公猪独立建表，具体见表 3-3。

表 3-3　精液质量与处理记录表

品种：＿＿＿　编号：＿＿＿　出生日期：＿＿＿年＿＿＿月　育种值：＿＿＿

采精时间 -年-月-日	采精量/（克）	活力（%）	密度（亿/毫升）	凝集度	色泽	气味	分装份数	24小时（活力）	每份总精子数	采精员签名

三、精液稀释和分装保存

（一）稀释液的配制

（1）严格按照稀释粉说明书上的配比与蒸馏水混合并保证彻底溶解。

（2）稀释前稀释液温度应与新鲜精液尽可能一致。

（3）精液稀释倍数计算方法如下：

总精子数＝原精液体积（或重量）×原精液精子密度

$$可分装份数＝\frac{总精子数}{每份精液的精子数}$$

精液稀释后总体积（或重量）＝可分装份数×每份精液的体积（或重量）

例如，一头种公猪一次采精原精液重 257.8 克，精子密度 2.53 亿/毫升，活力为 0.7，每份精液体积 100 毫升，分装要求每头份精液总精子数为 40 亿。

总精子数＝257.5×2.53＝651.5 亿

可分装份数＝651.5÷40＝16.28 头份，取整数 16 份

最终稀释后精液体积＝16×100＝1 600毫升

4. 稀释方法　精液稀释时，原精液与稀释液的温度要尽量一致，温度相差在2℃以内，稀释液温度可略低于原精液。根据计算所得的稀释后总精液体积，稀释液应缓缓加入精液中，禁止将稀释液从高处倒入，形成冲击力。在食品袋中配制的稀释液可直接从袋中倒出，或将食品袋放入塑料杯中，袋口翻向杯外沿，再将稀释液倒入装精液的杯中。加入精液中稀释液的最终加入量应使精液和稀释液的总体积达到所计算的稀释后体积（或重量）。加入稀释液过程中，应一边加入稀释液，一边轻轻摇动装精液的塑料杯，使稀释液与精液充分混合。最好先作1∶1稀释，10分钟后再稀释到最终体积。一般最终体积不能超过原精液体积的10倍。

（二）分装和保存

1. 分装　室温应控制在20～25℃，以免在精液稀释分装处理过程中因为室内温度变化过大因素影响精液质量，精液稀释5分钟后，应再一次检查精子活力，如果活力没有下降，可进行分装。

2. 精液的保存

（1）保存温度：猪精液在15～25℃范围内均可保存，在运输和短期保存中（1～2天）这个温度范围对精液的质量不会有明显影响。但温度偏高会缩短精液的保存期。精液保存的最适温度应在16～18℃。专用于猪精液保存的恒温冰箱一般设定在17℃。

（2）避光保存：强光会刺激并加速精子的代谢，缩短精子的寿命，使精液升温，都不利于精子的保存。因此，精液保存和运输过程中都应尽量避光。

（3）精液的保存时间：猪精液常温保存的时间，因稀释液种类不同而分短效、中效和长效保存，常见的商品稀释粉配制的稀释液稀释精液后，精液保存时间为3～5天，属中效，长效的可保存 10 天或更长。但仍建议用中效保存的稀释粉。

第五节　人工输精操作规范

输精是人工授精的最后一个环节，也是最重要的环节。准确的配种时机，保证良好的卫生条件，足够的有效精子输到母猪的子宫内，是保证人工授精受胎率和产仔数的关键。

一、输精用品

输精前需准备的用品包括：运输或临时贮存精液的保温箱、冰（或热水）袋（用于控制精液保存箱的温度）、厚毛巾或泡沫塑料板（用于使精液容器与热源或冷源隔开）、贮存的精液、纸巾（清洁外阴部）、专用润滑剂（润滑输精管海绵头）、输精管（每头发情母猪配备两根）、50℃温度计、高锰酸钾等。

二、输精技术

（一）公猪参与输精诱情

输精时，应让母猪与试情公猪隔栏头对头，以便方便引起母猪的注意力，从而便于公、母猪之间的交流更好地刺激母猪的性欲，使输精更顺利。配种时，先把试情公猪赶至配种栏中，再分别将发情母猪赶入配种栏，配种栏一次可同时进行四头母猪输精。

（二）输精前母猪的处理

1. 母猪外阴部的清洁　用 0.1% 高锰酸钾溶液，将外阴擦净。后用消毒纸巾擦干净，使阴门及阴门裂内干燥。高锰酸钾溶液应现配现用，不得存放。

注意：外阴清洁时，严禁用清水或消毒水（如高锰酸钾水）冲洗外阴。因为母猪性兴奋时，可能会将液体吸入子宫内，杀死精子或造成子宫污染。外阴部并不是必须消毒的，关键是输精时保持外阴部及阴门的干燥、清洁。

2. 母猪敏感部位的按摩与刺激 通过公猪叫声和人工刺激发情母猪的敏感部位，使发情母猪产生性兴奋，促进垂体后叶释放催产素，兴奋子宫，产生宫缩，有利于精液的吸收。能有效提高输精效率，缩短输精时间。具体做法是，从母猪的颈肩部开始，依次向后，用手掌来回按摩刺激各个敏感部位，尤其是侧腹部和乳房及腹股沟。

（三）输精管插入技术

（1）左手使阴门呈开张状态并向后方（略向下）轻拉，保持阴门张开（图3-2），右手持输精管将海绵头先压向阴门裂处，然后呈向上的45度角向前上推进，使海绵头沿着阴道的上壁滑行，一直将海绵头送到子宫颈口处，此时向前推进会感到有一些阻力，说明海绵头已到达子宫颈外口（图3-3）。

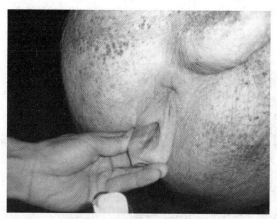

图3-2 保持阴门开张的手势

注：如果海绵头呈向前下插入，容易损伤母猪尿道口，严重时会造成出血。

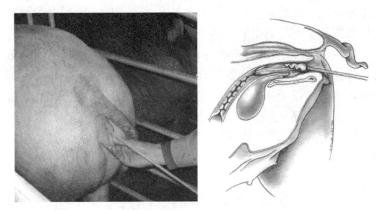

图3-3　输精管斜向上插入阴门后沿阴道上壁向前推进

（2）海绵头的锁定。当遇到阻力时，用力向左旋转推送3~5厘米，当海绵头插入子宫颈管内后，子宫颈管受到刺激会收缩，使海绵头锁定在子宫颈管内（图3-4）。一些体型较小的初配母猪子宫颈管较细，插入过程用力要适当，有时需要将输精管后撤一些，并改变方向，以绕过子宫颈内的突起。强行插入，常会造成子宫颈出血。

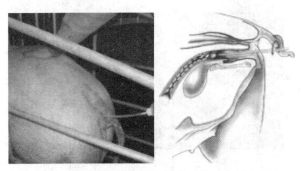

图3-4　向左旋转输精管使海绵头锁定在子宫颈内

输精管的插入过程要流畅，不宜过慢。当海绵头进入子宫颈管内时，母猪受到刺激，子宫颈会收缩，而使海绵头锁定在子宫颈管内。如果过慢，可能子宫颈会提前收缩而导致海绵头无法插入子宫颈管。

开始输精前，应确认海绵头是否被锁定，可以向后拉动输精管，当松手后输精管能回位；或稍稍扭转输精管，松手后，如果输精管转回原位，均可说明海绵头已经被锁定。

（四）输精

1. 输精方式

（1）输精员站在母猪左侧，面向后，将左臂及腋窝压于母猪后背，同时左手按摩母猪侧腹及乳房；另一手提输精瓶（袋）。

（2）倒骑在母猪背部，并用两腿夹住母猪两侧腹部。另一手提起输精瓶或袋。

（3）有集中配种栏的猪场，可将沙袋压在母猪背部或用输精夹夹住母猪肷窝处，将输精瓶（袋）固定在一定高度，使精液自动流下。在输精过程中，输精员按次序轮流按摩每头母猪的侧腹或后侧乳房，以刺激母猪的性兴奋，促进精液的吸收。

注意：输精管在子宫颈内停留的时间不能太长，母猪性兴奋过后，会有一段"不应期"，反而容易使精液倒流。

2. 输精次数　一般母猪一个情期输精 2 次，第一次称为主配，配种时间实际上就是我们判断的母猪最佳配种期。第二次称为辅配，有利于增加母猪受孕机会，提高受胎率。两次配种间隔时间为 12～18 小时。如果第二次输精后，母猪的发情状况仍没有明显消退的征兆，可考虑进行第三次输精。输精次数超过 3 次并不会产生有益的作用。

3. 输精时出现特殊情况时的处理

（1）精液不流动：前后移动输精管，或轻轻将输精管向后上方轻拉，使管头离开子宫颈黏膜突起，轻轻挤压输精袋

（瓶），使精液充满输精管，以形成液体压力。

（2）精液倒流：输精过程中，精液有少量倒流（5毫升以内）对受胎不会有太大影响，如果倒流较多，可先将输精瓶放低，然后向前推送输精管，使海绵头锁定在子宫颈管内。如仍无法锁定，可抽出输精管，10分钟后重新插入，并确定锁定后进行输精。

（3）输精时母猪排尿：尿液会杀死精子，应更换输精管，清洁外阴部后，再重新输精。

（4）输精管海绵头未锁定在子宫颈管内：造成输精管不能锁定在子宫颈管内的原因如下：

1）发情鉴定不准确。过早或过晚输精都会因子宫颈管未开张或已经闭合，而不能将海绵头插入到子宫颈管内。

2）海绵头过小、海绵头插入过浅，没有进入子宫颈内。

3）海绵头过大，子宫颈管较细，无法插入子宫颈管内。

4）插入过慢，母猪因兴奋而使子宫颈收缩，无法将海绵头插入子宫颈管内。

三、输精后的管理

（1）保持好母猪状况。输精结束后，让母猪与公猪继续隔栏头对头接触10分钟左右，然后再将公猪赶走。不要让母猪卧下。因为母猪卧下时，会抬高子宫位置，增大腹压，可能导致精液倒流。当母猪要卧下时，应轻轻驱赶，让其保持站立。

（2）保持较好的舍内环境，保持安静，减少应激。

（3）记录好输精记录表（表3-4）。

表3-4　输精记录表

日期＿＿＿＿＿　　　配种舍号＿＿＿＿＿

母猪号	公猪号	精液生产日期	发现发情时间	断奶时间	第1次配种时间	第2次配种时间	输精顺利与否	21天返情与否	30天B超妊检	产仔日期	产仔总数/活仔数	备注

第四章　猪的营养需要及调控技术

营养是养猪的基础，只有了解猪的消化生理、知道猪的营养需要，科学经济合理配制饲料，才能把猪养好。

第一节　猪的消化生理

一、猪的消化系统

猪是单胃杂食动物，在现代养殖生产体系中，猪可以被驯化成分餐采食；或在持续供料供其自由采食的情况下，猪也会在白天频频采食。虽然猪一般都是白天进食，但在某些情况下如天气炎热时，也可转变为夜间采食。生产上猪饲料宜适当粉碎以减少咀嚼的能量消耗，同时又有助于胃、肠中酶的消化。猪饲粮中的粗纤维主要靠大肠和盲肠中微生物发酵消化，消化能力较弱。

二、消化器官组成及功能

猪的消化器官由一条长的消化道和与其相连的一些消化腺组成（图4-1）。消化道起始于口腔，向后依次为咽、食管、胃、小肠（包括十二指肠、空肠和回肠）、大肠（包括盲肠、结肠和直肠），最后终止于肛门。消化腺包括唾液腺、肝、胰和消化道壁上的小腺体。消化腺合成消化酶，分泌消化液，经导管输送到消化道内，促使饲料中的蛋白质、脂肪和糖类发生水解作用。

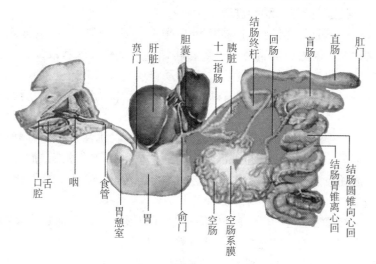

图4-1　猪的消化系统

（一）消化道的结构

消化道壁从内向外可分为四层，即黏膜层、黏膜下层、肌层及浆膜层。

1. 黏膜层　由上皮细胞构成，衬在管腔的内表面，其下分布有血管、神经丛和淋巴管。黏膜层表面常有黏液而保持湿润，主要起吸收和保护作用。

2. 黏膜下层　为疏松结缔组织，其中有丰富的血管、淋巴管、弹性纤维、脂肪细胞和神经丛。

3. 肌层　消化道中除口腔、食管上段及肛门周围属于横纹肌外，其余消化道的肌层均由平滑肌构成。各层平滑肌均由植物性神经支配，它们相互配合、协调地收缩和舒张，引起消化道的运动，使食物与消化液充分混合及沿着消化道向后移动。

4. 浆膜层　是消化道的最外层，表面光滑，并分泌少量浆液，可以减少肠管运动时的摩擦，起保护和润滑作用。

（二）口腔、咽和食道

1. 口腔 猪的口腔器官包括吻突、唇、腭、齿和唾液腺。食物在口腔内经咀嚼磨碎，降低其颗粒大小并混入唾液淀粉酶，形成食团，然后经咽部吞下。咀嚼动作还刺激口腔感受器，通过神经反射引起后段消化器官加强分泌和运动，为随后的食物消化做准备。

2. 咽 咽是呼吸道和消化道共用的一段肌性管道，可分为三部分，即鼻咽部、口咽部和喉咽部，饲料经口腔唾液湿润后所形成的食团必须经过口咽部进入食道，进行进一步的消化和吸收。

3. 食道 食道是食物的通道。口腔形成的食团通过食道肌肉由前向后有节律地蠕动，从口腔、咽进入到胃。食道的终点连接贲门括约肌，贲门括约肌与胃相连，贲门括约肌收缩可以关闭胃的入口，防止胃内容物倒流入食道。

4. 口腔、咽及食道基本上没有吸收功能

（三）胃

1. 胃的结构 猪胃是介于肉食动物的简单胃和反刍动物的复杂胃之间的中间类型，猪胃虽然是一个单胃，但明显强于草食动物的一个单胃功能，能利用各种动植物和矿物质饲料。猪胃由一个室组成，形如豆状，猪胃容量随年龄而增长，一头肥育猪，胃容积6～8升。胃壁平滑肌有内斜、中环、外纵三层。它不仅具有机械性消化（蠕动）功能，还有维持胃适度紧张的作用。胃可分为四部分：

（1）贲门部：靠近贲门的部分。

（2）胃底部：贲门左上方膨出部分。

（3）胃体部：胃底与幽门窦之间的部分。

（4）幽门部：靠近幽门的部分。

猪的胃壁黏膜分两部分：有腺体部和无腺体部。无腺体部分面积较小，分布在贲门周围，表面覆以复层扁平上皮，比较薄，角质化程度低，又被称为食管部。其黏膜结构和食道相似。有腺体部是除无腺体部外的胃黏膜区域，覆以单层柱状上皮，又可分为贲门腺区、胃底腺区及幽门腺区三部分。

　　2. 胃液　　胃液是胃腺各种细胞分泌的混合物。各腺区均含有主细胞、壁细胞及黏液细胞三种细胞。

　　（1）其中主细胞分泌胃蛋白酶原、凝乳酶及脂肪酶。

　　（2）壁细胞分泌盐酸及"内因子"。"内因子"是一种糖蛋白，可与食入的维生素 B_{12} 结合，形成复合物，从而保护 B_{12} 不被小肠内水解酶破坏，并促进回肠上皮对 B_{12} 的吸收。

　　（3）黏液细胞分泌黏液。黏液的主要成分为糖蛋白，黏液覆盖于胃黏膜表面，具有润滑保护作用。

　　3. 胃的吸收功能比较低　　胃虽然为重要的消化器官，但并不具备吸收功能，仅能吸收少量的水分。

　　（四）小肠

　　1. 小肠结构　　小肠是消化道中最重要的消化吸收器官，分为十二指肠、空肠及回肠。小肠黏膜具有很大的吸收表面积，如成年猪小肠的容积占消化道总容积的 1/3，长度为 15～21 米，平均为体长的 11～12 倍，直径为 2～4 厘米。小肠是各种物质吸收的主要场所。

　　2. 小肠消化液　　小肠的消化液，包含肠壁外的胰腺分泌的胰液、肠壁内腺体分泌的小肠液及肝脏分泌的胆汁，三者组成小肠的消化液。

　　（1）胰液：无色透明的碱性液体，pH 值为 7.8～8.4。维持小肠内中性或弱碱性环境，为各种胰酶消化作用提供适宜的条件。并含多种消化酶，包括胰蛋白酶、胰肽酶、胰脂肪酶、胰淀粉酶和胰核酸酶等。

（2）小肠液：是小肠黏膜中各种腺体分泌物的混合，无色的混浊液，pH 值为 8.2~8.7，含有种类齐全的消化酶，如肠肽酶、肠脂肪酶、分解糖类的酶及分解核酸和核苷酸的酶等，其对饲料中营养物质的消化作用是十分全面而彻底的，可将蛋白质、脂肪和碳水化合物水解为可被机体吸收利用的形式。

（3）胆汁：橙黄色、有黏性、味苦的弱碱性液体，pH 值为 8.0~9.4。其不仅是一种消化液，也是某些物质（如血红蛋白产物）的排泄途径。胆汁中不含消化酶，主要成分为胆色素、胆酸、胆固醇、卵磷脂及其他磷脂、脂肪和矿物质等。胆汁对消化的作用，是由胆酸盐来实现的。

（4）胆汁的消化作用：

1）参与脂肪的消化。胆汁可以激活胰脂肪酶，促进脂肪的乳化，以增加脂肪和脂肪酶接触的表面积。胆酸盐与脂肪酸结合，形成水溶性的复合物，能促进脂肪酸的吸收。

2）促进脂溶性维生素 A、维生素 D、维生素 E、维生素 K 的吸收。

3）胆汁中的碱性无机盐可中和一部分由胃进入肠中的酸性食糜，维持肠内的适当反应。

4）胆汁能刺激小肠运动。

（五）大肠

1. 大肠结构　大肠分为盲肠、结肠和直肠三部分。大肠的长度为 3~4.5 米，直径为 5 厘米。大肠壁没有绒毛，其主要功能是吸收水分、电解质和在小肠中未能完全吸收的物质，未吸收的物质最后排出体外。

2. 大肠液　大肠液的主要成分是黏液，含酶较少。大肠内的细菌还能合成 B 族维生素。

（六）胰腺和肝脏

肝脏与胰脏同属消化器官系，位置在胃的附近。胰脏通过胰管和肝脏胆囊的输胆管一起开口于十二指肠部位，将胆汁和胰液输入到消化管道内。

1. 胰脏　主要分为外分泌部（胰腺）和内分泌部（胰岛）。胰腺分泌各种胰酶如胰淀粉酶、胰脂肪酶、胰蛋白酶、糜蛋白酶及羧肽酶等。胰腺分泌的蛋白酶是以非活性状态存在，当进入到十二指肠后，胰蛋白酶被钙离子激活，其转而激活糜蛋白酶和羧肽酶，负责对饲料中各种养分进行消化。胰岛主要分泌胰高血糖素和胰岛素，调节动物机体的新陈代谢。

2. 肝脏　肝脏的胆囊分泌黄色带苦味的胆汁，经胆管流入肠道，胆汁含有多种盐类，可以中和食糜中的酸性，并可以乳化食糜中的脂肪为食糜微粒，促进脂肪消化及脂溶性维生素吸收，刺激小肠蠕动。

三、猪的消化酶

猪消化酶的合成和分泌受年龄、应激、疾病和日粮等因素的影响。在正常情况下，猪所需要的消化酶体内能够合成。主要的消化酶有淀粉酶、蛋白酶、脂肪酶等。

1. 淀粉酶　淀粉酶是一类能分解淀粉糖苷键的酶的总称，包括糖化酶、α-淀粉酶、β-淀粉酶等，适宜 pH 值为 4~6，水解产物为葡萄糖、麦芽糖或糊精。

2. 蛋白酶　蛋白酶是指能催化分解蛋白质肽键的一群酶的总称，该酶使蛋白质降解成小分子的蛋白胨、小肽、氨基酸等物质。

3. 脂肪酶　为降解脂肪酯键，可将脂肪分解成脂肪和甘油。主要来源于胃液、胰液及微生物黑曲霉、根霉、酵母等。

四、各种营养物质代谢与吸收

（一）吸收方式

1. 胞饮吸收　胞饮吸收是细胞通过伸出伪足或与物质接触处的膜内陷，从而将这些物质包入细胞内，初生哺乳猪对初乳中免疫球蛋白的吸收是胞饮吸收。

2. 被动吸收　被动吸收是通过滤过、渗透、简单扩散和易化扩散（需要载体）等几种形式，将消化了的营养物质吸收进入血液和淋巴系统，各种离子、电解质和水等的吸收即为被动吸收。

3. 主动吸收　主动吸收与被动吸收相反，必须通过机体消耗能量，是依靠细胞壁"泵蛋白"来完成的一种逆电化学梯度的物质转运形式。

（二）吸收的部位

各段消化道都有不同程度的吸收能力。各种营养成分吸收的量和速率，主要取决于该段消化道的组织结构、养分在该处的存在形式及停留时间等。食物在口腔中实际不被吸收，胃内吸收也有限，大肠中主要吸收水分、无机盐和微生物消化作用的产物，绝大多数营养物质在小肠被吸收。小肠是机体重要的吸收器管，小肠绒毛是吸收营养物质的主要部位。

（三）氨基酸的代谢与吸收

1. 氨基酸的代谢　经肠道吸收的氨基酸在体内可用于蛋白质的合成，包括体蛋白和产品蛋白分解供能或转化为其他物质。肠道吸收的氨基酸，有一半左右是机体进入肠道的内源物含氮物质的消化产物。吸收的氨基酸、体蛋白质降解和体内合成的氨基酸均可用于蛋白质的合成。

2. 氨基酸的利用　氨基酸的吸收是一个主动过程，但在多数天然原料中，氨基酸不能被完全消化、吸收和利用。因此，恰当配制日粮的重要的一点是了解猪对常用原料中氨基酸的吸收和利用程度。这里要说明两个术语：消化率和利用率。

（1）消化率是指饲料中氨基酸在肠道里的吸收数量；消化率的传统测定法是对日粮中的营养成分含量与粪中的含量进行对比测定得出。

（2）利用率是指饲料中的氨基酸实际用于生长的比例。

（四）蛋白质的合成和利用

1. 蛋白质的合成　蛋白质的合成是一系列十分复杂的过程，几乎涉及细胞内所有种类的 RNA 和几十种蛋白因子。蛋白质合成的场所在核糖体内，合成的基本原料为氨基酸。

2. 蛋白质的吸收　绝大多数蛋白质在胃肠道内被分解成氨基酸，再主动吸收入血液。蛋白质消化分解产生的氨基酸并不能全部被肠道吸收，其原因在于各种氨基酸的吸收速度存在明显差异，各种氨基酸的吸收率也有差异。食糜内的氨基酸，还可能由于肠内细菌的脱氨基作用被分解为氨及有机酸后被吸收。

蛋白质在肠腔内的最终水解产物，除了氨基酸外，还有部分小肽，而且一些小肽可完整地被肠黏膜细胞吸收并转运进入血液循环。进入肠黏膜细胞的小肽，一部分由黏膜细胞内肽酶水解成氨基酸而进入血液循环，另一部分能通过肠黏膜的肽载体进入循环。

（五）糖类的吸收

糖类在胃肠道内降解为单糖和双糖，或经细菌作用形成低级脂肪酸。单糖和低级脂肪酸可直接吸收。麦芽糖、蔗糖、乳糖等双糖虽然可以完全溶解于食糜中，但在正常情况下，必须经肠黏膜上皮的刷状缘含有的双糖酶降解为单糖后才被吸收。

单糖的吸收是主动转运过程。各种单糖的吸收速度不同，葡萄糖和半乳糖吸收最快，而果糖的吸收速度较慢，甘露糖、木糖和阿拉伯糖的吸收更慢。

（六）脂肪的吸收

脂肪在胆盐和脂肪酶的作用下水解成脂肪酸和甘油。脂肪酸与胆盐形成复合物后，进入肠黏膜的上皮细胞。这种复合物进入上皮细胞后，脂肪酸与胆盐分离，后者透出细胞经血液循环回肝脏，以供再次分泌。

日粮脂肪类型影响对脂肪的吸收率。通常，短链脂肪酸要比长链脂肪酸吸收率高；不饱和程度高的脂肪酸比不饱和程度低的脂肪酸吸收率高；而游离脂肪酸比甘油三酯吸收率高。

（七）水、无机盐和脂溶性维生素的吸收

1. 水的吸收利用　大部分水在小肠和大肠被吸收，胃也能吸收少量的水。肠壁吸收水分的主要动力是渗透压。营养物质被吸收时，使上皮细胞内的渗透压升高，从而促进水分转移，其中以钠离子的主动转运最重要，是促使水分被吸收的主要因素。

2. 无机盐类的吸收　主要在小肠内吸收，钠和钾较易吸收，其次是镁和钙，最难吸收的是磷酸盐和硫酸盐。

3. 维生素类的吸收　经小肠吸收的机制并不十分清楚。维生素 A 可通过主动转运进行吸收，维生素 D、维生素 E、维生素 K 随食糜中的脂类物质被动吸收。脂溶性维生素可能溶解于脂肪吸附时所形成的乳糜微粒中，经乳糜管由肠黏膜转运。脂溶性维生素沿小肠吸收，而以十二指肠和空肠吸收为主。水溶性维生素除维生素 B_{12} 外，主要通过被动扩散在小肠前段吸收。

第二节　猪的饲养标准及营养需要

猪的营养需要和原料质量标准是做好猪饲料配方的基石，精准的营养配方不仅能有效促进猪的生产性能，还可以降低饲料配方成本。

一、饲养标准和营养需要

（一）饲养标准

饲养标准指猪每日每头需要营养物质的系统的、概括的、合理的规定，或每千克饲粮中各种营养物质的含量或百分比；饲养标准具有以下基本特性。

（1）饲养标准具有科学性和先进性。

（2）饲养标准具有权威性。其中有较大影响的饲养标准有：美国国家科学研究委员会（NRC）制定的猪的营养需要；英国农业科学研究委员会（ARC）制定的畜禽营养需要；日本的畜禽饲养标准等。

（3）饲养标准具有灵活性。制定标准时考虑所用的猪品种、生产潜力、年龄、饲料种类、饲养管理等因素差异。

（4）饲养标准具有条件性和局限性。

（二）营养需要

营养需要（也称营养需要量）是指猪在最适宜环境条件下，正常、健康生长或达到理想生产成绩对各种营养物质种类和数量的最低要求。营养物质需要定额具有三个层次的含义：

1. 最低营养需要　在最佳饲养条件下，以防止营养缺乏症为目的而确定的营养物质定额。

2. 适宜供给量　最低需要量+保险系数。供给量>最低需要量。保险系数是在各种营养需要基础上增加的大小不等的安全裕量。

3. 最佳供给量　适宜供给量+提高部分。以实现某种特定的目标为标识，如最佳免疫功能、理想的生产成绩、最高瘦肉率等。

（三）国外猪的营养需要和饲养标准

美国 NRC、英国 ARC 猪的营养需要和饲养标准，是世界上影响最大的两个猪饲养标准，被很多国家和地区采用或借鉴。

该标准的基本特点有下列几方面：

（1）该标准是以玉米-豆饼型日粮，猪自由采食为基础制定的。

（2）推荐量是在广泛评鉴全世界各国各地区有关研究文献基础上确定的。

（3）推荐量是最低需要量，不含"安全系数"，因而应用时的供给量随具体条件而异，通常高于推荐量。

（4）除有效磷和有效烟酸需要量外，其余养分均为日粮的总需要量。

（5）尽管阉猪、公猪、母猪等不同性别猪对蛋白质、氨基酸需要量存在差异，该标准仍采用同一推荐量。

（6）第9版提出了理想蛋白质概念和必需氨基酸之间的最佳平衡比例，各阶段猪的氨基酸均按此比例推算其需要量。第8版没有正式提出理想蛋白质概念，各阶段需要量按20~35千克阶段需要量进行推算。

（四）中国猪的饲养标准

饲养标准包括猪的需要量和供给量及猪的常用饲料营养价值两部分。经过几次修订和增补而成现行的标准，根据我国当前养猪生产水平，现行饲养标准分为肉脂兼用型和瘦肉型猪饲养标准两大类。前者包括生长肥育猪、后备猪、母猪和种公猪饲养标准，后者则仅列有生长肥育猪饲养标准。

1. 各类猪的饲养标准 生长肥育猪的饲养标准见表4-1和表4-2，后备母猪的饲养标准见表4-3和表4-4，妊娠母猪的饲养标准见表4-5和表4-6，哺乳母猪的饲养标准见表4-7和表4-8，种公猪的饲养标准见表4-9和表4-10。

表 4-1　生长肥育猪每头每日营养需要量

项目	体重（千克）					
	1~5	5~10	10~20	20~35	35~60	60~90
预期日增重（克）	160	280	420	500	600	750
采食风干料（千克）	0.20	0.46	0.91	1.60	1.81	2.87
消化能（兆焦）	3.35	7.00	12.60	20.75	23.48	36.02
代谢能（兆焦）	3.20	6.70	12.10	19.96	22.57	34.60
粗蛋白质（克）	54	101	173	256.0	290	402
赖氨酸（克）	2.80	4.60	7.10	12.0	13.60	18.08
蛋氨酸+胱氨酸（克）	1.60	2.70	4.60	6.10	6.90	9.20
苏氨酸（克）	1.60	2.70	4.60	7.20	8.20	10.90
异亮氨酸（克）	1.80	3.10	5.00	6.60	7.40	9.80
钙（克）	2.00	3.80	5.80	9.60	10.90	14.40
磷（克）	1.60	2.90	4.90	8.00	9.10	11.50
食盐（克）	0.50	1.20	2.10	3.70	4.20	7.20
铁（毫克）	33	67.0	71.0	96	109	144
锌（毫克）	22	48.0	71.0	176	199	258
铜（毫克）	1.3	2.90	4.5	7.0	7.9	10.8
锰（毫克）	0.9	1.90	2.7	3.5	3.9	2.2
碘（毫克）	0.03	0.07	0.13	0.22	0.25	0.40
硒（毫克）	0.03	0.08	0.13	0.42	0.47	0.80
维生素 A（单位）	480	1 060	1 560	1 970	2 230	3 520
维生素 D（单位）	50	105	179	302	342	339
维生素 E（单位）	2.40	5.10	10.0	16.0	18.0	29.0
维生素 K（毫克）	0.44	1.00	2.0	3.2	3.6	5.7
维生素 B_1（毫克）	0.30	0.60	1.0	1.6	1.8	2.9
维生素 B_2（毫克）	0.66	1.40	2.60	4.0	4.5	6.0
烟酸（毫克）	4.80	10.60	16.40	20.8	23.5	25.8
泛酸（毫克）	3.00	6.20	9.80	16.0	18.0	28.7
生物素（毫克）	0.03	0.05	0.09	0.14	0.16	0.26
叶酸（毫克）	0.13	0.30	0.54	0.91	1.03	1.60
维生素 B_{12}（微克）	4.80	10.60	13.70	16.0	18.0	29.0

注：磷的给量中应有 30%无机磷或动物性饲料的磷。

表4-2　生长肥育猪每千克饲粮养分含量

项目	体重（千克）				
	1~5	5~10	10~20	20~60	60~90
消化能（兆焦）	16.74	15.15	13.85	12.97	12.55
代谢能（兆焦）	16.07	14.56	13.31	12.47	12.05
粗蛋白质（%）	27	22	19	16	14.0
赖氨酸（%）	1.40	1.00	0.78	0.75	0.63
蛋氨酸+胱氨酸（%）	0.80	0.59	0.50	0.38	0.32
苏氨酸（%）	0.80	0.59	0.51	0.45	0.38
异亮氨酸（%）	0.90	0.67	0.55	0.41	0.34
钙（%）	1.00	0.83	0.64	0.60	0.50
磷（%）	0.80	0.63	0.54	0.50	0.40
食盐（%）	0.25	0.26	0.23	0.23	0.25
铁（毫克）	165	146	78	60	50
锌（毫克）	110	104	78	110	90
铜（毫克）	6.50	6.30	4.90	4.36	3.75
锰（毫克）	4.50	4.10	3.00	2.18	2.50
碘（毫克）	0.15	0.15	0.14	0.14	1.14
硒（毫克）	0.15	0.17	0.14	0.26	0.28
维生素A（单位）	2 400	2 300	1 700	1 250	1 250
维生素D（单位）	240	230	200	190	120
维生素E（单位）	12	11	11	10	10
维生素K（毫克）	2.20	2.20	2.20	2.00	2.00
维生素B_1（毫克）	1.50	1.30	1.10	1.00	1.00
维生素B_2（毫克）	3.30	3.10	2.90	2.50	2.10
烟酸（毫克）	24	23.0	18	13.0	9.0
泛酸（毫克）	15.00	13.40	10.80	10.00	10.00
生物素（毫克）	0.15	0.11	0.10	0.09	0.09
叶酸（毫克）	0.65	0.68	0.59	0.57	0.57
维生素B_{12}（微克）	24	23	15	10	10

表 4-3　后备母猪每头每日营养需要量

项目	体重（千克）		
	20~35	35~60	60~90
预期日增重（克）	400	480	500
采食风干料（千克）	1.26	1.80	2.39
消化能（兆焦）	15.82	22.21	29.00
代谢能（兆焦）	15.19	21.34	27.82
粗蛋白质（克）	202	252	311
赖氨酸（克）	7.8	9.5	11.5
蛋氨酸+胱氨酸（克）	5.0	6.3	8.1
苏氨酸（克）	5.0	6.1	7.4
异亮氨酸（克）	5.7	6.8	8.1
钙（克）	7.6	10.8	14.3
磷（克）	6.3	9.0	12.0
食盐（克）	5.0	7.2	9.6
铁（毫克）	67	79	91
锌（毫克）	67	79	91
铜（毫克）	5.0	5.4	7.2
锰（毫克）	2.5	3.6	4.8
碘（毫克）	0.18	0.25	0.35
硒（毫克）	0.19	0.27	0.36
维生素 A（单位）	1 460	2 020	2 650
维生素 D（单位）	220	234	275
维生素 E（单位）	13	18	2.4
维生素 K（毫克）	2.5	3.6	4.5
维生素 B_1（毫克）	1.3	1.8	2.4
维生素 B_2（毫克）	2.9	3.6	4.5
烟酸（毫克）	15.1	18.0	21.5
泛酸（毫克）	13.0	18.0	24.0
生物素（毫克）	0.11	0.16	0.22
叶酸（毫克）	0.6	0.9	1.2
维生素 B_{12}（微克）	13	18	24

注：后备公猪应在此数值基础上增加 10%~20%。

表4-4 后备母猪每千克饲粮中养分含量

项目	体重（千克）		
	20~35	35~60	60~90
消化能（兆焦）	12.55	12.34	12.13
代谢能（兆焦）	12.05	11.84	11.63
粗蛋白质（%）	16.0	14.0	13.0
赖氨酸（%）	0.62	0.53	0.48
蛋氨酸+胱氨酸（%）	0.40	0.35	0.34
苏氨酸（%）	0.40	0.34	0.31
异亮氨酸（%）	0.45	0.38	0.34
钙（%）	0.6	0.6	0.06
磷（%）	0.5	0.5	0.5
食盐（%）	0.4	0.4	0.4
铁（毫克）	53	44	38
锌（毫克）	53	44	38
铜（毫克）	4	3	3
锰（毫克）	2	2	2
碘（毫克）	0.14	0.14	0.14
硒（毫克）	0.15	0.15	0.15
维生素A（单位）	1 160	1 120	1 110
维生素D（单位）	178	130	115
维生素E（单位）	10	10	10
维生素K（毫克）	2	2	
维生素B_1（毫克）	1.0	1.0	2.0
维生素B_2（毫克）	2.3	2.0	1.9
烟酸（毫克）	12	10	9
泛酸（毫克）	10	10	10
生物素（毫克）	0.09	0.09	0.09
叶酸（毫克）	0.5	0.5	0.5
维生素B_{12}（微克）	10.0	10.0	10.0

表4-5　妊娠母猪每头每日营养需要量

项目	体重（千克）					
	妊娠前期			妊娠后期		
	90~120	120~150	150以上	90~120	120~150	150以上
采食风干料（千克）	1.70	1.90	2.00	2.20	2.40	2.50
消化能（兆焦）	19.92	22.26	23.43	25.77	28.12	29.29
代谢能（兆焦）	19.12	21.38	22.51	24.73	26.99	28.12
粗蛋白质（克）	187	209	220	264	288	300
赖氨酸（克）	6.00	6.70	7.00	7.90	8.60	9.00
蛋氨酸+胱氨酸（克）	3.20	3.60	3.80	4.20	4.60	4.70
苏氨酸（克）	4.80	5.30	5.60	6.20	6.70	7.00
异亮氨酸（克）	5.30	5.90	6.20	6.80	7.40	7.80
钙（克）	10.4	11.6	12.2	13.4	14.6	15.3
磷（克）	8.3	9.3	9.8	10.8	11.8	12.3
食盐（克）	5.4	6.1	6.4	7.0	8.0	8.0
铁（毫克）	111	124	130	143	156	163
锌（毫克）	71	80	84	92	101	105
铜（毫克）	7	8	8	9	10	10
锰（毫克）	14	15	16	18	19	20
碘（毫克）	0.19	0.21	0.22	0.24	0.26	0.28
硒（毫克）	0.22	0.25	0.26	0.29	0.31	0.33
维生素A（单位）	5 440	6 100	6 400	7 260	7 920	8 250
维生素D（单位）	280	300	320	350	380	400
维生素E（单位）	14	15	16	18	19	20
维生素K（毫克）	1.9	3.2	3.4	3.7	4.1	4.3
维生素B_1（毫克）	1.4	1.5	1.6	1.8	2.0	2.4
维生素B_2（毫克）	4.3	4.8	5.0	5.5	6.0	6.3
烟酸（毫克）	14	15	16	18	19	20
泛酸（毫克）	16.5	18.4	19.4	21.6	23.5	24.5
生物素（毫克）	0.14	0.15	0.16	0.18	0.20	0.22
叶酸（毫克）	0.85	0.95	1.00	1.10	1.20	1.30
维生素B_{12}（微克）	20	23	24	29	31	33

表4-6　妊娠母猪每千克饲粮中养分含量

项目	体重（千克）		项目	体重（千克）	
	90~150（前期）	90~150（后期）		90~150（前期）	90~150（后期）
消化能（兆焦）	11.72	11.72	锰（毫克）	8	8
代谢能（兆焦）	11.25	11.25	碘（毫克）	0.11	0.11
粗纤维（%）	10.0	9.0	硒（毫克）	0.13	0.13
粗蛋白质（%）	11.0	12.0	维生素A（单位）	3 200	3 300
赖氨酸（%）	0.35	0.36	维生素D（单位）	160	160
蛋氨酸+胱氨酸（%）	0.19	0.19	维生素E（单位）	8	8
苏氨酸（%）	0.28	0.28	维生素K（毫克）	1.7	1.7
异亮氨酸（%）	0.31	0.31	维生素B_1（毫克）	0.8	0.8
钙（%）	0.61	0.61	维生素B_2（毫克）	2.5	2.5
磷（%）	0.49	0.49	烟酸（毫克）	8.0	8.0
食盐（%）	0.32	0.32	泛酸（毫克）	9.7	9.8
铁（毫克）	65	65	生物素（毫克）	0.08	0.08
锌（毫克）	42	42	叶酸（毫克）	0.56	0.50
铜（毫克）	4	4	维生素B_{12}（微克）	12.0	13.0

表4-7　哺乳母猪每头每日营养需要量

项目	体重（千克）			
	120~150	150~180	180以上	每增减一头仔猪
采食风干料（千克）	5.00	5.20	5.20	
消化能（兆焦）	60.67	63.10	64.31	4.489
代谢能（兆焦）	58.58	60.67	61.92	4.318
粗蛋白质（克）	700	728	742	48
赖氨酸（克）	25	26	27	
蛋氨酸+胱氨酸（克）	15.5	16.1	16.4	
苏氨酸（克）	18.5	19.2	19.6	
异亮氨酸（克）	16.5	17.2	17.5	

续表

项目	体重（千克）			每增减一头仔猪
	120~150	150~180	180以上	
钙（克）	32.0	33.3	33.9	3.0
磷（克）	23.0	23.9	24.4	2.0
食盐（克）	22.0	22.9	23.3	2.0
铁（毫克）	350	364	371	
锌（毫克）	220	229	233	
铜（毫克）	22	23	23	
锰（毫克）	40	42	42	
碘（毫克）	0.60	0.62	0.64	
硒（毫克）	0.45	0.47	0.48	
维生素 A（单位）	8 500	8 840	9 000	
维生素 D（单位）	860	900	920	
维生素 E（单位）	40	42	42	
维生素 K（毫克）	8.5	8.8	9.0	
维生素 B_1（毫克）	4.5	4.7	4.8	
维生素 B_2（毫克）	13.5	13.5	13.8	
烟酸（毫克）	45.0	47.0	48.0	
泛酸（毫克）	60.0	62.0	64	
生物素（毫克）	0.45	0.47	0.48	
叶酸（毫克）	2.5	2.6	2.70	
维生素 B_{12}（微克）	65	68	69	

注：以上均以10头仔猪作为计算基数。

表 4-8　哺乳母猪每千克饲粮养分含量

项目	体重（千克）120~180	项目	体重（千克）120~180
消化能（兆焦）	12.13	锰（毫克）	8
代谢能（兆焦）	11.72	碘（毫克）	0.12
粗纤维（%）	8.0	硒（毫克）	0.09
粗蛋白质（%）	14.0	维生素 A（单位）	1 700
赖氨酸（%）	0.50	维生素 D（单位）	180
蛋氨酸+胱氨酸（%）	0.31	维生素 E（单位）	8
苏氨酸（%）	0.37	维素素 K（毫克）	1.7
异亮氨酸（%）	0.33	维生素 B_1（毫克）	0.9
钙（%）	0.64	维生素 B_2（毫克）	2.6
磷（%）	0.46	烟酸（毫克）	9.0
食盐（%）	0.44	泛酸（毫克）	12
铁（毫克）	70	生物素（毫克）	0.09
锌（毫克）	44	叶酸（毫克）	0.50
铜（毫克）	4.4	维生素 B_{12}（微克）	13.0

表 4-9　种公猪每头每日营养需要量

项目	体重（千克）90~150	体重（千克）150 以上	项目	体重（千克）90~150	体重（千克）150 以上
采食风干料（千克）	1.90	2.3	锰（毫克）	17	21
消化能（兆焦）	23.85	28.87	碘（毫克）	0.23	0.28
代谢能（兆焦）	22.90	27.70	硒（毫克）	0.25	0.30
粗蛋白质（克）	228	276	维生素 A（单位）	6 700	8 100
赖氨酸（克）	7.2	8.7	维生素 D（单位）	340	400
蛋氨酸+胱氨酸（克）	3.8	4.6	维生素 E（单位）	17.0	21.0
苏氨酸（克）	5.7	6.9	维生素 K（毫克）	3.4	4.1
异亮氨酸（克）	6.3	7.6	维生素 B_1（毫克）	1.7	2.1

续表

项目	体重（千克）		项目	体重（千克）	
	90~150	150以上		90~150	150以上
钙（克）	12.5	15.2	维生素 B_2（毫克）	4.9	6.0
磷（克）	10.1	12.2	烟酸（毫克）	16.9	20.5
食盐（克）	6.7	8.1	泛酸（毫克）	20.1	24.4
铁（毫克）	135	163	生物素（毫克）	0.17	0.21
锌（毫克）	84	101	叶酸（毫克）	1.00	1.20
铜（毫克）	10	12	维生素 B_{12}（微克）	25.5	30.5

注：①配种前一个月，在"标准"基础上增加20%~25%。

②冬季严寒期在"标准"基础上增加10%~20%。

表4-10　种公猪每千克饲粮养分含量

项目	体重（千克）	项目	体重（千克）
	90~150		90~150
饲粮（千克）	1.00	锰（毫克）	9
消化能（兆焦）	12.55	碘（毫克）	0.12
代谢能（兆焦）	12.05	硒（毫克）	0.13
粗蛋白质（%）	12.0	维生素A（单位）	3 500
赖氨酸（%）	0.38	维生素D（单位）	180
蛋氨酸+胱氨酸（%）	0.20	维生素E（单位）	9
苏氨酸（%）	0.30	维生素K（毫克）	1.8
异亮氨酸（%）	0.33	维生素 B_1（毫克）	0.9
钙（%）	0.66	维生素 B_2（毫克）	2.6
磷（%）	0.53	烟酸（毫克）	9.0
食盐（%）	0.35	泛酸（毫克）	12
铁（毫克）	71	生物素（毫克）	0.09
锌（毫克）	44	叶酸（毫克）	0.50
铜（毫克）	5	维生素 B_{12}（微克）	13.0

二、养猪生产中猪的实际营养需要

(一) 衡量猪营养物质需要量的指标

1. 日增重　为常用指标。

(1) 优点：方便使用，与生产结合紧密。

(2) 缺点：综合指标，笼统。

2. 料肉比或饲料利用率　料肉比 (F/G) 或饲料利用率 (G/F) 为常用指标，但由于饲料的营养水平存在差异，不够准确。可采用单位增重所需要的能量或养分量来表示。

3. 养分沉积量或产出量　比产品重量更准确，但确定的成本高。

4. 生理生化参数　血液和组织器官的养分含量、酶活性、养分的活性成分浓度、代谢产物的浓度等。

用不同指标确定的结果不同，应综合多指标确定。

(二) 确定猪营养需要的方法

1. 综合法　根据"维持需要和生产需要"统一的原理，采用饲养实验、代谢实验及生物学方法笼统确定猪在特定生理阶段、生产水平下对某一养分的总需要量。该法确定的定额为猪对某养分的总需要量。

2. 析因法　根据"维持需要和生产需要"分开的原理，分别测定维持需要和生产需要，各项需要之和即为营养总需要量。

(三) 确定猪营养需要的生产试验

1. 饲养试验或生长试验　通过试验，对已知营养物质含量的饲粮或饲料，对其增重、产奶、繁殖性能、耗料、每千克增重耗料、组织及血液生化指标进行测定，有时也包括缺乏症状出现的程度，来确定猪对养分的需要量。生长试验是动物营养研究中应用最广泛、使用最多的基本的综合实验方法。但由于影响实验结果的因素很多，实验条件难以控制得很理想，实验准确实施较困难。

2. 屠宰实验　通过饲喂猪不同的饲料，在不同时间进行屠宰，以比较不同处理之间对猪机体成分的影响和沉积效率。

3. 消化试验　准确测定猪的采食量和排粪便量，通过摄入和排出的差异来反映猪对饲料养分的消化能力或饲料养分的可消化性的实验研究。

4. 代谢试验　准确测定猪的采食量、排粪便量、排尿量，通过摄入和排出的差异来反映猪对饲料养分的利用性的实验研究。代谢试验在消化试验基础上增加尿的收集。

5. 平衡试验　营养物质食入量与排泄、沉积或产品间的数量平衡关系称为平衡实验。平衡实验一般用于估计猪对营养物质的需要和饲料营养物质的利用率。

第三节　营养物质分类

猪的生长发育、繁殖、维持体温和一切活动都需要能量，能量占营养物质的比重最大。猪所需能量来源于饲料中的三种有机物：碳水化合物、脂肪、蛋白质，前者是最重要的。

一、能量分类

饲料能量含量可用总能（GE）、消化能（DE）、代谢能（ME）和净能（NE）表示。

（一）总能

总能指饲料中有机物质完全氧化燃烧生成二氧化碳、水和其他氧化物时释放的全部能量，主要为碳水化合物、粗蛋白质和粗脂肪能量的总和。

（二）消化能

消化能是饲料可消化养分所含的能量，即动物摄入饲料的总

能与粪能之差。即

$$DE = GE - FE$$

（三）代谢能

代谢能是生物体直接用来建设自身或维持生命活动的能量形式。包括营养物质的转化、能量的转换、合成和降解过程、废物的排出及生物体所有其他机能，计算公式：代谢能=饲料总能-粪能-尿能。

（四）净能

净能是指有机体在采食时常有身体增热现象产生，代谢能减去体增热能即为净能，又可以分为维持净能和生产净能。

（1）机体维持生命所必需的能量称为维持净能（NEm）。

（2）用于动物产品和劳役的能量称为生产净能（NEp）。

（3）饲料的代谢能不能全部用于维持机体生命与生产，其中有一部分能量未被有效利用，而以热能的形式散失。这部分损失的能量叫作食后体增热（H_1）。

（4）净能公式：

$$NE = ME - H_1$$

（5）能量的单位以焦耳（cal，非法定计量单位）表示。在生产实际中常用千焦耳（kcal）或兆焦耳（兆卡）。过去采用卡表示能量单位，卡与焦耳的换算如下：

$$1 \ 卡 = 4.184 \ 焦耳$$

$$1 \ 千卡 = 4.184 \ 千焦耳$$

$$1 \ 兆卡 = 4.184 \ 兆焦耳$$

饲料中有机物在猪体内经完全氧化后，生成二氧化碳和水，同时产生能量。

（五）能量需要量

1. 维持需要（MEm） 维持代谢能需要（EMm）包括维持机体所有功能和适度活动所需能量。

2. 妊娠能量需要　妊娠期间，能量需要量的 60%～80% 用于维持。妊娠母猪每天每千克代谢体重维持能量需要量为 443.5 千焦 ME 或 460 千焦 DENRC（1988），随着胎次增加，母猪维持能量需要量增加。母猪每日增重所需能量为 4.6 兆焦 DE，妊娠组织需要能量为每日 0.79 兆焦 DE，所以妊娠增重能量需要约为每日 5.4 兆焦 DE。

3. 泌乳需要量　泌乳母猪的能量需要应包括维持需要、泌乳需要。泌乳母猪每日维持需要量为 460 千焦 DE/千克 BW 0.75，泌乳的能量需要取决于泌乳量及乳的能量转化效率。乳能含量为每千克乳 5.44 兆焦 DE，产奶效率为 65%，故产奶的能量需要为每千克乳 8.37 兆焦 DE。每增加 1 头仔猪需 DE 2.9～3.31 兆焦。如果日粮能量采食量不能满足维持和泌乳需要，将分解体组织以提供产奶所需养分。

4. 生长需要　生长需要蛋白质存留所需能量范围为 39.71～61.9 兆焦 DE/千克，平均 52.72 兆焦 DE/千克。用于沉积脂肪的估计值为 39.75～68.20 兆焦 DE/千克，平均值为 52.3 兆焦 DE/千克。

二、营养分类

（一）碳水化合物

碳水化合物又称为糖类，因大多数糖类物质由碳、氢、氧组成，其结构式为 Cn（H_2O），与水分子中的比例相同，因此称为碳水化合物。其来源丰富，植物性饲料中含量最多，是供给猪数量最大的营养物质，也是生命细胞结构的主要成分及主要供能物质，并且有调节细胞活动的重要功能。机体中碳水化合物的存在形式主要有三种：葡萄糖、糖原和含糖的复合物。

1. 作用　碳水化合物是构成机体组织的重要物质，并参与细胞的组成和多种活动；能量物质、多余能量在体内转化为糖原和脂肪。

2. 分类 碳水化合物分为无氮浸出物和粗纤维两大类。

（1）无氮浸出物：无氮浸出物主要由淀粉和糖类组成。

（2）粗纤维：含有纤维素、半纤维素和木质素，它们适口性差，是猪难以消化或不消化的物质。但是粗纤维能起到饱腹感作用，而且能促进肠胃蠕动，有助于消化吸收、粪便的排泄，从而促进代谢作用。在猪的日粮配制时，特别是妊娠母猪饲料，为提高饱腹感，降低母猪便秘，需要添加适量粗纤维。粗纤维的含量要控制，猪日粮一般含粗纤维3%~5%，最高不超过10%。

（二）蛋白质

1. 蛋白质（生命的基础物质） 蛋白质是组成机体一切细胞、组织的重要成分。是机体需要的最主要的营养物质。没有蛋白质就没有生命。猪的被毛、皮肤、神经、血液、肌肉、蹄壳等，都含有蛋白质。猪体内的酶、激素、抗体、色素也是蛋白质与其他物质合成的。

2. 蛋白质的主要作用 构成生物体功能、运输作用、催化作用、调节作用、免疫作用、运动作用、控制作用。

3. 蛋白质的分类

（1）按来源分类：分动物蛋白和植物蛋白，两者的氨基酸含量不同。动物性蛋白氨基酸含量高，利用吸收率也高于植物性蛋白。

（2）按组成分类：通常分为简单蛋白、结合蛋白和衍生蛋白。

（3）按分子形状分类：分为球蛋白和纤维蛋白。

（4）按结构分类：按其结构可分为单体蛋白、寡聚蛋白、多聚蛋白。

（5）按功能分类：按其功能分为活性蛋白质和非活性蛋白质两大类。活性蛋白质有调节蛋白、收缩抗体蛋白等作用。

（6）按蛋白质的营养价值分类：分为完全蛋白质、半完全蛋白质和不完全蛋白质三类。

在猪的日粮中蛋白质包括纯蛋白和氨化物，合称粗蛋白。在给猪配合日粮时，往往以其中粗蛋白的百分比为指标。

（三）氨基酸

氨基酸是含有氨基和羧基的一类有机化合物的通称。生物功能是大分子蛋白质的基本组成单位，是构成动物营养所需蛋白质的基本物质。

1. 氨基酸从营养学上的分类　可分为必需氨基酸、半必需氨基酸和条件必需氨基酸、非必需氨基酸。

养猪生产中氨基酸的需要分必需氨基酸和非必需氨基酸。

2. 必需氨基酸　是指猪体内不能合成或不能由别的氨基酸转变而来，或合成速度和数量不能满足其营养需要，而必须由饲料来供给的那些氨基酸。

3. 已知猪的必需氨基酸　有赖氨酸、蛋氨酸、色氨酸、精氨酸、组氨酸、异亮氨酸、亮氨酸、苯丙氨酸、苏氨酸、缬氨酸等10种，而前三者最需要，被称为限制性氨基酸，因其在饲料中含量较少，不易满足猪的需要。其他7种为非限制性氨基酸。非必需氨基酸在猪体内能够合成。

4. 氨基酸的作用　起氮平衡作用、转变为脂肪、产生一碳单位、参与构成酶等。

5. 猪的第一限制氨基酸（赖氨酸）　为碱性必需氨基酸。由于谷物中的赖氨酸含量甚低，且在加工过程中易被破坏而缺乏，故称为第一限制性氨基酸。

不同阶段猪对赖氨酸需要的推荐用量：断奶仔猪日粮赖氨酸的浓度为1.08%、生长猪赖氨酸含量为1.10%、肥育猪日粮中赖氨酸浓度为1.00%、妊娠和哺乳期母猪日粮中赖氨酸浓度为0.82%。

（四）蛋白质和氨基酸的关系

组成蛋白质的基本单位是氨基酸，蛋白质是以常见的 20 种氨基酸的不同比例构成的。作为机体内第一营养要素的蛋白质，它在机体内并不能直接被利用，而是通过变成氨基酸小分子后才能被利用的。各种饲料中的蛋白质在猪的消化道中被各种消化酶分解为胨、脲和肽类，最后分解为能被肠道吸收的各种氨基酸。

猪对蛋白质的营养需要实质上是对氨基酸的营养需要。蛋白质与氨基酸的关系，好比木桶与构成木桶的每一条木板，某一种氨基酸的缺少或不足，都不能构成猪体内的各种蛋白质。某一种蛋白质的缺少，也就是氨基酸的缺少，都会导致猪生长迟缓、被毛粗糙、性成熟晚、仔猪发育不良等一系列营养代谢问题。但某些氨基酸过量，不仅使蛋白质的利用率降低，还会造成浪费，在脱氨过程中加重肝脏的负担。

（五）脂肪

脂肪是猪体组织和产品的重要成分，脂肪是供给猪体能量和贮备能量的最好形式，它还是脂溶性维生素的溶剂。

1. 脂肪的作用　脂肪是猪只热能来源的重要原料、脂肪是贮备能量的形式、脂肪是构成体组织的重要原料、脂肪是脂溶性维生素的溶剂、脂肪为机体提供必需脂肪酸（EFA）、脂肪具有保护作用。

2. 脂肪在饲料中的应用　饲料中脂肪的含量必须适宜。

（1）过多则引起猪消化不良、腹泻。

（2）过少则妨碍脂溶性维生素的溶解和吸收，使猪生长受阻、皮肤发炎、生殖功能衰退等。

（六）矿物质

矿物质是构成机体组织和维持正常生理功能必需的各种无机物的总称。矿物质是构成骨骼的主要成分，分布于被毛、肌肉、血液和其他软组织中。在猪体内一般只占 3%～4%，矿物质分为常量和微量两大类元素。微量元素是指占体重0.01%以下的元素，如铁、铜、锰、锌、碘、硒等元素。

1. 常量元素　常量元素是指占体重0.01%以上的元素，如钙、磷、钠、氯、硫、镁、钾等元素。

（1）钙和磷：钙和磷是猪体需要量最多的元素，构成骨骼的主要成分，维持神经、肌肉、心脏的生理功能，在调节酸碱平衡、促进血液凝固、形成骨骼等方面都有重要作用。

猪日粮中钙的含量占0.8%~0.9%，仔猪和哺乳母猪应占0.9%，其他猪占0.8%；猪对磷的需要量是0.6%~0.7%；钙和磷的比例一般要求（2.1~1.5）：1。

（2）钠和氯：钠和氯是血液、体液的重要成分。它们在维持猪体内渗透压、水、酸碱平衡方面起着调节作用。饲料中缺少二者，猪会食欲减退、生长迟缓、异癖；但食盐不能过量，否则会引起中毒或拉稀。最适宜的量是0.5%~1.0%。

2. 微量元素　猪所需要的微量元素有铁、铜、锌、锰、钴、碘、硒等。

（1）铁：铁是猪体内血红素、血黄素、肌红蛋白、细胞色素酶等的重要组成成分。缺铁时引起贫血，特别是仔猪易患贫血症，所以初生仔猪要注射血多素或牲血素，每天铁的需要量，按生长阶段体重计是22~250毫克。

（2）铜：在机体内铜与铁有密切的协调作用，铜参与铁的消化代谢，加快形成血红素，所以缺铜同样会引起贫血症。铜还有促进生长、增强免疫功能和抗菌作用。铜的需要量是1.3~9.33毫克。

（3）锌：锌是多种代谢酶的成分，对皮肤代谢，毛的光泽有重要作用；缺锌时猪的皮肤易出现角质化、干裂和脱毛并导致生长缓慢、皮炎等。每天需要量是22~155毫克。一般饲料中都缺锌，配合饲料时应注意添加锌。

（七）维生素

维生素是维持机体正常的生理功能的一类微量有机物质，在生长、代谢、发育过程中发挥着重要的作用。

维生素还有抗病和免疫作用。用于猪生长、健康、饲料转换、繁殖和提高成活率等。

维生素是个庞大的家族，现阶段所知的维生素就有20多种，其化学结构各不相同，大致可分为脂溶性和水溶性两大类。

1. 脂溶性维生素　维生素A、维生素D、维生素E等。

（1）维生素A（抗干眼素）：维生素A是一种脂溶性淡黄色片状结晶。具有以下几种作用。

第一，维持正常视觉功能：与眼睛视网膜中的视紫质素的再生有关，有保护视力、视神经的正常生理功能。

第二，维护上皮组织细胞的健康和促进免疫球蛋白的合成：参与糖蛋白的合成。

第三，维持骨骼正常生长发育：促进蛋白质的生物合成和骨细胞的分化，促进骨骼生长。

第四，促进生长与生殖：维生素A有助于细胞增殖与生长。缺乏维生素A时，明显出现生长停滞，影响繁殖性能。

第五，猪不能从动物性饲料中直接摄取维生素A，只能从植物性饲料中摄取胡萝卜素，而胡萝卜素在肝脏中转化为维生素A，才能被猪体利用。

第六，加强免疫能力。维生素A能提高机体免疫功能，增加机体抗病能力。

第七，抗氧化作用。维生素A可以中和有害的自由基，具有抗氧化作用。

（2）维生素D（抗佝偻病素）：维生素D为固醇类衍生物，具抗佝偻病作用，又称抗佝偻病维生素，具有以下功能。

第一，维持血清钙磷浓度的稳定，促进钙磷在肠道中的吸收，调节钙磷代谢及钙、磷在血液中的含量，促进钙磷在骨骼中的沉积。提高肌体对钙、磷的吸收，使血浆钙和血浆磷的水平达到饱和程度。

第二，对免疫系统的调节：具有协调和引导机体免疫的功能，通过影响 B 淋巴细胞产生免疫球蛋白而增强机体的免疫能力。

（3）维生素 E（抗不育素）：维生素 E 亦称维他命 E，又名生育酚或产妊酚，是最主要的抗氧化剂之一。维生素 E 属于酚类化合物中活性最强的生育酚。

第一，具有很强的氧化作用，促进垂体促性腺激素的分泌，促进精子的生成和活动，维持猪的正常生殖功能、肌肉和外周血管的正常生理状态，保持心肌健康，促进细胞核新陈代谢的功能，其他维生素不能代替。

第二，缺乏维生素 E 导致猪患白肌病、肌肉萎缩、心肌变性、心包积水、母猪繁殖功能障碍、公猪睾丸发育不良等。猪每天饲粮中需要 2~34 国际单位。谷物和青绿饲料中含有较多的维生素 E。

2. 水溶性维生素　水溶性维生素是能在水中溶解的一组维生素，常是辅酶或辅基的组成部分。主要包括维生素 B_1、维生素 B_2 和维生素 C 等。

（1）维生素 B_1（硫胺素）：维生素 B_1 有以下作用。

第一，帮助消化，特别是碳水化合物的消化，促进猪只成长。

第二，维生素 B_1 是许多细胞酶的辅酶活素，参与碳水化合物代谢过程中酮类物质的氧化脱羧反应。缺乏时，丙酮不能进入三羧循环中的氧化过程，引起血液、脑和肌肉中丙酮积聚过多，造成神经失调、行动不便、肌肉变性。

（2）维生素 B_2（核黄素）：参与体内生物氧化与能量代谢，

可提高肌体对蛋白质的利用率，促进生长发育，维护皮肤和细胞膜的完整性；参与细胞的生长代谢，是肌体组织代谢和修复的必需营养素；缺乏时，引起代谢紊乱，细胞和卵子缺乏活力，猪生长缓慢，骨骼损害和繁殖力下降。

（3）维生素 B_{12}（钴胺素）：促进红细胞的发育和成熟，使肌体造血功能处于正常状态，预防恶性贫血；维护神经系统健康；可以增加叶酸的利用率，促进碳水化合物、脂肪和蛋白质的代谢；缺乏时主要引起贫血、后肢活动失调、繁殖力下降。

（4）维生素 C：又名抗坏血酸，为白色或略带淡黄色的结晶性粉末，呈酸性，易溶于水，存在于青绿饲料中。猪体内能自身合成，一般不会缺乏。但集约化养猪密度增加，猪体应激因素影响体内维生素 C 不足需人为添加。作用：抗应激作用、增强猪的免疫功能和生长作用，可缓解由于缺乏抗坏血酸和维生素 K 引起的坏血病，促进机体生长，使仔猪生长均匀，减少僵猪出现，提高成活率。用量：春秋季节，猪饲料中添加 150～200 克维生素 C；夏、冬季节猪饲料中添加 200～300 克维生素 C。

3. 生物素　　生物素以辅酶的形式参与糖类、脂类和蛋白质代谢。

（1）生理功能：在糖类代谢中，生物素是中间代谢过程中所必需的羧化酶。生物素既有催化羧化也有脱羧反应的作用。在蛋白代谢中，生物素酶间接参与蛋白质合成中嘌呤的形成，直接参与亮氨酸和异亮氨酸等氨基酸的脱氨基及核酸代替，在多种氨基酸的降解过程中需要生物素转移羧基。在脂类代谢中，生物素参与长链脂肪酸的生物合成。

（2）缺乏症：猪的蹄裂、足部损伤可能是缺乏生物素特征性的症状。

（3）需要和添加量：仔猪及生长猪 0.05～0.08 毫克/千克日粮，母猪为 0.2 毫克/千克日粮。

7. 水　水是养猪生产中最普通也是最重要的物质。

（1）水的作用：构成各组织器官的重要组成成分；水是一种理想的溶剂，体内各种养分的吸收、转运代谢及废物的排出必须先溶于水后才能进行；通过控制体液 pH 值、渗透压和电解质浓度维持内环境的相对稳定；参与体温调节；在体内起润滑剂的作用。

（2）缺水易引起食欲减退、饲料利用率低，干扰体内所有过程，影响生产力的正常发挥。

（3）水的用量：猪所需要的水来自饮水、饲料水及体内代谢水。饮水是最主要的来源，一般占所需水量的 85%~95%。饲料水因饲料不同差异极大。体内养分在代谢过程中所产生的水占总需要量的 5%~10%，猪的需水量通常是干物质采食量的 2~4 倍。猪的饮水量取决于体外环境、体内环境、日粮离子构成、饲喂方式等，一般情况下饮水量应该是冬季为体重的 10% 左右；春秋季 16% 左右，夏季 23% 左右。

（4）猪不同阶段日消耗水量见表 4-11。

表 4-11　猪不同阶段日消耗水量

类别	猪体重（千克）	每天需要水量（升）	水流量（毫升/分）
哺乳仔猪	6~10	0.2~2.5	500~1 000
保育猪	10~40	2.5~6	700~1 200
育肥猪	40~100	6~12	1 500~2 000
种猪（公、母）	200~300	30~45	1 800~2 200

第四节　饲料（原料）分类

猪饲料按其营养成分可分为能量饲料、蛋白质饲料、青绿饲料、矿物质饲料和添加剂饲料；按市场销售可分为全价饲料、浓缩饲料和预混饲料。

一、能量饲料

凡饲料干物质中粗蛋白含量低于20%，粗纤维含量在18%以下的饲料都可以叫能量饲料。

（一）禾本科籽实

禾本科作物的籽实，是能量饲料的典型代表，是猪最主要的能量饲料。

1. 玉米　玉米能量高、纤维少、适口性好、消化率高，是养猪生产中用得最多的饲料原料，号称"饲料之王"。在配制猪饲粮时，以玉米作为日粮的主体，围绕它进行配制营养的平衡，并补足蛋白质的含量，由于玉米缺少赖氨酸和色氨酸，营养不全价，所以在配制饲料时，要注意这些氨基酸的平衡。

（1）饲用玉米特点。

1）可利用能值高：以兆焦/千克表示，猪 DE 值 14.4，无氮浸出物含量高达 72%，其中主要是淀粉，消化率高。

2）脂肪含量较高：为 3%~4%。

3）蛋白质含量低：含量 7%~9%。

（2）按容重、粗蛋白质、不完善粒分等级，其质量指标如下：

饲用玉米杂质应小于等于 1%，水分小于等于 14%，不完善粒总量小于等于 5%，其中生霉粒小于等于 1%，色泽正常。

1）一等玉米容重（克/升）大于等于 710，一等玉米粗蛋白（干基）大于等于 10%。

2）二等大于等于 685，二等大于等于 9%。

3）三等大于等于 660，三等大于等于 8%。

4）一等玉米不完善粒小于等于 5%，二等小于等于 6.5%，三等小于等于 8%。

（3）霉变玉米的危害。

1）霉变玉米造成的危害主要是引起饲料变质，由于霉菌生长需要营养物质，破坏了饲料中蛋白质、淀粉等营养成分，同时，霉变后的玉米其适口性和消化率均降低。

2）霉变饲料对猪肝的危害并不是霉菌本身，而是霉菌所产生的毒素引起猪的中毒。霉菌产生的代谢产物霉菌毒素，能诱发多种动物疾病。

（4）对养猪业危害最大的几种霉菌毒素：黄曲霉毒素、玉米赤霉烯酮、赭曲霉毒素、串珠镰孢霉菌毒素（烟曲霉毒素）、麦角碱、镰孢菌毒素（T-2 Toxin，DAS，DON）。部分霉菌毒素对猪产生的危害见表4-12。

表4-12　霉菌毒素对猪的危害

霉菌毒素种类	危害
黄曲霉毒素	急性肝炎、致死出血性疾病、降低增重。因此使得猪只容易患细菌、病毒或寄生的疾病。霉菌毒素的自然污染量还不至于引起明显的中毒症状，但却会引起慢性霉菌毒素病及免疫抑制
赭曲霉毒素	增重缓慢、肝功能与肾功能受损、猪肝炎、急性肾炎
玉米赤霉烯酮（F-2毒素）	①猪外阴阴道炎。②假发情；阴户肿大流涎；阴道黏膜充血出血水肿。③阴道脱或脱肛。④阴茎包皮肥大；公猪性欲降低，睾丸变小。⑤产仔数或活仔减少；成年母猪持久黄体、乏情延长
串珠镰孢霉菌毒素	①猪肺水肿；②不明病；③肺、肝、胰损伤
呕吐毒素，又称脱氧雪腐镰刀菌烯醇（DON）	①不采食和呕吐；②猪增重减少和饲料效率降低；③繁殖失败和不正常发情；④繁殖力下降；⑤保育猪死亡增加，青年猪急性腹泻增多

（5）如何识别霉变玉米。玉米霉变问题比较严重，如何鉴别发霉玉米，需从以下几点入手。①正常玉米籽粒多为黄白色或淡红色，颗粒饱满，无损害、无虫咬、虫蛀和发霉变质现象。发

霉玉米可见胚部有黄色、绿色或黑色的菌丝，质地疏松，有霉味。②发霉后的玉米皮特别容易分离。③观察胚芽，玉米胚芽内部有较大的黑色或深灰色区域为发霉的玉米，在底部有一小点黑色为优质的玉米。④在口感上，好玉米越吃越甜，霉玉米放在口中咀嚼味道很苦。⑤在饱满度上，霉玉米相对密度低，籽粒不饱满，取一把放在水中有漂浮的颗粒。防范用油抛光已经发霉并进行烘干处理的玉米，以及用除草剂喷洒发芽的再进行烘干销售的玉米。

2. 小麦 在猪日粮中小麦的应用主要取决于小麦与玉米的营养价值与价格的比值。

（1）小麦的特点：适口性好。让猪自由选食小麦和玉米，小麦明显多于玉米。①小麦能量高，粗纤维少，蛋白质含量相对较高，氨基酸含量比其他谷类饲料较完善，各种重要的矿物质含量均高于玉米，特别是铁、锰和铜。②由于小麦淀粉的黏性比玉米高，如将小麦粉碎过细，猪采食时就会产生糊口而使其适口性变得很差；小麦含有淀粉酶抑制因子，不利于淀粉的消化，小麦代谢能低，约相当于玉米的90%。③小麦的阿拉伯木聚糖含量高，是一种典型的高黏度原料，所以小麦用作饲料时必须要加酶（小麦酶）。

（2）小麦使用的注意事项：①不可粉碎过细，用 2.0 ~ 3.0 mm 筛孔的筛片。也可以说把 1 个整粒的小麦粉碎成 4~5 瓣为宜。②用量问题，不同类别的猪，使用小麦的用量差别大。

3. 大麦 与小麦的营养成分近似，但纤维素含量略高，欧洲尤其北欧以大麦为主。

（1）大麦的特性：①含蛋白较高，蛋白质含量11%，含能量中等，大麦籽实外面包裹一层质地坚硬的壳，粗纤维含量较高（整粒大麦为 5.6%），为玉米的 2 倍左右，有效能值较低，热能较低，代谢能仅为玉米的89%。②脂肪：脂肪含量2%，为玉米的一半，但饱和脂肪酸含量较高。③矿物质与维生素：大麦矿物质中钾和磷的含量丰富，其次还含有镁、钙及少量铁、铜、锰、锌等。

（2）使用大麦时必须注意抗营养因子。

（二）谷物副产品（麸皮、米糠）

1. 麸皮

（1）麸皮为小麦加工的副产品，又称为小麦麸，是养猪常用的粗饲料。

（2）麸皮的营养价值及特性。①麸皮属于中低档能量饲料，具有比重轻、体积大、能值低的特点，常可用来调节日粮的能量浓度。②麸皮的缺点：粗纤维含量高，能量相对较低，磷多钙少，且有不易消化的植酸磷；麸皮在加工过程中使用大量水分，存在严重的霉变问题，霉菌毒素、麦角毒素的存在会引起母猪流产和泌乳下降。

（3）使用麸皮的注意事项。①在用麸皮喂猪时要注意用量。一般育肥猪应不超过日粮的20%，断奶仔猪不超过10%。②使用麸皮时要配合补钙，如果长期给猪单喂麸皮，日粮中的钙含量很难维持猪的营养需要，最容易造成严重缺钙。③麸皮含纤维和磷的有机化合物较多，具有轻泻作用，可减缓母猪便秘，但是仔猪大量食入会引起腹泻。

2. 米糠

（1）米糠是稻米加工的副产品，富含营养，价格低廉。

（2）米糠在饲料中使用：在猪饲粮中适量搭配米糠粕可降低饲养成本。①妊娠母猪前期用量10%～20%，中期20%～40%，后期20%～30%。②70千克以上肥育猪，用量在20%～25%。

二、脂肪性饲料

油脂热能值高，其热量是碳水化合物和蛋白质的2.25倍。

油脂分为植物油和动物油，日粮中可加4%左右。

1. 脂肪粉

（1）脂肪粉特性：脂肪粉是动物营养界公认的高能饲料。主要成分为：豆油、鱼油、卵磷脂、膨化玉米、维生素E、抗氧化剂等。

（2）脂肪粉的优势和使用：在日粮中添加脂肪粉可提高饲料能量浓度、平衡营养水平，且可提高日粮的利用率和生长速度。脂肪粉中含有大量的不饱和脂肪酸，不饱和脂肪酸较饱和脂肪酸容易吸收且代谢能值高，产品代谢能值大，脂肪的利用率高。

2. 膨化大豆　膨化大豆中蛋白含量一般为36%～38%。油脂的含量高，在80%左右。膨化的大豆适口性也好，不用再添加一些能量型物质，但是价格相对来说比豆粕高。

三、蛋白质饲料

蛋白质饲料指饲料中粗蛋白含量20%以上、粗纤维含量18%以下的饲料。它包括植物性和动物性蛋白饲料。

植物性蛋白饲料以各种油料籽实及其榨油后的饼粕为主。

其一，蛋白含量高，品质好，富含各种必需氨基酸。

其二，蛋白质饲料含无氮浸出物少，粗纤维含量少，有些脂肪含量高。

其三，灰分含量高，钙磷丰富，且比例良好，利于饲养动物的吸收利用。

其四，按照主要来源不同，蛋白质饲料可分为植物性蛋白饲料、动物性蛋白饲料、单细胞蛋白饲料和非蛋白氮饲料四大类。

（一）植物性蛋白饲料

1. 豆类　豆类饲料含蛋白质高，大豆不宜用生喂和生饼喂猪，因其含有抗胰蛋白酶，活性强，可引起拉稀。

2. 豆饼（粕）　豆粕是大豆经过提取豆油后得到的一种副

产品。

（1）饼与粕的区别：①用压榨法加工大豆的副产品叫大豆饼。②用浸提法加工大豆的副产品叫大豆粕。

（2）豆粕的理化性质：①颜色：浅黄色至浅褐色，颜色过深表示加热过度，太浅则表示加热不足。整批豆粕色泽应基本一致。②味道：具有烤大豆香味，没有酸败、霉败、焦化等异味，也没有生豆腥味。③质地：形状一般呈不规则碎片状、粉状或粒状。

（3）豆粕的主要成分为：蛋白质 40%～48%，赖氨酸2.5%～3.0%，色氨酸 0.6%～0.7%，蛋氨酸 0.5%～0.7%。按照国家标准，豆粕分为三个等级：一级豆粕、二级豆粕和三级豆粕。

（4）豆粕质量鉴定：优质纯豆粕呈不规则碎片或粉状，偶有少量结块。而掺入了沸石粉、玉米等杂质后，颜色浅淡，色泽不一，结块多，可见白色粉末状物。另外，若豆壳太多，则品质较差。优质豆粕为淡黄褐色至淡褐色，色泽一致。如有掺杂物，则有明显色差。如果色泽发白多为尿素酶过高，如果色泽发红则尿素酶偏低。淡黄色豆粕是因为加热不足，暗褐色或深黄色豆粕是因为过度加热所至，品质均较差。

（5）豆粕在养猪中的应用：豆饼（粕）是养猪的最好植物性蛋白质饲料，其中蛋白质含量40.9%，大豆粕43%，含赖氨酸也丰富，用以饲养瘦肉猪，对瘦肉的生长有极大的作用。豆饼（粕）在猪饲料中可占 12%～20%，最高不超过 25%。

（二）动物性蛋白饲料

1. 鱼粉　鱼粉为用一种或多种鱼类为原料，经去油、脱水、粉碎加工后的高蛋白质饲料原料。鱼粉是猪饲料中最佳的蛋白质饲料，其蛋白质含量高达 62%～65%，必需氨基酸全面，维生素含量丰富，矿物质含量也较全面，钙磷比例适当。在猪日粮中使用鱼粉，可以明显提高其生产性能，猪的日增重可以提高 15%～25%。

（1）理化性质。①视觉：优质鱼粉一般色泽一致，呈红棕色、黄棕色或黄褐色等，细度均匀。劣质鱼粉为浅黄色、青白色或黑褐色，细度和均匀度较差。②嗅觉：优质鱼粉具咸腥味。劣质鱼粉有腥臭味；掺假鱼粉有淡腥味，掺有尿素的鱼粉略具氨味。③触觉：优质鱼粉手捻质地柔软呈鱼松状，无砂粒感；劣质鱼粉和掺假鱼粉都因鱼肌肉纤维含量少，手感质地较硬、粗糙磨手。

（2）营养特点。①有效能值高：鱼粉中粗脂肪含量高，有效能值高。②维生素高：鱼粉富含B族维生素，尤以维生素 B_{12}、维生素 B_2 含量高，还含有维生素A、维生素D和维生素E等脂溶性维生素。③矿物质含量高：鱼粉是良好的矿物质来源，钙、磷的含量很高，且比例适宜，所有磷都是可利用磷。

（3）鱼粉掺假大致分为以下三种：①添加植物蛋白：植物性物质如棉籽粕、菜籽粕、花生粕、玉米胚芽粕、麦麸、草粉等。②添加动物蛋白：水解羽毛粉、羽毛粉、皮革粉、血粉、肉骨粉（下脚料）等。③鱼粉掺鱼粉：比较难鉴别。其中存在有将国产、杂牌鱼粉掺在秘鲁鱼粉中。

正常鱼粉与伪劣鱼粉的区别见表4-13。

表4-13　正常鱼粉与伪劣鱼粉的区别

	正常鱼粉	伪劣鱼粉
形状	颗粒大小均匀一致，稍显油腻粉状物	质地粗糙、易结块、粉状颗粒较细且易成团，触摸易粉碎，不见或少见肉束
组织成分	大量疏松鱼肌纤维+少量骨刺、鱼鳞、鱼眼	
手感	疏松感，不结块，不发黏，不成团	结块、发黏。有腥臭味，颗粒细度不匀，可捻成团
颜色	呈浅黄色、黄棕色或黄褐色	掺杂或变质的鱼粉颜色往往无光泽、发暗或不均匀，多为褐黑色
气味	气味儿纯正，略有腥味，无异臭	有焦味儿，有香味儿则为鱼粉中的脂肪氧化引起的；有氨臭味儿则为鱼粉储存中的蛋白变性；既无香味又无臭味则有可能掺假

2. 肉粉和肉骨粉　肉品或肉品加工副产品，经高温高压或煮沸处理，并经脱脂、脱水干燥制成的粉状物。通常含骨量小于 10% 的叫肉粉，而高于 10% 的叫肉骨粉。

肉粉粗蛋白含量为 50%～60%；肉骨粉则因其肉骨比例不同而蛋白含量亦有差别，一般在 40%～50%，最好与植物性蛋白饲料搭配使用，喂量占日粮的 3%～10%。

四、矿物质饲料

矿物质饲料包括提供钙、磷等常量元素的矿物质饲料及提供铁、铜、锰、锌、硒等微量元素的无机盐类等。在养猪生产中，特别是种猪更加需要添加足量的矿物质。

（一）钙源饲料

植物饲料含钙量无法满足猪只钙需要量，因此需向饲粮中补加钙源饲料。

1. 石粉　为石灰岩、大理石矿综合开采的产品，基本成分是碳酸钙，含钙量 34%～38%，是最廉价的钙源饲料。

2. 骨粉　动物骨骼经高温、高压、脱脂、脱胶粉碎而成。含钙量 36%、磷 16%，不仅钙、磷丰富，而且比例适当，是日粮中优质的钙磷补充饲料，一般用量占 1.5%～2% 即可。

（二）磷源饲料

1. 磷酸氢钙　磷酸氢钙是最常用的钙磷饲料。可应用于饲料加工中作为磷、钙的补充剂。其中的磷钙比与动物骨骼中磷钙比最为接近，并且能够全部溶于动物胃酸中，饲料级磷酸氢钙是目前国内外公认的最好的饲料矿物添加剂之一。可加速畜禽生长发育，缩短育肥期，快速增重；能提高配种率及成活率，在饲料中添加量占饲料总量的 1%～3%。

2. 磷酸二氢钙　白色或略带微黄色粉末或颗粒，饲料中的添加量一般占饲料总量的 1%～2%。

五、常用预混料（料精）

饲料添加剂是在配制日粮时添加的各种微量成分。天然饲料中虽然含有各类猪所需要的营养物质，但无法完全满足猪的需要。在配制日粮时必须加入饲料添加剂，以达到日粮的全价性，从而提高其利用率，促进猪体健康。

根据作用分为两大类：营养性和非营养性添加剂。

（一）营养性添加剂

营养性添加剂主要用于平衡或强化日粮营养，包括氨基酸、微量元素和维生素等添加剂。

1. 氨基酸添加剂 用得较多的是赖氨酸和蛋氨酸，其次是色氨酸、苏氨酸等。其作用是发挥猪的生产性能潜力和节约蛋白质饲料，特别是在封闭式猪舍条件下，还具有减少猪体脂肪沉积、改善胴体品质和提高瘦肉率的效果。另外，使用氨基酸还可以减少猪的应激现象。例如，日粮补加蛋氨酸可以在群饲条件下减少猪的相互格斗，色氨酸可以防止仔猪断奶或密度过大出现的相互咬尾现象。

在配制日粮时，首先必须确定日粮组合中何种氨基酸为限制性氨基酸，然后选用相应的氨基酸添加剂。谷实、糠麸和饼粕等饲料中最缺乏赖氨酸，因此应加入赖氨酸。若以大豆饼（粕）为蛋白质主要来源应加蛋氨酸，至于加多少，则应视天然饲料中的含量和猪的需要量而定。

2. 微量元素添加剂 目前在养猪饲料中的单一微量元素添加剂已经很少使用了，其主要是复合微量元素，其中主要含有铁、铜、锰、锌、碘、硒等元素。通常是用这些元素的硫酸盐、碳酸盐、氯化物和氧化物。其剂量如下（每吨风干物添加量）：铁50~400克，铜5~250克，锰20~60克，锌40~140克，碘1~4克，硒1~1.5克。

由于微量元素用量微少，直接加入饲料中很难混匀，甚至会因局部含量过多引起中毒，因此，应将其与载体、稀释剂制成混合物，故亦称微量元素预混料。

3. 维生素添加剂 此类有单一的、复合的制剂。在猪的集约化饲养条件下，若采用配合饲料而缺乏用量过大的青绿多汁饲料，则会引起维生素缺乏症，从而必须使用维生素复合剂。每吨饲料中加 100~120 克。

（二）非营养性添加剂

非营养性添加剂主要包括保健促生长剂、防霉和抗氧化剂。抗生素制剂作为饲料添加剂在养猪业中应用较广，效果明显。保健剂主要是指中成药药物，在集约化饲养条件下，可预防疾病的发生。抗氧化剂和防霉剂主要用于防止饲料氧化和发霉变质。

五、常用预混料（料精）

（一）预混料的优势

预混料是添加剂混合饲料的简称，也就是根据猪只机体需要，把核心营养用量很少的成分先经专业饲料加工企业混合，方便使用。预混料=维生素+矿物质+载体；需另添加能量饲料和蛋白饲料。优势：生产中使用预混料的成本低；饲料质量稳定，效果好。

（二）不同比例预混料的成分和特点

一般情况下，1%以下的预混料可以称为核心料，生产中常见的有 1%、3%、4%、10%的预混料。一定程度下，配方比例越小，性价比越高。

1. 0.1%~0.5%系列

（1）成分：维生素、微量元素、抗氧化剂、防霉剂等。

（2）特点：提高饲料利用率，降低配方成本，提高生长速度，保证畜禽健康。

（3）使用：设备和技术水平较高的大、中型饲料厂。

2. 1%～2%系列

（1）成分：在0.5%系列基础上增加了氨基酸、药物等生长促进剂。

（2）特点：节约饲料蛋白质，避免购买单项氨基酸和药物的制剂促生长，预防疾病。

（3）使用：有一定加工能力和技术水平的饲料厂和养殖场。

3. 4%～10%系列

（1）成分：增加了部分蛋白质、钙、磷、盐等。

（2）特点：添加种类齐全，只需玉米、豆粕、次粉即可配制优质全价饲料。

（3）使用：小型养殖场和农村散养户。

第五节　饲料加工与贮藏技术

一、饲料配方

（一）饲料配方概念

饲料配方是指通过不同饲料原料的最优组合来满足动物的营养需求，例如用豆粕、玉米和其他原料以一定的比例混合加工成饲料来饲喂猪，保证猪的正常生长。

（二）配方设计原则

1. 科学性原则　以饲养标准为基础，配合饲料做到营养全面和平衡，并符合猪的生理特点。如后备猪对能量的需求低于哺乳期母猪。种公猪参与配种，其精液形成需要大量的蛋白质，对蛋白质的需求较高。幼龄猪处于生长发育期，对蛋白质和维生素的需求高于成年猪。

2. 经济性原则　在配合饲料时，应尽量采用本地区生产的饲料和饲料原料，以最大限度地降低饲料成本。

3. 适口性原则　猪实际摄入的养分，不仅取决于配合饲料的养分浓度，还取决于采食量。判断一种饲料是否优良的一项重要指标是适口性。饲料的适口性变差，从而影响猪的食欲，采食量降低，使仔猪的开食时间推迟，影响仔猪成活率。所以，在原料选择和搭配时应特别注意饲料的适口性。适口性好，可刺激食欲，增加采食量；适口性差，可抑制食欲，降低采食量，降低生产性能。

4. 体积适用原则　配合日粮时，除了满足各种营养物质的需求外，还要注意饲料干物质的供给量，使日粮保持一定的体积。猪是单胃动物，胃容积相对小，对饲料的容纳能力有限，配制的饲料既要使猪吃得下，又要让猪吃饱。因此，要注意控制饲粮中粗饲料的用量和粗纤维的含量。一般，仔猪饲粮配方中粗纤维的含量不超过5%，生长肥育猪不超过8%，妊娠母猪、哺乳母猪、种公猪和后备猪不超过10%。

二、加工工艺

（一）冷粉碎处理

在多种猪饲料原料的冷加工工艺中，锤片机粉碎处理也许是应用最广泛的。多数常规的原料，如大麦、玉米、小麦、高粱和燕麦在生产中几乎都是利用锤片式粉碎机进行加工。但在上述原料中，特别是对于小麦和燕麦，选择何种筛片进行粉碎是一个非常复杂的问题。

（二）膨化处理

膨化处理是一种干热形式的加工工艺，通常指谷物在加热或加压的情况下突然减压而使之膨胀的加工方法。

饲料生产工艺流程见图4-2。

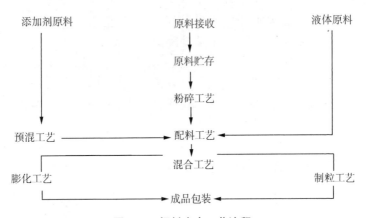

图4-2　饲料生产工艺流程

（三）配料工艺

目前常用的工艺流程有人工添加配料、容积式配料、一仓一秤配料、多仓数秤配料、多仓一秤配料等。

（四）混合工艺

混合工艺可分为分批混合和连续混合两种。

1. 分批混合　将各种混合组分根据配方的比例混合在一起，并将它们送入周期性工作的"批量混合机"分批地进行混合。

2. 连续混合　将各种饲料组分同时分别地连续计量，并按比例配合成一股含有各种组分的料流，当这股料流进入连续混合机后，则连续混合而成一股均匀的料流。

三、饲料科学贮存方法

（一）饲料防霉

1. 饲料霉变的原因

（1）水分：水分是影响霉菌毒素生长繁殖的重要因素之一。饲料中的水包括结合水和游离水，当饲料水分含量超过11.5%时可出现游离水；当饲料中水分超过13%～14%时，霉菌易于生长；当饲料中水分超过15%时，霉菌生长十分迅速。水分超标则饲料产生结块，进而霉变。

（2）温度与湿度：温度与湿度也是影响霉菌生长繁殖的重要因素，温度与湿度适宜，霉菌就会大量繁殖，影响饲料的品质。一般情况下，温度低于10℃时，霉菌生长缓慢，高于30℃则生长迅速，使饲料质量迅速变坏；饲料中不饱和脂肪酸在温度高、湿度大的情况下，也容易氧化变质。20～30℃是最适合生长温度，如黄曲霉最适生长温度为30℃，青霉菌属为25℃，镰刀菌属为20℃左右。另外，空气中湿度过大，配合饲料会返潮，在常温下易发霉。在我国要特别注意春、夏季，这两个季节是霉菌毒素高发的季节。

（3）贮存条件：首先由于饲料通常是大批量堆放在一起，加上通风不良就会造成发热，温度升高时，便于各种细菌、霉菌等的繁殖，容易导致霉变。其次，如果空气潮湿，地面、墙壁潮湿，饲料就会吸收水分，引起霉变。再次，许多仓库不经常消毒，鼠害、虫害严重，这些都会造成污染，导致饲料霉变。

2. 霉变危害　霉菌及其毒素对饲料的危害主要表现在以下几方面。

（1）降低饲料营养价值：霉菌在饲料中生长繁殖，需要消耗饲料中的营养物质，同时在微生物酶、饲料酶和其他因素作用下，饲料组成成分发生分解，从而导致饲料营养价值的严重降低。霉变后的饲料中粗蛋白质消化率降低，甚至使饲料的营养价值降低，如果饲料长有明显的霉菌，其饲用价值至少降低10%；饲料的霉味越大，变色越明显，营养损失就越多。

（2）降低饲料适口性：霉菌在饲料中的大量生长繁殖，首先会使饲料的感观发生恶化，常常散发出一种特殊的"霉臭"气味，如具有刺激气味、酸臭味道等，会产生黏稠污秽感，使口感变差，还会出现异常颜色。

（3）影响饲料贮运与使用：霉菌生长时，菌丝体与基质交织成蛛网状物，代谢产生热量、水分及其他多种代谢产物，使饲料结块、发热等。这样在大批量饲料的装卸运送系统中，饲料就不能很好地流动，而且仓库中的饲料还会出现桥接现象，难以搬运。另外，结块的饲料也不方便使用。

3. 防霉措施

（1）饲料原料控制：控制好原料在贮藏、加工、运输等过程中的温度、湿度、水分含量（一般控制在 12% 以内），且要防潮、防漏、通风良好、防止人为和机械损伤。应严格控制饲料原料水分含量。一般来说，作为饲料原料的玉米，水分应控制在14% 以下；谷糠类原料，水分应控制在 13% 以下；动物蛋白类原料如鱼粉、肉骨粉，水分应控制在 12% 以下；植物蛋白类原料如豆粕、菜籽饼等，水分应控制在 12.5% 以下。

（2）选择有效的防霉剂及毒素吸附剂：防霉剂能防止饲料霉变，毒素吸附剂可吸附饲料中原有的毒素及贮藏中产生的毒素。目前这些产品较多，在实践中应用较多、效果比较确切的有霉可吸和脱霉素等，可根据饲料霉变程度添加 0.05% ~ 0.20%。不少猪场在各类猪的饲料中长期或不定期添加，已经取得了很好的效果。

（二）饲料的贮存方法

饲料原料或配制成的饲料，必须放置在干燥、通风处，防止霉变。在夏秋季梅雨季节，必须进行翻晒、倒包。在加工时，先购进的料要先加工，后购进的料要后加工，旧料底子一定要清理干净。

1. 浓缩饲料保存　这种饲料导热性差，并且易吸湿，一些微生物及害虫都比较容易滋生，为了能够保证浓缩饲料的营养价值不流失，在贮藏保存的时候可以加入适量的防霉剂和抗氧化剂，以增加耐贮藏性。一般贮藏 3~4 周，要及时销出或使用。

2. 全价颗粒饲料保存　这种饲料是由蒸汽调质或加水挤压

而成，能杀死大部分微生物和害虫，且间隙大，含水量低，糊化淀粉包住维生素，故贮藏性能较好，只要防潮，通风，避光贮藏，短期内不会霉变，维生素破坏较小，所以，只要在贮藏时注重防潮即可。

3. 全价粉状饲料保存　这种饲料表面积大，孔隙度小，导热性差，容易返潮，脂肪和维生素接触空气多，易被氧化和受到光的破坏，因此，此种饲料不宜久存。

以上就是各种饲料的贮藏注意事项，为了保证猪饲料的质量，建议大家在选购猪饲料的时候，尽量一次性不要选购太多，以防后期因保存不当使得饲料营养价值流失，避免造成不必要的损失。

四、低蛋白饲料配制技术

与传统技术配置的高蛋白饲料相比，低蛋白饲料的粗蛋白水平在小猪、中猪和大猪阶段可以分别降低 4%、4% 和 3%。低蛋白饲料能够减少仔猪下痢的发生，改善养殖环境，提高饲料净能水平，保持甚至提高猪的生产性能，并且具有较低的成本。

（一）什么是低蛋白日粮

低蛋白日粮提供了所有必需氨基酸且不超量；低蛋白日粮并不是必需氨基酸含量不达标的日粮。相反，低蛋白日粮在满足所有必需氨基酸含量的同时，还平衡了其他过量的非必需氨基酸。

（二）低蛋白日粮的好处

（1）降低了动物体内氮水平。蛋白质过量导致氨基酸过量，多余的氨基酸通过脱氨作用，转化为游离氮，大部分以尿素的形式通过尿排出体外。游离氮具有血液毒性，且氨基酸的脱氨基过程为耗能过程。

（2）降低了动物对水的需求量。既然低蛋白日粮的氨基酸水平不超量，也就没有多余的氮以尿的形式排出，故从另一方面降低了动物对水的需求量，也间接地降低了动物的粪便量。

（三）配制技术

（1）根据季节配制，科学地考虑气温对猪只的影响，保证必要的蛋白即可。

（2）保证氨基酸含量水平不降低，低蛋白饲料的赖氨酸水平应与猪只正常需要保持一致，配比浓度要达到理想蛋白的标准。

（四）不同体重猪只低蛋白日粮（表4-3）

表4-3

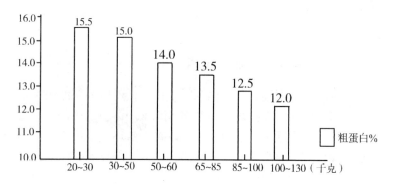

第五章 猪场建设技术规范

猪场建设是一项综合工程，包括：国家和地方政府发展规划、选址、规划设计、工艺流程、设备安装及自身资金情况和技术贮备等多个方面。任何一项出问题，都会给以后生产管理、环境控制、饲养水平、经济效益造成不同程度的影响。在建设猪场时要本着高起点、高效率、高科技的原则，结合国内外猪场的诸多优点和自己的经济实力进行科学的规划设计，提前做好投资分析、建场论证。

第一节 猪场规划设计

一、猪场建设可行性分析

猪场建设可行性分析内容为猪场必须建立在资源节约型、生态环保型、劳动密集型的基础上。利用多种学科知识，使投资项目获得最大的经济效益，同时降低风险。可行性分析研究以市场为前提，技术为手段，经济效益为最终目标，达到经济、生态、社会的统一。在建设猪场前，全面、系统论证建设的必要性、可行性、合理性，对建设与否做出科学评价。

（一）可行性分析的作用

猪场建设可行性分析是复杂的论证过程，可以发现猪场建设时技术和经济上的问题和缺陷，为决策提供正确的参考信息，避免重大损失，获得较好的经济效益。

1. 作为投资决策的依据 可行性分析中的经济评价和技术论证为决策提供重要参考。

2. 为图纸设计提供依据 可行性分析对场址、建设规模、建设模式、猪场工艺等进行了论证，为施工图纸的设计提供可靠依据。

3. 申请建设执照的依据 猪场建设需要政府和相关行政部门的审批，并办理合法的施工手续，可行性分析为申请和批准建设手续提供可靠依据。

总之，可行性分析是猪场建设的先行环节，为以后的设计、建设、运行提供依据，在建设中有举足轻重的作用。

（二）可行性分析制定

1. 政策的支持性 例如，要投资的猪场能不能被社会接受，是不是对周围有影响，会不会影响整体规划，能不能符合长期发展。

2. 技术方面 对建设猪场要使用的技术是不是目前先进的、实用的技术，采用的设备和生产工艺是不是适用于要建设的猪场等问题，进行分析。

3. 经济方面 体现在猪场建设在经济上是不是合理，能不能取得预期的经济效益，现有的财力和预计能不能满足投资需要，以及以后的发展中有没有流动资金，可否健康持续发展。

4. 抵御风险的可行性 养猪企业和其他工业商贸企业不同，养猪生产有两方面的风险，既有养殖本身的风险，还有市场风险。所以在投资建场时要充分进行风险评估、科学论证。

（三）可行性方案内容

1. 猪场建设的项目背景 详细地介绍将要建设的猪场的名称及建设情况、建设单位情况、建设地址等。

（1）猪场的名称。

（2）猪场的建设单位。

（3）猪场的地点。

（4）承担可行性研究的单位。

（5）猪场建设的必要性。

2. 可行性研究结论　可行性研究中，对猪场的场址、规模、技术方案、财务及经济效益等问题都要得出明确的结论，有以下几个方面。

（1）做好预测：做好市场调查分析、投资回报分析、利润分析。确定投资方向和落实建设资金。

（2）建设条件和场址选择。

（3）提前确定建筑设计方案，确定建设猪场规模。

（4）确定猪场技术方案。

（5）明确建设进度，做好用工组织和劳动定员。

（6）财务分析，确定投资方向和落实建设资金。

（7）社会效益。

（8）可行性方案结论。

3. 主要技术指标　在可行性方案中，技术指标相当重要，详尽准确的技术指标有利于程序的审批和投资决策的正确下达，对整个生产经营起技术依托和保证。

4. 存在问题及建议　经过论证后，在可行性方案中要体现出对一些主要问题存在缺憾的补充说明，以及解决的建议，在养猪过程中容易出现专业性的问题，提前在可行性方案中提出来，进行技术分析、专业论证并给出常规的解决办法，力争做好技术准备和解决方案。

二、猪场规划设计原则、技术参数

（一）规划设计原则

在猪场设计中应考虑以下三个原则。

（1）零混群原则：不能把不同来源的猪放在一起混养，这需要在猪场建造中增加隔离舍。

（2）最佳存栏原则：始终保持栏圈的利用，这需要均衡生产体系的确定。

（3）同龄猪分群管理：不同阶段的猪不能放在一起养，这需要考虑到全进全出，还要考虑猪场的设计要利于节省占地面积，合理地控制猪群密度。一个好的猪场，无论在各个方面都要做到适宜猪群的生长发育，能很好地改善猪室内的气候环境。在猪场的设计建造中要尽可能地对猪场资源进行利用，最大限度地利用生物性、物理性转化来减少对环境带来的影响。

（二）设计流行趋势

设计建设新猪场时，必须满足生产安排和疫病控制的相关要求，必须充分利用新技术、新设备、新工艺满足猪场发展需要。

（1）集约化、集团化、公司化大型养猪场。

（2）生态安全型、节能环保型。

（3）生产线工艺，满足实行全进全出工艺。

（三）设计流程

猪场产品（终端是以种猪或肉猪为主）的设计→饲养规模的设计→饲养模式的设计→饲养工艺流程设计→猪舍建筑规划设计→环境保护规划设计→设备配套设计→场址选择和总体平面布局设计等。

（四）设计要求

1. 饲养工艺设计　饲养工艺是现代化猪场的中心，是猪场建筑设计的依据，也是生产经营的指南和方向。因此，必须根据自己的实际情况，科学制定饲养工艺。目前常用的有一点式、二点式、三点式、四点式、五点式、六点和多点式等饲养工艺。

2. 管理要求

（1）满足工艺要求，保证全进全出。

（2）能够合理安排生产计划，有节律、均衡式生产。

（3）与设备配套：工艺设备猪舍建筑。

（4）便于清洁、消毒。

3. 总体平面布局要求

（1）能够满足生产实际需要并严格按工艺流程。

（2）满足生物安全要求：严格人员、物资的消毒隔离，隔离生活区、生产区和粪便污水处理区。

（3）请有资质的猪场规划设计单位，对新建猪场做科学规划设计，并请有实际猪场建设和经营管理经验的专家参与，做到节省投入。

（五）设计标准和环境控制参数

猪场与居民点、公路、其他畜牧场间距离见表5-1至5-10。

表5-1　猪场与居民点、公路、其他畜牧场间距离

类型	一般场（米）	大型场（米）
与居民点间	300~500	1 000 以上
与其他牧场	300~500	2 000~3 000
与一、二级公路、铁路	300~500	2 000~5 000
与三级公路	150~200	500~1 000
与四级公路	100~200	500~1 000

表 5-2　猪场占地面积

猪场种类	规模	所需面积（米²/头）	备注
繁殖猪场	100~600 头基础母猪	75~100	按基础母猪数计算
肥育猪场	年上市 0.5 万~2.0 万头	5~6	按上市肥育猪数计算，本猪场所养母猪

表 5-3　猪栏常用面积

猪种类	猪栏面积（米²）	每圈数（头）	食槽长度（厘米）	食槽宽度（厘米）
猪公猪	6~8	1	50	35~45
母猪空怀及孕前期	2~3	4	35~40	35~40
怀孕后期	4~6	1~2	40~50	35~40
带仔	5~8	1	40~50	30~35
后备公母猪	1.5~2.0	2~4	30~35	30~35
育成猪	0.7~0.9	10 左右	30~35	30~35
肥育猪	1~1.2	10 左右	35~40	35~40

表 5-4　猪的采食宽度

猪龄期及体重	采食宽度（厘米）
20~30 千克	18~22
30~50 千克	22~27
50~100 千克	27~35
群饲、自动饲槽、自由采食	10
成年母猪	35~40
成年公猪	35~45

表 5-5　猪舍纵向通道宽度

类型	使用工具及操作特点	宽度（厘米）
饲喂	手推	100~120
清粪及管理	清粪（幼猪舍窄，成年猪舍宽）、助产等	100~150

表5-6　饲槽、水槽、饮水器及畜栏高度

猪种类	饲槽高度	饮水器高度（厘米）	猪栏高度（厘米）
仔猪	稍高于地面	15～25	60～70
育成猪	稍高于地面	35～45	80～90
育肥猪	稍高于地面	55～60	80～100
空怀母猪	稍高于地面	60～65	90～100
孕后期	稍高于地面	60～65	90～100
哺乳母猪	稍高于地面	60～65	90～110
公猪	稍高于地面	65～75	120～140

表5-7　猪舍小气候参数

猪舍种类	温度（℃）	相对湿度（%）	噪声允许强度（分贝）	微生物允许含量/（千个·米^3）	有害气体允许浓度		
					CO_2（%）	NH_3/（毫升·米^3）	SO_2/（毫升·米^3）
空怀、怀孕前期母猪舍	15（14～16）	75（60～85）	70	<100	0.2	26	6
公猪舍	15（14～16）	75（60～85）	70	<60	0.2	26	6
怀孕后期母猪舍	18（16～20）	70（60～80）	70	<60	0.2	26	6
哺乳母猪舍	18（16～18）	70（60～80）	70	<50	0.2	26	6
哺乳仔猪舍	30～32	70（60～80）	70	<50	0.2	26	6
后备猪舍	16（15～18）	70（60～80）	70	<50	0.2	26	6
断奶仔猪舍	22（20～24）	70（60～80）	70	<50	0.2	26	6
165日龄前猪舍	18（14～20）	75（60～85）	70	<80	0.2	26	6
165日龄后猪舍	16（12～18）	75（60～85）	70	<80	0.2	26	6

表5-8 猪舍人工光照标准

猪舍种类	光照时间（小时）	照度/勒克斯	
		荧光灯	白炽灯
公猪、母猪 仔猪、青年猪舍	14～18	75	30
瘦肉型肥猪舍	8～12	50	20
脂用型肥猪舍	5～6	50	20

表5-9 猪舍通风参数

猪舍种类	冬季（米/秒）	夏季（米/秒）	冬季（米/秒）	夏季（米/秒）
空怀及怀孕前期母猪舍	0.35	0.6	0.3	<1.0
种公猪舍	0.45	0.70	0.2	<1.0
怀孕后期母猪舍	0.35	0.60	0.2	<1.0
哺乳母猪舍	0.35	0.6	0.15	<0.4
哺乳仔猪舍	0.35	0.6	0.15	<0.4
后备猪舍	0.45	0.65	0.30	<1.0
断奶仔猪舍	0.35	0.6	0.20	<0.6
165日龄前猪舍	0.35	0.6	0.20	<1.0
165日龄后猪舍	0.35	0.6	0.20	<1.0

表5-10 猪需水量

猪种类	需水量（升）
种公猪、成年母猪	25
带仔母猪	60
4月龄以上幼猪及肥育猪	15
断奶仔猪	5

三、规划设计方案

猪场设计是复杂的畜牧工程，在猪场设计过程中要充分考虑建筑、结构、工艺、设备、施工、材料、造价等各方面因素，制定建设方案时应做好通盘考虑。

（一）猪场建设种类和规模划分

1. 猪场建设种类 猪场按其生产任务不同，大致可分为4类。

（1）原种场：原种场的任务是改良品种，属于养猪的金字塔的塔顶。原种场对猪种来源、场址、设计和建设要求特别严格，对管理要求也很高。

（2）繁殖场：繁殖场主要是推广二元种猪，繁殖场在整个养猪体系中有承上启下的重要性。繁殖场对技术的要求也较高，场区分布合理，固定投资较大。

（3）商品场：商品场主要是饲养肥猪，是养猪体系的基础，商品场的规模较大，投资相对也较多，在建场时要充分考虑商品场的生产流程。

（4）中、小型肥育场：这是我国农村中、小型猪场的主流，在我国很多地方都是专业小型肥育场，数量很多，建造成本较小，建设比较简单。

2. 猪场规模 猪场一般分为6种规模，主要有：

（1）30头以下小规模：多为农户利用自家庭院空闲地零星喂养。

（2）100头中规模：也是以农户为主，但多为村庄外单独建设猪舍。

（3）500头规模自繁自养猪场：农户自养或小型股份化养猪。

（4）1 000~3 000头规模化养猪场：多为股份化养猪。

（5）5 000~10 000头中、大型养猪场：企业化生产经营。

（6）10 000头以上大型养猪集团：以集团型养猪、工厂化养猪为主。

3. 猪场规模影响因素 不同规模的猪场对资金和建筑要求不同，确定规模需要从以下几个方面考虑。

（1）投资计划与方案：规模养猪生产，在征地、设施、饲料、粪污处理等方面需要大量资金投入，并需要切实可行的实施方案。经营规模应量力而行。

（2）生产力水平和工艺流程：这是决定养猪规模的重要因素。在养猪生产水平较低、养猪工艺不发达、服务体系不健全、流通渠道不畅通等情况下，生产经营规模不宜过大。

（3）市场状况和自然资源条件：市场需求量和销售渠道是影响猪场效益和规模的主要因素；自然资源的丰富与否成为影响经营规模的制约因素；生态环境的保护和改善，对经营规模也有很大影响。

（二）费用预算

猪场建设需要投资的方面很多，包括建筑工程的一切费用（设计论证费用、建筑费用、改造费用等）、购置设备的费用等。以万头商品猪场为例建设预算。

1. 土地征用　猪场是长久投资项目，土地不能是农用地，一般以购买为主。

（1）购买土地：需用地为建筑面积的 3 ~ 5 倍，一部分办公设施用地共 50 ~ 60 亩。以目前的土地价格每亩在 2 万 ~ 5 万元，共 100 万 ~ 300 万。

（2）租赁土地：既要位置合适，价格合理，更要长期持久，一般每亩土地的租赁价格是 300 ~ 500 元。50 亩土地每亩要 20 多万。如果是租赁土地一定要保证租约的长期稳定性，一般以不少于 25 年为好。

2. 土建（万头猪场）

（1）三通一平：三通一平是土建的基本，也是猪场正常施工的保证，一般需要费用 10 万元。

（2）猪舍：总面积为 8 000 ~ 10 000 平方米，按 300 元/米^2 计算，共计 240 万 ~ 300 万元。

1）种猪舍面积：4 000 平方米。

2）分娩舍面积：1 000 平方米。

3）保育舍面积：1 000 平方米。

4）生长育肥舍面积：2 000 平方米。

5）隔离猪舍面积：100 平方米。

（3）办公区：建设面积 1 000 平方米，按 600 元/米² 计算，共计 60 万元。

（4）生产辅助区：建设面积 500 平方米，按 500 元/米² 计算，共计 40 万元。

（5）道路、围墙、排水等建设需要 60 万~90 万元。

3. 设备（万头猪场）

（1）办公设备：100 万元。包括办公室、宿舍、餐厅等各种办公生活设施及办公车辆。

（2）生产设备：200 万元。包括供暖设备、降温设备、供水与粪尿处理设备、供电设备及各种栏舍设备。

（3）仪器设备：100 万元。包括实验室仪器和生产区常规仪器。

4. 共计　建设一个万头猪场需要固定投入 800 万~1 200 万。

第二节　猪场基础建设

现代化猪场基础建设需要建造一个舒适、环保、实用的养猪环境，需要不断完善，既要结合传统猪场建造原理，也要融入符合现代养殖模式的理念。

一、猪场选址要求

猪场选址必须符合法律和政策要求，猪场选址依据我国近年颁布实施的《畜禽场环境质量标准》《中、小型集约化养猪场兽医防疫工作规程》《无公害食品生猪饲养兽医防疫准则》《无公害食品生猪饲养管理准则》《畜禽养殖业环境管理技术规范》和环保部门对养殖的要求如《中华人民共和国环保法》《中华人民共和国水污染防治法》等众多法律法规和国家禁养区域规划，必须遵循上述标准、规程、规范及社会公共卫生准则。

（一）土地性质

土地性质至关重要，关乎猪场能否长期发展。在选择猪场场址时，不能选用基本农田。还要对土地及周围地块以后的开发方向有所了解，避免选择的场地与以后政府的其他重大开发项目有所冲突。不然往往会给猪场带来灾难性的损失。

（二）地势与地形

（1）选择地势高、干燥、平缓、向阳的场地。场址应高出当地历史洪水水位线以上，地下水应在2米以下，这样可以避免洪水的威胁和减少因土壤毛细管水位上升而造成地面潮湿。

（2）地形要开阔整齐，有足够的面积。地形狭长或边角多则不便于场地规划和建筑物布局，面积不足则造成建筑物拥挤，给饲养管理、防疫防火造成不便。

（3）地势要求高燥、向阳、平坦，最好有1%～3%的自然坡度为宜，最大不得超过5%。场址坡度过大，建设施工量增加，会造成场内运输和饲养管理的不便。

（4）平原地区宜在地势较高、平坦而有一定坡度的地方，以便排水，防止积水和泥泞；山区宜选择向阳坡地，不但利于排水，而且阳光充足，能减少冬季冷气流的影响。

（三）土壤

猪场的土壤以沙质土或壤土为宜。这样土壤排水良好，导热性较小，微生物不易繁殖，合乎卫生要求。

（四）位置

（1）为了猪场的防疫和居民区的环境卫生，猪场要远离其他工厂、屠宰场、牲畜市场和兽医院等。同时猪场又不能过分地追求防疫安全选择太偏僻的山区，这样会加大生产成本，偏僻的猪场失去了地理优势，难以留住技术人才。

（2）距国道和铁路不少于2 000米，距离省道公路应不少于1 000米，距县道公路应不少于500~1 000米。同时也要重视场内道路的建设。场内道路应净、污分道，互不交叉，出入口分开。净道的功能是人行和运输饲料、产品，污道为运输粪便、病猪和废弃设备的专用道。

（3）猪场选址时还应注意当地常年的主导风向，应建在村庄的下风向或偏风方向，有利于环境卫生。在方位上，应坐北朝南或偏东15°以内，以保持阳光充足，冬暖夏凉。

（五）面积

猪场种类的不同，猪场所需的面积也会有所不同，不过猪场生产区总的建筑面积一般可按年出栏一头肥育猪需0.7~1.0平方米计算，猪场辅助生产及生活管理建筑面积可根据实际规模大小而确定。因此在设计建场时要把生产、管理和生活区都考虑进去，根据实际情况计算所需占地面积，并留有一定余地。

（六）水源

猪场选址时要充分考虑水源充足，水质要符合饮用水卫生标准。猪场用水较多，尤其是夏季，猪的饮水量增加，每头成年公、母猪日需水量40~100升，育肥猪需水量25~40升。饲料调制、猪舍冲洗和洗涤也需大量用水。因此水源要充足。

（七）电力

猪场的保温、机械通风、饲料加工、照明及日常生活都离不开电。因此，电源必须稳定、可靠、充足。猪场用电级别为Ⅱ级或Ⅲ级，实际用电应为设计总负荷的0.7左右。如供电得不到保证，则需自备电源，其电机负荷不小于全场总负荷的1/4，以保证核心猪群的生产、员工办公生活的正常进行。

（八）环保要求

猪场环保设施建设越来越重要，环保设施必须满足生产规模、生产方式的需要。猪场粪便及污水的处理是最难解决的问题。一个年出栏万头的猪场，日产粪18~20吨。污水日产量因清粪方式不同而有所不同，一般为70~200吨（其中含尿18~20吨）。确立猪场粪便污水处理场所的位置非常重要，一般处理区设计在猪场地形和风向下游，有利于排污和减少猪场生产区和生活区的臭味。同时，在选址时，猪场周围最好有大片农田、果园或菜地。这样猪场产生的粪水经过适当的处理后，可灌溉到农田里，既有利于粪水的处理又促进了当地农业的生产。

（九）其他注意事项

猪场应既不成为周围社会的污染源，又不受周围环境的污染。禁止在下列区域内建设养猪场：生活饮用水水源保护区、风景名胜区、自然保护区的核心区及缓冲区；城市和城镇居民区，包括文教科研区、医疗区、商业区、工业区、游览区等人口集中地区；县级人民政府依法划定的禁养区域；国家或地方法律、法规规定需特殊保护的其他区域。若新建、改建、扩建的猪场选址在禁建区域附近，应设在上述规定的禁建区域常年主导风向的下风向或侧风向处。猪场用地应符合当地土地利用规划的要求，了解城乡中远期（20年以上）的发展情况。

总之，我们在选择养猪场场址的时候，要有科学的态度，发展的眼光，充分调查分析当地的地理环境、水源气候、土壤质地、自然资源、社会发展、政府规划等多方面的情况，然后综合分析，全面权衡，使所选场址科学合理，这样既有利于生产，也符合当地的发展。

二、猪场的内部布局

猪场布局决定猪场生产方式和生产工艺，生产工艺又决定着猪场生产效率，因此猪场要做到统一规划，合理布局。猪场生产区按夏季主导风向应在人员生活管理区的下风向或侧风向处布置，隔离舍和粪污处理区应在猪舍的下风向布置。

（一）布局原则

1. 合理分区，适当隔离　将整个场区分为生活办公区、生产辅助区、生产区、隔离区、污水及粪便处理区等。各功能区之间既方便于生产活动，又能保持合理的防护距离，防止交叉感染，保证养猪安全。

2. 工艺流程科学合理　符合现代化养猪工艺流程，合理布置净、污道路及公共道路。结合场址自然条件，合理布置场区路网，保证生产运输方便、废弃物处理及输出便利，公共道路及净、污道路之间无交叉污染，确保卫生防疫、环保、消防要求。

3. 科学布局猪舍　在猪场布局时合理选择猪舍建筑形式、适宜朝向和舍间建筑间距，为以后猪场的良好运营提供较好的硬件基础，同时兼顾猪场防火要求，兼顾防火间距，保障消防道路畅通，确保安全生产。

4. 保持合理植被　保持原有植被，采取有效建设措施，防止水土流失。较好的植被可以降低猪场夏季温度，保持猪场空气质量。

5. 经济合理，技术可行　在满足以上四项要求的前提下，结合场址地形地貌，合理利用土地进行总平面布置及竖向布置设计，使方案技术可行，经济合理，美观实用。

（二）布局方案

猪场总平面布局：由生活办公区、生产区、生产辅助区、隔离区和污水及猪粪处理区等组成。

1. 生活办公区　生活办公区不但是猪场行政办公和生活的中心，而且要满足接待客户、展示企业形象的要求，在布局该区时要单独设立区域，保证该区具有良好的外部环境。该区主要由综合办公楼、食堂、职工宿舍、体育运动场、绿化广场等组成。生活办公区一般设在整个猪场的上风向。

2. 生产区　生产区是猪场中的主要功能区，也是全场的中心，布置在场区的上风向，生活办公区的下风向，包括各种猪舍、更衣洗澡消毒室、消毒池、药房、兽医室、出猪台、称猪台等。

生产区猪舍布局：种公猪在种猪区的上风向，接着是待配母猪舍、妊娠母猪舍、产房、保育舍，育肥舍位于下风向。

3. 生产辅助区　生产辅助区是为猪场生产运转提供生产物质、原料贮存和饲料加工的功能区，包括饲料厂、仓库、水塔、锅炉、淋浴消毒室、机修车间等。

4. 隔离区　隔离区主要功能有新引进种猪的隔离观察、病猪的治疗观察和病死猪的处理等，该区包括隔离舍、兽医室、解剖舍、病死猪无害化处理室等，一般应设在猪场的下风或偏风向位置。

5. 污水及粪便处理区　属于污染区域，包括污水处理车间和粪便处理场。污水和粪便处理区位于猪场的最下风向。设有大门和外界联系。

6. 猪场各区布局参考图　见图5-1、图5-2。

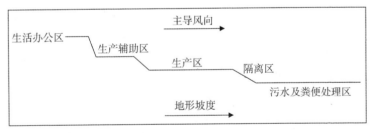

图 5-1　猪场总体布局

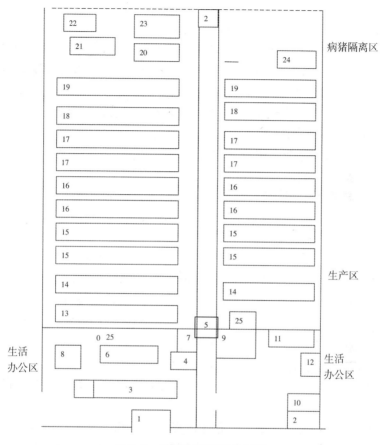

图5-2　猪场各区布局参考图

1. 猪场主大门及防疫门哨　2. 猪场生产大门　3. 办公室及会议室　4. 厨房及食堂
5. 消毒池　6. 宿舍　7. 更衣消毒室　8. 运动场　9. 饲料加工及仓库　10. 地磅房
11. 展售中心　12. 装猪台　13. 公猪舍及采精室　14. 待配母猪舍　15. 母猪妊娠舍
16. 母猪产房　17. 保育舍　18. 生长舍　19. 肥育舍　20. 粪便污水处理车间
21. 兽医室　22. 病猪隔离室　23. 尸体焚烧舍　24. 锅炉房　25. 水塔

三、猪舍建筑要求

（一）建筑原则

先进的养猪生产和高效的工艺流程都要求科学合理的猪舍环境作为基础；建造猪舍的目的是为猪创造良好的环境，进而提高生产力。在建筑猪舍时必须体现各项政策，遵循"适用、经济、美观、环保"的原则。

1. 适宜的舍内环境　猪舍建筑不同于一般的民用建筑或工业建筑，猪是活体动物，同时饲养密度很大，还要在舍内吃、饮、排泄粪便等。猪舍内会产生大量的有害气体、粉尘、微生物等。这就要求猪舍建筑满足对复杂环境控制的要求。因此，在建设猪舍时必须根据猪的生物学特性、现代化养猪工艺的要求进行科学设计，因地制宜地制定建设方案。保证建成的猪舍能够满足猪的生长、生产需要的同时，还要尽量提供适宜的环境，尽可能地提高猪的生产潜能。不能为了节约建筑成本，忽视猪对小环境的要求，把猪舍建得非常简陋，恶劣的猪舍条件不可能有保暖和降温措施，会造成对猪的直接伤害，引发猪强烈的应激反应，影响猪的生长发育，造成巨大损失。

2. 符合生产工艺流程　规模化猪场生产工艺复杂，在建设猪舍时要符合工厂化、流水线生产的工艺，满足流水线作业要求。猪舍建筑要满足工厂化建筑形式和结构，降低养猪劳动强度，提高劳动效率。便于猪舍安装先进的养猪设备，同时便于生产工作。猪场是特殊的工厂，每天的劳动强度很大，而且工资很低，不容易留住优秀人员。因此必须在建设猪舍时尽可能满足先进生产设备的使用，满足各生产阶段猪群的周转，保证全进全出。满足疫病的隔离、防范要求等，起到生产符合工厂化、防疫安全做到最大化的作用。

3. 节能环保　节约用地、节约用水、减少污水排放，保护环境，是规模化猪场猪舍建设的目标要求，猪场是特殊的养殖企业，从防疫和生物安全角度出发，猪场要建设得相对分散，便于防疫，但是这样又会占用较多的土地资源，这就要求猪舍在设计时就科学论证，尽可能地提高土地的使用率，在满足生产的同时，尽可能少占用土地，提高建筑密度，节约用地；猪舍节能建设对以后的生产经营影响很大，通过对猪舍的墙体和屋顶进行新型环保材料使用，既可以改变舍内小环境，又节约了生产过程中的能源，因此在建设猪舍时要充分利用环保建筑材料，降低养猪成本，提高经济效益。猪场对环境的污染主要以气味和污水为主，因此在建设猪舍时要考虑到空气净化和污水处理系统的建设，做到统一安排，合理施工。

（二）建设要求

1. 满足建筑功能要求 猪舍满足建筑功能，符合猪的生长、生产需要，并创出良好的环境。

（1）猪舍长度：猪舍长度主要与换气率相关，过长的猪舍，气流速度和换气率达不到要求，各猪舍的长度应基本一致，不宜过长，以60~85米为宜，舍长不能大于100米。

（2）猪舍宽度：舍宽与舍高、舍内自然透光角相关，应有利于建筑采光、通风及保温，小规模猪场猪舍的宽度一般在10~12米，规模化猪场一般为20~40米。

（3）猪舍高度：舍高与温度、通风、保暖等都有关系。一般猪舍檐高2.8~3米，顶高4.2~4.5米。

2. 排列 猪场的建筑按彼此的功能不同，猪舍排列要求在考虑猪舍的防疫、防火、通风、光照要求的前提下，总体布局尽量紧凑，节约建筑用地。猪舍一般应布置成横向成排，纵向成列。猪舍一般平行整齐排列。如果猪舍栋数不多，可以一行排列。当栋数较多时，可两行、三行排列或四列排列。合理的布局要结合现场具体条件，因地制宜地选择排列方式。现代化猪场猪舍的建筑形式一般以单元或生产线排列猪舍，可分为单排式、双排式或多排式等。猪舍的排列形式有单列式、双列式或多列式三种。

（1）单排式猪舍：猪舍占地面积较大，比较浪费土地，猪舍单位造价稍高。单列猪舍结构比较简单，在布局道路时需要把净道建在猪舍的一侧，另外一侧为污道，舍间距离8~10米（图5-3）。

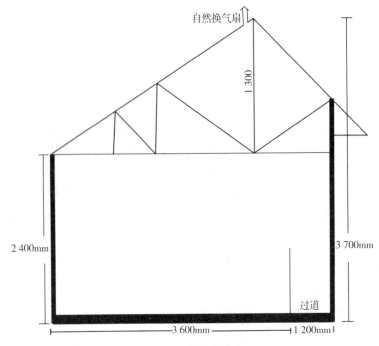

自然换气扇

1 300

2 400mm

3 700mm

过道

3 600mm

1 200mm

图5-3　单排式猪舍

（2）双排式猪舍：双排式猪舍比较节约土地，舍内容量大，可以节约建筑面积、提高使用效率、便于管理。双排式猪舍结构一般采用砖混结构为主。4~6米跨度距离建造和墙体一样宽的混凝土构造柱，这种形式坚固耐用。猪舍一般宽度为9~10米，长度为45~60米。双排式猪舍要把净道建在中间，两侧为污道，这样既可以减少饲料的运输距离，又可以避免交叉传染（图5-4）。

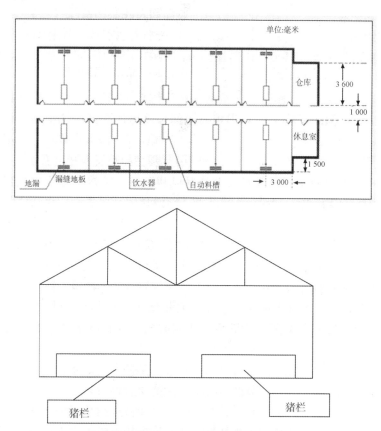

图5-4 双排式猪舍

（3）多列式：工厂化养猪多采用多列式饲养妊娠母猪或育肥猪，好处是节约空间，便于机械化、智能化设备的使用（图5-5）。

单位：毫米

	3 600	3 600								
2 400										猪圈
1 200										过道
2 400										猪圈
1 200										过道
2 400										猪圈

图 5-5　多列式猪舍

3. 间距　猪舍间距指相邻两猪舍纵墙之间的距离，主要根据光照、通风、防疫、防火和节约土地这 5 个因素来确定。根据理论计算和试验证明，猪舍间距为猪舍高度（南排猪舍檐高）的 3~5 倍时，即可满足光照、通风和防疫的要求。根据中国建筑防火规范要求和猪舍结构，其防火间距为 6~8 米。在通常的猪舍高度下，当间距为猪舍高度的 3~5 倍时，即可满足防火要求。猪舍之间的距离要在满足防疫、防火、通风、日照的前提下，还能尽量节约土地，布局紧凑。同时猪舍不应靠得太近，否则猪舍的通风会相互妨碍，也有相互传染疾病的危险。

（1）防疫要求：猪舍之间距离防疫要求不能低于 15 米。

（2）排污要求：为有效排出猪舍内有害气体和粪便，猪舍的间距不能太小。一般不小于 8~10 米。

（3）采光要求：由于猪舍的高度一般不超过 5 米，所以猪舍的间距不小于 6 米即可。

猪舍的间距多少合适，一个较好的经验法则是猪舍之间所留空地至少要等于单个猪舍宽度。大型猪场是以防疫为主，不小于 12 米。

4. 猪舍屋顶结构形式

（1）有窗式双坡面屋顶猪舍。此类屋顶最常见，适合不同规模猪场，屋顶采用三角形屋架，由桁架、水平拉杆、腹杆、斜撑、檩条等组成。各杆件制作采用的材料有木材、钢材及钢木混用3种。屋顶的外围护由机制瓦、石棉瓦、彩钢板覆盖，南、北立面墙设窗户，通过墙体、窗户、屋顶等围护结构形成封闭式猪舍，具有良好的保温隔热性能，便于人工控制舍内环境条件。这是国内广泛采用的最基本猪舍形式（图5-6）。

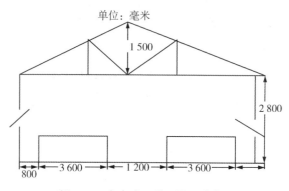

图5-6　有窗式双坡面屋顶猪舍

（2）半钟楼式猪舍。这是在双坡面屋顶上增设单侧天窗的屋顶形式，加强通风和采光，但不利于保温，这种屋顶多在大跨度猪舍采用，其屋架结构较复杂，造价较高，适用于气候炎热地区，北方也有部分猪场采用这种建筑形式（图5-7）。

（3）开放式半圆拱屋顶式猪舍。这种猪舍北面有墙为单坡面屋顶，南面无墙为开放式半圆拱桁架日光温室结构，外围覆盖无滴透光塑料膜。猪舍结构简单，造价低，采光充足，通风好，但是保温隔热性差，猪舍环境温度随外界气温变化而变化。为调节猪舍内的温度，冬季白天透光增温，夜间要在塑料膜外加盖保温被增强保温；夏季在温室透光膜外加遮阳网，减少日光照射的热辐射，使猪舍凉爽降温。这种猪舍结构形式适合于气温较高的地区，北方地区只有少量小规模的家庭专业户养猪采用（图5-8）。

以上3种猪舍结构形式基本包括了所有猪场的猪舍建筑形

单位：毫米

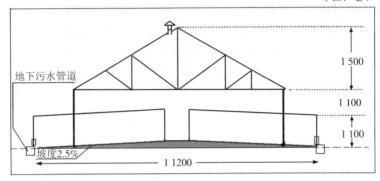

图 5-7　半钟楼式猪舍

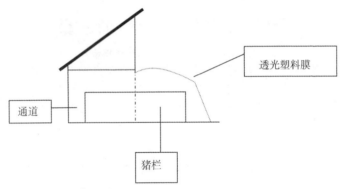

图 5-8　开放式半圆拱屋顶式猪舍

式，它们各有优缺点，建场时，要根据当地的气候和经济条件，因地制宜地选择采用。大规模化生态猪场，宜采用双面坡屋顶猪舍；饲养规模较小，可以选择采用一次性投资少的开放式半圆拱温室屋顶形猪舍。

5. 按墙的结构分类　可分为开放式、半开放式和封闭式三种墙体结构。

（1）开放式：开放式猪舍实际上是个棚，由支柱和屋顶组成，地面间隔成猪栏，这种棚结构简单，通风透光好，但冬季不保温，造价低，但受自然气候支配，以专业户多见。如图5-9所示。

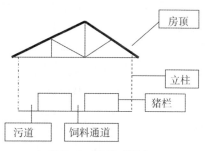

图 5-9 开放式猪舍

（2）半开放式：半开放式猪舍三面有墙一面半截墙，保温稍优于开放式。有的半开放猪舍建运动场，适用于种猪饲养。如图5-10所示。

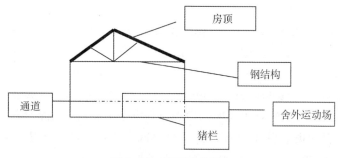

图 5-10 半开放式猪舍

（3）封闭式：封闭式猪舍四面有墙，墙上留有门和窗。猪舍的通风、光照、温度等都靠人工控制。这种猪舍保暖效果好，便于控制舍内环境，相对投资较大。如图5-11所示。

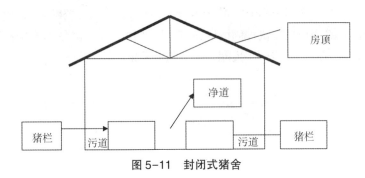

图5-11　封闭式猪舍

6. 猪舍的基本结构　比较完整的猪舍，主要由地基、墙壁、屋顶、地面、门、窗、粪尿沟、隔栏等部分构成。

（1）地基：基础做得好坏关系到猪舍是否坚固和使用年限，现在设计的猪舍一般都要求使用25年以上，一般猪舍地基要求挖深1米左右，过冻土层，遇到活土地段要追深，并打地层，铺宽0.5~0.8米、厚10厘米的C15混凝土。这样能保障猪舍的承压。保证舍内外高差不低于30厘米。

（2）地板：地板是猪舍的主要结构，是直接和猪接触的重要部分。目前使用的地板有铸铁地板、高强度塑料地板和水泥地面。猪舍水泥地板要求坚固、耐用，坡度合理，不积水，也不能太光滑，以免猪摔伤；也不能太粗糙，否则不利于冲洗粪便和打扫卫生等。比较理想的地板是水泥勾缝平砖式（属新技术）；其次为夯实的三合土地板，三合土要混合均匀，湿度适中，切实夯实。

（3）墙壁：墙是猪舍与外部空间隔开的主要外围护结构，主要任务是承重和保暖。我国北方猪场冬季的墙体散热的热量占整个猪舍失热的40%左右。所以墙要求坚固、耐用、抗震、防水、防火、抗冻保温。比较理想的墙壁为砖砌墙，砖多为环保空心砖，离地0.8~1.0米水泥抹面。这样便于清扫、消毒。

（4）屋顶：承担着防止漏雨、防风、保温的功能，屋顶的保温与隔热作用比墙还重要。因为舍内上部空气温度高，屋顶内外实际温差大于外墙内外温差，所以屋顶对猪舍建筑很重要。现在使用较多的理想屋顶材料为聚苯乙烯双层铁板保温板，具有轻便、光滑、防火、耐用等优点。

（5）门：猪舍的门主要由外门和内门组成。外门的作用是承担着猪的转群、运送饲料、兽药、清扫粪便及人员进出等，起到舍内和外界隔离的作用，一般每栋猪舍在两端都要用外门，外门可用 1.5 毫米厚的镀锌铁板焊接，有单扇和双扇两种。内门主要在舍中间开设，方便转群。猪舍外门一般高 2~2.2 米，宽 1.5~2 米。开放式猪舍运动场前墙应设有门，高 0.8~1.0 米、宽 0.6 米，要求特别结实。

（6）窗户：窗户的功能是保证舍内自然光照和自然通风，也是失热的重要部位，在我国北方地区建设的猪舍一定要考虑到巨大的温差，做到两者兼顾。新型猪舍目前广泛在大猪舍和肥育猪舍采用大窗，这样不但节省建筑成本，还可以充分利用自然风和光照来控制舍内环境，经济好用。传统猪舍可以设前后窗。窗口长 1 米、高 1.2 米，下框距地应为 1 米左右。若条件允许，可装双层玻璃更有利于保温，更加节能。

（7）粪尿沟：粪尿沟是猪舍建筑中容易忽视但又十分重要部分，设计合理的粪尿沟能够快速干净地排出污物，减少对猪的污染，同时又方便生产操作。开放式猪舍要求粪尿沟设在墙外面；全封闭、半封闭（冬天扣塑棚）猪舍可设在舍内两侧，粪尿沟做成暗沟，并加盖漏缝地板。粪尿沟的坡度一般为 5%，长度和宽度应根据舍内面积设计，至少 20 厘米宽。上沿窄，下沿宽，沿宽 1.5~2 厘米，漏缝地板的缝隙宽度要求不得大于 1.5 厘米。

（8）舍内通道：传统猪舍内设置净道和污道。①净道在猪舍中间，用于运送饲料和人员工作，净道一般宽 1.2～1.5 米。②污道在两边用于打扫卫生、清理和运输粪便，污道一般宽 0.8～1 米。

（9）舍内操作辅助间：舍内操作辅助间可以设在猪舍一侧，也可以在猪舍中间，辅助间一般两间，一间为值班室；一间为贮存生产物资的房间，一般存放饲料、常规药品、舍内生产工具等。辅助间地坪都高于猪舍自然地坪。防止舍内粪尿和冲洗水进入。

四、各类猪舍建筑规范

猪的种类不同，对猪舍的设计与建筑要求也不一样，以下为各类猪舍的建筑规范。

（一）公猪舍

1. 温度控制 公猪的生理特点是怕热。公猪舍多采用湿帘风机降温系统或安装舍内畜禽空调，舍内温度控制在 15～20℃，风速为 0.2 米/秒。

2. 圈舍安排 成年公猪一圈一头。隔栏高度为 1.2～1.4 米，面积一般为 8～9 平方米。

3. 建设运动场 公猪舍多采用带运动场的单列式，给公猪设运动场，保证其充足的运动，可防止公猪过肥，对其健康和提高精液品质、延长公猪使用年限等均有好处。如果是双列式的，尽量外设小型运动场，也可在舍外建设一个共有的运动场，设环形跑道，两侧墙高 1.2 米、宽 0.8 米，运动跑道不能过宽，使公猪在跑道内不能掉头；跑道底部用细沙，细沙中不能有尖锐物品，防止公猪运动时蹄部受伤。

公猪舍构造见图 5-12。

（二）后备或空怀母猪舍

规模化现代化大型猪场的后备、空怀母猪舍和妊娠母猪舍、

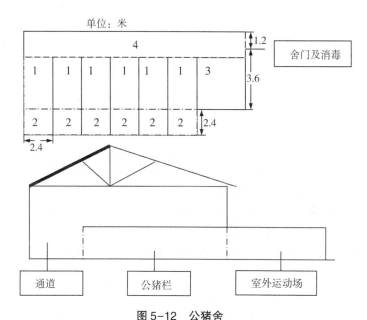

图5-12　公猪舍

1. 公猪栏　2. 室外运动场　3. 饲料间　4. 通道

分娩舍不一样，后备或空怀舍需要良好的通风条件，后备、空怀舍最常用的一种饲养方式是分组小栏群饲，一般每栏饲养后备或空怀母猪3~5头。猪圈面积一般为12~15平方米，地面多为水泥地面，坡度1.5°~2°，地表不要太光滑，以防跌倒。也可以单圈饲养，一圈一头，每圈4~6平方米。具体见图5-13。

（三）妊娠舍

妊娠舍多采用双排饲养，净道设在中间，污道设在两边，因为妊娠的饲喂量大，同时又需要安静，这样更有利于工人操作。母猪直接接触地面，舍内坡度在1.5~2度。地面不能太光滑，防止猪卧倒时因地面湿滑不能顺利站起。需要调节妊娠母猪舍内的温度，可以在两端侧墙壁分别安装排风机和湿帘，地下铺设地暖保温系统，地暖一般在母猪限位栏的前端，宽度在1.2~1.4

图5-13　后备式空怀母猪舍

米。冬季母猪在地暖上比较舒服，可以减少热量损失，保持体温。妊娠舍多采用母猪限位，使母猪在整个怀孕期内都限制在限位栏内，不能自由活动。不但可以节省空间，还可以减少流产，限位栏宽 0.55～0.65 米，栏长 2.2～2.5 米，限位栏后部 0.5 米可以设置漏缝地板。漏缝地板表面不能有尖锐物裸露，以免伤到母猪。具体见图 5-14。

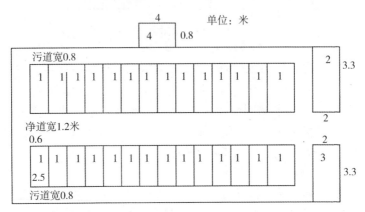

图5-14　妊娠舍

1. 妊娠限位栏　2. 饲料间　3. 值班室　4. 出粪口

（四）分娩舍

分娩舍主要的任务是保暖，保持温度在 28～32℃。墙壁安装风机，便于舍内温度、湿度、空气等小气候的调节和控制。分娩舍小猪容易被母猪踩死、压死等。限制母猪起卧对于降低仔猪的高死亡率非常重要。有必要在母猪和仔猪之间设一隔离带，为避免挤压而做一些特殊的保护措施。分娩栏分高床和地面两种形式。地面产仔，虽然母猪空间比较大，但是仔猪直接与地面接触，很容易沾到粪污；另外，潮湿的地面也容易引起仔猪拉稀和其他很多疾病，现在大型猪场很少使用这样的生产方式了。农村小型猪场如果使用，一定要做到地面干燥、卫生。高床分娩栏是采用金属或塑料等漏缝地板将分娩栏架设在粪沟或地面上。具体见图5-15。

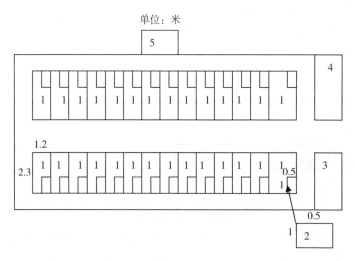

图5-15　分娩舍

1. 产床　2. 仔猪保温箱系统　3. 值班室　4. 饲料间　5. 出粪口

（五）保育舍

保育舍条件较好，因此保育猪对环境的依赖还很强，一般7~8千克的离乳仔猪，其适宜温度应维持在25℃左右；20~25

千克的仔猪适宜温度是 23~24℃（一般舍温在断奶后提高 2~3℃）。每栏内饲养密度不宜过高，应按栏面积来定其饲养头数。一般每栏以不超过 25 头为宜，以免造成应激。保育猪有两种饲养方式：高床饲养和地面饲养。

1. 高床饲养 网上培育可减少仔猪疾病的发生，有利于仔猪健康，提高仔猪成活率。仔猪保育栏主要由钢筋编织的漏缝地板网、围栏、自动落食槽、连接卡等组成。

2. 地面饲养 如果是地面饲养一定要在坚硬地面上铺上保温的稻草。保持舍内不积水，湿度适宜，并保证舍内温度。具体见图 5-16。

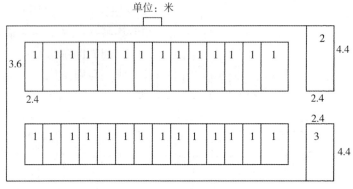

图 5-16　保育舍

1. 仔猪保育栏，保育栏长 3.6 米，宽 2.4 米，高 0.65 米　2. 饲料间　3. 值班室

（六）生长、育肥舍

生长、肥育猪相对要求的环境条件不是太高，建造生长、育肥猪舍时要充分利用当地建筑资源，并根据猪的个体和群体大小，考虑建造良好的地面、结实的护栏、足够的空间，方便饲喂的饲槽，以及如何节省人力、提高工作效率，并使猪群有一个舒适的环境。具体见图 5-17。

图5-17　生长、育肥舍

1. 生长、肥育栏　2. 饲料间　3. 值班室

1. 小户型　一般是小圈地面饲养，所以地板要求和饲槽长度是生长、育肥舍重要的建筑内容。地面一般坡度在2%，饲槽长度能够满足整圈猪同时饲喂，饮水器每圈设两个，设不同高度，满足不同猪的需求。

2. 规模型　规模化养猪的育肥舍需要大空间、大圈舍、高密度饲养，常采用上下通风、自动上料和自动刮粪模式。

五、猪场辅助配套建设

猪场辅助配套建设在整个猪场建设中占有比较大的投资比例，在土建中占有重要地位。

（一）猪场大门建设

猪场大门是猪场和外界联系的必经通道，也是猪场消毒的前沿阵地。猪场根据规模不同，需要建设的大门种类不同，大门数量也不同，一般大型猪场至少要设置3个大门。

1. 办公区主大门　这是猪场对外展示形象和人员进出最多的地方，大门要建得大气、美观、实用。由于猪场防疫的特殊要求，大门处要设置消毒室和值班室。

2. 生产辅助区大门　这是猪场内部进出主要通道，起到生物安全屏障作用，要设计洗浴间和消毒通道。

3. 粪场隔离区大门 这个大门主要是运出粪便和处理猪及猪场锅炉用煤的通道，此门建设在猪场下风向的偏僻处，消毒池建设是该门的重点。

（二）道路

1. 道路的布置 猪场道路指舍外路，在生物安全方面有重要作用，因此道路的修建必须符合卫生和防疫要求，生产区道路要净污分道，互不交叉。净道主要是运输饲料和生产资料，污道运输粪便。

2. 道路的构件 猪场多为沙土地，因此道路的基础要做0.15米的沙石层、0.15米的三七灰土层和0.15米的三七灰土加粉煤灰层。路面应平坦坚固、宽度适当（净道多为4米，污道多为3米）、坡度平缓、经济合理，道路两边设置排水沟。

3. 设置转猪专用通道 现代化的大型猪场采用生产线流程，猪舍离出猪台一般距离都很远，如果场内没有转猪过道，出猪时到处乱跑，既增加了工人的劳作，也不利于防疫。一般转猪道用砖砌成，水泥抹平，高1米，宽0.8米。在各猪舍门口留有小门，便于出入猪。

（三）场区绿化

1. 绿化的作用

（1）改善猪场小气候：冬季可以降低风速，减轻冷风对猪舍的侵袭。夏季树木和其他植物可遮阳，减少太阳对猪舍的直射，地面上的植物吸收太阳辐射。另外，树叶和植物叶片上水分的蒸发，能降低场区内的气温。

（2）净化空气、保护环境：经过绿化后猪场空气，至少有25%的有害气体被留滞净化，灰尘含量降低35.2%～66.5%，微生物减少21.7%～79.3%。

（3）吸尘灭菌，降低空气中有害气体：绿化使空气中灰尘含量降低，细菌失去附着物，因此细菌含量下降。此外，某些植物的叶、花能产生具有杀菌作用的分泌物，可以杀死细菌和真菌等。

2. 绿化的布置　绿化布置需要全场统一布局，同时考虑猪场的实际情况选择树种和草种，使之对保护环境和美化猪场起到应有的作用。

（1）设置防护林带：为降低风速，降低气流和风沙对猪场的侵扰，防护林建在围墙内，一般选用本地的经济林。

（2）隔离绿化带：猪场的各区之间，四周围墙应设隔离绿化带。林带宽 4~5 米，选择疏枝树木以利通风，如柳树、白杨等。

（3）行道树：在场内道路两边，种植较小的乔木或灌木树种，要求树不能太高，不能影响场内的通风与光照，不能遮挡建筑物。

（4）遮阳植物：猪场四周、猪舍之间均应植树种草。猪舍之间的绿化，既要注意遮阳效果，又要注意不影响通风排污。可选择本地的果树，如柿树、枣树、核桃等。

（四）粪污区建设

1. 粪污区建设原则

（1）达标排放，保护环境：猪场应严格执行 GB 18596—2001 国家标准，如果能利用循环经济模式达到零排放最好。但只要有废弃物排放就要求达到此标准，保护环境是关系到猪场生存和发展的大事，不能存在任何幻想。

（2）尽量采取节约用水工艺：猪场污水量大是处理的最大难题，一个万头猪场每天排放污水按 100 立方米计，则每年达3.65 万立方米，要处理到达标排放，投资大，运行费用高。所以在猪场规划设计中节约用水至关重要。节水主要措施有三个方面。

1）采用干清粪工艺。减少用水冲洗地面和粪沟。采用干清粪工艺可节约用水 50% 以上（一个万头猪场每天用水可从 >150 立方米减少到 <70 立方米），不仅节约了水资源、电费，更重要的是减少了污水处理工程的投资和运行费用。若采用厌氧工艺处理污水到达标排放，日排放量每增加 10 立方米，污水处理工程投资就要增加 5 万~6 万元。

2）雨水与污水分开。一个万头猪场若占地 3 平方千米，若当地年平均降雨量 1 500 毫米，则全年雨水量为 45 000 立方米，如果大量的雨水进入污水区，就将大大增加污水处理量。

3）采用循环经济模式，农畜相结合，争取零排放。把猪场粪、尿、污水充分利用起来，用作蔬菜、花卉、牧草、水果等农作物的肥料或养鱼的饲料，不仅可以节约肥料、饲料成本，还可改良土壤。

（3）保证猪场废水在处理后各项指标符合排放标准条件下，综合利用，因地制宜，制定完善可靠的粪尿污水处理与利用工艺。采用养猪→养鱼→种花、养猪→种草→养猪、养猪→沼气、沼液→种菜和养猪→沼气、沼液→种粮等形式。

2. 粪污区建设

（1）堆肥：设两个贮粪车间，便于交替使用，当一个车间装满粪后，喷灭菌药物、封严、发酵无害化处理后当废料出售；另一个可以继续使用。在车间内把粪便堆成长、宽、高分别为 10~15 米、2~4 米、0.5~2 米的条垛，可在垛内埋置秸秆或垛底铺设通风管。

（2）化粪池发酵：化粪池按照细菌分解类型的不同分为好氧化粪池、兼性化粪池和厌氧性化粪池三种。好氧化粪池由好氧细菌对粪便进行分解，兼性化粪池上部由好氧菌起作用，下部由厌氧菌起作用，厌氧性化粪池主要由厌氧菌起作用。

（3）沼气设施建设：规模化猪场建设沼气处理系统，是猪场处理粪尿的好办法，不但可以解决猪场的粪便污水，还可以节约燃气资源和电资源，并且管理方便，使用效果较好。

（五）隔离区建设

隔离区位于猪场的下风向，包括病猪隔离治疗舍、兽医室、解剖室、尸体处理室等。

第三节 养猪设备

养猪常用的设备有猪栏、漏缝地板、饲料加工及饲喂设备、供水及饮水设备、供热保温设备、通风降温设备、清洁消毒设备、粪便处理设备、监测实验仪器、运输设备等。

一、选购养猪设备原则

（一）轻巧灵活

猪场设备体积不能过大，不能过于沉重，在满足质量的同时，做到结实耐用，物美价廉。在满足生产需要的同时要节约空间，便于转运，轻巧灵活。

（二）操作方便

猪场设备操作方便，使用安全。满足饲喂、饮水、粪便及尿清除，以及各类猪群生理和环境卫生的要求。

（三）质量可靠

猪场设备表面应光滑、牢固可靠，设备表面不能有任何伤害猪和操作人员的显见粗糙点、锋利刃角和毛刺。

（四）便于消毒

为了猪场的安全，必须定期对设备进行彻底消毒。切不可选用那些粗制滥造的设备，以免影响使用效果。

二、猪栏

猪栏按结构分类有实体猪栏、栅栏式猪栏、综合式猪栏等。按用途分类有公猪栏、配种栏、妊娠栏、分娩栏、保育栏、生长育肥栏等。

（一）猪栏的种类

猪栏按其关系可分为单体栏和群体栏，按结构分金属栏和实体栏。

1. 实体猪栏　以 0.8～1.2 米高的实体墙相隔，优点在于可就地取材、造价低，相邻圈舍隔离，有利于防疫。缺点是不便通风和饲养管理，而且占地。适用于小规模猪场。

2. 栅栏式猪栏　以 0.8～1.2 米高的栅栏相隔，占地小，通风好，便于管理。缺点是栅栏式猪栏多采用钢材，成本高，不利于单圈卫生保持和防疫。

3. 综合式猪栏　以 0.8～1.2 米高的实体墙相隔，沿通道正面用栅栏，集中了上述二者的优点，适用于大小猪场。

（二）按照用途划分的猪栏

1. 公猪栏　公猪栏高一般为 1.2～1.4 米，面积 7～9 平方米。

2. 母猪妊娠栏　妊娠猪栏有两种：

（1）单体限位栏：这种设备便于观察母猪发情和及时配种，由金属材料焊接而成，一般栏长 2～2.2 米，栏宽 0.65～0.68 米，栏高 1～1.2 米；饲养国外纯种母猪的栏长可选用 2.1～2.3 米，栏宽 0.7～0.75 米。

（2）小群栏：小群栏的结构可以是混凝土实体结构、栏栅式或综合式结构，高度一般为 1～1.2 米，墙体厚度一般为 12 厘米。面积根据每栏饲养头数而定，每栏一般为 7～15 平方米。

3. 分娩栏　分娩栏尺寸与选用的母猪品种有关，长度一般为 2~2.2 米，宽度为 1.6~1.8 米，分娩栏由三部分组成。分娩栏内设有钢管拼装成的分娩护仔栏，栏宽 0.6 米、高 1.0 米，呈长方形，限制了母猪的活动范围，防止踏压仔猪，便于哺乳。仔猪活动围栏每侧的宽度一般为 0.6~0.7 米，高 0.5 米左右，栏栅间距 5 厘米。栏前有食槽、饮水器。仔猪保温箱上设有红外线灯泡，箱的下缘一侧有 20 厘米高的出口，便于仔猪进出活动。

4. 保育栏　大、中型猪场多采用高床网上培育栏，可保持高床上清洁干燥，由金属编织网漏粪地板、围栏和自动食槽组成，仔猪保育栏的栏高一般为 0.6 米，栏栅间距 5~8 厘米，面积因饲养头数不同而不同。保育栏的面积一般为 3 米×2 米或 1.5 米×1.5 米。

5. 育成（肥）栏　育成（肥）栏有多种形式，其地板多为混凝土结实地面或水泥漏缝地板条，也有采用 1/3 漏缝地板条，2/3 混凝土结实地面。混凝土结实地面一般有 3% 的坡度。育成（育肥）栏的栏高一般为 1~1.2 米，采用栏栅式结构时，栏栅间距 8~10 厘米。

三、地板

猪舍地板分水泥实体地面和漏缝地板，水泥实体地面要求不能太光滑，也不能太粗糙；不能积水，也不能坡度太大。一般坡度为 1%~3%。规模化猪场多采用漏缝地板，其易于清除粪尿，减少污染，降低人工劳动强度，便于保持栏内的清洁卫生，为猪只提供温暖干爽的环境。漏缝地板要求耐腐蚀、不变形、表明平整、坚固耐用，不卡猪蹄、漏粪效果好，便于冲洗等。目前其样式主要有以下几种。

（一）水泥漏缝地板

水泥漏缝地板造价较低，适用于小规模的商品猪场，其表面应紧密光滑，否则表面会有积污而影响栏内清洁卫生，水泥漏缝地板内应有钢筋网，以防遭到破坏。

（二）金属漏缝地板

金属漏缝地板主要有用球墨铸铁和金属条排焊接（或用金属编织）两种类型。球墨铸铁地板表面平整，不打滑，栏内清洁、干净。适用于分娩栏和小猪保育栏。其缺点是成本较高；金属条排焊接地板造价相对较低，但是其容易变形，伤猪脚。

（三）各种猪栏漏缝地板的推荐参数

各种猪栏漏缝地板的推荐参数见表5-11。

表5-11　各种猪栏漏缝地板的推荐参数

主要参数	公猪栏	母猪栏	分娩栏	保育栏	育成（肥）栏
漏缝间隙宽度（毫米）	20~25	20~25	10	10	15~20
板条宽度（毫米）	100~120	100~120	40~60	40~60	70~100

三、饲喂设备

饲喂设备需要有饲料上料机、贮料塔、输送机、加料车、食槽和自动食箱等。

（一）饲料贮存和运输工具

1. 贮料塔　贮料塔多用2.5~3.0毫米镀锌波纹钢板压型而成，饲料在自身重力作用下落入贮料塔下锥体底部的出料口，再通过饲料输送机送到猪舍。

2. 输送机　用来将饲料从猪舍外的贮料塔输送到猪舍内，然后分送到饲料车、食槽或自动食箱内。使用的类型有：卧式搅龙输送机、链式输送机、弹簧螺旋式输送机和塞管式输送机。

3. 散装饲料运输车　主要用于从饲料加工车间到各个猪舍，在运输时，饲料被密封在罐体内，减少饲料的包装费用和饲料的损失，提高饲料的抗污染能力及有效的防疫能力。

4. 加料车　主要用于定量饲养的配种栏、怀孕栏和分娩栏，即将饲料从饲料塔出口送至食槽，有两种形式：手推式机动车和手推式人力加料车。加料车一般宽 0.8 米、长 1.2 米、深 0.6 米，方便于舍内净道运输。

（二）饲槽

合理的饲槽可以避免猪吃饲料时饲料洒到饲槽外，可以节省饲料，提高猪的采食均匀度等；如果饲槽设计不合理，既浪费饲料又影响猪栏使用效果。

按用途，可分为自由采食和限量饲槽两种；按材料，可分为水泥、金属等材料饲槽；按饲用功能，可分为间息添料饲槽、自动落料饲槽等。

1. 自由采食饲槽　就是固定在猪舍内，在不限饲的条件下使用。自由饲槽是在饲槽上装一个贮存饲料箱，当饲槽内饲料经猪吃后变少时，饲料就会从贮存箱自动流入饲槽，大大降低饲喂劳动强度，保证猪的采食量。该饲槽操作方便，广泛用于大规模猪场。

2. 水泥饲槽　主要用于配种栏和肥育栏，优点是坚固耐用，造价低，同时还可兼作饮水槽；缺点是卫生条件差，不方便打扫。

3. 金属饲槽　主要用于怀孕栏和分娩栏，便于同时加料，又便于清洁，使用方便。缺点是普通铸铁件金属饲槽容易生锈。

4. 全自动电脑上料系统　该系统由电脑控制，根据猪的采食量设定饲料的投放量，优点是定量投料、全舍同时落料采食、节省劳力、降低劳动强度、减少猪舍饲喂面积；但是该设备投资大，养护成本高。

四、供水及饮水设备

猪场的饮水和清洗用水一般以地下水为主水源，自来水为补充。供水和饮水系统为：水井→水塔或无塔供水罐→外部管网→内部管网→接水点。供水压力一般保持在 0.2 兆帕。以万头猪场为例，需要配备 2 个容量 60~70 立方米的水塔。

（一）供水系统

供水系统主要包括水塔、自动无塔供水罐及供水管道。

1. 水塔 猪场使用的水塔高度不能低于 15 米，水塔的容积在 50 立方米以上，猪场水塔主要是水泥水塔，也有不锈钢水塔、彩钢水塔、镀锌板水塔等。

2. 无塔供水设备 自动无塔供水罐在规模化猪场广泛使用，逐步代替了传统的水塔，供水压力大小可任意调节，达到猪场理想的供水效果。

3. 供水管道 猪场的供水管道要分饮水供水管道和清洗用水供水管道两种，因为清洗供水需要的水压较高，如果两个管道不分，容易损坏饮水器。设置双供水系统的原因有两条，第一，饮水系统压力低，冲洗系统压力高；第二，部分猪场冲洗系统用水为猪场处理后回水，不能饮用。

（二）饮水设备

应用最广泛的饮水设备是自动饮水系统（包括饮水管道、过滤器、减压阀和自动饮水器等）。猪用自动饮水器的种类很多，有鸭嘴式、杯式、吸吮式和乳头式等。

1. 饮水管道 猪舍内的饮水管道一般为一寸粗的镀锌管，既不生锈，又坚固耐用，也可以用供水用 PVC 管件，但到猪栏的部分必须用铁管，目的是怕猪咬管。

2. 饮水器

（1）鸭嘴式饮水器：鸭嘴式饮水器构造简单，由鸭嘴体、阀杆、胶垫、固定弹簧等零件组成。一个饮水器可供 10~15 头猪饮水。水流量控制在每分钟 2 000~3 000 毫升。

（2）猪饮水碗：分大、小碗，猪头部碰到阀门的时候就会出水，不碰阀门的话就会停止出水。节省水资源，又能最大限度地提高饮水量，是规模化猪场饮水系统改造的关键。

（3）加药箱：规模化猪场应该重视防疫保健工作，可以定期不定期通过加药箱在饮水中添加保健药品。加药箱和猪饮水管网并网，当需要加药时，开启加药箱阀门。关闭自来水进水阀，就可以把加药箱内配好的药水均匀地送到每个饮水器。

五、保温设备

（一）供热设备

1. 锅炉　锅炉按照功能分为热水锅炉、蒸汽锅炉。锅炉一般建在猪场的偏僻地方，这样可以减少污染。

2. 热风炉　采用特制炉子加热燃料，将热量通过管子送到舍内，提高舍内温度。这种供热方式适用于中、小型猪场，也适用于保育舍和产房等使用高床的猪舍。一般每栋猪舍一个，安装时最好留出一间房安置燃炉，便于将燃烧后废气排除舍外。这种供暖方式能够快速实现产房和保育舍恒温控制。

3. 地暖　热量通过猪舍内地面下热水管道均匀地输送热量，对母猪和肥育猪等直接接触地面的猪，养育效果好。

4. 空调供暖　空调控制温度效果较好，性能稳定，可以满足不同阶段猪只生长要求，并且节约空间。猪舍空调的运用可使舍内保持适宜的环境，提高饲料的转化率，降低病原入侵。缺点是固定投资大，运行成本高。猪舍空调一般为三相变速电机，可根据实际需要调节风量和制热量。

5. 红外线灯　设备简单，安装方便，最常用于产房的仔猪保温箱，通过灯的功率和悬挂高度来控制温度，但耗电，容易产生光污染，并且红外线灯的寿命短。

6. 电热保温板　电热保温板优点是在湿水情况下不影响安全，功率为100~200瓦，板面温度为260~320℃，不能接触到猪体，以免灼伤。类型分为调温型和非调温型，是仔猪的理想保温设备。

（二）降温设备

猪舍主要安装电风扇、排风扇、湿帘风机等设备进行降温，另外大猪猪舍还可以采用喷雾式降温。

1. 湿帘+风机降温系统　猪场采用"湿帘+风机"的降温设备是目前最经济、有效的降温措施，通过地下凉水在其核心"湿帘纸"内完成。当室外热空气被风机抽吸进入布满冷却水的湿帘纸时，冷却水由液态转化成气态的水分子，吸收空气中大量的热能从而使空气温度迅速下降，与舍内的热空气混合后，通过负压风机排出室外。

2. 喷雾降温系统　其冷却水由加压水泵加压，通过过滤器进入喷水管道系统而从喷雾器喷出水雾，降低猪舍内空气温度。一般每个猪栏装一个喷头，喷头安装高度1.8~2米。在分娩栏和保育舍要慎重使用，以免增加舍内湿度。

3. 滴水降温系统　滴水降温系统由于成本较低，使用方便，在中、小型猪场广泛使用，特别是在公猪舍内使用最多，母猪使用的也不少。在分娩栏和保育舍要慎重使用，以免增加舍内湿度。

4. 水蒸发式冷风机　利用水蒸发吸热的原理达到降低温度。

六、清洁消毒设备

（一）清洁设备

粪尿清理设备主要有干清理设备（自动清粪设备）、水冲设备和粪场处理加工设备等。

1. 自动清粪设备　通过自动清粪设备，可以降低猪舍漏粪地板下积粪温度，解决舍内氨气含量严重超标问题，减轻了工人劳动强度。比水冲粪工艺节省了水的使用量，降低污水处理成本。而且该设备清理出来的粪便含水量少，容易加工成有机肥等产品，后期加工成本更低，比较适合大型规模化猪场。

2. 自动翻水斗 工作时根据每天需要冲洗的次数调好进水龙头的流量，随着水面的上升，重心不断变化，水面上升到一定高度时，翻水斗自动倾倒，几秒钟内可将全部水倒出冲入粪沟，翻水斗自动复位。结构简单，工作可靠，冲力大，效果好；主要缺点是耗用水量大，容易导致舍内湿度升高，不利于冬季保温等。

3. 高压清洗机 高压清洗机采用单相电动机驱动卧式三柱塞泵。产生强大的水压，冲洗舍内粪便效果很好，同时还可以与消毒液连接，可进行舍内快速消毒，效果也很好。

4. 其他清理设备

（1）粪泵：为粪便分离机等辅助配套设备。粪泵用于提取和输送液体粪便。粪便分离机的种类很多，有干燥、膨化、微波处理等各种型号的设备。

（2）机械铲粪机、集粪车：适用于舍外粪的收集与运输。

（二）消毒设备

消毒是猪场卫生防疫的重要措施，消毒设备有火焰消毒器、喷雾消毒机、紫外线消毒设备等。

1. 喷雾消毒机 喷雾消毒机在猪场使用最广泛，用于杀虫、气雾免疫、空气加湿、降尘除菌等。喷雾消毒机雾化性能好，体积小、重量轻，手提拖拉均可，使用方便。室内喷雾消毒比熏蒸消毒省药、省时，工作效率高，消毒效果好，能使猪场消毒场所的空气和表面同时达到消毒。对不能擦拭消毒的天花板、灯罩、墙面、缝隙等，均可喷雾消毒。对控制猪场空气中的粉尘及微生物有很大的作用。

2. 紫外线消毒灯 紫外线消毒最常用的就是紫外线灯。紫外线灯价格便宜，使用方便，广泛适用于中、小型猪场的人员消毒和物品消毒。在对人员消毒时一定要控制好时间，时间太短不能起到消毒效果，时间长了会对人产生伤害。一般人员消毒时间15~20分钟。

3. 高压微雾人员通道消毒系统　该设备代替传统消毒模式，提高了人员消毒的可靠性。高压喷出的微雾，颗粒直径在10~115微米，既不会打湿衣服，又能使全身接触到微雾而达到彻底消毒的效果。

七、检测仪器及标识工具

（一）仪器
猪场需要下列常规仪器。

1. 饲料分析仪器　包括水分分析仪器、原料成分分析仪、蛋白测定仪器、粗灰分测定仪器和称重器材等。

2. 兽医化验仪器　离心机、培养箱、电子秤、显微镜、分光光度计、干燥箱、PCR检测的设备，ELISA检测的设备，以及实验室常规检测设备。

3. 人工授精相关仪器　恒温水锅、17℃恒温冰箱、磁力搅拌器、恒温载物台、精虫计数器、移液器、精液运输箱、数显温度计、载玻片、盖玻片、塑料量杯、玻璃烧杯、三角烧杯、温度计、玻璃棒、移液管、吸液球、染色剂、采精杯、集水瓶等。

4. 育种、妊娠诊断仪器　兽用B超仪、A超仪、活体背膘检测仪、酶标仪、色谱仪、猪活体肌内脂肪测定仪等。

（二）猪场标识工具
猪场标识工具包括断尾钳、断牙钳、耳标钳、豁口钳等各种标记工具。使用时注意消毒，避免感染。

第六章 种猪管理技术集成

种猪是养猪的核心，猪群的精华，生产管理中必须抓好种猪群的管理。

养好猪=好管理+好技术+好环境。

第一节 种公猪饲养管理技术

众所周知，种公猪是猪场的核心猪群，是发展养殖产业和取得养猪效益的先决条件。种公猪的饲养质量高低直接影响着整个猪场生产水平的高低，如何保证种公猪的合理利用，确保种公猪的精液质量等问题，成为种公猪饲养管理的关键环节。

一、种公猪的选择、培育

选择正确引种单位，正确的引种时机，正确的饲养管理措施。

（一）引种要求

（1）具有畜牧行政主管部门颁发的种畜禽生产经营许可证（一级场为主）。核心育种场优先。

（2）出场种猪要有种猪合格证。

（3）出场种猪要有检疫证明。

（4）猪场要提供三代以内的所购公猪系谱资料。

（5）具有种猪生产性能测定数据。

（6）种猪的运输尽量安排在春秋季节进行，运输前要对运输车辆及工具进行严格的消毒，并确保运输途中人、畜的安全。

（7）种公猪引入要进行必要的隔离，时间为 30~45 天，隔离期过后，确保安全才能进场。在隔离的中后期可将本场要淘汰的老母猪混入饲养，让其适应本场内的一些特异微生物。隔离后期可开始进行一些疫苗的注射。

（二）选种标准

1. 体型外貌　种公猪必须具备本品种的体型和外貌特征。四肢强健，尤其后肢要有力。姿态端正，大腿丰满。腹部略上收而不下垂，肚腹平直。

（1）外部生殖器官：公猪的睾丸要对称，有无大小和明显的高低，大小适中，但不能太小和太大，以防止病变。阴囊要干净，阴茎部用手触摸，不能有硬块类的东西。而且包皮以没有积尿为最好。雄性特征明显，性欲强，繁殖系统器官健全，睾丸要求对称、整齐、发育良好，大而明显，摸时感到结实而不坚硬，禁选单睾和隐睾公猪。阴茎包皮正常，没有明显积尿。无遗传缺陷。

（2）体型外貌：体型外貌也是判断其是否能成为种公猪的一个重要依据。猪只背腰部结合要自然，不塌肩或弓背。嘴里吐着白沫，白沫越多，说明该公猪的性欲越旺盛。猪体外部不能有外伤、脓疱和疱块。不能有明显的黑斑及明显的生理缺陷，如疝气、脱肛等。头型大小适中、清秀，耳中等大小，四肢强健。

（3）看后躯（腿）：种公猪特别强调腿部力量的大小。主要是看它能否正常行走，不走一字步和八字步，行走时后躯左右摇摆幅度小。如果后腿明显无力时，应给予淘汰。挑选后躯高的公猪有利于爬跨配种。

（4）看乳头数：公猪的乳头数与猪的繁殖性能有很大的关

系。一般来说，要求种公猪的乳头数要在 7 对以上，包括 7 对，而且要对称。

（5）年龄及体重要求。引入种猪的体重最好为 90 千克，6~8 月龄引入，既可观察到公猪的性欲表现，又可有充分的时间进行隔离并完成各种疫苗注射，保证种公猪可适时使用。引入时体重太小，虽然可以降低引种成本，但对今后的生长发育有着不可预见的风险，生产性能测定数据也不全，甚至公猪不得使用而影响整个猪群的生产。

2. 系谱资料 利用系谱资料进行选择，主要是根据亲代、同胞、后裔的生产成绩来衡量被选择公猪的性能，具有优良性能的个体，在后代中能够表现出良好的遗传素质。系谱选择必须具备完整的记录档案，根据记录分析各性状逐代传递的趋向，选择综合评价指数最优的个体留作种猪。

3. 育种值分析 现在很多种猪场都做种猪生产性能测定，在选购公猪时，要选择育种值（EBV 值）大的个体。EBV 值越大，说明该公猪的综合性能越好。

只要遵循了以上的标准，基本上就可以选择到理想的种公猪了。

二、种公猪的管理技术集成

（一）饲养目标

（1）后备公猪 8 月龄体重达 120~135 千克。

（2）自然交配时能完成 25~30 头母猪年配种任务，人工授精时能完成 150 头母猪以上的年配种任务。

（3）一次射精量在 150 毫升以上，密度在 2.5 亿/毫升以上，精子活力 0.7 以上，畸形率在 20% 以内。

使用年限 1 年以上。

（二）营养需要和饲喂方式

1. 营养要求

（1）蛋白质和氨基酸：日粮中蛋白质含量直接影响种公猪精液的数量和质量，非配种期种公猪饲料中蛋白质应占12%，而配种期种公猪饲料中蛋白质含量不应低于14%，其需要量随公猪年龄的增长而增加，因此设计饲料配方时应根据公猪年龄及时调整。使用单体氨基酸可以减少猪含氮废物的排泄量，蛋白质和赖氨酸摄入过量会引起血液中氨和尿素的浓度升高，从而引起公猪精子畸形率的增加。

（2）消化能：消化能过高会导致种公猪脂肪沉积过多，直接影响到公猪的配种能力，并降低精液品质。能量过低，会使公猪过于消瘦，产精量下降，精子浓度降低，导致受胎率降低。实际的消化能水平应保持在12.6~13.0兆焦。

（3）微量元素：日粮中应保证适量的微量元素，钙和磷对公猪精液的品质影响极大，日粮钙磷比以1.5∶1.0为宜，如缺乏钙和磷，精液中发育不全和活力不强的精子就会增多。此外，日粮中必须含有铁、铜、锌、锰、碘和硒，缺硒容易导致睾丸退化，降低精液品质，在公猪日粮中还应含较高的锌，以保证睾丸的正常发育。

（4）维生素：维生素A、维生素D、维生素E是公猪不可缺少的营养物质，如日粮中缺乏维生素A、维生素D、维生素E，会逐渐使种公猪睾丸退化萎缩，性欲减退，丧失繁殖能力。建议种公猪的日粮配比为：玉米58%，糠麸18%，豆粕12%，种公猪专用预混料12%。种公猪每天的饲喂量非配种期时为2.5千克，配种期为3.0千克，配种期应补饲适量的胡萝卜或优质青绿饲料。

2. 饲喂方式 在满足种公猪营养需要的前提下，要对其采取限制饲喂，定时定量，每顿不能吃得过饱，要求日粮容积不能太大。否则，易上膘造成腹围增大，同时还易养成挑食的习惯，造成饲料浪费；更重要的是更容易引起体质虚弱，可能产生肢蹄病，使之生殖机能衰退，严重时会完全丧失生殖能力。若喂量过少，特别是冬季气温低，公猪采食的营养大部分转化成热能用于自身御寒，从而造成精液品质下降。关于成年种公猪的饲喂量，在非配种季节每头每天 2.5 ~ 3 千克即可，分两次喂完，全天 24 小时供新鲜饮水。严寒的冬天，要适当增加饲喂量，同时饲喂时要根据个体的膘情予以增减。不能用自由采食的方法来饲喂种公猪。

另外，在配种期间补充饲喂一些动物性蛋白质饲料，如每天加喂每头公猪 2 个鸡蛋，对提高精液品质有很大作用。

3. 防止过肥 公猪一般在 9 月龄后开始使用，此时体重约为成年体重的 60%。公猪可利用年限为 1.5 ~ 2.5 年。在配种使用期间，公猪配种采精次数不多，往往导致公猪过于肥胖，性欲减退，逐渐失去种用价值。当公猪肥胖时，减少精饲料 15% 左右，同时加喂青粗饲料，并增加公猪的运动量，每天自由活动 1 ~ 2 小时或驱赶运动 1 小时。

（三）种公猪的日常管理

1. 培养良好的习惯 种公猪的饲喂、采精配种及运动等各项管理工作在固定的时间，熟悉的人员去操作，利用条件反射养成规律性的生活习惯，便于管理操作。

2. 适当的运动 种公猪要适量运动，除在运动场自由运动外，每天还应进行驱赶运动，上、下午各运动 1 次，每次行程 1 千米。夏季可在早晚凉爽时进行，冬季可在中午运动 1 次。

3. 刷拭和修蹄 每天定时用刷子刷拭公猪体，保持皮肤清洁卫生，促进血液循环，少患皮肤病和外寄生虫病。这也是饲养员调教公猪的机会，使种公猪温驯听从管教，便于采精和配种。经常注意保护猪的肢蹄，对不良的蹄形进行修蹄，蹄不正常会影响活动和配种。

4. 定期称重　公猪定期称重，根据体重变化情况，检查饲料是否适当，及时调整日粮。生长期的公猪，体重逐日增加，但不宜过肥。成年公猪体重应无大的变化，但应经常保持中上等膘情，应肥不见膘、瘦不见骨。

5. 加强非配种期的管理　在没有配种任务的空闲时期，不能放松对种公猪的饲养管理工作。要坚持按照种公猪饲养标准进行饲养。

（四）种公猪的配种管理

1. 初配年龄的掌握　公猪在 8~9 月龄、体重达 135 千克以上时，经调教后可参加配种。过早使用，既影响其生长发育，也缩短了使用年限。

2. 配种　在气温高的夏季，配种应在早、晚凉爽时进行，寒冷季节宜在气温较高时进行，1 岁以上的成年公猪建议配种频率为每周 3~5 次，12 月龄以下的公猪相应为 1~2 次。配种时应注意：

（1）喂饱后不能立即配种。

（2）配种后不能立即赶公猪下水洗澡或卧在潮湿的地方。

（3）对性欲特别强的公猪，要防止自淫现象。

第二节　后备母猪选择和培育

后备母猪指被选留至第一胎出生后再次配上种的母猪。在规模化养猪生产中，每年有 25%~40% 的母猪需要更新淘汰，为了保证猪场正常生产需及时补充后备母猪，而后备母猪的选择和培育是系统工程。

一、后备母猪的选留

（一）后备母猪的选择指数

1. 生长、胴体性状遗传力　0.4。

2. 发情时阴户症状的持续时间遗传力　0.38（幼稚阴户和小阴户，说明内生殖道发育不成熟。末端突出阴户，说明后备母猪配种很难等，都不应列入后备母猪的选择范围）。

3. 腹线（乳头及乳头之间距）遗传力　0.3（可以评价有效乳头，以及母猪的泌乳力）。

（二）性能指数结合眼观评分

1. 选留的数量　选择断奶猪数是计划补猪数250%～300%，保育结束时，去掉有明显缺陷、生长较慢的猪（制定相关指标，便于判定）。

2. 50千克阶段　补充猪数200%。

3. 150日龄左右（80～90千克体重，或更大的体重）　补充后备母猪数量为125%～150%，夏季适当更高一些，以保障不时之需，同时也可以最大限度保障后备母猪的品质和数量。淘汰生长速度<590克/日的后备母猪，膘度不达标和瘦肉率很高的，也需要淘汰。

4. 性能测定　初生重、断奶重、达100千克天数，背膘厚，瘦肉率。生长性能排在前75%内的后备母猪。

5. 背膘　P2背膘厚度16～18厘米。

6. 性情　应性情安静，不应过于害怕与人接触。

7. 免疫　配种前免疫并驱体内外寄生虫。

8. 眼观评分　外生殖器、腹线、趾蹄和身体结构。趾蹄会伴随母猪的一生，间接影响其生产性能。

二、后备母猪的培育技术集成

（一）分区饲养

单独建后备母猪的培育场和头胎母猪场，以确保在降低淘汰率和成本的条件下，后备母猪培育要按体重的大小分群饲养，体重差异最好不超过 2.5~4 千克。刚转入后备母猪群时，按圈的大小，每圈可喂 3~4 头，随着年龄和体重的增加，逐渐分圈减少每圈的头数，合群运动。保持合理密度：全漏缝 2 平方米/头，实心地面 3.7~4 平方米/头。

（二）控制营养

后备日粮中每千克主要成分为：DE：13~14 兆焦，粗蛋白：15%~16%，赖氨酸：7~8 克，Ca：10 克，P：8 克，日喂料量：2.5~4.0 千克。

实际生产中，每个猪场可以根据自己场的实际、不同的品种、季节、设施和环境，以及后备母猪培育的各个阶段的动态变化等，调整后备母猪的阶段日粮，能量基本一致，主要根据季节调整维生素、氨基酸、微量元素等。日粮配制中，添加促进肠道发育的产品，可以有效降低消化道溃疡、提高消化吸收、减少便秘，提高后备母猪的育成率。主要添加如下：丁酸钠、酸化剂、乳制品、活菌制剂（如丁酸梭菌、乳酸菌和枯草芽孢杆菌等，尤其是在妊娠日粮中添加后，可以有效降低便秘和消化道溃疡，促进消化吸收。作用和丁酸钠一样，效果要比丁酸钠好，尤其在降低妊娠母猪便秘方面）。

（三）免疫接种

后备母猪在配种前 1~2 月要根据检测数据免疫接种，通常 2 次伪狂犬、日本乙型脑炎、细小病毒等疫苗，2 次间隔时间为 20 天，并加强接种猪瘟苗、口蹄疫苗，根据各场具体情况加强接种猪肺疫、猪繁殖与呼吸综合征、支原体、传染性胸膜肺炎等疫苗。

（四）净化体内细菌性病原

目前猪场的病原比较复杂，尤其是从外场引种的后备猪，难免会携带一些隐性的病原，使用抗生素对细菌性病原进行净化很有必要，但选用抗生素时要慎重，作为预防性药物要遵循高效、广谱、安全、不易产生耐药性为原则。同时净化体内寄生虫，在配种前一个月驱虫一次，可在饲料中添加高效广谱驱虫药。

（五）日常培育步骤

（1）100千克前，自由采食，保证足够的能量和维生素、微量元素的供应，尽量使第一次发情时的体重最大化，保障最大的使用年限和生产性能。第一次发情后，根据后备猪的体况，制订合理的营养和饲养计划，有步骤、有节奏、有计划地使后备猪的体重达到配种时的理想体重和背膘体况。提前制订科学合理的培育计划和饲养管理措施步骤。

（2）150日龄左右，体重80~90千克，或更大的体重。第一次发情后，使用公猪诱情（至少中等偏上的成年公猪，雄性特征明显，善于沟通交流的，诱情时，可以给后备母猪发出更多的信号，促进后备母猪的发情），2次/天，15~20分钟/次。必须保障使用不同的成年公猪诱情，同时保障每次诱情的时间和每头诱情公猪的诱情母猪数量［25头/（头·日），2次/日］。

（3）强化后备母猪发情管理工作，及时准确记录后备母猪初情情况，对日龄240日龄以上或直到后备猪第一次配种时不发情母猪，可以在150~160日龄，同群后备母猪基本完成第一次发情时，针对不发情的后备母猪，注射PG 600，主要促进后备母猪的初情发生，降低后备母猪培育失败的风险。夏季高温季节，尤其需要更多关注，可以尝试采取提高后备母猪发情的措施，如湿帘降温、通风换气、日粮的调整、激素处理等。

（六）从外引种的注意事项

1. 引进不健康的带毒的后备母猪　引种前未对引种对象场的种猪健康状况进行多方了解或只重视种猪价格而忽略种猪质量，一些猪场因此而付出了沉重的代价。

2. 引种体重偏大　体重>80千克。后备母猪未完成免疫程序和隔离驯化就开始配种，导致第一胎怀孕母猪流产率增加，产死胎率增加，所产后代难养。

3. 频繁引种、多渠道引种　种源不单一，使猪场疫病复杂化。

4. 没有对引进的后备母猪实行隔离驯化　而直接进入生产群混养，从而增加了猪场疫病暴发的风险。

第三节　空怀母猪配种与管理

空怀母猪指未配或配种未孕的母猪，包括后备母猪和经产母猪（返情、流产、空怀、断奶、超期未配等），从断奶后到下一次发情配种前为空怀。这个阶段主要目标任务是母猪早发情，多排卵、早怀孕。

一、空怀母猪的管理技术集成

（一）饲养目标
断奶母猪7日内发情比例大于85%。

（二）营养需要

1. 空怀母猪营养要求　通常日粮中消化能（DE）渗3.1兆卡／千克，粗蛋白（CP）≥16%，赖氨酸（LYs）≥0.08%。维生素A、维生素D、维生素E对空怀母猪影响较大，特别是工厂化栏舍的母猪难以得到户外运动，如缺乏则引起繁殖功能受阻，在每千克日粮中含维生素A 4000国际单位，维生D 280国际单位，维生素 E 11 国际单位。初产母猪在哺乳期中每天至少需要摄入消化能（DE）12 兆卡，粗蛋白 700 克、赖氨酸 35 克。较高的摄入量是合乎需要的。有时可给母猪饲喂生长猪日粮甚至应用小猪日粮。对于营养摄入量影响随后的断奶至发情的间隙期的机制知之甚少。一些血液基质（如葡萄糖、脂肪酸、氨基酸）和血浆代谢激素（如胰岛素、生长激素、胰岛素生长因子、甲状腺素）能反映哺乳母猪体内分解代谢状态。这类代谢产物与激素能为生殖激素提供信号，促进母猪发情、受胎。

2. 断奶前 2~3 天逐渐减少母猪饲料喂量　多喂些多汁的青饲料，促进母猪收奶，避免乳腺炎的发生。有乳腺炎的母猪一般会推迟发情。

3. 阶段控制　断奶 2~3 天，逐渐恢复母猪的饲喂量，实行短期优饲，每日饲喂 3~4 千克，有利于母猪恢复体况和促进母猪的发情和排卵。

（三）日常管理细节

（1）做好记录工作。

每日早、中、晚三次寻查发情猪只，并做好标记和详细记录。

（2）公猪诱情。

采取"一逗二遛"的办法。一逗：就是把性欲高的公猪赶到不发情的母猪门外逗情，或将公猪赶到母猪圈里，让公猪追逐母猪，或将发情盛期的公猪赶到母猪圈里，令其追逐或爬胯，引诱母猪发情。二遛：长期圈养的母猪，由于缺乏运动而不发情。可将不发情的母猪赶到露天活动场或驱赶运动，加速猪的血液循环，促进新陈代谢，有利于母猪发情。

（3）科学混群。

要根据体况肥瘦合理分群合群，将断奶母猪小群饲养（一般每圈 3~5 头），采取单栏定量饲喂、群体自由运动的福利养猪方式。混群第 1~2 天要在较大运动场内进行，专人看管，以防打架。

（4）保持合理运动，保持充足饮水。

（5）在空怀母猪舍安装 100 瓦以上白炽灯，离地高度 1.5 米，每天照射 16 小时左右。

（6）乳房按摩，每日饲后按摩乳房及附近区域 10 分钟。

（7）药物、激素催情对不发情或发情不明显母猪及时药物或激素处理。

（8）淘汰不合格的母猪，保持母猪群合理的结构。种猪的年淘汰更新率在 1/3 左右。合理的母猪产次结构应为：0~2 产占 35%~45%，3~6 产占 45%~55%，7 产以上占 10%以下。

（四）配种后的限饲措施

建议饲喂量：1.8~2 千克。

1. 限饲原因　妊娠期高的采食量会降低胚胎成活率。母猪配种后，受精卵的发育需要子宫特殊蛋白提供营养，才能保证着床和成活率。

2. 机制　采食量高—提高肝脏血液代谢—提高血液中黄体酮的清除—降低血液中黄体酮的水平—降低子宫乳（子宫特殊蛋白）的分泌—降低胚胎成活率。

二、空怀母猪异常原因及措施

（一）配种后发生返情的原因

（1）如果母猪在配种后 20 天内返情（18~19 天），就说明配种太迟。

（2）如果母猪在配种后 22 天以后返情（23~24 天），则说明配种过早。

（3）如果配种后的 21 天、22 天、23 天内返情，说明配种失败，那么就需要全面考虑母猪是否有病情、精子质量是否合格等问题。

（4）如果配种后 39～45 天内返情，说明错过了上一次发情周期，需要对返情检测的方法进行检查。

（5）如果配种后 25～38 天内返情，在正常范围之外。母猪怀孕但不能怀胎，可能是由于应激、发霉的饲料、有怀孕能力的卵子太少或者是子宫感染等。

（6）如果母猪在配种后 45 天以后返情，在正常范围之外。母猪怀孕但不能怀胎，可能是由于发霉的饲料、疾病、应激或打架等。

（二）母猪超期空怀的原因

（1）超过 230 日龄的后备母猪，无发情表现或发情时间短，发情不明显造成漏配，或因营养不适，缺乏必需的维生素、微量元素及管理不当，缺少异性刺激和适量的运动等延误了初配时间；后备猪饲养过肥，造成后备猪不发情等都会使后备母猪非生产天数增加。

（2）断奶母猪，因膘情好，不能在断奶后 3～7 天内发情。

（3）母猪在一个情期内配种不孕，而又延误了返情时间的母猪，非生产天数会增加。

（4）流产的母猪，长久不发情，或发情配种又不妊娠的母猪。

（5）妊娠母猪在怀孕过程中死亡，或因病淘汰的母猪。原本应淘汰的母猪，未能及时处理，延长了饲养时间，增加了母猪的饲养天数。

（6）妊娠误判。配种后 18～21 天妊娠检查时，本来没有妊娠的母猪，结果误判，而母猪又没有发情表现，长期按妊娠母猪饲养，增加了母猪的非生产天数。

（三）影响因素

1. 营养问题

（1）体况过瘦：在怀孕期特别是哺乳期营养不足产仔、带仔数多，哺乳期失重过多，会造成母猪断奶时过瘦，抑制了下丘脑产生促性腺激素释放因子，降低了促黄体素和促卵泡素的分泌，推迟了经产母猪的再发情。

（2）母猪体况过肥：个别母猪食欲旺盛，产子、带子少，致使母猪过肥，卵泡及其他生殖器官被许多脂肪包围；母猪排卵减少或不排卵，出现母猪屡配不孕或不发情。

2. 生产管理中的因素

（1）热应激：当气温在 32℃ 以上配种时，母猪的返情率急剧上升，可达 10%~20%。

（2）通风不良：空气污浊，氨气、甲烷、硫化氢等有毒气体增多，可使母猪发情不正常，配种怀孕后产仔少，死胎增多。

（3）霉菌毒素的影响：近年来造成母猪屡配不孕的一个重要原因是霉菌毒素，主要是玉米发霉变质产生的霉菌毒素，危害最大的是赤霉烯酮 F2 和 T2，可引起母猪出现假发情，即使真发情，配种难孕，孕猪流产或产死胎。

（4）公猪原因：本交时配种公猪精液质量差，如果没有及时发现，会导致母猪不孕，特别是夏季更容易发生；人工授精输精前没有检查精液质量，输入质量差的精液。

3. 生殖系统疾病

子宫内膜炎引起的配种不孕是非传染性疾病，是导致母猪繁殖障碍的一个主要疾病。在屡配不孕的淘汰母猪中很大一部分是子宫内膜炎所致，主要原因是配种时或分娩时及分娩后操作不当，将细菌带入子宫内；产后胎衣不下、恶露不净时也诱发本病，特别是初配母猪发生率更高。

（四）措施

（1）配种后 21 天左右用公猪对母猪做返情检查，以后每月做一次妊娠诊断。

（2）妊检空怀猪放在观察区，及时复配。妊检空怀猪转入配种区要重新建立母猪卡。

（3）每头每日喂料3千克左右，日喂2次。过肥过瘦的要调整喂料量，膘情恢复正常再配。

（4）超期空怀、不正常发情母猪要集中饲养，每天放公猪进栏追逐10分钟或放公猪进运动场公母混群运动，观察发情情况。

（5）体况健康、正常的不发情母猪，先采取饲养管理综合措施（见诱情方法），然后再选用激素治疗。

（6）不发情或屡配不孕的母猪可对症使用PG600、血促性素、绒促性素、排卵素、氯前列烯醇等外源性激素。

（7）长期病弱或空怀2个情期以上的，应及时淘汰。

第四节　妊娠母猪饲养管理技术

妊娠母猪是指处于妊娠生理阶段的母猪。母猪是猪场里的发动机，管理好怀孕母猪是猪场最重要的工作之一，让它们健康生长，为猪场生产出数多、体健的仔猪，减少母猪淘汰数量，降低猪场生产成本是主要目标。

一、妊娠母猪管理细节

（一）妊娠母猪管理目标

（1）保证胎儿在母体内正常发育，防止死胎与流产现象的发生，从而获得数量多、初生重大而健壮的仔猪。

（2）保证母猪在妊娠期有良好的膘情。

（3）保证妊娠母猪的乳房发育，为哺乳期的泌乳进行营养贮备。

（4）保证初产青年母猪的正常生长发育。

（5）保证指标完成：①分娩率85%以上。②窝产健仔数：初产母猪9.5头以上，经产母猪10头以上。③平均初生重1.45千克左右，初生重1千克以下比例小于8%。

（二）妊娠快速诊断

无论是本交还是人工授精，都会有一部分母猪可能要返情，所以应该尽早发现没有怀孕的母猪，在配种后18~23天要进行查情，对于没有返情的，是在配种25天后用兽用B超机检查，可以准确判断。主要方法如下：

1. 外部观察法　发情规律正常的母猪，妊娠后一般不再发情，而且神态安静，行动谨慎，当其他猪接近时表示厌烦；母猪的外阴部干燥，皱纹收缩明显；食欲增进，膘情好转，被毛光滑，个别母猪妊娠后有异食现象；母猪妊娠后2个月，腹围增大，下腹部突出，在妊娠后期可以看到胎动；在母猪配种后两个半月，腹壁触诊可感觉到胎儿。

2. 根据发情规律判断法　母猪发情周期是18~23天，平均为21天，在正常的情况下母猪妊娠后就不再表现发情征状。因此，可从母猪配种后的18天开始注意观察，如果在1周左右不见母猪表现发情征状，就可以初步判断母猪已经妊娠。生产实践中，分别于母猪配种后的18~23天、40~45天，用试情公猪进行返情检查。

3. 妊娠母猪体重变化法　母猪妊娠后即进入妊娠期，胚胎不断生长发育，同时在各种激素的作用下，母猪本身的各组织器官也发生了一系列变化。在正常饲养管理情况下，整个妊娠期经产母猪可增重40~50千克，初产母猪可增重50~60千克。在妊娠初期，胚胎重量很轻，绝对增重不高，60天以后增重速度逐渐加快。90天以后胎儿增重十分迅速，胎儿体重的60%是在这一时期增加的。

4. 兽用B超检查　利用B超诊断母猪妊娠，方法简单，结果准确，是诊断动物妊娠中应用最早、效果最好、效益最高的方法。

（1）探查部位：体外探查一般在下腹部左右，后肋部前的乳房上部，从最后一对乳腺的后上方开始，随妊娠增进，探查部位逐渐前移，最后可达肋骨后端。猪被毛稀少，探查时不必剪毛，但需要保持探查部位的清洁，以免影响 B 超图像的清晰度，体表探查时，探头与猪皮肤接触处必须涂满耦合剂。

（2）探查方法：体外探查时探头紧贴腹壁，妊娠早期检查，探头朝向耻骨前缘，骨盆腔入口方向，或呈 45 度角斜向对侧上方，探头贴紧皮肤，进行前后和上下的定点扇形扫查，动作要慢。妊娠早期胚胎很小，要细心慢扫才能探到，切勿在皮肤上滑动探头，快速扫描。（探查的手法可根据实际情况灵活运用，已能探查到子宫里面情况为准，当猪膀胱充尿胀大，挡住子宫，造成无法扫到子宫或只能探查到部分子宫时应等猪只排完尿以后再进行探测）

（三）妊娠三个周期的管理细节

妊娠分为妊娠前期、妊娠中期、妊娠后期三个阶段。

1. 妊娠前期（配种至妊娠 30 天）

（1）前期的特点：妊娠前期为胚胎的形成时期，器官均在此形成，要经历细胞增殖、迁移、分化和细胞生理性死亡等重要过程。对致畸作用的感受性最强，易受致畸因子的干扰而发生紊乱，发生各种类型的先天畸形。这一时期应多关注胚胎死亡及畸形的发生。

（2）妊娠前期饲养管理目标：①保护受精卵着床。②最大限度地提高胚胎成活率，获得高产仔数。

（3）前期管理细节。①配种后 1~14 天限饲喂，降低母猪饲料中能量水平，提高胚胎成活率，每头饲喂 1.8~2.0 千克／天。②减少应激反应。配种母猪环境要安静，温度适中，最好单栏喂养，利于胚胎成活和着床。③配种后注意有无发情表现，配种后30~40天如有返情应重配。④配种后18~22天要观察是否返情，25~25天用B超测孕，可疑猪一周后再测。确认空怀猪注射PG 600，发情即可配种，10天不发情即可淘汰。

2. 妊娠中期（31~85天）

（1）中期特点：胎儿不稳定、容易流产。母猪处于饥饿状态，容易便秘。

（2）中期管理目标：①妊娠中期为了保证胎儿的成活。②根据母猪体况，调节母猪膘情，确保母猪膘情适度，促进乳腺发育，为母猪产后高乳量打下基础。

（3）中期管理细节：①初产及经产母猪日喂量2.0~2.5千克。②限量饲喂，根据体况调整喂量。理想体型是母猪背膘厚度18毫米，尾根能够触摸到尾骨，圆筒形，评分3分。

3. 妊娠后期（86~109天）

（1）后期特点：胎儿发育最快的时期，仔猪的出生重在这一时期体现，母猪也在贮备营养，以备哺乳用。

（2）后期养管理目标：①获得个体大、健壮、均匀初生仔猪。②提高初生仔猪体内营养积蓄。③促进母猪泌乳器官发育。

（3）后期管理细节：①母猪在产前适当提高日量能量水平，一般母猪分娩前4周开始增量饲喂，初产母猪分娩前3周增量，饲量为2.5~3.0千克/天，妊娠后期母猪尽量单栏喂养，确保胎儿正常发育。②防止母猪滑倒。任何鞭打、惊吓、追赶过急等都容易造成母猪流产。

4. 临产期（109至产仔）　母猪转产房，管理技术细节见第五节分娩母猪的饲养管理。

（四）妊娠期的饲喂技巧

整个怀孕期的精准化饲喂很关键，配种后应立即改喂妊娠料，有条件的猪场母猪配种后第4天进行B超测膘估重，精准每头母猪的饲喂量。前 15 天内饲喂量控制在 1.8～2.3 千克。怀孕母猪在配种后 90 天开始更换哺乳料，在原有饲喂量基础上增加饲喂量，直至分娩期前几天。具体细节如下：

1. 背膘测量和饲喂控制　测背膘厚时间：怀孕 14 天、40 天、90 天、107 天，共 4 次。

（1）0～14 天：日喂料量 1.8 千克。

（2）15～85 天：日喂料量 1.8～2.2 千克。根据膘情随时调整。

（3）86～107 天：背膘厚 17～21 毫米，日喂料量 2 千克。

背膘厚小于 17 毫米，日喂料量 2.3 千克。

背膘厚大于 21 毫米，日喂料量 1.8 千克。

（4）108 天至产前：背膘厚 17～21 毫米，日喂料量 2.5 千克。

背膘厚小于 17 毫米，日喂料量 3.0 千克。

背膘厚大于 21 毫米，日喂料量 2.0 千克。

妊娠母猪的限喂，需要根据母猪的日粮配制和营养浓度来定，尤其是能量的摄入。

2. 日粮的体积和功效

（1）多饲喂青绿饲料：即含有一定量的青粗饲料，使母猪吃后有饱感；青粗饲料所提供的氨基酸、维生素和微量元素很丰富，有利于胚胎的发育。同时，青粗饲料可防止母猪的卵巢、子宫、乳房发生脂肪浸润，有利于提高母猪的繁殖力与泌乳力。

（2）适当增加轻泻性饲料：如麸皮，以防便秘，因为便秘会引起母猪流产。但妊娠 3 个月后就应该限制青粗饲料的供给。母猪一旦妊娠，就应改用妊娠母猪料，并减少至 1.8～2.7 千克/天。

3. 饲喂注意事项

（1）根据天气及气候情况，适当增减饲料喂量。

（2）加料不可过快，以免溢出浪费，加料铲应有一定标准。

（3）每天检查饲料质量和颜色、颗粒状态等，发现异常及时报告技术人员。

（4）严格限饲：成功饲养妊娠母猪，就是对妊娠期合理的限饲，妊娠期采食量与哺乳期采食量呈负相关性，妊娠期吃得越多，哺乳期就吃得越少，即使获得了较大的初生重，由于哺乳期吃得少，也不能获得较大的断奶重，同时还影响断奶后的发情间隔。母猪妊娠期平均喂给 2.2～2.8 千克。妊娠期限饲的好处：①增加胚胎成活率，减少母猪压死初生仔猪。②降低母猪的分娩难度，乳腺炎发生率降低。③母猪在哺乳期体重损耗减少，延长繁殖寿命。

二、妊娠母猪易出现的问题和解决措施

（一）便秘问题

母猪怀孕期很容易发生便秘，发生率大约在 30%，妊娠后期母猪发生率有的高达 50%；可以在饲料中添加粗纤维，在饮水中添加小苏打，投喂青绿饲料进行预防；轻微便秘的可以通过多饮水、加强运动来解决，如果有便秘严重的要采用灌肠的方式来处理。

（二）频繁转群和更换用品

1. 不随意转群　最好不对怀孕前期母猪进行转栏调整，如果生产当中无法避免，就选择配种后 3 天内和配种后 30 天以上进行调整。配种后 8～16 天是胚胎的着床关键期，尽量不要调栏。一般怀孕前期用限位栏，后期用大圈饲养，可以加强运动，提高母猪利用年限。

2. 不随意调整饲养管理人员，不频繁更换用品　怀孕母猪不要随便更换饲料、疫苗、兽医等用品，防止应激发生。平时用药要注意孕畜禁用的药不能用，如地塞米松、催产素等。管理饲

养人员也尽量保持稳定，不随意调整人员，减少人猪不熟悉的情况，减少应激。

（三）化胎、死胎、流产原因

（1）由于卵子质量不好或未掌握适时配种，卵子过早衰老，虽可勉强受精，但胚胎不能正常发育，终致死亡而被母猪吸收。

（2）怀孕母猪饲料营养不全面，缺乏必要的蛋白质、矿物质和维生素，特别是钙和磷，以及维生素 A 和维生素 D，以致引起胚胎死亡。

（3）怀孕母猪过肥或长期便秘，影响胎儿正常发育，以致引起化胎、死胎或流产。

（4）喂发霉变质、带有毒性和强烈刺激性的饲料以致引起饲料中毒而发生流产。

（5）机械性刺激，如运动场不平、结冰、驱赶过急，致使母猪滑倒。圈门狭小、出入拥挤、惊吓等都会造成母猪流产。

（6）高度近亲繁殖，常导致死胎数增加，有时还会产畸形、怪胎等。

（7）母猪分泌激素紊乱、生病发高烧及患乙型脑炎、流行性感冒、布鲁杆菌病等都能引起死胎和流产。

（四）安胎和人工流产

在母猪妊娠期中，如不到正常分娩时期，就发现减食或不吃、行动异常、精神不好、阴户红肿并流出黏液，不断努责，则可能会流产，要立即注射黄体胴 15~25 毫克并内服镇静剂来安胎。如已达产期，有产仔表现，乳房膨胀且分泌乳汁，但不见胎动也不见胎儿产出，时间长久腹部逐渐收缩，则可能是死亡胎儿已变成木乃伊存在于子宫内，对这样的母猪应及早采取人工流产的方法，促使死胎完全排出，不然就会影响以后的繁殖。最简单的方法是给它注射 3~6 毫升催产素。也有这样的母猪，并未进行人工流产或人工流产后未见死胎排出，但过了一段时间后，又重新发情受胎，这可能是流产物在饲养员不在时排出，已被母猪吞食的缘故，也可能是母猪内分泌紊乱所造成的假象。

（五）防止化胎、死胎和流产的方法

1. 合理饲养怀孕母猪 维持种用膘情，保证胎儿能获得生长发育所必需的一切营养。特别要注意蛋白质、矿物质和维生素的充分供应，并保证蛋白质的质量。

2. 防止饲料中毒 发霉、变质的饲料不能饲喂。

3. 注意怀孕母猪的管理 防止拥挤、咬架、滑倒、鞭打、惊吓追赶、急转弯等一切可以避免的机械撞伤。

4. 做好疫病防治工作 特别是对乙型脑炎和流行性感冒等疾病的预防，发现疾病及时治疗。

第五节　分娩母猪饲养管理技术

分娩是一个高能耗、高风险、高感染、强疼痛的过程，是母猪生殖周期中重要的关口。通过正确的分娩护理降低母猪的分娩应激、缩短产程、减少难产、抗感染是分娩母猪管理的关键。

一、分娩母猪管理技术集成

（一）管理目标

（1）哺乳仔猪成活率达97%以上、18~21天时每窝至少有10个仔猪断奶，窝重最低60~70千克。重点是母猪的饲养管理和饲料配制。

（2）泌乳期母猪的体重损失不得超过10~15千克，P2点（最后肋骨后缘距背正中线6~8厘米处）背膘厚度控制在17~21毫米。

（3）使用年限达5胎以上。

（二）分娩时间的准确推算方法

以下介绍几种常用推算母猪预产期的简便易记的方法。

（1）"333"推算法。此法是常用的推算方法，从母猪交配受孕的月数和日数加"3个月3周3天"，即3个月为90天，3周为21天，另加3天，正好是114天，即是妊娠母猪的预产大约日期。例如，配种期为为12月20日，12月加3个月，20日加3周21天，再加3天，20日加3周21天，再加3天，则母猪分娩日期，即在4月14日前后。

（2）"月减8，日减7"推算法。即从母猪交配受孕的月份减8，交配受孕日期减7，不分大月、小月、平月，平均每月按30日计算，答数即是母猪妊娠的大约分娩日期。用此法也较简便易记。例如，配种期为12月20日，12月减8个月为4月，再把配种日期20日减7是13日，所以母猪分娩日期大约在4月13日。

（3）"月加4，日减8"推算法。即从母猪交配受孕后的月份加4，交配受孕日期减8，其得出的数，就是母猪的大致预产日期。用这种方法推算月加4，不分大月、小月和平月，但日减8要按大月、小月和平月计算。用此推算法要比"333"推算法更为简便，可用于推算大群母猪的预产期。例如，配种日期为12月20日，12月加4为4月，20日减8为12日，即母猪的妊娠日期大致在4月12日。使用上述推算法时，如月不够减，可借1年（即12个月），日不够减可借1个月（按30天计算）；如超过30天进1个月，超过12个月进1年。

（三）分娩母猪三期精细化管理技术

分娩母猪精细化饲养管理为三个阶段：围产期、旺乳期和断奶准备期。

1. 围产期　围产期分为分娩准备期（产前1周）和泌乳初期（产后1周）。

（1）围产期的饲喂技巧：为了防止临产前母猪消化不良和难产，防止产后母猪过早地大量产奶和仔猪消化不良，应当有意识地控制分娩前后母猪的饲料喂量，并应注意投喂容易消化的饲料。①产前4天需逐渐减料，但产前膘情差、乳房膨胀不明显的母猪不减料。②产后第一天不要急于喂料，由于这时母猪分娩疲劳，消化功能很差，若采食过多易引起消化不良、厌食，这时应让母猪安静休息，最好喂麸皮、淡盐水。③产后第二天喂1~1.5千克饲料，以后根据母猪体况、泌乳量、食欲及仔猪生长发育情况，每天增加0.25~0.5千克喂料量。

（2）预防围产期母猪便秘：产前便秘会引起食欲减退，降低仔猪初生体重，产后母猪便秘会引起母猪泌乳障碍和仔猪下痢，降低仔猪断奶重，母猪便秘一般通过调整母猪日粮的粗纤维量来解决，若母猪排出干硬圆粒状粪便，给每头母猪每天饲喂人工盐50克或硫酸镁25克，有条件的猪场可加喂青饲料，并提供充足的清洁饮水。

（3）母猪临产特征：随着胎儿的发育成熟，妊娠母猪在生理上会发生一系列的变化，如乳房膨大，产道松弛，阴户红肿，行动异常，这都是准备分娩的表现。①分娩前两周，乳房从后面向前逐渐膨大，乳房基部与腹部之间出现明显的界限；分娩前一周乳头呈"八"形向两侧分开；分娩前4~5天乳房显著膨大，呈潮红色发亮，乳房用手挤压有少量清亮乳汁流出。②分娩前3天，母猪起卧行动稳重谨慎，乳头可分泌乳汁，手摸乳头有热感。③分娩前1天，母猪阴门肿大，松弛，呈红紫色，并有黏液从阴门流出。④分娩前6~10小时，母猪卧立不安、外阴肿胀变红、衔草做窝。⑤分娩前1~2小时，母猪极度不安、呼吸急促、来回走动、频繁排尿、阴门中有浅黄色黏液流出，当母猪躺卧、四肢伸直、阵缩时间越来越短、羊水流出时，小猪即可产出。

（4）母猪分娩护理：根据母猪的分娩过程，将分娩护理分为产前、产中和产后三个阶段，每个阶段的工作目标是不一样的，操作也有区别。

1）产前：在母猪分娩之前，要为母猪营造一个舒适的分娩环境，减轻母猪的分娩应激，软化子宫颈，为母猪顺利分娩做准备。做好"舒""围""注""洗"。

第一，舒适。产前三天开始，保持产房安静、温度凉爽、光线柔和，杜绝生人进入，为母猪营造一个舒适的分娩环境。

第二，调理。在预产期前一天，停料、饲喂中药。通过补养母猪围产期，增加了羊水，减少对母体的伤害。

第三，注射。在预产期前一天，注射氯前列烯醇 1~2 毫升。后备母猪第一胎分娩时由于机体内分泌机能还不够完善，自身分泌的前列腺素可能不足，导致黄体溶解不够彻底，子宫颈口开张不全。

第四，清洗。当母猪破羊水时，用 0.1% 高锰酸钾水清洗消毒母猪乳房及后躯，并疏通乳道。

2）产中：分娩分为三个阶段：

第一，开口期。胎儿通过子宫颈口由子宫进入阴道，这一阶段只有阵缩，没有努责。

第二，胎儿排出期。胎儿通过产道排出体外的过程，这一阶段既有阵缩也有怒责，怒责总是伴随阵缩进行。

第三，胎衣胎膜排出期。胎衣胎膜从子宫排到体外的过程，这一阶段也只有阵缩，没有怒责。

3）生产过程的护理：在母猪分娩过程中，通过合理、有效的助产方式，尽量让母猪产得更快一些，更顺利些。主要的助产方法有"输""摸""灌""变""踩"和"拉"。

第一，输液。母猪分娩时，会出现代谢紊乱、体力不支，产仔过程中正确输液就显得尤为重要。输液的方针是：补充水分、补充能量、补充电解质、抗菌消炎。输液的原则是：先盐后糖、先晶后胶、先快后慢、宁酸勿碱。

第二，抚摸、安慰。指在分娩过程中按摸母猪的乳房，刺激内源性催产素的分泌，缩短产程。

第三，助产。母猪生产乏力时，及时拉出胎儿，节省母猪分娩能量。尽量避免手伸到产道里面去拉，以免增加感染的机会。猪的死胎往往发生在最后分娩的几个胎儿，在产出末期，若发现仍有胎儿未产出而排出滞缓时，可考虑用药物催产。

4）产后：母猪生出所有小猪后，及时加快子宫里面恶露、胎衣碎片的排出，促进子宫复旧及抗感染。主要工作内容包括：清洗消毒、产后护宫、消炎抗菌。

第一，卫生是基础。母猪产完小猪后，用0.1%高锰酸钾水对母猪乳房、臀部、外阴及尾根进行清洗消毒。

第二，护宫是关键。母猪在分娩过程中损害最严重的器官是子宫，在产完小猪，排出胎衣后，按照人工授精的方式灌注纯中药制剂宫炎净100毫升。可以促进子宫内的胎衣碎片、死胎及恶露彻底排出，化瘀消肿。

第三，消炎是保障。分娩后，子宫颈并未关闭，母猪体质虚弱，感染风险很大，为了预防子宫内膜炎及泌乳障碍综合征，针对厌氧菌使用短时间大剂量的敏感抗生素，对于顺产、产后恢复良好的母猪，可以肌注抗生素。但是对于难产的母猪，产后不吃料、体温超过40℃的母猪要进行输液消炎，结合子宫内灌注益母草膏或银离子凝胶等药物。

2. 旺乳期（产后7天至断奶前3天）

（1）重点目标：一是要让母猪泌乳充足，保证仔猪吃到充足的乳汁而健康成长；二是要控制母猪哺乳期体重损失过多，使母猪断奶后及时发情配种。

（2）操作细节：产后一周母猪自由采食，每天给料量以2.5千克为基础，每多带一头仔猪增加0.4~0.5千克饲料，按体况、泌乳情况、仔猪生长及健康情况调整喂料量，在断奶前将母猪控制在 5 分膘的中等体况。提高母猪能量供给量有两种办法：①目标是增大采食量，即利用早晚天气较凉爽时饲喂、晚上加餐饲喂，以水拌料代替干粉。②向日粮中添加 2%～4% 的脂肪，在不提高采食量的前提下增加能量。

3. 断奶准备期

（1）任务目标：母猪泌乳逐渐减少，这有利于锻炼仔猪采食饲料和预防母猪乳腺炎。体况良好的母猪于断奶前三天适当减料至 3 千克，但体况差的不减料。

（2）操作细节：供给母猪足够的清洁的饮水。母猪每采食 1 千克料，需供水 3～5 升，哺乳高峰期每天采食量达 5～7 千克，每天饮水量 15～25 升，夏天可高达 28 升，这才能满足其泌乳的需要，这要求自动饮水器出水量要达 1.5 升／分钟，在每次喂料后 2 小时需将哺乳母猪驱赶起来让它饮水，同时供水管应避免暴露于太阳照射下。

（四）提高分娩母猪采食量的精准技术

提高分娩母猪采食量是养猪生产中非常困难的问题。分娩母猪多出现采食量上不去、消耗体内脂肪、哺乳减重等现象。

1. 提高分娩母猪采食量的好处 产房母猪的饲喂影响仔猪、母猪的生产成绩，以及断奶后的发情间隔和受胎率，因此必须重视产房母猪的饲喂，使母猪在分娩后尽快地达到最大采食量，这样可以使母猪的泌乳量及仔猪生长最大化，同时使母猪失重最小化。采食量最大化的好处：

（1）增加产活仔率。

（2）缩短断奶至发情间隔。

（3）增加仔猪断奶重。

（4）减少妊娠期的营养成本。

（5）延长母猪的使用年限。

2. 影响采食量因素　影响母猪采食量的因素有很多，如温度、湿度、通风、光线、饮水质量、怀孕期采食量、产程过程、母猪所带仔猪数量、母猪的健康状况、饲料的适口性、饲喂制度及饲喂方案等。

（1）饮水：水在产房管理中的重要性普遍被低估，哺乳母猪乳汁中大部分的成分就是水。因此哺乳母猪必须饮用大量水。这就要求分娩舍中的乳头饮水器的流速不低于 2.5 升/分钟。保证充足的饮水及饮水的质量是母猪采食的条件。

（2）怀孕期采食量：根据母猪体况将母猪分为 5 个级别：1~5 分，更准确的方法是使用背膘仪测量。上床母猪的膘情在 3~3.25 分较为合适。防止母猪太胖或太瘦。肥胖母猪产程长，死胎多，食欲也相对差，因为这些母猪在消耗贮存的脂肪，泌乳量低，在 20% 左右。控制好妊娠母猪的膘情能够从根本上提高分娩舍母猪采食量。

3. 饲喂制度　不同胎次，不同品种的母猪在产前与产后所需要的营养不一样。制定和严格执行合理的母猪饲喂制度，可以将母猪生产性能最大化，从饲料消耗上降低饲养成本。注意事项：

（1）分娩后 1~3 天根据标准饲喂量进行饲喂，防止母猪过度采食，造成健康问题。

（2）每次喂料前，检查母猪料槽内饲料是否新鲜干净，移除发霉变质的饲料。

（3）检查饮水器，保证母猪充足饮水。

（4）对于采食量下降的母猪，需要及时查找原因并进行治疗。

（5）特别关注头胎母猪的采食及健康状况。

4. 饲喂方式　常见的饲喂方式有：人工饲喂、半自动饲喂、自由采食、智能化饲喂这 4 种方式。一个好的饲喂方式能够减少母猪体况耗损，优化母猪生产性能，提高仔猪断奶重。母猪分娩前3天及分娩后3天采取限制饲喂，分娩第4天开始采取自由采食。介于现阶段普遍的上班模式，夜间根据母猪情况可由夜班人员加喂一顿。

5. 母猪所带仔猪数量　为了促进头胎母猪自身身体和乳腺的发育，尽量减少1胎母猪所带仔猪数，一般以不超过10头为好；2胎或3胎的哺乳母猪因为乳头较小，乳房发育得较好，较1胎母猪更加温和，免疫力也较强，一般作为奶妈猪饲养。

6. 母猪的健康状况　及时发现不健康有问题的猪只，并采取及时有效的治疗、保健措施，减少疾病导致的母猪哺乳性能下降和仔猪死亡或淘汰，从而提高断奶成活率，同时，保证母猪哺乳期体况损耗降至最小。

二、分娩母猪常见问题和影响因素

（一）影响母猪分娩的因素

母猪分娩的主要因素：产力、产道、胎儿及精神。

1. 产力　产力包括两种：阵缩和怒责。

（1）阵缩：子宫有节律性的收缩，叫阵缩，是由催产素主导的。注射外源性激素缩宫素，可以增加子宫的收缩力，使母猪生产快一些。机体自身产生宫缩是阵缩，不是持续性收缩（或者说痉挛性收缩），阵缩的好处是收缩与舒张交替进行，便于顺产；如果生产中不恰当地注射缩宫素，可能会引发子宫痉挛性收缩，导致胎儿缺氧死亡。

（2）努责：腹肌和膈肌的反射性收缩，叫努责。努责是分娩过程中产力的一种，母猪在生产时，会努力向后使劲，以便将子宫中的胎儿娩出。向后使劲就是努责。努责无力的原因是，现在的母猪由于长期缺乏运动，导致母猪的体质差。而随着品种的选育，种猪的产仔数越来越高，现在的母猪没有足够的体力产完所有的小猪。

2. 产道　母猪的产道包括硬产道（骨盆口）和软产道（子宫颈、阴道、阴门）。从母猪的生理特点来论是不容易难产的，因为猪的骨盆入口为椭圆形，倾斜度很大，骨盆底部宽而平坦，骨盆轴向下倾斜，且近乎直线，胎儿比较容易通过。但是，如果后备母猪初配时间太早，可能会导致骨盆口因发育不良而狭窄；此外，内分泌功能还不够完善也容易出现前列腺素分泌不足，黄体溶解不彻底而致子宫颈开张不全。

3. 胎儿　包括胎儿的大小、胎儿的活力及胎儿与母体产道的位置关系，主要是指胎势、胎位、胎向。胎儿过大容易导致母猪难产。一胎母猪在攻胎的时候比经产母猪喂量少一些，攻胎的时间更晚一些，把初生重控制在 1.3 千克左右比较合适。更重要的是胎儿的活力，胎儿活力差会直接影响母猪的产程。此外，胎儿活力差会导致羊水不足，也是引起难产的重要因素。

4. 精神　精神紧张可明显干扰机体激素的分泌，进而影响产力，影响产程。母猪分娩时分娩环境让母猪感觉不舒适时，更容易导致母猪产程过长，难产。例如，光线太明亮、天气炎热、声音嘈杂、有生人在场等，都会影响母猪的分娩情绪。

（二）分娩母猪常见问题

1. 母猪难产　母猪正常分娩时多数侧卧，腹部阵痛，全身哆嗦，呼吸紧迫，用力努责，阴门流出羊水，两后腿向前直伸，尾巴猛烈摇动，后产出仔猪。若母猪临产时羊水排出 1 小时后，未见有仔猪产出或分娩间隔超过 1 小时就视为难产。常见有以下几个原因引起。

（1）母猪产道无力引起的难产：多见于胎龄较大的母猪。治疗措施，静脉注射或皮下注射 30~40 单位的催产素或进行人工助产；人工助产时要把手臂清洗干净，用 0.1% 的高锰酸钾溶液消毒，涂上液状石蜡或肥皂水润滑好，伸到母猪子宫内顺势掏出仔猪，动作要轻柔，注意不要划伤子宫体，掏完仔猪后要立刻肌内注射20~30单位催产素，等胎衣排完后再往子宫内注入抗生素。

（2）胎儿过大或产道狭窄引起的难产：多见于初产母猪，这时不能用催产素，否则易引起子宫破裂，应立即实施人工助产。

（3）母猪羊水缺乏：多见于营养不良或遗传原因引起，临床症状为母猪强力努责，只有少量水排出，呼吸紧迫，用手探进子宫不光滑，很难进入。可用木板将母猪后躯垫起，将2 500~5 000毫升40℃生理盐水，用一次输精管注到子宫内，直到子宫内有大量水排出，用手伸进子宫内光滑为止，等20分钟左右如不产猪，便采取人工助产。

2. 母猪产后无乳 母猪产完仔猪只有少量的乳汁排出或无乳排出，仔猪围着母猪乱转，并发出尖叫。及时喂给母猪催奶灵，同时皮下注射催产素30~40单位，每天2~3次，以促进乳汁快速排出。

3. 生产瘫痪 包括产前瘫痪和产后瘫痪，是母猪在产前产后，以四肢肌肉松弛、低血钙为特征的疾病。

（1）主要原因：钙磷等营养性障碍。引起血钙降低的原因可能与下面几种因素有关：分娩前后大量血钙进入初乳，血中流失的钙不能迅速得到补充，致使血钙急剧下降；怀孕后期，钙摄入严重不足；分娩应激和肠道吸收钙量减少；饲料钙磷比例不当或缺乏，维生素D缺乏，低镁日粮等可加速低血钙发生。此外，饲养管理不当，产后护理不好，母猪年老体弱，运动缺乏等，也可发病。

（2）临床表现：母猪产后瘫痪见于产后数小时至2~5天。病猪表现为轻度不安，食欲减退，体温正常或偏低，呈昏睡状态，长期卧地不能起立。后肢起立困难，检查无明显病理变化，强行起立后步态不稳，并且后躯摇摆，不能起立。

4. 乳腺炎 个别乳腺触诊坚硬、乳房发红或乳房上有红疙瘩等，都是乳腺炎早期的症状，可以进行抗生素治疗。

5. 子宫炎 子宫感染的排泄物通常很多，水样、恶臭及灰褐色。有感染的母猪呈现病态，无食欲和不泌乳。治疗使用广谱抗生素做肌内注射。

不管是什么样的健康问题，均能够影响到母猪的采食，所以每天逐头赶起母猪至少一次，检查母猪健康是否出现问题并及时解决，才能有效保证母猪采食量尽快达到最大化。

（三）防治措施

1. 净化母猪体内病原 分娩是母猪最易感染发病的时期，此时给母猪添加抗生素以减少母猪体内外细菌，减少垂直传播，预防母猪子宫炎、乳腺炎、无乳综合征（MMA）和仔猪细菌性疾病（下痢）的发生。

2. 及时治疗 肌内注射长效土霉素 10 毫升或用 2.5% 氧氟沙星 20 毫升、鱼腥草针 30 毫升、复合维生素 20 毫升、维生素 C 20 毫升静脉滴注。

第七章 仔猪和肥猪的管理技术

第一节 产房仔猪的饲养管理技术

产房仔猪指从出生至断奶前的仔猪，仔猪断奶后进入保育阶段。产房仔猪生长速度快、胃肠道发育不完全、对温度要求高等特点决定了需要饲养员更加细心、耐心、精心的照料，从而提高产房仔猪的整齐度和健康水平，以减少产房仔猪的死亡率。

一、产房仔猪生理特点

（一）消化功能不完善

初生仔猪生理上不成熟，消化器官容积小，消化腺功能不完善，仔猪的消化器官相对重量与容积都较小，仅为体重的0.44%，重4~8克；成年猪胃的重量为体重的0.57%。生后2周内除乳糖外，其他酶活性差或无活性。初生仔猪胃中仅有凝乳酶，唾液中与胃液中的蛋白酶只有成猪的1/4~1/3。胃底腺不发达，不能分泌胃酸，也缺乏游离盐酸。胃蛋白酶无活性，不能消化蛋白质，特别是对植物性蛋白质消化能力更差。

仔猪消化功能不完善的另一种表现是食物通过消化道的速度很快。从食物进入胃内，到完全排空的时间，15日龄时约为1.5小时；30日龄时为3~5小时，60日龄为16~19小时，到70日龄为35小时左右。

初生仔猪消化功能的不完善，构成了仔猪对饲料质量、形态、饲喂方法和饲喂次数等饲养技术的特殊要求。

（二）机体免疫力低下，容易患病

母猪的免疫抗体因胎盘结构不能直接向胎儿传递，仔猪只能通过吃初乳获得足够的母源抗体，并过渡到自身产生抗体，但母源抗体只能维持2~3周。这时仔猪开始容易生病。

（三）体温调节功能不完善，对寒冷环境适应能力差

初生仔猪脂肪层薄，被毛稀疏，保温能力低，适应环境应激能力差。初生仔猪体温调节功能不健全，对冷的应激能力差。为了维持恒定的体温，需在神经系统的调节下，发生一系列的应激反应，才能完成其适应过程。仔猪出生时，虽然控制适应外界环境作用的下丘脑、脑下垂体前叶和肾上腺皮质部等系统的功能相当完善，但大脑皮质层发育不全，垂体和下丘脑的反应能力也差，丘脑传导结构功能较低，对调节体温不能自如。仔猪出生后的最初几天，由于调节体温的功能不完善，在低于临界温度时（不能低于25℃）不能维持正常体温。新生仔猪的适宜温度是32~35℃，环境温度太低，对仔猪造成多方面的影响，特别是在仔猪出生后的3~4天，自身还不能使体温随环境温度的变化而变化。初生仔猪常被寒冷、潮湿侵害发生死亡的现象，故有"小猪怕冷"的说法。

（1）皮下脂肪沉积少（体重的1%）。

（2）被毛少。

（3）单位体重的体表面积大。

（四）仔猪出生后变化

仔猪出生后在三个方面发生快速变化：

生长发育快，代谢旺盛，利用养分能力强。仔猪60日龄内生长强度最大，随年龄增长，生长强度减弱。仔猪35日龄时体重是初生重的7倍以上。

（1）仔猪在母体内依靠母体胎盘血液供给氧气，并排出二氧化碳，出生后靠自身呼吸系统和血液循环系统的工作。

（2）仔猪在母体内是处于无菌环境之中，出生后要受各种病原微生物的侵袭。

（3）仔猪出生前生活在母体恒温环境中，而出生后要靠中枢神经进行自身调节。

二、产房仔猪的饲养管理细节

（一）管理目标

哺乳仔猪成活率达96%以上、21~24天时每窝至少有9头以上仔猪断奶，窝重最低60~70千克，个体重不低于7千克；整齐度好，弱仔少。

（二）出生关

1. 接产

（1）仔猪出生后，接产员迅速用消毒好的干毛巾擦干仔猪身上的羊水，清除仔猪口、鼻内污物，距腹部4~5厘米处先结扎后断脐，断端用碘酊浸泡消毒；再将仔猪身上撒满密思陀等干燥消毒用品（起干燥、消毒、止血的作用）。

（2）假死仔猪的处理：仔猪在产道闷太久或脐带断裂，会出现假死现象，其出生后已无呼吸但仍有心跳，对于产后脐部有脉搏而无呼吸的假死仔猪，应先倒提仔猪，擦净其口鼻黏液，然后一手握住仔猪臀部，一手握住仔猪头部，反复按压；或者倒提其两后腿，拍打其背部，或者直接向其口腔吹气，待仔猪出现呼吸时将其放入保温箱。此时会有其他仔猪对其或鼻拱或踩踏，一般假死仔猪很快就会恢复正常。

2. 吃初乳、护膝、护乳头

（1）及时吃初乳：初乳和常乳的营养物质组成相差很大，初乳的干物质、蛋白质含量高于常乳，但初乳灰分、脂肪和乳糖含量低于常乳。初乳中蛋白质含量高是因为其中含有的免疫球蛋白含量高，对仔猪来说吃初乳是非常重要的。这是因为初乳中含有免疫球蛋白，可提高仔猪的存活率。分娩时 γ 球蛋白含量占初乳中蛋白质含量的一半，第一天急剧下降逐渐变成富乳。

免疫球蛋白是通过仔猪的肠壁直接吸收的，但经 24 小时后吸收的量非常少，最好能在出生后 3 小时内吃到初乳。

抗体主要是通过初乳供给，常乳中虽然也含有少量抗体，但只能获得一小部分，初乳中供给的抗体是直接吸收后进入血液中，但由于肠壁封闭，常乳中的免疫球蛋白不能被直接吸收，在肠壁表面上阻止细菌的繁殖、发育。免疫球蛋白有 3 种，其中数量最多的是 IgG，通过血液提高对细菌的全身抵抗力；IgA 是保护消化管壁的具有特殊功能的免疫球蛋白；IgM 是抵抗病毒侵入体内，对所有有害微生物起免疫反应。

如果仔猪出生后 3 小时内迅速吃到初乳并能吃到 40～60 克初乳，大部分仔猪都能获得足以抵抗病原微生物的免疫球蛋白量。

（2）固定乳头：使每个仔猪都能吃好乳。仔猪出生后要人工辅助固定乳头。人工辅助伺定乳头，可以提高 10% 的仔猪成活率，尤其是对产仔多的。固定乳头一般把出生体重小的仔猪固定在第一对乳头上，将体重次小的仔猪固定在前边第二对乳头上，体重大的仔猪固定在后面乳头，经过几次辅助固定以后，仔猪即可形成习惯，建立起吃乳的位次。

（3）做好护膝、护乳头工作；仔猪皮肤十分娇嫩，易磨伤。为防止仔猪乳头磨伤而形成瞎乳头，仔猪出生后可用医用胶布将仔猪尤其是种母猪的肚脐至第一对乳头全部遮盖起来。同时贴医用胶布于仔猪前膝膝盖处，以防止仔猪前膝跪地吮乳时磨损而引发细菌感染。

3. 剪牙、断尾、打耳号

（1）剪牙：仔猪出生时会长有 8 颗乳牙，又细又尖，对于咀嚼食物没有实质上的帮助，又容易伤害到母猪乳头。所以集约化养猪采取剪牙的措施。剪牙操作：一只手的食指和拇指夹住仔猪的嘴角，迫使其张开嘴巴，并顺势稍压住仔猪的舌头，防治剪牙钳不小心剪到仔猪的舌头。剪牙时用力均匀，剪牙果断，防止牙齿破碎，有斜刺。剪牙时，剪牙钳贴着牙龈、水平剪断，同时防止剪得过多，甚至剪破牙龈、有出血等现象发生，剪牙后及时消毒处理。

（2）断尾：仔猪断尾时，将剪刀用消毒剂消毒的同时给手术部位也进行消毒，用消毒过的剪刀在距离仔猪尾根部 2.5 厘米处直接剪断尾巴，用清水冲洗伤口后涂上止血剂或者碘伏。使用烧烙断尾时，首先将 250 瓦的弯头电烙铁预热。用充分预热好的电烙铁在离尾根部 2.5 厘米处，用力压下，尾巴即可被瞬间烧断。种猪剪去 1/3，保留 2/3；商品猪剪去 2/3，保留 1/3。

（3）打耳号：在种猪场，每一头猪都要编耳号，建立档案，要求一年内出售的种猪不能有重号的，且场内在群繁殖用种猪也不能有重号的，这样才能保证种猪档案管理的准确性，且便于查询，尤其是便于计算机管理。现在全国多数猪场常用窝号法，即"窝号+个体号"，它可以编 9999 窝猪，编近 10 万头猪才一个轮回，万头猪场可以用十年。

4. 防压、防冻

初生仔猪最适宜的温度是 32~35℃，用红外线灯保温，垫地毯或麻袋。出生 3~5 天的仔猪吃奶部分产床垫地毯以防止磨伤肢腿。饲养员要随时巡视，防止母猪压死仔猪；调教仔猪进保温箱睡觉。出生 3 天内在母猪喂料前把仔猪关进保温箱。

5. 寄养

尽可能把仔猪留在生母猪的窝中，如果做不到，就尽可能把仔猪留在提供初乳的母猪窝中，不要为了追求均匀的仔猪体重或相同的仔猪性别而进行交叉寄养。但寄养必须遵循以下原则：

（1）寄养只在本单元内进行，不要跨单元寄养。

（2）要在吃足生母初乳6小时后24小时以内寄养。

（3）患病仔猪不能寄养到健康猪群。

（4）寄养在日龄相近的仔猪窝中。

（5）做好仔猪寄入、寄出记录。

（三）补铁、补料关

1. 科学有效地及时补料

（1）发挥仔猪最大生产潜能。哺乳仔猪从母乳中得到充分发挥生长潜力的营养物质，所以增加采食量会提高生长速度。尤其是断奶前增加采食量不仅提高断奶体重，而且断奶后很快适应固体饲料预防断奶应激而引起的生长停止现象，再说仔猪增加采食量会减少母乳的依赖程度，其结果减少母猪体重损失，使母猪发情期来得早。所以最大限度地提高仔猪采食量是提高养猪收入的一项很重要的措施。

（2）减少断奶应激。哺乳仔猪饲料的消化率对采食量和日增重影响很大，哺乳仔猪消化率因构成饲料的主原料的乳制品、鱼粉等加工工艺而有很大的差异，所以使用仔猪易消化利用的原料才能增加采食量。

饲料中的大豆球蛋白在哺乳仔猪肠壁中引起过敏反应，这种过敏反应引起肠壁损伤，不仅降低消化率而且消化的营养物质吸收也不充分，所以精心挑选原料使哺乳仔猪料中不添加引起过敏反应成分是非常重要的。

发生疾病时第一次出现的症状是采食量下降，哺乳仔猪胃酸分泌少，肠内细菌不稳定，容易繁殖病原性细菌。从母体中获得的被动免疫从2~3周龄时急剧下降，对疾病的抵抗能力下降，易发生腹泻、采食量下降。所以，哺乳仔猪料应严格挑选易消化的原料，预防食物性腹泻，同时预防免疫空白时期感染的细菌性腹泻和呼吸道疾病等。

（3）提高断奶体重。因断奶前适应固体饲料，减少断奶应激，防止生长停滞。开始料的适口性和消化率比营养含量更重要。所以选择开始料的原料要慎重。因为使用不好的开始料会导致腹泻，反而造成生长停滞，诱食训练在分娩后 5～7 天开始，此时饮水训练也要同时进行，饮水和没饮水仔猪间采食量差异很大。

哺乳期采食量越多，断奶体重越重，所以应让哺乳仔猪采食更多的饲料，为了提高采食量需供应适口性好、消化率高的优质饲料。哺乳期让仔猪吃到 1 千克以上的饲料，能最大限度地减少断奶后生长停止现象。

（4）仔猪前期生长速度潜能很大，特别受母乳质和量的影响。刚出生后从母乳中得到充分的营养，但 10～14 天后仔猪营养生长很快，但产奶量增加的并不多。一般情况下，平均每天泌乳量为 8.5 千克，哺乳仔猪的日增重为 200 克左右，所以 28 日龄仔猪体重为 7.0 千克左右。但哺乳仔猪的生长潜力是高于 1 倍的 400 克左右。为了 100% 发挥生长潜力，母猪泌乳量应达到 19.4 千克，实际上是不可能的，所以需要补充不足部分营养物质的哺乳猪料。

2. 补铁　仔猪生后第 3 天注射富来血或铁血龙 2 毫升/头，弱小猪 10 日龄补注一次。

3. 去势、阉割　仔猪 5～7 日龄阉割。

4. 补料　6～10 日龄开始诱食，以强制性和诱惑性为原则。把少许开口料撒入干净补料槽中，少喂勤添，每日最好能喂到 6 次以上，让仔猪能随时吃上新鲜饲料。同时，要给仔猪提供充足饮水，随时注意观察。

（四）断奶转群关

1. 适时早期断奶 为提高母猪繁殖率，近年来各大规模猪场基本上都是实行 21 天断奶，中小型猪场为了保证仔猪成活率实行 28 日龄断奶。早期断奶的仔猪，直接利用饲料中的营养，比通过母猪吃料再转化成乳，更为经济。仔猪早期断奶的确定，主要取决于饲养管理条件。仔猪断奶后，转到仔猪培育舍，环境条件较好，营养又有保证。21~28 日断奶是可行的，实践证明是成功的。断奶关必须过好。

断奶后即转走母猪和仔猪。为了帮助仔猪尽快找到水源饮水，断奶后 30 分钟内可用小石子卡在猪饮水器上让水自然流出，这样仔猪可以迅速找到水源。碗式饮水器，饲养员可以诱导小猪喝水。

2. 转群 转群并及时把严重患病、垂死及体况极差的仔猪淘汰掉。

（1）弱猪处理。①出生时体重低于 900 克的仔猪，一般哺乳能力较差、活力弱、死亡率高，可称其为弱仔。对于精神状态很好、有吮乳能力的弱仔可通过固定乳头和人工辅助其哺乳等方法以提高其成活率。对于精神状态很差、无吮乳能力的弱仔，尤其是体重低于 700 克的弱仔要考虑淘汰。因为这些弱仔很难成活，且免疫能力和抵抗力差，这些弱仔在猪场里作为易感猪群容易感染疾病，从而成为传染源，造成更大的损失。②断奶时把体重小于 3.5 千克，很难在断奶后存活的仔猪及体况极差的仔猪淘汰。③患病仔猪如果治疗之后仍不见效，就立即淘汰。④特别瘦弱、瘸腿、体重特别轻、患慢性病的仔猪，淘汰。

（2）转群：转群后再逐渐改变饲料、饲养制度和进行混调栏等工作。

（五）预防腹泻

母猪产前 4 周注射猪伪狂犬、大肠杆菌疫苗。产前产后一周饲料加药，抗菌药物以预防量为准，不超量加药对于细菌性腹泻较严重的猪场，可以在仔猪出生后，口服硫酸庆大霉素 4 万单位。同时提高室内温度，经常换气，提高猪只抵抗力。

三、提高 PSY 的措施

影响断奶仔猪数的因素很多，包括开始哺乳仔猪数、初生体重和均匀度、分娩初期管理（喂初乳）、寄养、补料、温度、疾病管理。

（一）开始哺乳仔猪数

要增加断奶仔猪数，首先产仔数要多。为了提高产仔数，应采取完善的母猪管理。出生体重越大，存活率越高。所以为了提高初生体重，在妊娠末期饲喂营养丰富的母猪料，同时避免高温应激。

（二）初生体重和均匀度

均匀度比平均初生重对死亡率的影响更大，所以生产出体重大、均匀度高的仔猪是非常重要的。为了提高均匀度，断奶后把体重不同的重新分群，要做到这一点应采取计划分娩，使几窝猪的体重接近。

（三）及时处理咬尾现象

1. 加强管理　猪开始咬尾巴和耳尖，说明猪舍环境非常差，从管理上看温度升降变化较大，也还有其他原因，如皮肤受伤、饲养过密、给料器不足、供水不足、饲料变更等。

2. 调控营养　饲喂含盐量较低的饲料或蛋白质含量较低的饲料，以及突然改变饲料成分等，都能出现上述恶习现象。如果能够自由饮水时，盐的添加量可提高到 0.9%。

3. 预防和治疗皮肤病　渗出性皮肤炎是猪出现恶习的主要因素之一。皮肤感染时血清向皮肤流出，这时很可能粘上饲料的同时存在葡萄糖球菌而出现炎症。其他猪开始纠缠，逐渐发展成恶习。在移动猪和混养时上述情况更加明显。

4. 隔离　已有肺炎的猪不仅受其他猪的伤害，还可引起其他猪开始咬尾巴。如有一猪舍咬尾巴的猪成对出现时，这样的猪具有凶相特征，必须立即隔离饲养。

(四) 寄养

寄养方法约有 20 多种，下面介绍常用的 6 种。母猪死亡或有问题时，可采取均分寄养、交换寄养、延长喂奶时间寄养、时间差寄养和阶段断奶等。

（1）母猪死亡后，将其分娩的仔猪分给其他几头母猪喂养。均分寄养是为了使同时出产的母猪间仔猪体重一样。

（2）延长喂奶时间寄养方法是将断奶母猪的仔猪中发育慢的仔猪寄养给断奶时间迟一点的母猪，时间差哺乳是窝仔猪分成两群，即分体重重的 4 头和体重轻的 6 头，在晚上把重的 4 头仔猪与母猪分开 2.5 小时放在保温箱中，增加轻的仔猪哺乳量。此法在出生后 7 天内实行，一天 2 次，最长不超过 3 天。阶段断奶是一窝仔猪中体重大的先断奶，轻的后断奶的方法，此法主要是在每周断奶 2 次的程序中采用，也有可能打乱母猪的分娩周期。仔猪吃到初乳后可喂乳量大、温顺的母猪奶，产仔数多时母猪间交换仔猪哺乳，增加养猪业效益。目前，多产母猪一窝仔猪数一般为 13~14 头，所以有效乳头是产仔母猪的很重要的标准。把正常乳头放弃不用是没有道理的，所以寄养是很重要的。

第二节　保育猪的饲养管理技术

保育猪是断奶后从产房转到保育舍，日龄多为 21~70 日龄的仔猪。保育是猪场生产的一个重要环节，是产房仔猪向育肥猪过渡的一个关键阶段。

一、保育猪生理特点

（一）生理功能不完善

保育猪各种功能不完善，特别是消化功能和免疫功能，控制疾病和提供合适的条件非常重要。

（二）生长速度快

保育仔猪的食欲旺盛，常表现出抢食和贪食现象，称为仔猪的旺食时期。仔猪生长迅速，在 40～60 日龄，体重可增加 1 倍。但是对营养要求高。

（三）母源抗体消失，抗病能力差

对疾病的易感性高，由于断奶而失去了母源抗体的保护，而自身的主动免疫能力又未建立或不完善，对细菌和病毒等都十分易感。某些垂直感染的传染病如猪瘟、猪伪狂犬病等，在这期间也可能暴发。

（四）环境变化大，营养应激强烈

转群后，饲养密度大、环境条件问题严重。密度变大，每栏保育猪多为 20～30 头，每只猪只能占 0.2～0.4 平方米面积。影响保育仔猪的摄食量和增重。同时，从产房断奶后的转群、合群会引起争斗打架增多，增加应激。

二、保育猪饲养管理技术细节

（一）饲养管理目标

（1）保育猪成活率达 98% 以上，病猪、弱猪等次品率低于 2%。

（2）70 日龄体重达 28 千克以上。

（3）料肉比低于 1.4∶1。

（二）管理细节

1. 高床饲养　高床离开地面，减少细菌传播，提高通风和温度，这种保育栏可以提高劳动生产效率，降低仔猪的发病率。

2. 转栏、分群

（1）转栏、分群原则：根据保育猪舍大小合理重新组群。正品和次品分栋饲养，再按品种、公母、大小、强弱分群。

（2）密度：0.3~0.4 米²/头。预防混栏咬架和伤口感染，在混栏时撒密思陀。

3. 调教 调教仔猪定点采食、睡觉、排泄。

4. 饲喂量的精准控制

（1）前期限量饲喂：仔猪的采食频率、采食量及采食行为都影响其消化道内的酸度，仔猪采食后消化道内 pH 值升高与采食量有关，让仔猪多餐可减缓消化道内酸的需要量，使消化道内 pH 值不至于大幅度升高。仔猪与母猪分离后的最初 1~2 天拒绝采食，导致仔猪随后大量采食，扰乱小肠功能和消化吸收过程，严重时突然腹泻，急性死亡。所以，在断奶后最初几天应控制仔猪的采食量，不超过 25 克/千克体重（注：控制仔猪断奶后腹泻最经济的办法除保持合适温度外，在保持饲料不更换情况下，尽量做到少喂勤添，控制每次喂量）。

（2）适时增加饲喂量：要保持断奶后增重速度，提高仔猪生长速度，必须饲喂消化率高的饲粮，减少断奶应激。

5. 小环境控制技术

（1）温度控制：保持适当温度，断乳仔猪 30~60 日龄，以 20~22℃为宜，可以由高到低，每周下降 1~2℃，舍内温差大于 3℃时可引起仔猪腹泻及生长缓慢。第 5 周以上 20℃。通过保育猪的睡姿判断温度是否适合，温度适合，猪不打堆、侧卧、腿自然伸展；温度不够，猪只打堆，四肢蜷缩在腹下。

保温方式可用地暖保温或采取垫木板、加垫草等。把个体较小的仔猪安排在温暖、没有贼风的地方。

（2）湿度控制：相对湿度在 65%~70%。猪舍的通风有利于引入新鲜空气、排除有毒有害气体及湿气，特别是在保育后期，通风换气量是前期的 32 倍以上。

（3）通风：处理好保温与通风的关系，保持舍内空气清新。

（4）密度：每头保育猪占栏 0.35~0.45 平方米，每栏 12 头左右合适。

（5）清洁卫生：搞好清洁卫生，保持栏圈干燥、卫生。

6. 保健、驱虫　在断奶时进行，注射伊维菌素 0.3 毫升/头。定时全群添加药物和维生素预防，控制呼吸道和消化道疾病。

7. 及时治疗　发现病猪，及时治疗，无饲养价值猪及时淘汰。

注意：断奶后头一周，尤其是头三天，一定要保障仔猪充足的饮水，额外补水也是很有必要的，添料一定要少量多次，饲槽应及时清洗。

三、保育猪常见问题

保育阶段容易出现生长受阻，以及腹泻、水肿等疾病，必须及早预防。

（一）断奶一周内快速减重

保育猪断奶一周内快速失重，所以断奶后第 1 周的饲养非常重要。

早期断奶应激可导致生长抑制，应激出现时，猪体内肾上腺皮质激素会大量分泌以抗衡过敏应激。但这种激素的另一作用是使免疫力和食欲降低。在相同营养水平下，断奶日龄越早，所受应激越大，日增重下降幅度也大，恢复到正常的增重时间越长。断奶应激主要来自营养、心理和环境等方面。

1. 营养应激　仔猪从吮吸液体、易消化、口味好并含有抗体营养全面的母乳转向以难消化的植物性原料为主的固态饲粮，常会引起肠过敏反应，损伤肠绒毛而引发腹泻。

2. 心理应激　主要是由母猪与仔猪分开所引起，仔猪失去母猪爱抚和保护，而且断奶后仔猪大多需要并窝，会引起争夺位次的争斗。

3. 环境应激　由仔猪从产仔栏到保育栏所引起，周围环境、温度、伙伴、群体等发生了变化。

以上3种断奶应激中营养应激的影响最大，心理应激和环境应激影响较小。

（二）保育猪的腹泻

断奶后的仔猪腹泻发生率高达30%，死亡率达10%～15%。发病后生长速度缓慢，饲料报酬降低，同时由于腹泻，体质下降、免疫功能减退、对疫病的抵抗力减弱，容易继发其他传染病，治疗不及时就会引起大批死亡，造成了严重的经济损失。

（三）断奶后多系统衰竭综合征

断奶后多系统衰竭综合征主要由圆环病毒引起。它能抑制骨髓的造血功能及免疫重要细胞——B淋巴细胞的增殖，从而影响浆细胞的分化，减少抗体，导致机体免疫力下降，可降低免疫应答，引起免疫失败，并诱发一些以体液免疫为主的疾病，如猪瘟、蓝耳病、嗜血分枝杆菌病、链球菌病、弓形体、附红细胞体病等。

第三节　生长肥育猪的饲养管理技术

肥育猪的饲养是养猪生产中的最后一个生产环节，也是猪场生产性能和经济效益中极为重要的生产环节。

一、肥育猪生理特点、发育规律和营养需要

(一)生理特点

生长肥育猪的各器官发育成熟,对外界不良环境的抵抗力也有所增强,这一阶段的生猪患病的概率降低,饲养起来相对容易。按猪的体重将其生长过程划分为两个阶段,即生长期和肥育期。

1. 生长期 保育转入 25~80 千克的猪,生长发育旺盛的时期,但它的消化系统还是不完善,消化液中的某些有效成分不多,影响了某些饲料中的营养吸收,胃的容积也小,一次不能容纳较多的食物。神经系统和机体的抵抗力也正处在逐步完善阶段。这个阶段主要是骨骼和肌肉的生长,而脂肪的增长比较缓慢。需要提供优质的、易于消化吸收的饲料,并加强管理,改善饲养环境。

2. 肥育期 体重达 80 千克后,生理功能逐渐完善,消化系统得到很大发展,对各种物质的消化能力和对饲料中各种营养成分的吸收均有很大提高。神经系统和机体对外界各种刺激的抵抗力也有很大的增强与较全面的发展,对周围环境也有较大的适应性。这个时期生长速度最快,应抓住增膘快的机遇,及时提供满足育肥猪生长的优质配合饲料,充分发挥猪的生长快的优势,以达到增重快、出栏率高和饲料利用率高、降低成本与增加经济效益的目的。

(二)发育规律

育肥猪在生长发育过程中机体组织的生长和沉积变化情况十分重要。一方面,可根据不同时期育肥猪的肌肉、脂肪、皮和骨等组织的变化来确定相应的饲料营养;另一方面,可确定猪的适宜屠宰体重。

1. 机体各组织的成分 生长肥育猪各种组织的比例关系受

很多因素的影响。如不同的品种、不同的饲养方法与环境，某些外界因素的影响都将导致比例关系发生一定的变化。即使品种、饲喂方法一致，不同的生长阶段依然会导致猪组织比例关系发生某些变化。

2. 组织生长和沉积变化　生长肥育猪在第一阶段以骨骼的生长占优势，其次是肌肉，脂肪的生长最为缓慢。第二阶段，脂肪组织以较大的优势生长，骨骼和肌肉却处于下降趋势。随着各组织的生长，体重的增加，育肥猪体内的肌肉、脂肪和皮、骨组织的比例将发生一定的变化。当脂肪和皮、骨的比例逐渐下降时，正是肌肉比例以较大幅度上升的时候，而当脂肪、皮、骨比例上升时，肌肉的比例呈下降趋势。当体重继续增加时，三条曲线逐渐趋于稳定。根据组织生长强度图所表现出的情况，要求一头肌肉、脂肪比例合理，经济效益也较高的商品猪，其适宜的上市体重应在 100~120 千克。

（三）营养需要

根据生长育肥猪的营养需要配制合理的日粮，以最大限度地提高瘦肉率和肉料比。

（1）一般情况下，猪日采食能量越多，日增重越快，饲料利用率越高，沉积脂肪也越多。但此时瘦肉率降低，胴体品质变差。蛋白质的需要更为复杂，为了获得最佳的肥育效果，不仅要满足蛋白质量的需求，还要考虑必需氨基酸之间的平衡和利用率。能量高使胴体品质降低，而适宜的蛋白质能够改善猪胴体品质，这就要求日粮具有适宜的能量蛋白比。

（2）猪日粮粗纤维不宜过高，肥育期应低于 8%。矿物质和维生素是猪正常生长和发育不可缺少的营养物质，生长期为满足肌肉和骨骼的快速增长，要求能量、蛋白质、钙和磷的水平较高，总体上肥育期要控制能量，减少脂肪沉积，饲粮含消化能为12.97~13.97 兆焦/千克、粗蛋白水平为 16%~18%、钙 0.50%~

0.55%、磷0.41%~0.46%、赖氨酸0.56%~0.64%、蛋氨酸+胱氨酸0.37%~0.42%。适宜的能量蛋白比为188.28~217.57。

二、管理技术集成

(一)管理目标

管理目标是以最少的投入,生产出量多质优的猪肉,从中获取最大的经济利益。具体指标如下:

(1)成活率98%以上,次品率低于2%。

(2)达100千克日龄小于160天。

(3)达到采食量最大化,料肉比2.4∶1。

(二)技术细节

1. 卫生消毒工作 包括对猪栏进行修补、计划和人员安排等。提前做好安排,如对设备、水电路进行检查,看饮水器是否漏水,有没有堵塞。冬天入栏前猪舍内的保暖,都要考虑。批次完成前后,对猪栏、地面进行浸泡,用水将猪栏地板、围栏打潮,每次间隔1~2小时,把粪便软化,再进行冲洗,正确的流程:浸泡—冲洗干净—干燥—消毒—再干燥—再消毒。

2. 合理分群 猪群入栏以后,首要的工作就是要进行合理的分群,要把公、母猪进行分群,大、小、强、弱要进行分群。正品和次品分栋饲养,保育舍转入生长育成舍应一栏对应一栏转入,减少合栏打架、应激。

3. 密度的控制 密度不要过大,也不能过小,保证每一栏10~16头,密度过小,栏舍的利用率下降。45~80千克的猪每头需要0.6~1平方米,60千克以上需要1~1.2平方米。

4. 营养供给

(1)能量水平:在不限量饲喂条件下,为兼顾生长速度、饲料转化率和胴体瘦肉率,饲料的能量浓度以1千克饲料含消化能11.92~12.5兆焦最佳。

（2）蛋白质和必需氨基酸水平：按育肥猪的不同阶段给予不同的蛋白水平，前期（45～80千克）为16%～17%，后期（80～120千克）为14%～16%。对育肥猪的生长、饲料转化率和胴体瘦肉率有重要的作用。赖氨酸占粗蛋白6%～8%。

（3）矿物质和维生素水平：育肥猪饲料中添加适量的矿物质和维生素可以保证猪正常生长。特别是某些微量元素，当缺乏或过量时都会导致育肥猪机体代谢紊乱，从而导致生长速度下降或疾病的发生，严重的可能会导致死亡。

（4）粗纤维水平：饲料中粗纤维含量过低，会导致猪拉稀或便秘。饲料粗纤维含量过高，会导致饲料适口性差，并降低生长速度。育肥猪饲料中粗纤维的含量应控制在5%～8%。

5. 饲养方式和给料标准

（1）饲喂定时、定量、定质。

1）定时：指每天喂猪的时间和次数要固定，这样不仅使猪的生活有规律，而且有利于消化液的分泌，提高猪的食欲和饲料利用率。要根据具体饲料确定饲喂次数。以精料为主时，每天喂2次即可，青粗饲料较多的猪场每天要增加1次。

2）定量：不要忽多忽少，以免影响食欲，降低饲料的消化率。要根据猪的食欲情况和生长阶段随时调整喂量，每次饲喂掌握在八九成饱为宜，使猪在每次饲喂时都能保持旺盛的食欲。

3）定质：饲料的种类和精、粗、青比例要保持相对稳定，不可变动太大，变换饲料时，要逐渐进行，使猪有适应和习惯的过程，这样有利于提高猪的食欲及饲料的消化利用率。

（2）育肥前期：育成转来15天以内，继续喂保育小猪料，每天喂3～4次，少喂勤添，保证总量供应，以保证生长需要。

（3）育肥中期：饲喂次数逐渐改为2次，喂中猪料，此阶段是猪只增重最快的阶段，也是效益最好的阶段，所以一定要喂饱，及时增加给料数量。

（4）育肥后期：肥育后期采用低营养水平饲粮，代谢能12.47兆焦/千克，粗蛋白14%，且应限制饲喂，日喂2次，一般限制到自由采食的80%。因该阶段猪采食量超过瘦肉生长能力，致使大量脂肪沉积，此时为了提高瘦肉率而限饲。体重120千克以上或日龄165天以上应及时出栏。

6. 小环境控制 肥育猪随体重的渐增，其适温范围也在下降，其适温范围为15~30℃。控制好育肥舍内小环境，做好"三度一通一照"，即温度、密度、湿度、通风和光照。

（1）温度：育肥阶段的最适温度为20~25℃，每低于最适温度1℃，100千克体重的猪每天要多消耗30克饲料以维持它对热能的需要，以致食量显著增加，增重缓慢。如果温度高于25℃，散热困难，"体增热"增加。体增热一增加，就会耗能、呼吸、循环、排泄这些相应地都要增加，料肉比就要升高。

（2）湿度和通风：猪舍要保持湿度合适、干燥，需要进行强制通风。通风不仅可以降低舍内的湿度、温度，还可以改善空气质量，提高舍内空气的含氧量，促进生猪生长。

8. 驱虫 驱虫是生猪育肥的重要措施之一。要获得较好的效果应注意如下几点。

（1）驱虫药：目前，用得较多的是伊维菌素，为广谱、高效、低毒抗生素类抗寄生虫药。主要用于胃肠道线虫、肺线虫和寄生节肢动物等。

（2）驱虫时间：在100~120天时进行驱虫效果比较好，驱虫宜在晚上进行。

（3）驱虫方法：

1）内服：喂驱虫药前，让猪停饲一顿，晚上5~7时将药物以0.2毫克/千克用量与饲料拌匀，让猪一次吃完，若猪不吃，可在饲料中加入适量糖水或糖精，以增强适口性。

2）肌内注射时按照0.3毫克/千克用量注射。对成虫及未成熟虫体驱除率达94%~100%。

（4）猪舍场地的消毒。驱虫后及时清理粪便，堆积发酵，焚烧或深埋，地面、墙壁、饲槽用5%的石灰水消毒，防止排出的虫体和虫卵又被猪吃了而重新感染。

（5）观察驱虫效果：若出现中毒症状如呕吐、腹泻等，立即将猪赶出栏舍，让其自由活动，缓解中毒症状；严重者服煮得半熟的绿豆汤；对拉稀者，取木炭或锅底灰50克，拌入饲料中喂服，连服2~3天即愈。

（三）成本控制

饲料成本占整个养猪成本的比重比较大，为70%以上。一般育肥猪又占整个猪场用料量的70%~75%。

1. 提高效率，减少各种浪费　饲料尽量就近选购，降低饲料运输成本。加强生产过程中的细节管理，减少浪费。

（1）饲料使用过程中的浪费：主要表现在冬季用高蛋白配方会造成蛋白的浪费，夏天用高能配方会造成能量的浪费等。

1）使用高水分玉米：当玉米水分在16%以上，所配合出的饲料存在能量不足现象，如不修改配方，且按固定饲喂程序进行，必定会出现能量不足，影响猪的正常生长。

2）不按配方加工饲料的浪费：一是加工原料时不过称；二是缺乏一种原料时，轻易用其他原料代替；三是原料以次充好，如用湿玉米代替干玉米等，这些做法破坏饲料配方的合理性，影响饲料利用率。

3）搅拌不均匀的浪费：搅拌不均匀在许多猪场都出现过，手工拌料自不必说，就是机器拌料也常出现搅拌不均的情况。边粉碎边出料、搅拌时间不足导致不均匀。最容易忽视的是在饲料中加入药物或微量添加剂，没有通过预混直接倒进搅拌机，在一批上千斤饲料中加入几十克药品，很难做到搅拌均匀。

4）喂料过程中的浪费：经常遇到小猪吃乳猪料，中猪吃小猪料，大猪吃中猪料现象，这些都会造成饲料的浪费。而更严重的是让后备猪吃育肥猪料，由于维生素、矿物质不足，推迟母猪发情时间，影响正常配种。

（2）药品浪费主要有以下情况：

1）加药搅拌不均匀的浪费：这是一个普遍存在的问题。饲料加药和饮水加药已是流行的办法。逐步稀释法、金字塔拌料法在实际上很少有人使用，因为用户嫌麻烦。现在加药时，或在料车上拌料，或在地面拌料，或加水搅拌后再拌料，但没有一种能将药与饲料拌匀，造成药品浪费。

2）使用方法不当的浪费：给已经拒绝采食的猪料中加药；不溶于水的药物用饮水给药；对已发病猪群用预防剂量。以上三种情况对治疗是没效果或效果很差，药品浪费在所难免。

3）乱用药的浪费。

（3）长期饲养无效猪，没有及时淘汰。

1）长期不发情的母猪：屡配屡返情的母猪，习惯性流产的母猪；或饲养在妊娠舍中，但却不出现返情的母猪；产仔数少或哺乳性能差的母猪。

2）有肢蹄病不能使用的公猪；使用频率很低的公猪；精液质量差，配种受胎率低的公猪等。这些公、母猪的饲养浪费人力、饲料、栏舍等，应及时淘汰。

3）饲养无价值猪的浪费：无价值猪主要是一些病弱僵猪，如无法治愈的猪，治愈后经济价值不大的猪，治疗费工费时的猪，传染性强、危害性大的猪，治疗费用过高的猪等。这些猪应及时淘汰，否则浪费人力、药品、精力，而且收效很小。

（4）资金的浪费。许多猪场存在一个明显的问题，就是一旦养猪盈利了，就会把大量资金用在扩建上面，猪场规模扩大了，但猪场收益却没有大的提高，甚至减少。与其把有限的资金用在扩大规模上，不如用来提高技术含量或改善猪舍设施，进而增加单位产出更划算。

（5）疫病困扰，死亡率高。肥育猪群成活率为98%，减少猪只死亡率，就要加强猪群弱仔猪护理，及时淘汰没有经济价值的猪。同时防控一些慢性疾病。

1）喘气病：一种典型的慢性消耗性疾病，影响育肥猪出栏时间。由肺炎支原体的感染所致。有相当部分猪场多发喘气病，这种病轻时不容易引起重视，严重时可以继发蓝耳病、猪肺疫、传染性胸膜肺炎等疾病。

2）肠炎：这种病使育肥时间增加10~20天，生产中却不被重视。回肠是小肠末端最重要的消化吸收器官。当肠炎的病原体——胞内劳森菌限制了回肠的吸收功能，使得大量已经消化了的营养物质不能吸收入血，从而导致猪的生长不良。

2. 降低育肥猪单位增重的生产成本　降低单位增重的生产成本是控制成本的有效措施。

（1）注重饲料品质，提高饲料转化率：只有降低饲料成本，才能有效地降低生产成本。但在选择饲料特别是饲料原料时，不能只考虑价格，选择便宜的原料，而是要考虑饲料原料的品质。优质的、营养均衡的饲料能提高猪自身的抵抗力，提高生产性能；饲料中缺乏营养物质，短时间内不会有严重问题，但会严重影响生产性能，降低生产成绩，使单位产出的成本升高。

（2）加强疫病控制能力，确保猪群健康：疫病控制是猪场的生命线。饲养管理搞得好的猪场病就少。猪场疫病控制的关键是全进全出、免疫程序、预防保健、生物安全。要改变传统观念，要实现从治疗兽医向预防兽医、预防兽医向保健兽医的转变。

（3）降低环境因素的影响：减少各种应激。高温、低温、有害气体、运输、频繁的接种各种疫苗等各种应激，都会影响猪的抵抗力，造成饲料转化率降低，从而增加成本。因此，必须尽量减少各种应激，为猪群创造良好的环境。

三、影响育肥效果的因素和提高措施

影响猪育肥的因素很多，各因素之间既有联系又相互影响。其本质上可分为遗传和环境两个方面。属于遗传因素的有品种与类型、生长发育规律、早熟性等，属于环境因素的有饲料、饲养水平、猪舍的环境条件及猪群健康状况等。

（一）影响育肥效果的因素

1. 品种与类型对育肥猪效果的影响　猪的品种与类型对猪育肥的影响很大，这是因为不同品种的猪生长发育规律不一样，在整个育肥期的不同阶段所需的营养标准和饲粮数量不一样。引进品种，如大白猪、长白猪、杜洛克猪、汉普夏猪等，属于瘦肉型猪。在以精饲料为主的高营养水平的饲养条件下，其育肥结果比地方品种猪好，增重较快，育肥时间短。但以青粗饲料为主的中、低营养水平饲养条件下，则国外品种增重速度不如地方品种，育肥效果也较差。所以为了提高育肥效果，应对不同品种、类型的猪采取不同的育肥方法。

2. 杂交对猪育肥性能的影响　利用杂种优势是提高育肥猪效果的有效措施之一。因为杂交后代生命力强、生长发育快、日增重高，并提高饲料利用率、降低饲养成本，但对育肥效果起决定因素的在于有效的杂交组合，一般以国外品种为父本，以我国地方猪种为母本，其后代增重速度的优势率为 10%～20%，饲料利用优势率在 5%～10%。实践证明，三品种杂交比两品种好。

3. 性别与去势对育肥效果都有一定的影响　去势比不去势的公、母猪增重速度快、饲料利用率高、脂肪沉积增强、肉质改善、性情温顺、食欲增加。猪去势后性功能消失，异化过程减弱，同化过程增强，所吸收的营养能更多地转化到增膘长肉方面。据报道，去势公猪的增重速度比不去势的高 10%，去势母猪

比不去势的脂肪含量提高 7.6%，饲料利用率、屠宰率都比不去势的高。有些国外品种或培育品种，由于性成熟比较晚，小母猪对育肥影响较小，育肥时只阉公猪而不阉母猪。近年来，随着养猪科学技术的发展，猪的育肥期缩短，认为小公猪不去势进行肥育，在增重速度、饲料利用、胴体瘦肉率等方面均优于去势的公、母猪，有利于降低生产成本。

4. 初生重和断奶重对猪育肥效果的影响　在正常情况下，仔猪初生重越大，则生活力越强，生长速度越快，断奶重也越大。断奶重越大，育肥增重越快，饲料消耗越少，育肥效果就越好。因此，在养母猪时，要加强母猪妊娠期和哺乳期的饲养，对仔猪加强管理，争取提高仔猪初生重和断奶仔猪个体重。

5. 营养水平和饲料品质对猪育肥效果的影响　营养水平对育肥猪的影响极大，各种物质缺一不可。特别是能量的供给水平和增重与肉质成分有密切关系。一般来说，能量摄取越多，日增重越快，饲料利用率越高，屠宰率、胴体脂肪含量也越高，膘也厚。蛋白质对育肥也有影响，由于蛋白质不单是与育肥猪长肌肉有直接的关系，而且蛋白质在机体中是酶、激素、抗体的主要成分，对维持新陈代谢、生命活动都有特殊功能，因此如果蛋白质不足，不仅影响肌肉的生长，同时影响育肥猪的增重。在一定范围内，日粮蛋白质水平越高，增重速度越快。但高到一定程度对增重是无效的，会造成浪费。蛋白质的品质对其也有影响。猪需要的 10 种必需氨基酸，日粮中缺少任何一种都会影响增重。此外矿物质、维生素对育肥效果也有很大影响。饲料是营养物质的主要来源，由于各种饲料所含的营养物质不同，因此，只有多种饲料配合才能组成全价的日粮。

6. 温度、湿度和光照对猪育肥效果的影响

（1）温度与湿度的影响：猪在育肥期需要适宜的温度，过冷或过热都会影响育肥效果，降低增重速度。因夏季气温过高，影响采食量，休息时间少，影响增重。夏季要防止猪舍曝晒，要遮阳通风。气温过低，由于辐射传导和对流的增加，体热易于散失，为了维持正常体温，猪采食量增多，浪费饲料。因此，做到冬季保温、夏季防暑是非常重要的。单从湿度来评述对育肥猪的影响是困难的，湿度是随着环境温度而产生影响的。高温下的高湿度造成的影响最大，若气温超过适宜温度，相对湿度从30%升高到60%，育肥猪增重会显著降低；如温度适当，即使相对湿度从45%上升到95%时，对增重也无明显的影响。总之，在适宜的气温下，相对湿度的大小对育肥猪的增重起直接作用。

（2）光照对猪育肥效果的影响。实践证明，光照对猪的育肥效果影响不明显。

7. 饲养密度对育肥猪的影响　头数过多，密度过大，使局部温度上升，采食量减少，饲料利用率和日增重下降。一般每头肥猪占地面积0.8平方米就够用了。密度过小对猪育肥也有影响，尤其是冬季，散热快，维持体温需要增加额外饲料。此外，疾病对育肥猪的育肥效果均有直接或间接不同程度的影响。因此在猪的育肥过程中，应给猪创造良好的环境条件，力求消除不利于猪育肥的各种因素，以期达到理想的育肥效果。

（二）提高育肥效果措施

提高肥育猪的出栏率，也就是提高猪的日增重和缩短肥育周期，用少量的饲料换取较多的猪肉。为此，应抓好以下科学饲养管理措施：

1. 育肥猪苗的选购　挑选猪苗（断奶仔猪）的目的是确保育肥猪长得快、好吃食、省饲料、适应性强、抗病、瘦肉率高等。怎样挑选好猪苗请注意以下几点：

（1）要挑选瘦肉型的杂种猪：杂种猪具有生活力高、适应性强和杂种优势的潜力。购买杂种猪也要根据自己的饲料条件，有好饲料可购三元杂交猪。饲料条件较差，选二元杂种猪。二元杂种猪含本地猪的血液较多，约含50%，故适应本地环境和饲料条件，比较好养。从生长速度、饲料报酬和瘦肉率综合考虑，则三元杂交种较好。

（2）要看体型和外貌：一般身腰长、四肢稍高的小猪，多属偏瘦肉的猪，其臀部较丰满、四肢粗壮。在外貌上要看具体杂交猪的情况，白毛杂种猪一般都是长白、大约克和大白互相杂交或是和地方猪杂交而来。长白猪的杂交后代：毛细、嘴长、耳稍大并向前倾；大约克猪杂交后代：嘴较长、耳中等斜立，大白猪的杂交后代与大约克猪的杂交后代大致相似。

（3）要选健康无病的猪：选择健康猪很重要，是饲养成功的关键。健康猪眼神好，被毛发亮，精神旺盛，活泼敏捷，摇头摆尾，叫声清脆等；还可结合粪便仔细观察，如不拉稀、粪成团，说明猪只健康。反之，精神萎靡不振、毛粗乱、叫声嘶哑、鼻镜发干、拉稀或拉小干疙瘩粪，说明猪不健康。

（4）要挑选同窝猪：如一次买几头猪，2头以上要在同窝里选，因为它们有共同生活习惯，同圈饲养，长得快，节省饲料，易管理。不同窝的猪同圈养生活习性不协调，易发生打架、抢食、追咬等情况，不好养且不好管理，生长受阻，浪费饲料。

（5）就近选购：就地选购猪苗，对猪场猪群的情况比较了解，减少麻烦。所买的猪好饲养、好管理，因为气候、饲料、环境等各方面都相似。最好到有资质猪场购买原窝猪。尽量不在集市上买猪苗。

（6）购猪要注意血缘：不买近亲繁殖、杂交乱配猪苗，一定要保持杂交优势。否则，猪群容易生病，经济上就要受到损失。

2. 选择良好的饲喂方法

（1）限量饲喂与不限量饲喂：在育肥猪生产实践中，要兼顾增重速度、饲料转换效率及胴体瘦肉率，在体重60千克以前采取自由采食或限量饲喂的做法；体重 60 千克以后适当限食，或采取适当降低饲粮能量浓度而又不限量的饲喂方法都是可行的。

（2）饲料生拌湿喂：饲料与水的比例为 1：1，手握能成团，放手可散开，说明水量合适，一般采用现拌现喂的方法。

3. 科学的管理　一个猪场的管理水平是这个猪场盈利与否的关键，而育肥舍的管理更是如此。

（1）重视消毒：饲喂育肥猪的人员因售猪经常和外界拉猪车辆及人员接触，消毒工作是管理的重中之重。

1）空圈消毒：一批猪售完后，首先用高压清洗机对圈舍进行彻底的冲洗，然后用 2%氢氧化钠喷洒消毒，晾干，备用。

2）带猪消毒：每周带猪消毒 2~3 次，消毒要制度化，并要确保消毒的有效性。

3）全场道路及环境消毒。每周对全场道路及环境消毒 1 次；有疫情时，坚持每天消毒。

4）售猪台及人员消毒：每次售完猪都要安排人员将售猪台彻底清扫干净，并用 2%氢氧化钠消毒；参与售猪的所有人员应沐浴并更换干净工作服后，方可进行其他工作。

5）病死猪无害化处理：病死猪应及时运走并进行化制式深埋处理。

（2）环境控制。

1）控制猪群密度：在有漏缝地板或有外运动场的猪舍，饲养密度应不小于 0.8 米²/头；水泥地面的猪舍则要求至少 1.0 米²/头。

2）调控环境温度：育肥猪的适宜温度为 18~20℃，温度过高或过低都会影响其生产性能。因此，要做好炎热夏季的防暑降温（如喷淋、负压通风、冲水等）和寒冷冬季的防寒保暖（如双层吊顶、铺设地暖等）工作。

3）合理分群：按个体大小合理分群。在饲养过程中，如发现弱猪，要适当调群且单独饲养，并提供营养均衡的优质饲料；如猪特别弱小，还要改变饲喂方式（饲喂稀粥料），并注射长效针剂药（如长效土霉素等）适当保健。严禁频繁调群、混群。

4）加强通风换气：育肥舍最常见的疾病是呼吸道疾病，而其发生与空气质量有密切关系，特别是在冬、春季节为了保温而牺牲舍内空气质量，要加强舍内通风换气，还要处理好通风与保温的关系。

（3）适时进行防疫和驱虫：对肥育猪要严格按照科学的卫生防疫程序进行猪瘟、猪丹毒、猪肺疫等疾病的疫苗预防注射和药物驱虫工作，以确保猪的健康和实现养猪的高效益。

4. 选择适宜的屠宰体重　育肥猪在什么时候屠宰上市，养到多大为好，这一方面要看市场对猪肉的需求，另一方面要看经济效益。据试验，以 100~130 千克屠宰上市为好。

5. 生猪的运输

（1）生猪调运前：必须提前几天派业务员同生猪收购单位取得联系，按调运计划及价格，签订合同或协议书，以便做到随到随运，缩短收购时间，减少经济损失。

（2）待运生猪的饲养管理：无论是自繁还是本地收购的猪，在运输前 2 天不能停料停水，运输前的最后一次喂料要求不能喂得太饱（七成饱即可），过饱易引起运输途中死亡，待运的生猪要进行严格的检疫，一些瘦弱病残的猪应挑出就地处理。运输前 2 天要求对待运生猪根据车辆容量大小分栏分群饲养管理，避免合群时猪只之间争斗，以便建立新的群体序列，减轻运输中的应激反应。有条件时，在装车前给待运猪静脉注射一些镇静剂，如 25% 的硫酸镁，每头 2.5~7.5 克；或每头肌内注射盐酸氯丙嗪 0.2~0.4 克，或特效米先针剂，可有效地减轻路途应激反应，避免严重的掉膘和死亡。

（3）装猪应注意的事项：根据当天气候状况决定是否可以调运生猪，刮风、下雪、下雨、特别炎热或特别寒冷的天气，不宜长途运输生猪。装车时不要暴力驱赶，以防增加应激，造成路途死亡或残肢跛行。根据车厢容量，按已分栏分群的待运猪群装车。炎热的夏天不要太拥挤，寒冷的冬天密度可以稍大些。车厢的底板最好能垫一层已消毒好的稻草或锯木屑（车底板是木质的可以不垫），以防猪只站立不稳打滑，造成残肢和跛行。若是双层车厢每层要分成小栏，每小栏能容纳 4~6 头最佳。装猪时，大点的猪装在靠车头的小栏，稍小的猪只依次装在中间和车尾的栏中。装完车后，要仔细检查车尾门及两侧护栏是否稳妥，以防路途意外丢失猪只。

（4）运输要求：

1）车辆要平稳，转弯、上下坡要减速，途中尽量少停车和不急刹车。

2）夏天运输，若途中发现猪只吐白沫、呼吸急促、鼻镜发白，则是中暑的前兆，要立即取水浇湿车厢和顶篷、底板及猪体（注意不要用冷水直接冲洗猪的头部），以加快散热降温。

第八章　养猪新设备和新技术（工艺）应用

第一节　养猪新设备应用

我国养猪设备发展很快，养猪设备有向成套化、标准化发展和从简单加工向提高工艺含量发展的趋势。

一、电子饲喂站的应用

（一）电子饲喂站的优势

（1）电子饲喂站是以母猪动物行为学为基础而研发，充分照顾到了动物福利。母猪群养及适当的运动保证身体更健康，这样可提高仔猪存活率，减少母猪返情、肢蹄问题，从而提升母猪群的繁殖生产效率。

（2）通过使用电子饲喂站，猪场的饲养员不必将饲料直接喂给母猪，而是由母猪自动进入电子饲喂站采食，在饲喂站内，母猪可以在最合适的时机进食定量的饲料，既舒适又安全，这样可以最高效地使用饲料，同时节省时间和精力。

（3）电子饲喂站智能化群养管理系统是利用 RFID（无线射频识别技术）实现了大群饲养条件下对母猪个体的精确饲喂和科学管理，实现了生产过程的高度自动化控制，大大提高了生产效率和经济效益。

（4）电子饲喂站基于电子识别装置将机械化和自动化连接成一个管理系统，可以与产房等其他阶段猪只的饲养管理链接，可以轻松跟踪和管理母猪的整个周期。软件会自动报告猪场的每个出问题的地方，便于及时定向行动。

（二）电子饲喂站的应用方案

（1）怀孕母猪智能化小群群养模式，规模 35～60 头母猪/群，见图 8-1。

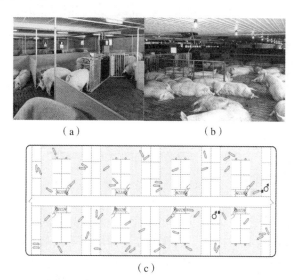

（a）　　　　　　　　　　　　（b）

（c）

图 8-1　怀孕母猪智能化小群群养模式

（2）怀孕母猪智能化大群群养模式，规模 150～300 头母猪/群，见图 8-2。

（三）怀孕母猪智能化养猪模式

以 pigwish 系统为平台的智能饲养方案。实现了人、猪、设备的智能交互、智能化连接；通过对母猪精准饲养，让工人轻松便捷生产，让饲料营养得以高效利用。

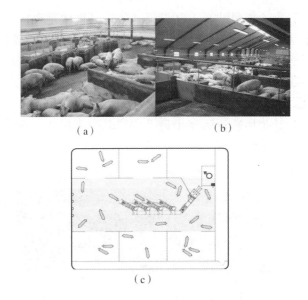

（a） （b）

（c）

图 8-2 怀孕母猪智能化大群群养模式

1. 系统优势

（1）使用智能终端（智能饲喂器）可以为每一头母猪精准、精确、精细地投喂饲料，对母猪而言，通过高效的营养控制是获得最佳体况的必需措施，而智能设备的应用可以从源头标记、采集母猪的行为信号，通过饲料营养曲线的设置（饲喂量和饲喂时间、投料速度、加水等），根据每一头母猪的特点（胎次、繁殖指标、采食速度、环境温度）给予个性化的照顾，从而充分发挥母猪的生产潜力。

（2）饲料从车间到喂猪料槽实现"干料输送，液态饲喂"。液态料相比干饲料营养更均衡，适口性更好，更利于猪只采食，从饲喂的源头提高饲养效率。

（3）将猪只饲喂采食信息实时上传到主控系统，管理人员可以及时刷新管理终端来查看每头猪的动态信息，在饲养的过程中对母猪进行及时有效的管护和处理。

（4）工人通过控制终端对每一头母猪实现个性化的饲养管理，减少大量的人力。随着智能终端在猪场的全面应用和熟练操作，一个人也可以轻松管理一个猪场。

2. 在母猪饲养中的应用

（1）配怀舍定位栏母猪高效饲养（图8-3）。

（a）配怀舍母猪　　　（b）妊娠舍群养母猪　　　（c）产房哺乳母猪

图8-3　母猪系列

1）配怀舍定位栏配套使用，安装在饲料输送管线上，每头母猪使用1套（图8-4）。

图8-4　配怀舍定位栏配套

2）妊娠母猪系统按照猪场饲养管理人员设置的母猪饲喂曲线给母猪投送饲料和水（图8-5）。

3）投送饲料的速度还可以根据每头母猪的采食特性设置，每次小分量（150~300克），多次投送。投送饲料还可以根据母猪触碰料槽内传感器的频率和次数，智能调控。将母猪每次采食

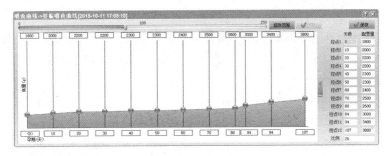

图8-5　饲喂曲线

完成后的信息及时发送主控制系统保存（图8-6）。

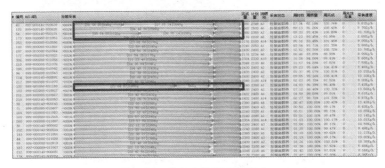

图8-6　信息主控制系统保存

（2）在系统设置完成后，设备智能运行，只需要管理人员通过客户端或APP实时访问查看猪群信息，及时发现异常个体猪只，并做现场验证处理。在猪场应用中的注意事项：

1）需要猪场配套的土建环境：面积、布局、地板。

2）是基于母猪智能化群养的管理方案，每头母猪综合需要不低于2.5平方米的面积。

3）同时保证1平方米的躺卧区面积。在群养舍设计时需要充分结合母猪的习性，根据猪的行为轨迹分为躺卧区、活动区、采食区（图8-7至图8-9）。

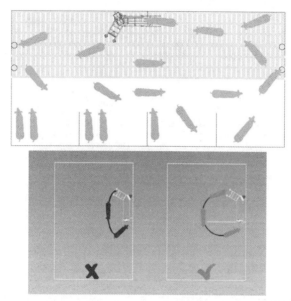

图 8-7　在同一个群养单元，躺卧区域与活动区半侧分开

（3）投入运行时的注意事项：训练新猪。

充分的准备是成功的先决条件。训练新猪和小母猪虽然耗费时间和精力，但训猪是必要的。以下建议将助您成功完成小母猪与新猪的训练。

1）在训猪开始前几周，便对母猪每天只进行一次饲喂。

2）在母猪进入大群之前与之后要饲喂同一种饲料。

3）有选择地挑选母猪进行训练。在母猪受孕后的 28 天之内或在其妊娠期的最后 3 周，不要对其进行训练（图 8-10）。

4）训猪开始前至少 24 小时之内不要饲喂母猪。将母猪置于带有饲喂器的猪舍内，使其熟悉周围环境。

5）确保饲喂站、通道上方全天 24 小时有充足的照明，这样可以激励母猪使用系统。

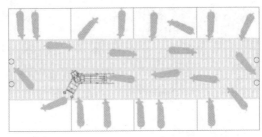

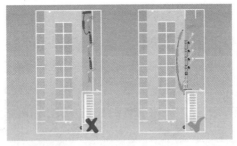

图 8-8　在同一个群养单元，两侧为躺卧区，中间是活动区

6）用活动式栏杆将饲喂站入口区域和出口区域分开，这样便于掌握哪些猪已经通过饲喂站、哪些没有通过（图 8-11）。

7）训练新的经产母猪和后备猪需要时间与足够的耐心。使用驱猪板引导母猪进入饲喂站。

8）不要在饲喂站外部饲喂那些初次尝试后未能成功进入饲喂站的母猪；确保母猪只在饲喂站内部进食。

9）不要使用一台饲喂站训练过多母猪，这样会导致有些母猪得不到饲喂。

10）母猪不能自行进入饲喂站时，不要立即帮助；那样会使母猪对人产生依赖性。留给母猪充足的时间，让它们自己学会使用饲喂站。要引导母猪进入并通过饲喂站，不要强行将其推进饲喂站。

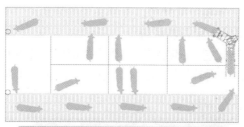

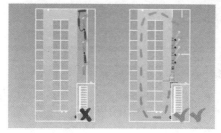

图8-9　在同一个群养单元，两侧为活动区，中间是躺卧区

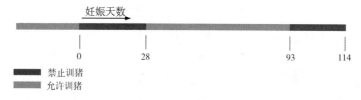

图8-10　训练新猪时间

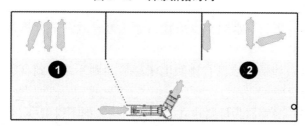

图8-11　训练新猪图例：饲喂站入口区域和出口区域被隔开

11）确保母猪每次进入饲喂站都能得到饲料。在训练期间，

要确保母猪在需要帮助时可以得到必要的帮助。

（四）哺乳母猪智能系统

哺乳母猪智能系统在哺乳母猪中的应用。哺乳母猪智能饲喂管理系统由主控制系统、投料系统、感应系统和通信系统组成（图8-12）。哺乳母猪智能系统的功能如下：

图8-12　从人工经验喂养到智能化精准喂养

（1）根据分娩母猪的个体特点（产仔数和体况、哺乳天数、胎次、采食速度等），设置最优化个体饲养管理方案：饲喂曲线和饲喂时段，下料速度，下水比例。

（2）标记母猪拱动电子感应器次数和频率，生成母猪觅食行为曲线，系统智能生成母猪饲养管控方案，小分量、多次地投放饲料和水。

（3）下料下水同步，采食口感更好，激发采食积极性，增大采食量。

（4）如果母猪没有碰触电子感应器则不会得到食物，避免饲料浪费。

（5）蜂鸣器为母猪建立"投食问猪"的下料信号。

（6）哺乳母猪智能系统会向控制器发出警示，告知工作人员具体是哪头母猪没有吃到饲料。

（7）根据猪场经理的技术规范，通过电脑制订饲喂曲线和饲喂计划（图8-13）。

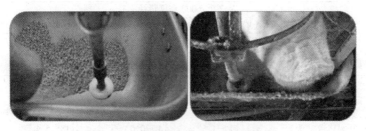

图8-13　感应系统安装在产床料槽内，
母猪通过拱动电子感应器来索要食物

（8）哺乳母猪智能系统使用场景：

①哺乳母猪拱动感应器信号分布（图8-14）。

图8-14　哺乳母猪拱动感应器信号分布

②哺乳母猪智能系统使用效果分析见表8-1。

表 8-1　使用效果分析

2 个 5 000 头母猪场

使用人工喂料与使用产房智能饲喂系统的对比

分组	人工喂料	产房智能饲喂系统	差值
母猪数量（头）	432	432	—
总产活仔数	5 304	5 474	170 头
平均产活仔数（窝）	12. 28	12. 67	0. 39 头
总断奶猪数（头）	4 534. 5	4 720. 0	185. 5 头
平均断奶猪数（窝）	10. 5	10. 93	0. 43 头
平均断奶重（只）（千克）	7. 6	7. 85	0. 25 千克
平均断奶重（窝）（千克）	79. 4	85. 76	6. 36 千克
死亡猪数	769. 5	754. 0	−15. 5 头
死亡率（%）	14. 47	13. 68	−0. 79%
总饲料消耗（千克）	99 788	73 259	−26 529 千克
每只母猪饲料消耗	231	169. 58	61. 41 千克
窝料重比	2. 92	1. 99	−0. 93

（9）效益总结。产房母猪智能化饲养可以将饲料营养的价值最大化。饲料和水的结合让哺乳母猪对饲料有更强的采食欲望，母猪触碰位于料槽内的感应器，在本身需求的时候得到最佳料量的饲料，饲料营养及时转化为奶水，从而使母猪的泌乳能力大大加强，进而提高了仔猪体重和成活率。

（五）其他先进饲喂设备介绍

1. 妊娠母猪群养电子饲喂系统　目前国内应用最广泛的是荷兰 NEDAP 公司的 Velos 系统。其他的进口设备包括奥饲本（上海）的 TEAM 系统、奥地利的 Schauer 系统等。

2. 生长育肥猪分栏饲养系统　目前有荷兰 NEDAP、美国 OSBORNE 等外资企业在国内推广这一技术。这一技术主要是针对大型生猪生产商，因此在北美应用较为广泛，在国内还处于理念推广期。由于国情影响，这一技术的广泛应用还需继续坚持。

3. 断奶仔猪湿料电子料槽　由英国 G. E. Baker 公司开发，主要用来解决断奶仔猪的采食应激，使得断奶仔猪能在断奶后采食到与奶水接近的温暖粥料和湿拌料，以模仿母猪放乳的方式投料，在提高仔猪采食量的同时避免了饲料浪费。目前国内有企业与 Baker 公司合作开发，在国内推出了国产版的料槽，如大北农公司、正大公司等均有产品问世。技术也逐渐接近国外企业。

二、智能自动清粪系统

我国养猪规模化快速发展，人工清粪因劳动环境差、强度大、工人工资高增加了养殖成本，清粪问题成了让人头疼的问题。目前智能自动化清粪系统逐步在大型养猪企业安装使用。随着我国先进畜牧器械设备的投入使用，智能自动清粪系统有广泛的市场需求。

（一）优势

自动清粪系统，通过地面下清粪设施可以及时实现粪尿分流和定时将猪粪清除到舍外，具有以下特点和优势：

1. 解放劳动力　从传统的人工清粪、铲车清粪到智能化刮板清粪，逐步减小劳动强度、节省人工成本和简化管理。

2. 改善猪只生活环境　清粪不影响猪只休息，能够做到粪便在舍内无长时间停留，可避免发酵产生的有害气体，保持舍内空气质量，减少病原菌的繁殖，同时减少蹄病和乳腺炎等疾病发生，从而减少猪场的隐形损失。

（二）设备组成特点和安装要求

1. 组成部分　智能自动清粪系统由猪舍地板下粪道系统、机架、驱动系统、控制箱、刮粪板、牵引绳（亚麻绳、钢丝绳、链条）、动力机构 、传动机构、刮粪板、地脚螺栓、电器系统组成。

（1）粪道系统：要求平整、无死角。

（2）机架：机架是由具有多年结构设计经验的工程师设计，采用优质国标钢材焊接而成，具有结构合理、承载能力大、抗冲击性强、结构不变形等优点。

（3）传动机构：由链轮、链条、主动绳轮、被动绳轮组成。

（4）牵引绳：具有防腐、耐磨、坚韧、抗老化、抗拉伸、寿命长等特点。

（5）刮粪板：表面镀锌处理，具有防腐性高、翻转灵活、翻转角度大、刮粪干净、故障率低等特点。

2. 安装要求

（1）牵引主机宜安装在室外，其安装平台高度应与粪槽底水平位基本一致，刮粪板基本宽度 1.8 米，特殊宽度可定制。

（2）粪槽深度要求 30 厘米以上，两壁及底部要求较平直，粪道中无障碍物。

（3）主机及转角能安装固定件应预埋，安装牢固。

（4）按照厂方提供的安装图进行安装和线路连接。

（三）使用方法和注意事项

1. 工作原理　猪场自动清粪系统可以自动将粪道中的猪粪清理到储粪池中，清粪是按照时间控制，每天可以设置多个时间段清粪，到设定开启时间三相交流电动机接通电源，带动刮粪板，开始清粪。在清粪期间传感器检测到刮粪板到储粪池边时，电动机自动停止并反转，将刮粪板归位，等待下一次工作。

2. 自动清粪机操作步骤及注意事项

（1）先检查清粪系统的电源接触是否正常，有没有出现插口松动的现象。

（2）检查清粪机各部分的螺栓的松紧程度，是不是很紧，因为螺栓是不可以松动的，那么清粪带的两端有没有对得很端正，这也是一个检查的方向。

（3）各部分检查完毕后，开机，以机械对着粪便堆积的地方开始操作。

（4）在干活的过程中，一定要注意先要启动横向的那种清粪机，然后才可以启动纵向的机器，当经过一段时间的工作之后，可以让机器稍微休息一下，让电动机的温度下降冷却下来，这样可以延长清粪机的寿命。

（5）关闭自动清粪机时，首先要把纵向的清粪机关掉，然后再关闭横向的清粪机，顺序一定不能错。

（6）关机后，要清理机器，然后把润滑油浇在注油孔里，最后将它放置在干燥且淋不到雨的地方。

第二节　养猪新技术（工艺）的应用

一、粉包粒（营养调配）技术（河南省农科院下属营养机构河南农科牧业提供技术）

（一）粉包粒技术

粉包粒技术，采用先进的超微粉工艺利于静电原理把粉料与颗粒料的混合，做到粉粒紧密结合，运输、饲喂过程中不分级的新型颗粒料技术。

（二）技术先进性

（1）粉料不糊嘴、不碜牙，粒料香酥脆、不伤牙。

（2）粉包料可溶水，不分层，糊状，可以作为奶粉。

（3）诱食早、采食快，让仔猪获得采食偏好，完美实现诱食、教槽、断奶、过渡，缓解断奶应激，激发生长潜能。

（4）粉包粒饲料具有新鲜度、清洁度、细粉度、均匀度、熟化度和松软度综合指标高的特点。

（三）粉包料生产工艺流程

奶粉+熟化玉米+膨化大豆+细粉鱼粉+乳清粉+肠膜蛋白+大豆浓缩蛋白+农科秘制蛋白粉+其他优质原料→混合→0.5毫米筛片粉碎→过60目（非法定计量单位，表示每平方英寸上的孔数）筛→加入断奶颗粒→再次混合→成品。粉包料工业优势示意图见图8-15。

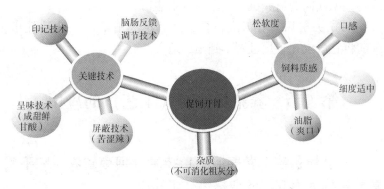

图8-15　粉包料工业优势示意图

（四）粉包料使用方案

养猪生产中，产房仔猪和保育仔猪对饲料利用率最高，生长速度最快，也可以说成教槽决胜负、保育定乾坤，可以使用粉包料来满足营养需要，同时减轻仔猪对母猪的消耗。

使用阶段定位：仔猪7~35天（体重3~10千克）（图8-16）。

二、生殖激素使用技术

随着规模化养猪的发展，生殖激素在生产中的应用也越来越

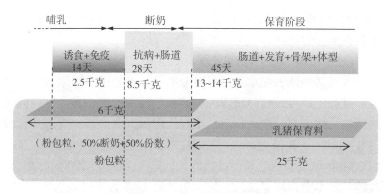

图8-16　粉包料使用方案

广泛。生殖激素如应用得当，对养猪生产和猪体生殖功能的调节能起到很好的协调作用；同时对生殖疾病亦有很好的治疗作用。但如果不了解生殖激素在体内的作用机制、猪的体况及生理条件，或对其疏于考虑，随意使用某种激素，任意提高剂量或增加投药次数，则会导致生殖功能紊乱，甚至不得不淘汰种猪，给猪场造成很大的经济损失。

（一）后备母猪不发情的处理

体重达到135千克以上或在260日龄以上仍不发情的母猪，先采取调圈，和不同公猪接触，靠近发情母猪，增加运动等措施。仍不发情者采用肌内注射氯前列烯醇（PG）0.4毫克，次日再配合肌内注射孕马血清（PMSG）500~1 000国际单位和绒毛膜促性腺激素（HCG）250~500国际单位，多在用药后3~8天发情。配种前1小时肌内注射25微克促排2或促排3号，可明显提高产仔率。

（二）经产母猪不发情的处理

若母猪断奶后10天仍不见发情表现，且膘情适当，可肌内注射氯前列烯醇（PG）0.4毫克。次日再配合孕马血清（PMSG）100~500国际单位和绒毛膜促性腺激素（HCG）250~

500 国际单位。有子宫感染者，要先经过 2~3 次治疗后，再进行生殖激素注射治疗。

(三) 母猪久配不孕的处理

若母猪发情表现正常，但屡配不孕，可根据不同原因进行处理：过分肥胖导致输卵堵塞的，应限饲控制膘情；有子宫内膜炎的应先清洗子宫、注入长效抗生素处理后，肌内注射氯前列烯醇（PG）0.2~0.3 毫克，次日肌内注射孕马血清（PMSG）500~1 000国际单位和绒毛膜促性腺激素（HCG）250~500 国际单位；黄体功能不全造成隐性流产的，配种后 1~3 天，每天肌内注射 1 次绒毛膜促性腺激素（HCG）1 000 国际单位；经处理后连续 3 个情期仍屡配不孕的应及时淘汰。

(四) 引产中的应用

怀孕母猪超过预产期仍不分娩的，肌内注射氯前列烯醇（PG）0.4 毫克，一般于次日即可出现分娩；分娩过程中可重复配合使用缩宫素，每次 40~60 国际单位。

(五) 促进母猪产后康复，缩短产仔周期

产后肌内注射氯前列烯醇（PG）0.4 毫克，可促进母猪产后子宫康复，经产母猪断奶当天肌内注射氯前列烯醇（PG）0.4 毫克，可促进母猪尽早发情。

(六) 提高母猪受胎率和产仔数

在母猪发情中期肌内注射绒毛膜促性腺激素（HCG）1 000~2 000 国际单位，可促进母猪发情表现，促进卵泡发育成熟并排卵。配种前肌内注射促排 3 号 25 微克，可提高每头母猪每胎产仔数 0.5~1.5 头。

(七) 母猪分娩调控

在怀孕母猪预产期前 1~2 天的早晨 7~8 时，肌内注射氯前列烯醇（PG）0.4 毫克，可使 80% 的怀孕母猪分娩时间调整为白天，从而便于管理。特别适用于猪瘟超前免疫，以及南方的高

温季节和北方的寒冷季节。

（八）公猪提高性能

对于性欲不强，精子活力不足的公猪，可 1 次肌内注射绒毛膜促性腺激素（HCG）5 000 国际单位或人用丙酸睾酮 3~5 支。对于精子数量不足的公猪，使用促排 3 号，每天 1 次，每次 25 微克，总用量不超过 75 微克。

三、深部输精技术

（一）深部输精的发展历程

1988 年，法国 IMV 卡苏公司研发的泡沫头输精管为猪人工授精技术利用仿生设计的输精管泡沫头在插入子宫颈内 3~4 厘米时，可以与子宫颈特有的环状褶皱结构嵌合锁紧，这种输精方法称为子宫颈输精。然而，使用子宫颈输精时，尽管输入了大量的精子，但部分精子没有参与受精，因为在输精期间或者输精后短时间内精子随精液回流流出了生殖道（输入子宫颈管道的总精子数的 30%~40%），在子宫颈皱褶内被吞噬和死亡的精子占 5%~10%，在子宫内被吞噬的则高于 60%；为了避免在授精后精子回流生殖道后造成的精子死亡和被吞噬的现象，法国 IMV 卡苏公司研究制造出可以穿越子宫颈并进行输精的方式，称之为子宫内深部输精。

（二）深部输精的分类

根据输精的不同部位和方法将深部输精技术分为输卵管输精法、子宫角输精法和子宫体输精法 3 种。

1. 输卵管输精法　输卵管输精法是指腹腔内窥镜人工授精技术，即利用腹腔内窥镜装置，通过微创手术，将精液直接输入到子宫与输卵管的连接部，是一种创伤较小的手术。但是，腹腔内窥镜相对于其他的人工授精器械较为复杂，成本也较高，需要较高的专业水平和极为熟练的技术操作，可以应用于要求较高的科研试验。

2. 子宫角输精法 子宫角输精法又称子宫深部输精法。子宫深部输精的输精管是将改良的柔韧纤维内窥镜管内置于常规的输精管而制成，这种输精内管管长 1.8 米，外直径 4 毫米，内直径 1.8 毫米。使用时先将商用常规输精管插入子宫颈形成子宫锁后，再在管内插入输精内管，内管穿过子宫颈，能够顺着子宫腔前进，可将精子输送至子宫角近端 1/3 处。子宫角输精法最好进行两次输精，并需结合常规输精技术。

3. 子宫体内输精法 子宫体内输精法也称为子宫颈后人工输精，是将输入的精液越过母猪子宫颈直接送达子宫颈后的子宫体。现在常用的输精管有两种，一种是管内袋式，外观与普通输精管基本相似，但在输精管的顶部连接一个可延展的橡胶软管（置于输精管内部），在输精初期通过用力挤压输精瓶，使橡胶软管向子宫内翻出，穿过子宫颈而将精液导入子宫体内，如美国生产的 AMG 管；另一种是管内管式，在常规输精管内部加有一支细的、半软的、长度超出常规输精管约 16 厘米的内导管，能够在常规输精管内部延伸以通过子宫颈进入子宫体。

（三）深部输精的优势

深部输精技术能很好地弥补子宫颈输精技术的不足。对于因繁殖障碍疾病引起的配种问题，尤其是阴道炎、子宫颈炎、子宫颈口损伤造成的久配不孕母猪，可以提高受孕率。

（1）使用深部输精技术，可以让精子快速直达受孕部位，提高母猪的受孕率、分娩率和活仔数。

（2）减少输精时间：可以减少人工工资，减少成本。

（3）减少精液倒流：可以减少精液使用量，降低精液的成本，提高受孕率。

（四）子宫颈内深部操作细节

首先输精管+细管+锁紧卡座+泡沫头预涂油。在清洁完母猪会阴部位后，将泡沫头输精管经阴道插入到子宫颈，越过子宫颈进行人工授精操作的主要障碍是子宫颈内的皱褶。子宫内输精使用一支标准输精管和柔软细长的内管。细管长出输精管头部 160 毫米，可以穿过子宫颈深入到子宫体。95% 以上的经产母猪可以顺畅地使用子宫内输精管进行输精。插入细管时如果感觉到阻力，就有必要抽回细管再重新插入；不能蛮力强行插入内管，否则会造成母猪子宫内壁的损伤，对母猪造成不可逆的伤害。输精时挤压精液时，注意不要把空气挤进子宫体。挤压完精液稍等 3~5 秒，看精液是否有回袋或回瓶现象，没有就先拔内细管。拔内细管时，内细管高度要高于母猪外阴，当内细管完全缩在外管后，此时外管旋转 3 圈，左右旋转一起拔出输精管即可（拔外管时，外管高度也要高于母猪外阴部位）。

整个输精操作平均不超过 5 分钟，其中插入子宫内输精管的时间不超过 1 分钟。

四、基因检测技术的使用技术

（一）氟烷基因检测

猪的氟烷基因是一种应激基因，携带该基因的猪仅在受到自然刺激因子（如运输、高热、转群、争斗、饥饿等）的作用下，会出现异常反应甚至死亡的现象。这种现象称为应激综合征（Porcine Stress Syndrome，PSS）。控制 PSS 的基因称为氟烷基因。

猪的应激综合征主要是由猪兰尼受体（Rynodinereceptor，RYR1）基因（又称为氟烷基因 Hal）的突变引起的。PSS 主要发生于一些高瘦肉率猪种，如皮特兰猪、长白猪、大约克猪等，引起肉质下降，产生 PSE（Pale soft exudative）或 DFD（Dark firm dry）劣质猪肉。可采用 PCR-RFLP 诊断技术对猪氟烷基因型进行检测。

近年来，从国外引进了大批长白、大约克和杜洛克等优良种猪，为全面评价种猪的生产性能，促进各猪场加强种猪选育工作，除了对种猪进行常规生产性能测定外，有必要对其进行氟烷基因型的 DNA 检测，以了解氟烷应激基因，为种猪的选育和杂交利用提供有力依据和重要参考。

1. 利用 PCR-RFLP 技术可准确诊断猪氟烷基因　氟烷基因型的检测方法有 3 种。

（1）氟烷麻醉法：采用氟烷麻醉人工诱发猪的应激综合征，活体鉴别猪应激敏感性，但这种方法不能识别氟烷杂合子和氟烷阴性猪，且误差大。

（2）血液遗传标记选择法。

（3）PCR-RFLP 法：从血样或毛囊中提取 DNA，采用 PCR 扩增方法，根据 RYRI 基因中的 C 突变为 T 导致内切酶 Hha I 切点消失，运用 Hha I 酶切图谱来鉴别氟烷基因型，该方法能准确鉴定猪的氟烷基因型，是目前应用较为广泛的一种 DNA 分子诊断方法。血样中 DNA 纯度较高，便于 PCR 扩增，但血样的采集要保定猪只，通常体重在 30 千克左右的仔猪采用该法，对成年猪往往采集毛囊，提取 DNA。

2. 氟烷基因型检测是种猪生产性能测定的重要内容　种猪性能测定是猪群遗传改良的重要技术措施之一，在对种猪进行生长发育性能、肥育性能等常规及生产性能测定的同时，还应从分子遗传结构方面进行性能测定，特别是氟烷基因型检测，从而从国外引进性能优良的外种猪用于生产中的杂交改良。通过对主要种猪长白猪、大约克猪和杜洛克猪等种猪的抽检表明，3 个品种猪群均含有一定比例氟烷应激基因。因此，在种猪选育中应及时淘汰携带氟烷基因的个体，确保种猪质量。

（二）高产仔基因检测

近年来，对动物经济性状（数量性状）多基因构成的遗传分析的研究成为遗传学研究的热点之一，而对猪的高繁殖性更是众多研究中的热点。猪的繁殖力是影响养猪生产经济效益的关键因素之一。目前，影响猪产仔数性状的数量性位点（QTL）已被定位于猪的 8 号染色体的连锁图上，为进一步应用位置克隆技术研究这些复杂的多基因性状的遗传机制奠定了基础。猪繁殖性状的遗传力非常低（$h^2<0.3$），常规的育种技术对繁殖性状的遗传改良有限。近年来的分子生物学和分子遗传学的发展使得寻找多仔基因的遗传标记、开展标记辅助选择（MAS）成为可能。在猪的高繁殖力特性研究中，现已证实雌激素受体基因（ESR）和卵泡刺激素 β 亚基基因（FSHβ）是两个可影响产仔数 1～1.5 头的主基因。

1. ESR 基因与母猪产仔数之间的关系　Kumar 等研究表明，雌激素受体的 E 区是雌激素与受体的结合区，具有重要的功能，该区的遗传变异影响雌激素作用活性，进而影响动物的繁殖功能。通过 DNA 指纹检查，确定 ESR 基因位置上存在影响产仔数的标记。

Rothschild 等以含 50 梅山猪血缘的两个合成系涉及 50 个全同胞家系 161 头母猪为材料，对 ESR 基因进行 RFLPs 分析，发现 Puv Ⅱ 酶切位点的有利等位基因与高初生窝仔数相关联。用 Pvu Ⅱ 酶切 PCR 扩增产物后，有 Pvu Ⅱ 酶切位点的 PCR 产物表现出 56bp 和 65bp 的两条带，表明该基因（B）位点发生了一个点突变。纯合子 BB 母猪第一胎产仔数和产活仔数都比纯合子 AA 母猪多 2.3 头（$P<0.01$），所有胎次多 1.5 头（$P<0.01$）。后在 PIC 合成系（含大白血）发现 BB 比 AA 母猪产仔数和产活仔数第一胎高 1.2 头，所有胎高 0.9 头。越来越多的研究表明，ESR 是控制产仔数的主基因或与产仔数主基因存在紧密连锁，且 ESR 基因与猪的一些其他重要经济性状无显著相关。

利用人 ESR 基因的 1.8kb cDNA 为探针与 Pvu Ⅱ 酶切的猪的基因组 DNA 进行 Southern 杂交分析，发现高产仔数的猪种会出现 2.5kb 和 3.7kb 的特异带。在猪的 ESR 基因的研究中，ESR 基因到底是猪产仔数的一个数量性状位点亦或仅仅是一个与之存在紧密连锁的标记基因。ESR 基因在控制产仔数方面的真正功能还不清楚。有人提出一种假说，ESR 可能影响胚胎的存活，这需要进一步的研究来证实。但可以预见，利用 ESR 进行标记辅助选择可能提高窝仔数，结合标记辅助渗入（MAI）技术有可能培育出产仔数多、生长又快、背膘也薄的新的母本群体，从而提高养猪的经济效益。

2. FSHβ 亚基基因与母猪产仔数之间的关系　我国的地方品种太湖猪是世界上繁殖率最高的猪种之一。寻找太湖猪高繁殖率主基因是当前各国学者研究的热点之一。太湖猪高产仔数的物质基础是高的排卵率和良好的子宫容量。而在卵泡发育和排卵过程中，卵泡雌激素（FSH）和促黄体素（LH）是两种起直接作用的糖蛋白激素，其中 FSH 应用于超排的研究业已证明高的 FSH 浓度可以促进更多的卵泡成熟，在 LH 协同作用下，实现超排。近年来，在羊、牛、鼠等许多动物中，对抑制素免疫所引起的排卵率的变化最终亦归因于 FSH 浓度的上升。研究发现，首次发情周期内，太湖猪循环血液中 FSH 浓度显著高于其他猪种。因此，FSH 被当作控制太湖猪高排卵率的候选蛋白激素。

把 FSHβ 亚基基因作为控制猪产仔数主效基因的候选基因与猪产仔数进行连锁分析，发现突变的纯合子母猪比无突变的个体头胎产仔数和产活仔数分别高出 2.53 头和 2.12 头，估计各胎次平均高出 1.5 头。该突变在各个品种猪种中普遍存在。因此，可以推断 FSHβ 座位是控制猪产仔数性状主效基因，或与此基因存在紧密的遗传连锁。

（三）肉质基因检测

大多数肉质性状属于数量形状，由微效多基因控制，并存在主基因效应。所谓主基因效应，是指当某个纯合基因的携带和非携带者相应特征的平均水平的差异达到或超过一个明显标准偏差时，这个基因就可以定义为一个主效基因。虽然影响猪肉品质的单个基因可能很多，但目前，影响猪肉品质的基本明确的主效基因包括：氟烷基因（Hal）和酸肉基因（RN）。这两个基因都是通过影响屠体糖原酵解，引起猪肉 pH 值下降的速度与最终下降的程度而对猪肉的品质造成很大的影响。

1. 氟烷基因对猪肉品质的影响 氟烷基因对肉质的影响主要表现在肉色、肉 pH 值和失水率等性状上。氟烷基因有 3 种类型的基因型，分别为 NN、Nn 和 nn。其对肉质的影响主要是因为该基因的隐性纯合子 nn 易导致应激综合征，会导致屠宰后的猪肉产生两种劣质肉：一种是 PSE 肉；另一种是 DFD 肉。不同氟烷基因型间肉质性状的差异各异；Hal^{NN} 型个体的肉色显著或极显著优于 Hal^{nn}，Hal^{Nn} 型肉色介于二者之间；Hal^{NN} 型个体在 pH 值和失水率两种性状上均显著优于其他两种基因型；在其他肉质性状上 3 种基因型间差异不显著。

综合来看，Hal^{NN} 型肉质最好，Hal^{nn} 型肉质最差，Hal^{Nn} 型介于二者之间。进一步说明了 Hal^{n} 基因对肉质有显著不良影响。氟烷基因也有一些正效应，比如能明显增加胴体产量和瘦肉率，但是增加的程度显著低于增加 PSE 肉发生的频率程度，因而必须在猪群中淘汰该隐性基因。但是随着分子遗传学的发展，可以通过直接操纵瘦肉主效应基因和肉质主效应基因，二者可同时兼得。肉质改善引起瘦肉率降低这一消极作用可以通过基因渗入提高基因组中瘦肉主效基因的拷贝数来弥补。

2. RN 基因对猪肉品质的影响 RN 基因是近年来研究较热的影响猪肉品质的一个主效基因，它由 Le Roy 等人于 1990 年正式提出。该基因位于猪 15 号染色体上，包括突变的显性基因 RN 和正常的隐性基因 rn 2 个等位基因。目前主要根据猪肉中肌糖原含量来划分 RN 基因型，肌糖原含量较低的为非携带者，基因型定为 m/r；肌糖原含量较高的为携带者，基因型定为 RN/—。RN 基因在汉普夏猪中有较高的频率，在其他品种猪中频率极低，甚至为 0。RN 基因在物理图谱上被定位到猪 15q21-22。RN 基因是一个多效应的数量性状座位，尽管它的表达产物还不清楚，但目前普遍认为它影响猪肉的肌糖原含量、肉质、肉加工后的产出率，它对猪的瘦肉量、日增重也有一些影响。获得 RN 基因的 DNA 探针和研制 RN 基因的诊断试剂盒将是 RN 基因未来研究的一个趋势。

（四）猪的抗病基因检测技术

以前基因检测工作以追求较高生产性能为主要目标，但由于生产性状与抗病性状之间表现为负遗传相关，高的生产性能往往使得猪的抗病力下降，疾病的发生率大幅度提高，因此严重地威胁着养猪业的发展，而单纯依赖预防接种并不能完全控制或消灭传染病的流行。开展抗病育种，用遗传学方法从遗传本质上提高猪对病原的抗病力成为疾病防治的一个重要手段。

1. RFLP 技术的研究进展　目前，基于 DNA 水平的多态性分子标记已被广泛应用于寻找抗性/易感性基因，并取得了可喜的进展。限制性片段长度多态性（RFLP）技术作为第一代 DNA 遗传标记在抗病育种中发挥了巨大的作用。

（1）RFLP 技术的原理：DNA 限制性内切酶能识别 DNA 链特异性序列，催化核酸内切性裂解，从而产生特定长度的片断。不同基因型的个体间，由于缺失、重排或碱基置换和变异使得 DNA 分子中限制性内切酶原本可识别的位点发生改变，而使得酶切后产生的 DNA 片断长度也发生变化。通过一定的分子技术对这些变化进行检测，可比较不同品种或个体 DNA 水平的变异，在猪的抗病育种中，可为抗病性的选择提供较大的方便，提高选择的准确性，缩短世代间隔。

（2）RFLP 方法：标准 RFLP 分析适用于靶序列相对含量较

高样品的分析，如 mtDNA 或 PCR 扩增产物，但该法需制备探针和筛选限制性内切酶，操作比较烦琐。PCR 技术飞速发展，并与 RFLP 技术相结合，使得 RFLP 技术更加快速简便。

2. 猪抗病基因研究新进展

（1）主要组织相容复合体（MHC）基因研究新进展：主要组织相容复合体是由紧密连锁的高度多态的基因位点组成的染色体上一个遗传区域。MHC 与动物很多疾病的抗性和易感性间存在着紧密联系，从而成为动物抗病力的遗传标记，在辅助抗病性选择上发挥作用。在猪中 MHC 称 SLA（Swine Leukocyte Antigen）复合体，定位于 7p12- q12（2，3）。目前，猪 SLA 主要分为三大类，即通常所说的Ⅰ类、Ⅱ类和Ⅲ类基因。

（2）NRAMP1 基因研究新进展：猪的 NRAMP1 基因主要在吞噬细胞，如巨噬细胞和多核型白细胞中特异表达，而 NRAMP2 则在绝大多数组织和细胞中表达。

（3）FUT1 基因研究新进展：FUT1 基因又称 a（1，2）岩藻糖转移酶基因，是大肠杆菌 F18 受体（ECF18R）的候选基因，与仔猪断奶后水肿和腹泻病密切相关，主要是由肠毒素大肠杆菌 F18（ECF18）通过其黏附素黏附于仔猪小肠黏膜上皮细胞刷状缘，产生类肠毒素，并通过渗透引发组织胺的释放，从而导致血管壁损伤，水分因大量渗出而发病。

（五）新检测技术在猪病诊断上的应用

新检测技术能对疫病进行早期预警，及时诊断野毒侵入，防范疫病大规模爆发；免疫效果精准评估，能够最大限度保证疫苗接种效果，利用新检测技术对快速诊断猪病起非常重要的作用。

1. 口腔液样品检测抗原和抗体技术　口腔液中包含腺体分泌物外，还有黏膜细胞脱落物，含有机体免疫或感染产生的抗体和各种病原体。口腔液的采集非常简便，在猪群喂料前，用医用棉签刮取少量口腔液装入一次性保鲜袋中备用即可。目前通过口腔液可以检测的抗原有：猪蓝耳病、猪伪狂犬病、猪圆环病毒病等，可以检测的抗体有猪瘟、口蹄疫等。

2. 血液样品检测霉菌毒素技术　通过猪群血液中特定霉菌毒素含量变化，可以判断是否被吸入霉菌毒素，从而精准判断猪群饲料安全。目前从血液样品中可以检测的霉菌毒素有：黄曲霉毒素、呕吐毒素、玉米赤霉烯酮等。

3. 脐带血样品检测抗原技术　通过对脐带血中某种病原体的检出率来评价猪群是否存在感染该种疫病，减少垂直传播风险，从而为制定该疫病的防控提供科学依据。

（1）脐带血采集部位：脐带血是小猪出生后，剪断脐带处 6~10 厘米处，均可收集。

（2）脐带血保存温度：环境温度低于 25℃ 常温下可短时间保存，待收集完成后冷冻保存，送至实验室待检。

（3）脐带血检测方法：常规 DNA 和 RNA 提抽方法模板后，采用相应的 PCR 方法检测。

4. 免疫抗体检测评估技术　猪只免疫计划实施，需要做抗原检测后能准确知道猪场野毒感染情况，在选择疫苗接种时减少了盲目性，为免疫效果确立提供准确的实验室技术支持。猪只免疫后进行抗体检测，对猪病进行监测和疫苗选择都会比较容易。

（1）免疫抗体检测的意义：通过免疫抗体检测，可以评价疫苗质量、评价疫苗免疫效益、制定和修改免疫方案。

（2）免疫抗体检测原理：猪只接种疫苗后，体内免疫细胞识别产生一系列复杂的免疫连锁反应，产生相对应的特异性抗体，免疫抗体检测的原理就是基于抗原-抗体的特异性反应，通过检测免疫后猪只体内抗体水平，了解免疫情况。

（3）免疫抗体检测方法：常用的有实验室中和试验、免疫荧光试验法、ELISA 等方法。

第二篇

经营管理篇

第九章 养猪模式和养猪规模扩张技术

2014年以后，我国养猪业发生重大变化。散养户快速过渡到规模化养猪、集团化养猪。养猪从副业经济过渡为资本经济，养猪由农业生产转变为工业生产；如何提高散养抗风险能力、规模化养猪经济效益和工厂化养猪体系建设已经是当前养猪从业者迫切要解决的问题。

第一节 散养户养猪

养猪散户，是指一年养三十至一百头生猪，规模较小，数量不多，投资不大的小型个体。目前我国养猪业呈现出散养户养猪退、规模化猪场进的格局，养猪业呈现出高风险、高成本、高科技的特征也日趋明显。散养户靠什么生存、求发展？

一、散养户养猪特点和发展趋势

（一）散养的形式和特点

1. 形式

（1）生产肥猪型：养猪户到仔猪专业市场或专业生产仔猪的猪场购买体重15千克左右的断奶仔猪进行育肥，直到100~

120千克时出栏销售。

（2）生产仔猪型：这种方式是指养猪户饲养母猪生产仔猪，待仔猪断奶后到一定体重时销售给育肥猪的饲养户。

（3）全程饲养型：养猪户从种猪生产、仔猪培育、肉猪育肥直到100~120千克出栏的整个生产过程。是第一模式和第二模式的综合。

以上3种散养户生产模式各具优势，也各有不足。因此，在确定生产模式时应充分考虑自己实际情况和条件，因地制宜，扬长避短。

2. 特点　散户养猪规模从几十头到300头基础母猪为主，多数为年产2 000头商品猪。散户养猪有两个显著特点：一是单体养殖规模小；二是群体数量大，我国散户基数很大，数目众多，遍布中国大大小小的角落。

3. 规模　最常见三种规模。

（1）规模10~50头母猪：年出栏200~1 000头，需要投资5万~25万元，员工多为夫妻两人，自繁自养。

（2）规模50~100头母猪：年出栏1 000 ~2 000头，需要投资30万~60万，员工为夫妻两人加外聘一个清粪杂工，自繁自养。

（3）规模200~300头母猪：年出栏4 000~6 000头，需要投资160万~240万，需要外聘员工5~8人，自繁自养。

（二）散养的新形式和新压力

1. 产业格局发生重大变化　散养户快速退出或转变为规模化猪场，目前规模养猪场有30万个，年出栏500头以上的规模场出栏量占全国出栏总量的比例达到39%。

2. 成本大幅提升、利润严重压缩　在多种因素的综合影响下，养猪业成本明显上涨，尤其是人力资源成本的上升，利润空间受到挤压。饲料粮需求增量将高于国内粮食预期增量。同时，规模养殖用地难、用工难、融资难等问题也对生猪业发展形成严重制约。目前我国养猪成本比国外发达国家普遍要高一倍。

3. 市场波动加剧　受养猪业生产周期和国内外经济大环境等因素的影响，猪价波动加剧。猪生产周期被打破，淡季不淡、旺季不旺成为常态。

4. 疫病防控压力严峻　由于品种、饲养密度、疫苗兽药使用不规范等因素，加快了细菌病毒变异速度，疫病防控难度不断加大。加上基层兽医防疫队伍素质不高，养猪从业者能力参差不齐，疫病防控压力不断增加。

5. 价格稳定后，逐步自去产能　随着人们饮食习惯和食品结构的转变，猪肉需求将转变为健康、安全、营养等方面，养猪业也必须逐步淘汰落后生产方式，增加优质猪肉供应，减少脂用型猪肉生产。

6. 环保压力大　从 2016 年开始实施的新环保法，对养猪业产生重大影响，环保问题已关系到养猪业能否在某些地区继续生存。环评不达标的猪场面临关停、拆迁的局面。国家逐步划定了禁养区、适度发展区和鼓励养殖区。今后养猪必须符合国家统一的布局。

二、散养的优势、缺点和提升要求

（一）散养适度规模优势

适度规模、多点分散是我国农村养猪的理想模式，散养户应根据自己的实际情况和发展空间，科学选择适合自己的养猪规模。

散养户猪舍建设最好能远离村庄，并且能够做到多点分散。两个养猪场之间的距离要在 0.5 千米以上。"适度规模"加"多点分散"这种模式的优点是：

1. 有利于生物安全措施的实施　可以较好地防止特别是病

毒性传染病。即使一个场有猪患病了，也可全部扑杀，重新再养，损失不大。

2. 粪便资源化利用 散养养猪粪污容易处理，既可节约很多投资，更符合生物安全和环保要求，又可以就近利用青粗饲料，节约成本，节约能源，符合"低碳养猪业"的要求。

3. 土地方面 建一个10 000头规模的猪场（含圈舍、库房、生活用房、道路、绿化带等）约需50亩土地，在当前土地分散经营状态下，难以协调解决。如果把10 000头猪分散到10家农户饲养，在当前农村非常容易实现。

4. 建设费用方面 散养户投资建场费用低，设备实用性强，建场投资和生产费用都较低，适合当前农村的经济水平和管理水平。

5. 劳动力成本低 散户养猪用人少，猪场多数由个人投资经营，工人是本土的农民，吸收了农村剩余劳动力，人工成本较低。

6. 饲料方面 散养户多就近购买原料，除自己配制饲料以外，还可以充分利用田间地头的杂草、农作物下脚料等喂猪，节约成本的同时，还能增加猪的福利。

7. 经营方式灵活 养猪形式灵活。农户可以自繁自养，也可以外购仔猪育肥。养猪户每年五一前后外购仔猪，一般每场100~300头，养到3个月左右，体重120千克左右出猪，每年两批，成功避开了冬春猪病流行的季节，降低了养殖风险，效益可观。

（二）散养户的差距与困难

1. 猪场选址及建设不合理 众多散养户有了一定的技术和资金积累后，就想把养猪业做大做强，盲目扩大养猪规模，在选择场址及猪场建设过程没有经过科学的论证规划，加上农村地理条件的限制，造成大多数养猪户养殖场的选址不合理，猪舍结构设计不科学，猪场布局不规范，如通风不良，保暖、降温设备缺乏或不达标，易引发各种疾病。为疾病的传播流行创造了条件，影响养殖场经济效益。

2. 管理不科学　散养户缺乏专业技术知识，养殖观念陈旧，加上饲养条件差。农户养猪因为整体能力有限，容易出现管理上道听途说。没有目标和计划，生产中常见的有饲料厂强调猪的营养，卖疫苗的强调免疫的重要性，卖兽药的夸大药物的保健和治疗作用，消毒剂生产厂家鼓吹自己消毒剂的优点，当地畜牧兽医部门强调品种改良，国家强制免疫等，这些常导致业主经常更换饲料和疫苗，随意更换品种，乱用兽医等现象，猪长期处于应激状态中，造成猪的免疫力下降，发病概率增加。

3. 品种差　散养养猪对品种要求低，不重视引进高产母猪，大多数养猪户对自繁自养和人工授精观念意识淡薄，或一些猪场急于求成，对仔猪的来源没有严格控制，忽视了引进良种猪的重要性，使用低劣种猪或从集市购买仔猪，导致生产性能低下，品质降低，给疫病的传播创造了条件。

4. 生物安全差　散养户养猪整体防疫观念和卫生消毒意识较为淡薄，防疫和消毒制度不健全，不重视猪场环境卫生及消毒工作。甚至不重视免疫接种，造成猪对疫病抵抗力差，增加猪感染疾病的风险。

总之，在新的形势下，我国养猪业正在发生重大的变革，受此影响，散养户如果不快速提高自身竞争力，势必会加速退出市场。

（三）散养户跨入规模化猪场的基本要求

1. 从养猪观念上转变　成功的散户把养猪作为事业，认真学习养猪技术知识，提升生产管理水平。学会向科学要效益，学会提高生产技术、控制生产成本。

2. 利用养猪市场经济波动周期，及时调整养猪规模　养猪户可以根据此规律调整养猪出栏时间和规模。中长期肉猪价格规律为：肉价上涨—母猪存栏量大增—生猪供应增加—肉价下跌—大量淘汰母猪—生猪供应减少—肉价上涨，在经营过程中既要适时出栏，又要懂得压栏与抛售的区别，适合时期巧妙利用。

3. 学习和使用新技术，提高养殖过程中技术含量　散户养猪普遍缺乏科学技术，技术包括养猪过程中各个环节，由于自身知识储备少，对于新技术接触和使用的更少，造成饲养成绩差。随着养猪规模的扩大，饲养管理中需要提高管理水平和技术水平。

4. 提高硬件条件　改善养猪环境，提高养猪设备硬件水平。

三、散户养猪的盈利小窍门

（一）盈亏在母猪、成败在母猪

养猪赚不赚钱，能不能长期发展下去并不是生猪的市场价钱高低决定的，而是由母猪决定的。只要把母猪养好了，一年平均一头母猪能提供 20 头猪仔（全国平均水平在 15 头左右）。猪仔价格高，提前卖 15 千克仔猪，肉猪价格高时也可以自己育肥。由于主动权在自己手里，如果是遇到好的行情、好的价钱就能大赚一笔。当市场低迷时及时出售小肥猪，降低养猪库存量，专心养好母猪，等待下一个市场高峰。

（二）购买小肥猪技术

有不少散户不养母猪，根据市场行情购买小肥猪催肥，其风险很大，需要从以下几个方面引起重视。

（1）从外地引进仔猪，事先要到畜牧兽医部门了解仔猪产地有无疫情，确定无疫后方能前往购买。要在政府畜牧主管部门批准的有良种繁育资质的良种场选购仔猪。

（2）要选择二元、三元杂交猪或配套系猪，杜长大、皮长大、杜大 DVI、杜大、淮猪配套系等。这样可以充分利用杂交猪比纯种猪增重快、肥育期短、节省饲料、抗病力强等优势，降低育肥成本，提高经济效益。

（3）重视仔猪个体挑选技术。

（三）坚持科学配制饲料

为了促进猪的生长，各饲料厂商添加了各种促生长剂。有些促长剂是符合规定的，有些则是不合乎要求的，由于个别销售人员对用户的误导，使许多养猪户仅凭一些表面现象评定猪饲料的好坏，养猪户自己应该知道哪些正确，哪些不正确，为猪只科学配制饲料。

（四）注重猪场硬件设备升级改造

一定要注重养猪场的硬件设备，母猪场的硬件设备要搞好，猪场硬件条件是提高生产水平和经济效益的重要保证，散养户需要更新猪场设备，包括：猪栏、漏缝地板、饲料供给及饲喂设备、供水及饮水设备、供热保温设备、通风降温设备、清洁消毒设备、粪便处理设备等。

（五）重视保健技术

散户养猪往往有病乱投医，猪治好了，药费倒没少花，养猪效益低下。

1. 合理预防　猪病等发生时，再治疗效果就差很多，在养猪生产中必须制定适合本地疫病流行趋势的免疫程序，做到整体预防。疫苗应选用合格的高效产品，药物也要按照本场发病情况，提前投药预防。

2. 合理治疗　首先是准确确定病的种类，不能细菌、病毒一起治疗；然后科学配制药物，注意药物配伍作用。

（六）注重管理，总结适合自己猪场的管理方式

管理，每一个猪场都有自己的一套，建议大家不要将其他猪场的管理方式全部搬到自己的猪场，毕竟地方、猪场设计、品种、水源、环境都不一样。细节方面还是要靠自己摸索、研究、

实践，总结出一套适合自己猪场的管理方式；多看看，多想想，多做做，实践出真理。

（七）紧跟龙头企业、加入合作社

现在有很多养猪龙头企业采取的是"公司+农户"的生产形式，这些龙头企业在利益分配方面、对农户的服务和管理方面都有完善的机制，比如公司与养殖户通过签订合同形成紧密的合作关系等，这样先进的养殖技术、饲料、防疫条件及售后服务等都能保证。

另外，养猪户走联合发展的路子，比如几十家联合起来搞合作化养猪，就会有市场占有量，就能成为养猪产业链条不可缺少的一部分。

四、散养户扶持政策

目前我国对养猪的扶持政策各地区不一样，但大致相同，主要有以下几个方面：

1. 能繁母猪保险政策　能繁母猪保险的保险金额定为每头1 000元，保费为每头60元。其中，中央和地方共负担48元，占比80%；保户负担12元，占比20%。通过参加能繁母猪保险政策，可以降低农户养猪中母猪死亡损失，降低农户养猪风险。

2. 生猪良种补贴政策　生猪良种补贴对象为实施良种补贴项目区内的养猪农户，使用良种猪或精液开展人工授精的母猪农户。补贴标准按照每头能繁母猪每年繁殖两胎，每胎配种使用两份精液，每份精液10元，每头母猪每年补贴40元。

3. 标准化养猪扶持政策　支持养猪散户向标准化规模化发展，支持资金用途为：水电改造、粪污处理、防疫、饲料原料质量检测等配套建设。

4. 生猪无害化处理　年出栏50头以上肥猪的散户均在补助范围之内，每死亡一头15千克以上的猪只，经畜牧部门认定拍照后，每头可获得补助 80 元。

五、散养 50 头母猪投资概算

（一）种猪选购

种猪选购长大二元母猪、杜洛克公猪。杂交模式采用"杜×长大"三元杂交。

（二）猪舍数量

1. 公猪舍　2 个圈，尺寸 2.8 米×3.5 米，单独建造，独栋。

2. 空怀配种舍　10 个圈，建一栋，30 米×4.5 米，面积 135 平方米。

3. 产房　14 个圈，分隔为两个单元，建一栋，30 米×4.5 米，面积 135 平方米。

4. 保育舍　14 个圈，分隔为两个单元，建一栋，30 米×4.5 米，面积 135 平方米。

5. 育肥猪舍　22 个圈，建一栋双列猪舍，50 米×9.5 米，面积 475 平方米。也可以建成两栋，便于猪舍排列布局。

6. 饲料库　建原料库和加工间，面积 300 平方米。

7. 办公区　办公、住宿、兽医室、门卫等 100 平方米。

8. 其他　围墙、道路、污水处理车间、粪场等。

以上合计建设面积 1 280 平方米。

（三）设备

1. 产栏　14×1 500 元 = 21 000 元。

2. 保育栏　14×700 = 9 800 元。

3. 饲料加工设备　7 000 元。

4. 水电配套　30 000 元。

5. 喂料、清粪车　3 000 元。

6. 消毒设备　5 000 元。

7. 疫苗贮存　2 000 元。

8. 污水处理设备　10 万。

9. 计量工具　1 000 元。

以上合计：178 800 元。

（四）流动资金

流动资金 10 万元；不可预见费按 5% 计，需要 5 万元。

（五）投资与回收期

（1）50 头母猪猪场每年可以出售 1 000 头商品猪，正常年份可实现收入 80 万元，利润 10 万元。

（2）固定资产投资：猪舍 32 万元（不含道路、围墙），设备 7.88 万元，合计 39.88 万元。引种费用 5.5 万元，流动资金 10 万元，不可预见费用 5 万元。总计投资需要 60.38 万元。

（3）按照 10 年期折旧，固定资产 39.88 万元，每年折旧 3.988 万元，每出栏一头猪分摊约 40 元。种猪折旧 3 年时间，其费用分摊到 3 年内仔猪，每头折合 18 元。

（4）正常情况下，经过 6~8 年时间，可以收回投资，资金内部收益率在 10%~15%。

注意事项：猪场投资既要考虑固定资产投资，又要注意流动资金，这样才能进行再生产，多数猪场有钱建设猪场，却没有钱买饲料，被迫关门，就是没有考虑流动资金问题和不确定因素。投资重点是种猪，仔猪保温、降温设备，防疫设施，避免投资在不重要的装饰方面，只要实用即可，可能的话，投资技术培训更划算。

第二节　规模化养猪

随着我国养猪产业化的发展，养猪产业结构的优化升级和科技水平的日益提高，规模化养猪已成为当前养猪的主要方式。

一、规模化养猪的特点、工艺和风险

（一）规模化养猪特点

1. 规模化特征　规模大、专业化程度高，猪群周转快，栏舍利用率高，生产密度大，单位占地面积小。

2. 数字化管理　包括先进的遗传育种、营养需要、环境生理、猪的行为特性、专业化的机械设备和疫病防治等技术，不断提高生产效率和生产水平。目前，养猪装备有很大的改善和提升，多使用智能化机械设备和自动化仪器。

3. 管理科学化　采用科学的经营管理方法组织生产，使各生产要素、工艺流程等规格标准化并有规律地运转，使生产保质保量、有序平稳的进行。管理实现了数据化、流程化、制度化等。

4. 信息化管理　利用信息化物联网技术，采集母猪分娩、仔猪保育、肥猪进食、室内温度等各项关键数据，并将这些数据及时输入信息平台，通过手机、笔记本电脑等平台，随时随地了解生产情况，及时发现和消除生猪饲养过程中出现的问题，保证标准化生产。

（二）规模化养猪的工艺类型

规模化养猪通常采用分段饲养、全进全出饲养工艺。

1. 一条龙流水式生产工艺　流水式生产工艺是依照养猪生产的六大环节即配种、妊娠、分娩、保育、育成和育肥，组成一条流水式生产线来进行生产。

2. 三段饲养工艺流程　空怀及妊娠期→哺乳期→生长育肥期。

三段饲养只需二次转群，是较为简单的工艺流程，适用于规模较小的猪场，其特点是简单、转群次数少。

3. 四段饲养工艺流程　空怀及妊娠期→哺乳期→仔猪保育

期→生长育肥期。

将仔猪保育阶段独立出来就是四段饲养三次转群的工艺流程，保育期一般5周左右，猪的体重达28千克以上时转入生长育肥舍。

4. 五段饲养工艺流程　空怀配种期→妊娠期→哺乳期→仔猪保育期→生长育肥期。

五段饲养四次转群与四段饲养相比，是把空怀待配母猪和妊娠母猪分开，单独组群，有利于配种，提高妊娠分娩率。

5. 六段饲养工艺流程　空怀配种期→妊娠期→哺乳期→保育期→生长期→育肥期。

六段饲养五次转群与五段饲养相比，是将生长育肥期分成生长期和育肥期。该饲养工艺流程优点是可以最大限度地满足猪只生长发育的饲料营养、环境管理的不同需求，充分发挥其生长潜力，提高养猪效率；另外，生长猪占地面积小，可以减少部分建筑面积，节约建筑投资。

6. 多点式饲养工艺流程　断奶后将仔猪转移到单独的保育场和生长育肥场，由于哺乳期间抗体还很高，仔猪不易感染母猪携带的病原。但断奶后，母猪传染给小猪的概率增大，所以通常实行异地保育和育肥生产，一般要求各区之间相隔3千米以上。

（1）优点：仔猪的健康水平较高、生长快、饲料报酬好、死亡率较低。

（2）缺点：猪场规模大，投资大。

（三）规模化的优势和风险

1. 规模化优势　有规模才有效益，有规模才有市场。规模化养猪既可提高经济效益和抵抗市场风险的能力，同时规模化养猪实现了标准化生产，质量控制专业化。

（1）规模优势：规模化可降低养猪生产成本、饲料成本、兽药成本、疫苗成本、土地成本等。随着养猪规模化的发展，市场竞争加剧，养猪生产中必须适度扩大生产规模，降低养猪生产成本，从中获取规模效益。

（2）生产效率优势：规模化养猪，主要以工业生产方式来组织养猪，即养猪方式均采用先进的现代化机械养猪设备，使猪场的劳动生产率、设备利用率和养猪生产水平都得到很大程度的提升。

（3）种质资源发挥优势：规模化养猪便于品种的更新换代，新品种、新品系的推广，猪种优势便于发挥。

（4）生产节律稳定优势：出栏稳定持续，有利于市场价格竞争，规模化养猪保证猪肉稳定供应和价格优势，规模化养猪是按批次、按计划、有节奏地生产，供应稳定和数量优势保证了规模化养猪的生猪出栏价格。

（5）政策性优势：国家对规模化养猪提供了很多优惠政策，如规模补助、电价补贴等。

2. 规模化养猪的风险

（1）生物安全风险：生物安全事故导致猪场人财物损失或预期经营目标落空，造成猪场损失；安全风险即因安全意识淡漠、缺乏安全保障措施等原因而造成猪场重大人员或财产损失的可能性。生物安全风险都是猪场不能忽视的问题。

（2）市场风险：由于市场的无序竞争，生猪存栏大量增加，导致饲料价格上涨，生猪价格下跌。外销生猪存在着销售市场饱和的风险。

（3）经营管理风险：内部管理混乱、内控制度不健全、财务状况恶化、资产沉淀等造成重大损失的可能性。原材料、兽药及低质易耗品采购价格不合理，库存超额，使用浪费，造成猪场生产成本增加的风险；对差旅、用车、招待、办公费、产品销售费用等非生产性费用不能有效控制，造成猪场管理费用、营业费用增加的风险。猪场资产结构不合理，资产负债率过高，会导致猪场资金周转困难，财务状况恶化的风险。

（4）投资及决策风险：因投资不当或失误等原因造成猪场经济效益下降。投资资本下跌，甚至使猪场投产之日即亏损或倒闭之时的可能性；如果在生猪行情高潮期盲目投资办新场、扩大生产规模，会产生因市场饱和、猪价大幅下跌的风险；投资选址不当，养猪受自然条件及周边卫生环境的影响较大，也存在一定的风险。对猪品种是否更新换代、扩大或缩小生产规模等决策不当，会对猪场效益产生直接影响。

（5）人力资源风险：猪场对管理人员任用不当，精英人才流失，员工辞职造成损失。猪场因生物安全要求多地处不发达地区，交通、环境不理想难以吸引人才；饲养员的文化水平低，对新技术的理解、接受和应用能力差。长时间的封闭管理，信息闭塞，会导致员工情绪不稳，发生规模化猪场人力资源风险较大。

（6）政策风险：因政府法律、法规、政策、管理体制、规划的变动，税收、利率的变化或行业专项整治，造成损害的可能性。我国规模化猪场对政策风险防范较少，没有做这方面工作的意识，对规模化养猪有潜在影响。

（7）缺乏长远的战略规划风险：由于我国规模化养猪企业普遍缺乏长远的战略规划，与国外养猪产业化企业相比，规模、资金实力、市场等许多构成要素都显得较薄弱，市场竞争能力和抗风险能力都比较差；另外，我国生猪价格波动较大，受猪肉健康和安全及品质的制约，国际市场不能得到进一步的拓展，养猪企业面临的处境越来越严峻。

（三）规模化养猪的发展方向

1. 数量型向质量型发展　随着养猪产业的升级改造和食品安全要求的提高，养猪生产从简单的数量要求逐步向绿色、安全和环保方面转变，因此单纯的数量已经不能适应今后的发展，必须从数量型养猪户升级为质量型养猪企业；从单纯出售肉猪转变为二级或一级种猪企业，从提高销售策略方面来提高经济效益。

2. 由传统型生产向现代化高效生产发展 养猪从人力资源和成本管控等多方面都要求从传统的人工为主模式升级为智能化、数据化、信息化的现代养猪模式，从不可控的人为操作升级为全程可控的自动化操作。

3. 由兽医防疫向立体生物安全工程发展 随着养猪规模的扩大，养猪理念从治疗转变为预防，由预防转变为营养调控，立体生物安全将成为现代化养猪的主体。

4. 由污染型向生态型发展 养猪企业污染已经是国家治理的重点，从废水、粪便逐步增加到噪声和臭气，因此，规模化养猪今后能不能生存和发展，就看能不能由污染型转变为生态环保型。

二、规模化养猪的技术规范

（一）生产节律化

以"周"为生产单位，规模化养猪采用工厂化流水作业均衡生产方式，全过程分为四个生产环节。工艺流程见图9-1。

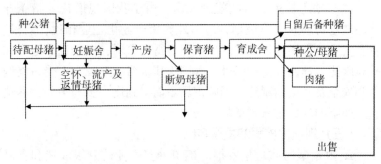

图9-1 规模化养猪繁育体系模式

1. 待配母猪阶段 在配种舍内饲养空怀、后备、断奶母猪与公猪进行配种。每周参加配种的母猪 41 头，保证每周能有 35 头母猪分娩。妊娠母猪放在妊娠母猪舍内定位栏饲养 15 周，在临产前一周转入产房。

2. 产房及保育阶段　母猪按预产期进分娩舍产仔，在分娩舍内 4 周（临产 1 周、哺乳 3 周），仔猪平均 21 天断奶。母猪断奶当天转入配种舍，仔猪原栏饲养 7 天后转入保育舍。如果有母猪产仔少、哺乳能力差等特殊情况，可将仔猪进行寄养并窝，这样不负担哺乳的母猪可提前转回配种舍等待配种。

3. 仔猪保育阶段　断奶 7 天后，转入仔猪保育舍饲养 4~5 周，培育至 8~9 周龄转群。

4. 肥猪饲养阶段　仔猪由保育舍转入肥猪舍饲养至 22 周龄左右，体重达 100~120 千克出栏上市。其中经育种选育可以作为后备种猪的要在 60~80 千克转入后备舍饲养或者出售。

（二）规模化养猪的技术指标

规模化养猪生产线均实行均衡流水作业式的生产方式，采用先进饲养工艺和技术，其设计的生产性能参数一般为：平均每头母猪年生产 2.3 窝，提供 20 头以上肉猪，母猪利用期平均为三年，年淘汰更新率为 30% 左右。肉猪达 100~120 千克体重的日龄为 154 天左右（22 周）。生产技术指标表见表 9-1。

表 9-1　生产技术指标表

项目	指标	项目	指标
配种分娩率	85%	母猪年产胎次	2.3
胎均活仔数	12 头	母猪平均利用年限	3 年
平均出生重	1.3 千克	母猪年更新率	30%~35%
胎均断奶仔猪数	11.4 头	哺乳期育成率	95%
保育期育成率	97%	全期料肉比	3.1
育成期成活率	99%	肉猪达 90~100 千克日龄	154 天（22 周）

（三）生产计划安排

规模化养猪生产计划安排见表 9-2。

表 9-2　生产计划一览表（满负荷生产）

基础母猪数	934		
	周	月	年
配种母猪数	41	179	2 147
分娩胎数	35	152	1 825
产活仔猪数	421	1 825	21 900
断奶仔猪数	400	1 734	20 800
保育成活数	389	1 684	20 200
出栏商品猪数	385	1 667	20 000

注：以周为单位，一年按照 52 周计算，以年出栏 20 000 头猪为基准。

（四）环境自动控制技术

国外的环境自动控制技术水平已经向智能化发展，可对母猪进行自动识别给料，鉴别发情，并利用图像处理技术识别动物行为，以此作为参数对舍内环境进行自动调控。

（五）生物安全技术

规模养猪处于散养与工厂化养猪之间，从条件方面看，具备了一定的设施和技术人才。生物安全体系的中心思想是严格的隔离、消毒和防疫，其关键控制点在于对人和环境的控制，有效地控制疫病的发生和发展，确保猪场的生物安全。从选址、人员及车辆的管制、免疫程序、营养供给、重要疾病的净化、环境控制、病死猪的处理、带病动物的管制到污水及猪粪的处理全面统筹。

（六）粪污处理与利用

目前国内外研究开发了多种粪污处理工艺，如固液分离、沼气厌氧发酵法、人工湿地法、多级生物氧化塘处理法及自然堆肥法等，同时结合猪场的总体规划设计、营养和生物技术等，可减轻和控制规模化猪场造成的污染。

综上所述，我国规模化养猪环境工程技术虽已有较大进展，但规模化养猪在工程工艺、猪场整体设施配套、环境自动控制和信息技术方面与国外相比，仍存在明显的差距。

三、规模化猪场的经营管理规范

养猪场成功的关键在于经营管理。管理内容包括计划管理、生产规程、人力资源和劳动规程、技术规程、财务管理等。

（一）做好经营计划

1. 计划的分类　计划是猪场经营管理的首要职能。它由计划的编制、执行、检查和分析所构成。需要编制长期、年度和近期三种计划。

（1）长期计划：是制订猪场 3~5 年或更长时间发展生产的计划，也称为远景规划。

（2）年度计划：包括年度生产指标、种猪配种、猪群周转、畜产品生产、猪场修建、饲料供应、物资供应、劳动工资、产品销售和财务等计划。

（3）近期计划：是年度生产任务在各个不同时间的具体安排，可按季度或月份编制。

规模较大的猪场，不仅母猪配种分娩有计划，而且，与之相应的各种工作都以周为单位编制。如猪群周转、消毒免疫、职工培训等。

2. 制订计划　分别制订生产计划、销售计划和采购计划等。

（1）生产计划：通过制订生产计划，反映出猪场完成生产任务情况、生产技术和经营管理水平，并为财务收入计划提供依据；同时生产计划的制订又是依据销售计划和上年的生产实绩、本场猪群结构变化情况等诸多方面的条件，制订出切实可行的、经过努力能够实现的产品生产计划。主要内容是为制订全年生产指标和生产产量。现举例说明猪场猪只出栏头数估算方法如下：

　　某商品猪场现有母猪106头，根据上年生产统计，平均每头母猪年产仔2.05窝，每窝平均产活仔10.5头，育成出栏率为87%，据此可估算全年生产商品猪1 985头。计算方法是：106×2.05×10.5×87%≈1 985（头）。

　　归纳出计算公式：

　　全年计划提供商品猪头数=母猪存栏数×每头母猪平均
　　　　年产仔窝数×平均每窝产活仔头数×育成出栏率

　　（2）销售计划：猪养成后不能停留，应及时销售，这就要求在制订销售计划时要了解市场，通过对市场的调查研究，摸清市场需要的品种、规格、质量、数量及市场前景、季节状况，使自己的产品能适时、适销、适量地安排销售。

　　（3）采购计划：根据猪群在栏情况和生产计划及物品库存情况，进行采购计划编制。

（二）生产规程

1. 猪群结构的组成和调整　猪群是由种猪、后备猪和育肥猪三大部分组成。合理的猪群结构和群内比例适当，达到较少的饲养头数，提供尽可能多的商品猪。基础母猪群的年更换率为25%~30%。

2. 生产日常管理　办好一个猪场，培养一个强有力的生产队伍，建立起良好生产秩序。

　　（1）做好数据统计：生产统计工作是经营管理的一个重要内容，是对职工进行考核业绩和兑现劳动报酬的主要依据；通过建立每日报表制度，能及时掌握生产动态和生产任务完成情况。常用统计报表有猪群变动、母猪配种产仔、称重、转群、猪只死亡、饲料消耗、卫生防疫、兽医诊断、治疗等各种报表。这些表格要尽可能简单实用，容易记录，分析方便。

　　（2）定岗定员：现代规模养猪分成空怀配种、妊娠、分娩、保育、育成、育肥几个环节，根据劳动量确定基本岗位及人员，制定各个岗位技术操作规程和完成指标。

（3）技术培训：猪场要落实各项培训制度，不断提高生产人员的业务素质，需要不断的学习和培训，要求每个生产人员掌握一般的科学养猪知识，了解猪的生物学特性、生长、发育阶段的营养需要和饲养管理技能，从而使他们自觉遵守饲养管理操作规程，达到科学养猪的目的。

（4）制定完善的规章制度：各种规章制度，包括职工守则、临时工管理、出勤考核、机械操作和水电维修保养规程、饲养管理操作标准、防疫卫生、仓库管理、门房保卫等各种规章制度，使全场每个部门、每个人都有章可循，照章办事。同时要有人性化福利设施，让职工有娱乐设施。

（三）人力资源和劳动组织

良好的劳动组织是规模化猪场落实生产责任制的重要保证，激发职工积极性和创造性，提高生产效率。

1. 管理者的素质要求

（1）专业技术水平：规模化养猪生产是一项复杂的系统工程。管理者既要有较高的综合素质，更要有较高的专业科技水平；既熟悉养猪生产流程，又熟悉养猪经济规律。

（2）具有较高的管理水平：规模化养猪由于组织形式大，管理面宽，在确定生产目标之后，就要制订周密的生产计划，也需要做到有把握实现计划生产、计划出栏、计划销售，使管理实现有序化。

（3）具有较高的营销水平：养猪的物质流动离不开市场交易。只有实现廉价购入饲料等消耗品，将维修等费用降到最低，以合理价格出售种猪、断奶仔猪和肉猪等才能保证高效益。规模化猪场生产应以市场为导向，以销定产，以销促产。因此，经营者必须了解市场，懂得市场变化的基本规律，并能熟练地加以运用。

（4）具有较高的生物安全意识和疫病诊治水平：规模化养猪场兽医防疫卫生保健工作中环境控制是一项重要措施。通过环境卫生消毒保持猪场内清洁卫生，降低场内病原体的密度，净化生产环境，为猪建立良好的生物安全体系，保证猪群健康，减少疾病发生，对提高养猪生产效益具有特别重要的作用。

（5）具有较高的核算水平：合理使用资金，记好财务、成本等有关会计账目，并通过分析判断进一步指导和改进养猪经营管理水平。经营者应会记账、查账，包括资金投入、物质、设备、人力的计算与总结，以及收入变动的检查等。掌握审查预算与决算的基本知识也是必要的。

具备上述条件和能力的养猪经营者，才能对经营目标及其实现手段和措施做出科学的决定和选择，才能用最少的人、财、物获得最高的经济利润。

2. 科学的人员管理　人员的管理是猪场管理的根本。体现在选人、育人、用人、留人等方面。

（1）选人：要求管理人员具备管理能力、用人能力、决策能力、明辨是非能力、接受新鲜事物的能力、把握市场的能力，要会识人，以德为先，以能吃苦为前提。

（2）育人：包括学习、教育、培训、训练，管理好猪场。对员工的培训是管理的重要内容及基础工作，也是人性化管理的重要体现。

（3）用人：猪场用人要岗位与岗位人员合理配置，明确岗位责任。

（4）留人：选人难，留人更难。必须做好企业文化和员工个人有发展空间、发展前途计划。同时提高工资和福利待遇，关心和尊重员工。

3. 准确的劳动定额　劳动定额是劳动管理的重要基础工作，

是经营管理的一项重要内容。劳动定额，也就是给每个职工确定劳动职责，做到责任到人。根据本场的具体情况采用定额，根据生产任务和劳动定额合理确定劳动力的需要量，进行设岗、定员。尽量压缩行政和后勤等非生产人员，保证生产第一线劳动力的需要。

4. 适当的生产责任制 生产责任制在规模化猪场中应用比较广泛，在生产过程中通过对每一项生产任务明确规定质量、数量、时间要求和检查制度，落实到班组或个人去完成。

（1）猪群承包：规模化猪场根据养猪生产过程的阶段性，设立一些项目。如种猪的饲养与配种，母猪的妊娠与分娩，仔猪保育，小猪育肥，卫生防疫。职工对项目进行承包，承包内容包括定员、定职、定生产指标，规定计酬和奖罚办法。

（2）成本承包：规模化猪场根据养猪生产工艺流程分为若干阶段，每个阶段成立一个作业组，将年度生产经营指标间各个作业组层层包下去的一种承包方式。场对各作业组实行多项指标的综合承包，承包饲料、工资、折旧、药费、工具等。以保成本为中心，猪只和饲料按场内计划计算。在承包的同时，要求各作业组之间互相协调、横向联系、进行互保，加上严格经济考核，形成完整的承包责任制。

（四）建立技术管理体系

1. 生物安全体系

（1）兽医职责：建立明确的兽医责任制，规定兽医工作内容。

（2）猪群疫病管理：详细记录猪场内每次疫情发生的时间、原因、发病症状、采取的措施、取得的效果，为以后管理积累经验。

（3）用药记录管理：记录好本场常用哪些药物，每种药物用药剂量，每次使用效果如何，是否做过药敏试验。

2. 育种繁殖技术体系 稳定育种人员，建立育种繁殖工作细则，详细规范工作细则、工作标准。

3. 饲料质量体系 重视饲料质量，尤其是种猪饲料的霉变情况，购买化验检测设备，培训专业技术人员。

4. 定期召开例会 规模化猪场要定期组织召开技术分析会、培训会等，让管理者与工作人员沟通，对各环节发现的错误及时纠正，除可以了解下属的思想状况便于领导外，还可使下属有被重视的感觉，间接提升工作积极性。

（五）财务管理

财务管理直接关系猪场发展前景和当前生产经营状况。规模化猪场必须抓好财务管理工作，建立健全财务管理制度，保证生产计划的实现。管好固定资金，用好流动资金，编制财务计划，规定并严格遵守开支范围和费用开支标准。对一切产、供、销活动，定期组织经济核算。不断提高财务管理水平，以保证生产顺利进行，促进生产发展。

（六）销售管理

规模化猪场如果是种猪企业，必须重视销售工作，种猪销售的利润比商品猪要丰厚得多。因此要建立销售团队，制定销售政策，拓宽销售渠道，稳定市场占有率。

（七）日常制度管理

（1）建立猪场日常行政办公工作规则，包括请假制度、上班规范、宿舍和餐厅管理等日常管理制度。

（2）建立猪场物品管理规则，包括日用品管理、福利发放、兽药和疫苗管理等涉及猪场物品的相关制度。

（3）宿舍、食堂等生活管理制度。

四、大型规模化养猪管理方案（万头）

（一）确定生产节律

生产节律也称为繁殖节律，是指相邻两群哺乳母猪转群的时间间隔（天），规模化养猪生产节律通常采用 7 天为一个节点，生产节律 7 天制有以下优点：

（1）可减少待配母猪和后备母猪的头数，因为猪的发情期是 21 天，是 7 的倍数。

（2）可将繁育的技术工作和劳动任务安排在一周内前 5 天完成，避开周末。

（3）有利于按周、按月和按年制订工作计划，建立有序的工作和休假制度，减少工作的混乱性和盲目性。

（二）确定工艺参数

为了准确计算猪群结构即各类猪群的存栏数、猪舍及各猪舍所需栏位数、饲料用量和产品数量，必须根据饲养的品种、生产力水平、技术水平、经营管理水平和环境设施等，根据实际来确定生产工艺参数。

规模化养猪通常设计仔猪哺乳期 28 天、母猪断奶至受胎时间 7 天，包括两部分：一是断奶至发情时间，二是配种至受胎时间，决定于情期受胎率，将返情的母猪多养的时间平均分配给每头猪。其时间是：21×（1-情期受胎率）天。

例如：繁殖周期决定母猪的年产窝数，关系到养猪生产水平的高低，其计算公式如下：

繁殖周期=(母猪妊娠期+仔猪哺乳期+母猪断奶至受胎时间)

/分娩率=［114+28+7+21×（1-情期受胎率）］/分娩率

即　　繁殖周期 =［149+21×（1-情期受胎率）］/分娩率

繁殖周期母猪年产窝数=365/繁殖周期

= （365×分娩率）/［149+21×（1-情期受胎率）］

（三）确定猪群结构

猪群结构，各猪群存栏数=每组猪群头数×猪群组数

规模化猪场的猪群规模、生产工艺流程和生产条件将生产过程划分为若干阶段，不同阶段组成不同类型的猪群，计算出每一类群猪的存栏数量就形成了猪群的结构。

以年产万头商品猪场为例，介绍一种简便的猪群结构计算方法。

设计产活仔数10头，出生至出栏成活率0.9（产房）×0.95（保育）×0.98（育肥）。

年产总窝数=拟年出栏头数/（产活仔数×出生至出栏成活率）

=10 000/（10×0.9×0.95×0.98）=1 193（窝/年）

每个节拍转群头数，以7天为一个生产节律。

（1）分娩母猪数=1 193÷52=23头，一年52周，即每周分娩哺乳母猪数为23头。

（2）妊娠母猪数=23÷0.95=24头，分娩率95%。

（3）配种母猪数=24÷0.85=29头，情期受胎率85%。

（4）哺乳仔猪数=23×10×0.9=207头，成活率90%。

（5）生长育肥猪数=196×0.98=192头，成活率98%。

（四）确定猪栏及设备配备

规模化养猪生产能否按照工艺流程进行，关键是猪舍和栏位及各种配置是否合理。猪舍的类型一般是根据猪场规模按猪群种类划分的，而栏位数量需要准确计算。计算栏位需要量，方法如下：

（1）各饲养群猪栏分组数=猪群组数+消毒空舍时间（天）/生产节律（天）；每组栏位数=每组猪群头数/每栏饲养量+机动栏位数。

（2）各饲养群猪栏总数=每组栏位数×猪栏组数。

第十章　养猪成本调控和绩效管理

养猪规模化后，精细化成本管理和绩效体系建设越来越重要，其基本原则是：精、准、细、严。

第一节　养猪成本调控

猪场效益高低取决于猪场生产水平高低和成本控制好坏，猪场成本控制的关键有两个方面：一是提高生产产能；二是降低单位增重的生产成本。

一、养猪成本分类及影响因素

养猪总成本是猪场在生产经营过程中所支出的各项费用的总和，包括生产成本和非生产成本。

（一）生产直接成本

生产直接成本是指与养猪生产直接有关的费用。这类费用有的直接用于养猪生产，有的则用于管理与组织养猪生产，故需进一步划分为工资、津贴及奖金；三项经费（福利费、工会费、教育费）；饲料费；兽药费；种猪费用摊销；固定资产折旧费；低值易耗品摊销费；水电费等若干成本项目。

1. 猪群所占成本最大

（1）公猪：包括公猪站的生产公猪、诱情查情老公猪。

（2）配怀：包括断奶母猪、空怀母猪、怀孕母猪。

（3）哺乳：包括临产母猪、哺乳母猪。

（4）仔猪：指产房未断奶仔猪，日龄 0 ~ 28 天，体重在 0.9 ~ 8 千克。

（5）保育：指断奶后的保育仔猪，日龄 29 ~ 70 天，体重在 8 ~ 28 千克。

（6）育肥：指生长猪、育肥猪，日龄 70 天以上至出栏，生长猪 28 ~ 80 千克，育肥猪 80 ~ 125 千克及以上。

2. 工资、津贴及奖金　占总费用的 8% ~ 14%。

3. 饲料费　占总费用的 65% ~ 75%。

4. 兽药防疫费　兽药、消毒药、疫苗、器械及检测费用等。占总费用的 5% 左右。

5. 水、电、煤、气费　猪场耗用的全部水费、电费、煤、汽油、柴油等占总费用的 3% 左右。

6. 日常费用　占总成本的 5% ~ 8%。

（二）非生产成本

非生产成本是指猪场在生产经营过程中发生的，与养猪生产活动没有直接联系，属于某一时期耗用的费用。这些费用容易确定其发生期间和归属期间，但不容易确定它们应归属的成本计算对象。所以期间费用不计入养猪生产成本，包括管理费用、财务费用、销售费用。

影响养猪成本因素如下。

1. 母猪不同生产性能对商品猪成本的影响　见表 10-1。

表 10-1　母猪不同生产性能对商品猪成本的影响

PSY（平均每年每头母猪提供断奶仔猪数）（头）	每头断奶仔猪成本（以每头母猪一年饲养总成本 6 000 元计）	分摊到商品猪出售时每 0.5 千克的成本（以 100 千克计）
25	240 元	1.2 元
24	250 元	1.25 元
23	260 元	1.3 元
22	273 元	1.365 元
21	286 元	1.43 元
20	300 元	1.5 元
19	316 元	1.58 元
18	333 元	1.665 元
17	353 元	1.765 元
16	375 元	1.875 元
15	400 元	2 元

注：母猪一年饲养成本：饲料成本 3 500 元（以一头母猪一年吃一吨饲料计算），设备费用 500 元（每个猪场情况可能有所不同，差异比较大），疫苗及药品治疗保健费：200 元，母猪折旧：1 100 元，人工、水电及其他母猪饲养成本：700 元。

2. 商品猪不同料肉比对出售时成本的影响　见表 10-2。（生长育肥猪：长得快，料肉比低）

表 10-2　商品猪不同料肉比对出售时成本的影响

商品猪全程料肉比	饲料成本（饲料价格以每斤 1.5 元计，出售商品猪以 100 千克计）	分摊到商品猪出售时每斤的成本（以 100 千克计）
2.4	720 元	3.6 元
2.5	750 元	3.75 元
2.6	780 元	3.9 元
2.7	810 元	4.05 元
2.8	840 元	4.2 元

商品猪全程料肉比	饲料成本（饲料价格以每斤1.5元计，出售商品猪以100千克计）	分摊到商品猪出售时每斤的成本（以100千克计）
2.9	870元	4.35元
3.0	900元	4.5元
3.1	930元	4.65元
3.2	960元	4.8元
3.3	990元	4.95元

注：商品猪全程料肉比计算指从教槽料开始到出栏全部吃的饲料与出栏体重的比，影响因素与猪的生长速度、饲料品质、消化吸收率、饲料的管理（浪费问题）、猪的死淘率等有关。

3. 其他成本对商品猪成本的影响　商品猪饲养的其他成本主要有以下几方面：

（1）疫苗及保健成本60~80元，其中疫苗成本占70%、保健药品占30%。

（2）人工饲养成本（含水电等）50~70元；厂房设备成本20~40元。取平均数则其他成本合计为每头160元，分摊到出售时每斤的成本为0.8元。每增加或减少10元，成本浮动也就仅有0.05元。

4. 猪场死淘率对商品猪成本的影响　猪场死淘率对商品猪成本的影响主要体现在三个方面：

（1）哺乳期死亡率：主要影响PSY，每死一头小猪，商品猪增加10~25元成本。

（2）断奶后死淘率：一方面体现在全程料肉比上（死亡10%，增加0.15的料肉比，增加46元成本）；另一方面则是造成直接的损失（包括仔猪成本的损失、投入疫苗保健成本的损失、人工等饲养管理成本的损失）。具体成本分析见表10-3。

表 10-3　猪场死淘率对商品猪成本的影响分析

断奶后死淘率	仔猪成本（取平均值 300 元计）	管理及其他成本投入	合计	分摊到商品猪出售时每斤的成本（以 100 千克计）
5%	每头增加 15.8 元	每头增加 8.4 元	24.2 元	每 500 克增加 0.121 元
10%	每头增加 33.3 元	每头增加 17.8 元	51.1 元	每 500 克增加 0.256 元
15%	每头增加 53 元	每头增加 28 元	81 元	每 500 克增加 0.405 元

注：成本计算方法，仔猪死亡的成本在哺乳期的死亡率已经计算到 PSY 的成本
　　分析中了，断奶后死亡的仔猪成本也是固定的，取平均值 300 元，另外饲养
　　管理方面成本，一个猪舍死亡 1 头猪，但是整个成本除不同阶段死亡疫苗、
　　药物成本变化外（饲料成本已经计入料肉比中），其他成本不会减少，因此
　　费用也相对是固定的，我们就以前面分析的平均值 160 元计。如死亡率为
　　5% 时，死亡的 1 头小猪成本就要分摊到其他 19 头上；死亡率为 10% 时，死
　　亡的 1 头小猪成本就要分摊到其他 9 头上。

二、猪场成本核算与分析

（一）成本核算原理

　　猪场成本核算按照猪的自然生长的各个阶段来划分，以各猪群、各栋舍、各批次的猪群作为成本核算的对象，以公猪、空断怀孕母猪、仔猪、保育猪、育成猪、后备种猪等转群、销售、死淘、清群空栏作为阶段成本核算的起始终点，以各猪群、各栋舍、各批次发生的生产费用"归集、摊销、转入、转出、结转"作为成本核算计算总成本和单位成本的具体方法。

（二）做好成本核算工作

　　1. 做好均衡生产和全进全出的生产管理工作　猪场分群分栋分批成本核算是基础的基础，场长是猪场成本核算的第一责任人，须按生产工艺和周节律均衡生产要求，严格做好猪群、栋舍、批次管理，做好猪群的全进全出和合理转群工作。同时也要求猪场会计人员加强与生产人员沟通与协调，配置管理型会计。

2. 做好猪场生产统计工作 做到生产数据和财务数据无缝对接，生产统计是成本核算的数据基础，"猪群生产日报表"和"猪群动态月报表"及各车间月末存栏报表等，生产指标包括配种分娩率、窝平产健仔数、各阶段各栋批次成活率、残次率及母猪年产窝数，以及种猪选留率、育成合格率等都是进行成本预测、编制成本计划、进行成本核算、分析消耗定额和成本计划执行情况的依据。

3. 科学合理的盘点制度 建立饲料、兽药、低值易耗品、猪只等各项财产物质的收发、领退、转移、报废、清查、计量和盘点制度。

4. 严格计量制度 按照生产管理和成本管理的要求，不断完善计量和检测设施，如猪只的出生、转群、销售、淘汰、死亡等的称重、存栏猪只并栏头数重量清点和称重、种猪背膘检测、妊娠检查和妊娠天数记录等。

5. 做好各项消耗定额的制定和修订工作 生产过程中的饲料、兽药、低值易耗品、水电等项消耗定额，既是编制成本计划的依据，又是审核控制生产费用的重要依据，应根据生产实际变化不断地修订定额，充分发挥定额管理的作用。

6. 建立合理的生产指标体系 生猪生产受品种、饲料、环境及管理等因素的影响会出现正常的死亡率，但因生物安全失效、饲料霉变、空气污染、污水、高温、寒冷、疾病等因素引起的死亡率波动很大，远超出合理范畴。如果在波动大的情况下，死亡猪只不分摊成本，就会造成产品成本严重偏离，无法给产品定价提供参考，失去成本核算的意义，所以超标准死亡猪只必须和正品猪只一样按平均重量或增重分摊成本，计入当期损益。这就是生猪成本核算的特殊性，废品也要摊成本。因此生猪生产各阶段必须确定合理的死亡率，如仔猪断奶前死亡率为5%，保育阶段死亡率为3%，育成阶段死亡率为2%，种猪群年死亡率为

2.5%等。

7. 做好原始记录工作 为了生产成本核算，必须建立健全猪只生产凭证和手续，生猪生产的核算凭证有：反映猪群变化的凭证、反映产品出售的凭证、反映饲养成本费用的凭证。反映猪群变化的凭证，一般有"猪群转群磅码单""猪只销售磅码单""种猪淘汰磅码单"等，据此可编制"猪群生产日报表"和"猪群动态月报表"，对于猪群的增减变动应及时填到有关凭证上，并逐日地记入"猪群生产日报表"。月末应根据"猪群生产日报表"编制"猪群动态月报表"，作为猪群动态核算和成本核算的依据。

（三）成本核算部门及岗位要求

1. 生产部门 成本核算分猪群、分栋舍、分批次进行。所有的关键在于猪场分"群栋批"进行生产管理，按节律做到全进全出，如果做不到分"群栋批"管理，成本精准核算就等于空谈。

2. 水电分摊 分栋舍安装电表、水表，分月分批次抄录水电表，记录水电用量，月底上报。

3. 库管管理 饲料、药物、低值易耗品等做好分舍、分饲养员领用出库记录，要求饲养员在领用出库单上签字确认，及时将数据录入《饲料领用表》《药品领用表》和《物质领用表》。月底上报《各栋舍饲养员饲料消耗明细月报表》《各栋舍饲养员药品消耗明细月报表》《各栋舍饲养员物质消耗明细月报表》三张报表。

4. 统计 严格按栋舍批次做好仔猪出生、转群、销售计数和称重记录，要求饲养员和车间组长在记录上签字确认，每天进生产线，到分娩舍清点分娩窝数、产仔数、健仔数，参与转群和销售监磅，严格按《猪场产品及转群质量标准》的规定确认出生健仔和非健仔，断奶合格仔和非合格仔，猪苗正品和非正品等，适时做好转群工作。

5. 会计　严格按照核算体系和核算制度要求，以及按"群栋批"管理要求分舍分饲养员归集和分配费用，依据生产、水电、库管、统计岗位人员提供的基础数据，按阶段核算，按批次猪群数量和重量，计算出头成本和千克成本，再推算出标准体重成本。

（四）生产成本核算办法

生产成本核算方法分为两种：群、栋、批成本核算和头成本、千克成本及"料、药、工、费"单项成本核算。

1. 群、栋、批成本核算方法

（1）分群、栋、批进行成本核算，猪群分为公猪、配怀母猪、哺乳母猪、仔猪、保育猪、育肥猪、后备种猪，以产房出生仔猪为批次起点，建立栋舍批号，按批次记录"料、药、工、费"饲养成本，当本批次生猪转群或销售时结转成本。

（2）种猪种群折旧成本原值：购入种猪原值＝买价＋运杂费＋配种前发生的饲养成本，内部供种原值＝转出的成本＋配种前发生的饲养成本。

（3）配怀舍种群的待摊销种猪成本（含断奶母猪、空怀母猪、妊娠母猪、公猪）：即生产公猪和生产母猪当期耗用的"料、药、工、费"全部归集到待摊销种猪成本。

（4）仔猪落地成本：当期配怀舍种群的待摊销种猪成本按月按窝产数比例结转到产房出生仔猪成本中。

（5）批次断奶仔猪成本：以每单元产房为一个批次，建立栋舍批号，本单元的哺乳母猪成本（包括临产母猪成本）＋出生仔猪成本＋本期仔猪饲养成本，作为本批次仔猪断奶成本。

（6）批次保育猪成本：断奶仔猪转入保育舍进行转群称重，断奶仔猪转入保育舍应按批次分栏饲养，原则上是一批次转一栋保育舍，分批记录成本，当栏舍紧张时每栋不超过2批次，保育猪在保育舍一般饲养 35 ~ 42 天，销售或转群称重转入育成舍，"断奶仔猪结转成本+本期保育饲养成本"就是本批次保育猪成本。

2. 头成本、千克成本及"料、药、工、费"单项成本核算

（1）仔猪成本（出生仔猪成本）：

1）配怀舍总饲养成本=本期初配怀阶段总成本+本期配怀发生的总饲养成本。

2）本期出生仔猪成本=固定资产折旧摊销+生产性生物资产折旧摊销+间接费用摊销+（本期转入产房待产母猪怀孕总天数÷本期怀孕母猪怀孕总天数）×配怀车间总饲养费用，以月为周期计算本期出生仔猪成本。

3）出生仔猪头成本=本期出生仔猪成本/本期总健仔数。

（2）断奶仔猪转入保育猪成本：

1）断奶仔猪成本=出生仔猪成本+本期仔猪发生的饲养成本+本期临产及哺乳母猪发生的饲养成本。

2）断奶仔猪头成本=批次断奶仔猪成本/（批次断奶仔猪数+本期批次淘汰数+本期批次超正常死亡数）。

（3）保育猪成本转入育成猪成本：

1）保育猪成本=断奶仔猪成本+本期发生的饲养成本。

2）保育猪头成本=批次保育猪成本/（批次保育猪转出数+本期批次淘汰数+本期批次超正常死亡数）。

（4）保育、育成猪只转群的饲养成本：以重量（千克）为单位。

转群猪只的饲养成本=（期初饲养成本+本期饲养成本）×转群猪只重量/（转群猪只重量+销售猪只重量+死淘猪只重量+期末存栏猪只重量）。

（5）转群猪只的"料、药、工、费"的分项成本核算。

1）转群饲料成本=（期初饲料成本+本期饲料成本）×转群

猪只重量/（转群猪只重量+销售猪只重量+死亡淘汰猪只重量+期末存栏猪只重量）。

2）转群兽药成本=（期初兽药成本+本期兽药成本）×转群猪只头数/（转群猪只头数+销售猪只头数+死亡淘汰猪只头数+期末存栏猪只头数）。

3）转群猪只的人工成本=（期初人工成本+本期人工成本）×转群猪只头数/（转群猪只头数+销售猪只头数+死亡淘汰猪只头数+期末存栏猪只头数）。

4）转群猪只的制造费用=（期初制造费用+本期制造费用）×转群猪只头数/（转群猪只头数+销售猪只头数+死亡淘汰猪只头数+期末存栏猪只头数）。

销售、淘汰猪只的"料、药、工、费"的分项成本核算方法相同。

（五）养猪成本效益分析（以PSY动态为例）

根据常规养猪成本分析，假设几个理想状态分析如下：

（1）都以平均水平PSY为20，料肉比为2.8，断奶后死淘率10%计，则100千克出售时每千克毛猪成本为13.512元。

（2）都以较高水平PSY为25，料肉比2.4，断奶后死淘率5%计，则100千克出售时每千克毛猪成本为1.442元。

（3）都以最差的水平计，PSY为15，料肉比3.3，断奶后死淘率15%计，则100千克出售时每千克毛猪成本为16.310元。

三、养猪成本管控体系建设

成本管理的四大体系是指目标成本、核算控制、责任考核、信息反馈。

（一）目标成本体系

目标成本，首先，按照育种、饲料、生猪生产、服务、管理、财务6个方面的成本费用进行全过程的跟踪核算控制；其次，对上述 6 个方面的成本费用采取主要素的分解方法，逐项逐件进行核算控制，具体目标成本分解及其责任人连锁关系分别见图 10-1、图 10-2。

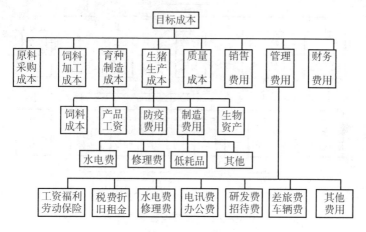

图 10-1　目标成本

（二）核算控制

核算控制包括：制定目标、核定限额、办理内部结算、制定考核细则、年终结算及实施奖赔兑现；负责计划、核算成本的成本管理人员，通常要在采购、设计、生产、销售等部门轮流工作一段时间，以拓宽成本管理专家视野，使其具有极强的发现降低成本新途径的能力。

（三）责任考核

责任考核的目的是成本控制顺利执行，一般分三步，制定好预算、确定考核目标指标、业绩评价。

（四）信息反馈

信息反馈是指对实际发生的成本费用信息进行收集、确认、计量、计算、报告等一系列工作的总称。信息反馈涉及各责任主

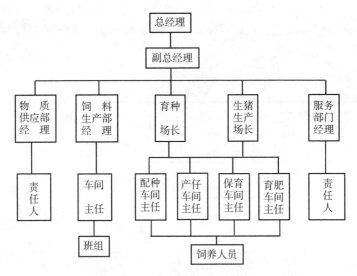

图 10-2　成本管控责任人体系

体绩效的评价，报告的信息也是经理人员进行决策、编制。

四、降低养猪成本的技术措施

降低养猪成本的技术措施从三个方面入手：提高产能、降低单位增重成本和综合管理措施。

（一）提高产能，降低分摊成本

（1）提高各阶段猪的生产成绩、提高生产效率。

（2）减少生产过程中的损失率、淘汰率、死亡率。

（3）调整和完善猪场生产与市场节奏，保持最大产出比。

（二）降低单位增重的生产成本

1. 减少生产过程中的各种浪费

（1）饲养浪费。

1）饲养不科学，料槽不合理。饲养时的直接浪费主要是一次饲喂太多的饲料和料槽设计不合理；料型不合理。不同生理阶段的猪要喂不同的料；饲养密度大，不能及时下床及出栏。

2）死残率过大，精细化管理不到位，造成僵残猪；淘汰猪处理不及时，饲养一些无生产能力的猪不及时处理，一些无治疗价值的病残猪。

（2）兽药、疫苗浪费。

1）免疫程序不合理，不做抗体检测，造成乱用疫苗；无故加大疫苗和药物用量，不严格按说明书的规定进行使用。

2）保健方案不合理，保健药物没有针对性；不做药敏试验，使用不敏感药物造成浪费。

（3）降低其他非必需支出。一般来说饲料成本在总成本中占的比例越高，非生产性开支所占的比例就越少，说明猪场的管理越好。所以，要尽量减少非生产人员和非生产费用的开支，节约水、电、煤和机械设备费用。

（三）综合管理措施

1. 制定成本与费用控制目标　对成本及费用开支做到合理控制，年初就根据本年度的出栏商品猪头数和预期实现的销售收入，编制出详细的年度成本与费用开支的预算方案。在本年度的工作中，应根据月度成本与费用支出报表与预算方案进行对比分析，并通过对比分析，可及时发现成本费用控制计划的执行过程中，哪些指标已经达到和超过，存在什么问题等。这样有利于抓好内部挖潜、堵塞各种漏洞和不合理的费用支出。

2. 制订生产监督与计划完成情况分析表

（1）在制订生产计划时，各环节的参数如成活率、情期受胎率、产活仔数、母猪断奶胎数、饲料转化率、平均出栏天数等一定要齐全；否则，所定的计划与实际生产情况差异较大，不利于降低每头出栏猪所分摊的折旧费用。

（2）生产组要定饲料、定药品、定工具、定能源消耗计划。

把长期以来各环节的实际使用量平均分配到各头猪的数字作为参数，然后以这些参数为依据，计算出各环节的需要量，作为监督生产过程中的控制指标。

（3）跟踪生产，适时检查，及时调整。生产计划并不代表实际生产成绩，计划与实施往往存在着一定的差距。因此，对猪场的生产计划的执行与完成情况应有严格的监督和准确的统计分析，以从中找出未完成任务的原因。

3. 强化成本管理

（1）降低饲料成本：饲料在成本中所占比例呈现逐年下降趋势，但其仍占总生产成本的 65%~75%，居第一位。因此，加强饲料采购和使用过程中各环节的管理与控制是降低饲养成本的有效途径（表 10-4）。

表 10-4　加强各环节的管理与控制方法

1	选购全价料、浓缩料、预混料时，要注重饲料质量与品牌，使用正规厂家的产品
2	饲料搬运过程中，车辆要防雨、防湿、防霉，不要划破饲料袋
3	饲料储存间要保持干燥，通风性、密封性要好，同时要做好防鼠灭鼠工作
4	饲料配方设计应充分考虑品种、性别、日龄、体重、饲喂条件、饲喂方式等影响饲粮配制效果的因素，不同生长阶段要制定不同的饲料配方
5	原料称量要准确，配合饲料要达到配方要求，饲料粉碎要充分，混合要均匀，配料库不能受潮和有死角，配料不能有较大误差
6	使用饲料时要避免饲料洒落，喂料时动作要熟练，投料要准确，喂料定量要有度
7	根据猪的习性，提供适宜的饲养设备、设施，设置饲槽时，饲槽不要太宽太长，放料不要太快
8	猪采食时，应尽量避免干扰，饲喂要做到看槽饲喂、少喂多餐
9	利用优质牧草和饲料作物喂猪，以青补精，降低成本
10	关注和预测饲料价格，当饲料价格处于涨势时，可大量采购并储备一些饲料，降低饲料成本

（2）降低非生产性开支：一般来说饲料成本在总成本中占的比例越高，非生产性开支所占的比例就越少，说明猪场的管理越好。所以，要尽量减少非生产人员和非生产费用的开支，节约水、电、煤和机械设备费用。

4. 强化人员管理 人工成本所占比例逐年攀升，猪养得好不好，关键在人，人管好了，效益也就有了。管理好猪场不是靠人管人，而是靠制度、规程管人。要建立健全猪场各项规章制度、工作流程和饲养管理技术操作规程，做到制度化、流程化和规程化管理，最大限度地调动人的生产积极性。要重视企业文化建设，从根本上培养员工工作自觉性、主动性和创造性，以文化凝聚人，事业感召人，工作培养人，机制激励人，纪律规范人，绩效考核人。加强人员的教育、培训、指导和提示，最好每栋舍都设置提示板，每天将工作人员一天的工作重点按先后顺序写在提示板上，这样工人做起事来会心中有数、得心应手。到晚上收工之前，工人要在提示板前对照一下哪些工作做到位了，哪些工作还不到位，没有做到位的，在提示板上说明原因并进一步完善。

5. 强化生物安全管理

（1）采取措施，防止外疫传入。包括谢绝外人参观、严格进场消毒、消灭老鼠和蚊蝇、对引进种猪实行严格隔离等措施。

（2）在认真做好抗体检测的基础上，制定出本场科学的免疫程序，要求免疫注射率要达到100%，保证群体安全。

6. 强化购销管理

（1）能动地多渠道收集市场信息。要主动地对先期市场进行调研，对相关市场进行判断，对产业上、下链条的互动影响进行考察，包括收购商、同行场、饲料、兽药等。

（2）充分把握好生猪市场价格的周期性变化。要根据市场的变化调整自己的销售心态，并从销售过程和长期以来价格的变动中发现市场规律。在价格走入低谷时及时淘汰劣质和老龄化母猪，控制母猪群体规模，减少存出栏量，选留好后备母猪，安全度过低谷期，这样就能避免生猪出现高价时大量购进种猪，以减少不必要的投入。

（3）做到适时出栏。适时出栏就是饲养的每头育肥猪在单位时间内且同等劳动强度下获得利润的最大化。肥猪适时出栏说起来容易，真正做到很难。肥猪上市以多大体重为宜不能一概而论，应根据市场变化、品种特点、猪价变化等各方面的因素，适当地予以调整，才能获取最大的经济效益。

五、养猪成本管理案例分析

（一）肉猪成本

下面以年出栏5 000头肉猪为例，分析成本构成。

12个工人养肉猪5 000头，饲养期140天。猪平均进圈体重15千克，出栏时120千克。仔猪46.6元/千克，肉猪20元/千克，玉米2.36元/千克，豆粕3.2元/千克；肉猪全期用配合料2.42元/千克，料重比3∶1，肉猪场年折旧费10万元，水电费1.2万元/月，管理费5 000元/月；兽药、防疫、消毒费平均每头猪10元。肉猪死亡率5%，则1头肉猪可盈利742.06元，成本利润率达48.25%。具体见表10-5。

（1）肉猪成本：计算方法如下。

$$人工费 = \frac{工人数（12人）\times 月工资（2\,000元）\times 饲养月数（4.6）}{肉猪数（5\,000头）}$$

$$= 22.08元$$

$$猪场折旧费 = \frac{年折旧费（100\,000元）\times 饲养月数（4.6）/12个月}{肉猪数（5\,000头）}$$

$$= 7.67元$$

$$水电费 = \frac{月水电费（12\,000\,元）\times 饲养月数（4.6）}{肉猪数（5\,000\,头）} = 11.04\,元$$

$$管理费 = \frac{月管理费（5\,000\,元 \times 饲养月数（4.6）}{肉猪数（5\,000\,头）} = 4.6\,元$$

表 10-5　肉猪成本构成

项目	重量（千克）	费用（元）	比例（%）
仔猪	15	700	45.52
饲料费	315	777.55	50.56
人工费		22.08	1.43
运费		5	0.32
医药防疫费		10	0.65
猪场折旧费		7.67	0.5
水电费		11.04	0.72
管理费		4.6	0.3
合计		1 537.94	100

（2）母猪成本：以一个有 200 头母猪的繁殖场为例，猪场造价 120 万元，折旧年限 15 年；每年水电费 6 万元；药费 3 万元；工人 5 人，年平均工资 2.4 万元；管理人员 3 人，年平均工资 3.6 万元，年管理费 2 万元；养公猪 4 头，母猪年产 2 窝，购种猪费 40.8 万元，银行贷款 100 万元。饲养 6 个月母猪的成本由饲料费、分摊公猪费、人工费、医药防疫费、猪舍折旧费、水电费、管理费等组成，合计为 2 894.81 元。1 头母猪 6 个月成本的具体计算方法如下：

$$饲料费 = \frac{半年饲料费(480\,千克) \times 饲料单价(2.54\,元)}{母猪数(200\,头)} +$$

$$\frac{半年青饲料(350\,千克) \times 青饲饲料(0.24\,元)}{母猪数(200\,头)}$$

$$= 1\,303.2\,元$$

$$分摊公猪费 = \frac{公猪数（4头）\times 6个月公猪饲料费（1\,405.51）}{母猪数（200头）}$$

$$= 28.11 元$$

$$人工费 = \frac{工人数（5人）\times 年工资（24\,000元）}{母猪数（200头）\times 2} +$$

$$\frac{管理人员（3人）\times 年工资（36\,000元）}{母猪数（200头）\times 2} = 570 元$$

$$药品防疫费 = \frac{年医药费（30\,000元）}{母猪数（200头）\times 2} = 75 元$$

$$猪场折旧费 = \frac{猪场造价（1\,200\,000元）/折旧年限（15）}{母猪数（200头）\times 2}$$

$$= 200 元$$

$$管理费 = \frac{年管理费（20\,000元）}{母猪数（200头）\times 2} = 50 元$$

$$种猪折旧费 = \frac{购种猪费（408\,000元）\times 种猪更新率（30\%）}{母猪数（200头）\times 2} = 306 元$$

$$贷款利息 = \frac{贷款数（1\,000\,000元）\times 年利率（8.5\%）}{母猪数（200头）\times 2} = 212.5 元$$

表10-6所示为一头母猪6个月成本表。

表10-6　一头猪6个月的成本表

项目	母猪	占母猪成本（%）	公猪
饲料价（元/千克）	2.54		2.57
饲养天数（天）	182		183
6个月饲料量（千克）	480		546
6个月饲料费（元/头）	1 303.2	45.02	1 405.51
分摊公猪费（元）	28.11	0.97	
6个月人工费（元）	570	19.69	
6个月医药防疫费（元）	75	2.59	
6个月猪场折旧费（元）	200	6.91	

续表

项目	母猪	占母猪成本（%）	公猪
6个月种猪折旧费（元）	306	10.57	
6个月水电费（元）	150	5.18	
6个月管理费（元）	50	1.73	
6个月贷款利息（元）	212.5	7.34	
合计（元）	2 894.81	100	

第二节　养猪绩效薪酬管理

养猪绩效薪酬管理比一般的工业和商业更加复杂，在实施绩效管理过程中猪场管理者需全盘掌握猪场实际生产情况，保证猪场各环节生产的有序衔接，同时做好与员工的沟通工作，才能发挥绩效管理降低成本、促进生产的真正价值。

一、绩效薪酬管理条件

（一）实施原则

（1）根据自身实际情况，薪酬管理科学合理。

（2）猪场最适合的绩效考核管理方案：在合理的岗位基本工资基础上，采用以车间为单位的生产指标绩效考核浮动工资（奖罚）方案。

（3）猪场绩效体系：在科学计量的基础上，建立按劳分配制度，体现多劳多得，干好多得的原则；猪场可采用"基本工资+绩效工资+福利工资"的模式。

（4）薪酬管理实现公平与效率：基本工资吃饱，绩效工资干好，福利工资不跑。具体每块所占比重多少要结合企业所处的发展时期进行制定。基本工资主要围绕岗位重要性和内部公平性进行制定，绩效工资主要围绕企业目标制定，福利工资主要围绕企业盈利和劳动法制定。

（二）实施条件

实施绩效考核的前提是猪场运行良好，各行制度建全，并且老板和员工有良好的沟通，互相理解，具体实施绩效考核，必须满足以下前提条件：

（1）猪场效绩的管理方案，是以人定群，以群定产，以产计酬。综合人员、圈舍、工作精细程度、劳动强度及节律周期、出栏形式等实际情况制定各车间的生产内容、定员及生产指标，实行超奖减罚的联产计酬管理办法。

（2）整个生产已经形成完整的良性循环，有成熟的生产管理程序，生产节律固定，数字统计完全、准确，岗位分工明确，实行全进全出制度。

（3）场内硬件大致完备，生产流程不会被轻易打乱；场内生产已有一段时间（不少于半年）相对稳定，生产水平数据有提高的空间，工资薪酬方面老板也有更多给予的意愿。

（4）首次实行绩效考核的步子不宜迈得过大，充分让员工熟悉绩效考核内容，理解并支持，分步完成，逐步实施。

二、薪酬设计和薪酬组成

（一）设计思路

绩效考核的实质是管理中成绩数据化的公平公开，整个方案的最终裁定者是猪场管理层；为此，管理层制定、执行方案是：对照当前生产成绩，生产阶段过后，随着每个生产指标的改变，每个岗位员工成绩都会得到相应的变化，按照重奖轻罚进行考核改进。

绩效考核方案就可以按以下思路制定：计算出当前的岗位工资水平，考虑目前的薪酬上升速度，把当前工资的 10%～20% 作为下个年度绩效考核奖罚金的大致额度，奖不封顶，罚到归零为止。具体金额的细化要结合场内的具体情况，分析每一个考核指标，分析其在生产成绩中所占的权重比例及可能的提升额度，分解奖罚金额。一旦实行绩效考核 1~2 个周期后，可以将各个岗位的基本工资比例缩小，加大奖罚力度，有奖有罚。

（二）薪酬组成

绩效薪金由固定工资、岗位工资、成绩奖励、效益年金四部分组成。

（1）固定工资：是员工基本保障工资，金额是不变的。

（2）岗位工资：是猪场内不同生产阶段岗位的工资，它主要的特点是对岗不对人。

（3）成绩奖励：按照指标要求情况，进行核算发放的工资。

（4）效益年金：规模化猪场，一般设置效益年金，根据企业年度盈利情况和职工工作表现发放。

三、薪酬考核指标

（一）配种妊娠车间指标

（1）配种怀孕舍岗位的指标为种猪年分娩窝次、配种数、配种分娩率、产仔数、健仔数等。

（2）工作指标：月产窝数按存栏母猪数定指标，每月根据基础母猪数量下达配种任务数；窝产活仔数标准为每窝 10.8 头，完成产仔窝数，超过奖励，每多产一个活仔奖 5 元，奖金二者合并计算。母猪妊娠 42 天后出现空怀现象，配种员和饲养员每人罚 50 元，妊娠母猪出现非正常流产，每出现一头，经技术人员鉴定，饲养员罚 50 元。

（3）考核标准：加权值，分娩率占 50%，活产仔数占 20%，出生重占 20%，非生产天数占 10%，见表 10-7。

表 10-7　配种妊娠车间考核标准

考核标准	100%	75%	50%	考核标准计算公式	备注
分娩率（%）	90	82.5	75	$Y=100-（90-X）×3.3$	以数据为准
产活仔数（头/胎）	10.8	10	9.2	$Y=100-（10.8-X）×31.3$	
出生重（千克/头）	1.6	1.5	1.2	$Y=100-（1.6-X）×166.7$	
非生产天数（天）	40	52	64	$Y=100-（X-40）×2.1$	

（二）分娩车间考核指标

（1）分娩舍岗位的指标为乳猪成活率、断奶仔猪数、断奶重、料肉比、断奶母猪体况等。

（2）工作指标：健仔成活率 95%（经产母猪仔猪初生重≥1.2 千克，初产母猪仔猪初生重≥0.9 千克的为健仔）。合格猪标准：28 日龄断奶重≥7.5 千克。5 千克以下视为弱猪。

（3）考核标准：加权值，合格断奶仔猪数占 40%，平均断奶重占 30%，成活率占 30%（平均 28 日龄断奶），见表 10-8。

表 10-8　分娩车间考核指标

考核标准	100%	75%	50%	考核标准计算公式	备注
合格断奶的仔猪(头/胎)	10.2	9.4	8.5	$Y=100-（10.2-X）×29.4$	以数据为准 校正 28 天断奶重
成活率（%）	97	93.5	90	$Y=100-（97-X）×7.1$	
平均断奶重（千克）	7.5	7	6.5	$Y=100-（7.5-X）×35.7$	

1）合格断奶仔猪指无病无残体重大于 7.5 千克/头的仔猪；

2）转群仔猪不合格的应予以及时淘汰，不允许返回猪舍；

3）接生员夜班补助 10 元/天，考核按分娩车间的平均数计算。

（三）保育车间指标

（1）保育车间的指标：包括仔猪成活率、转出中猪数、转群重、料肉比等。

（2）工作指标：全群成活率（不包括淘汰猪）为96%。70日龄转出时合格平均体重23千克，合格猪最小体重超过18千克。

（3）考核标准：见表10-9。

表10-9　保育车间考核标准

考核标准	100%	75%	50%	考核标准计算公式	备注
成活率(%)	96	95	94	$Y=100-(96-X)\times10$	按本月完成的批次
料肉比	1.45	1.63	1.81	$Y=100-(1.45-X)\times142.9$	数据计算
平均转群重（千克）	23	22	20	$Y=100-(23-X)\times8.3$	校正天数为70天

（四）育肥车间指标

（1）育肥舍岗位的指标：包括成活率、售出猪只数、出栏重、料肉比等。

（2）工作指标：成活率98%，商品猪出栏体重不低于100千克。

（3）考核标准：加权值，成活率占65%，料肉比占35%，见表10-10。

表10-10　育肥车间考核标准

考核标准	100%	75%	50%	考核标准计算公式	备注
成活率（%）	98	96	94	$Y=100-（98-X）\times12.5$	按本月内结束的批次数
料肉比	2.6	2.85	3.3	$Y=100-（X-2.6）\times100$	据计算

（五）备注

（1）严格根据管理数据进行考核。

（2）批次数据提供分娩、保育、育肥车间的考核，没有完成的批次不计入当月考核。

（3）分娩、保育车间本月无断奶、转群考核的，以上月考核标准顺延执行。

（4）猪场财务人员需要监督和确认相关考核标准的执行。

（5）考核标准只要低于50%的，一律取消奖金。

四、两种规模猪场绩效考核方案分析

（一）300头母猪群猪场考核方案

1. 考核数据 300头母猪平均每头母猪年生产2.2窝，提供18.0头以上肉猪，母猪利用时间平均为3年，年淘汰更新率35%左右。全年共产660胎，平均每月55胎。肉猪达100千克体重的日龄为160天左右。猪群存栏2 800头，基础母猪300头，空怀24头、妊娠220头、哺乳48头、公猪10头、后备母猪36头、后备公猪2头，全群成活率85%。

按上述指标计算得出下列数据。

（1）全年断奶活仔数660胎×9.5 = 6 270头，平均每月负荷522.5头。

（2）分娩舍仔猪数6 270头×94% = 5 893.8头〔6 270头×（1-94%）= 376.2头〕，平均每月负荷491.15头。

（3）保育舍猪5 893.8头×93% = 5 481.234头〔5 893.8头×（1-93%）= 412.566头〕，平均每月负荷456.769 5头。

（4）育肥舍5 481.234头×97% = 5 316.797头〔5 481.234头×（1-97%）= 164.437头〕，平均每月负荷443.066 4头。

（5）猪场的绩效考核指标表（表10-11）。

表10-11 猪场的绩效考核指标表

项目	指标	项目	指标
配种分娩率	85%	保育成活率	93%
胎产活仔数	9.5	育肥成活率	97%
28日断奶重	7千克	全群成活率	85%
哺乳成活率	94%	全群料肉比	3.1

2. 奖惩办法

（1）猪场场长：

1）年度指标：平均每头母猪年提供出栏18头；全群料肉比3.1；平均每头出栏猪所摊药费30元。

2）考核奖罚：按平均每头母猪年提供出栏猪18头算总出栏数，每增减一头，奖罚30元；全群料肉比按3.1计算，每减增饲料1吨，奖罚50元，平均每头出栏猪所摊药费每减增10元，奖罚2元。

（2）兽医：

1）年度指标：哺乳期成活率94%、保育期成活率93%、育成期成活率97%。

2）奖罚办法：提高各阶段指标的1%，奖1 000元；降低各阶段指标的1%，罚500元。

（3）配种员：

1）年度指标配种分娩率85%，平均胎产活健仔数9.5头，年平均产胎数2.2胎。

2）奖罚办法：多产一窝奖50元，少产一窝罚10元；每胎多产活健仔一头奖10元，少产一头罚2元。

（4）怀孕舍年度指标及奖惩办法：母猪死亡率指标为2%，每减增一头奖罚50元；母猪多产一窝奖20元，少产一窝罚10元；每胎多产活仔一头奖5元，少产活仔一头罚2元；药费按每胎2元/头，节余或超额（疫苗、消毒剂、保健费用除外）奖罚节余或超额部分的10%。

（5）分娩舍年度指标及奖罚办法：产房哺乳仔猪成活率指标为94%，多成活一头奖励5元，每少死或多死一头奖罚2元；28日龄断奶仔猪重7.5千克，每多1千克奖2元，每少1千克罚0.5元；药费每胎母猪3.5元，节余或超额部分奖罚节余或超额部分的10%（疫苗、消毒剂、保健费用除外），仔猪的药费标准每头 1 元，节余或超额部分奖罚节余或超额部分的 10%；下床时每发现一头子宫炎、阴道炎母猪罚款 5 元；母猪死亡率标准为分娩母猪 1%，死亡每增减一头奖罚 50 元；仔猪转出时若无阉割，每头罚款 5 元。

（二）1000 头规模母猪考核方案

1. 考核数据

（1）人员配置及工资：全场人员 21 人，即场长 1 名，兽医防疫主管 1 名，配怀 5 人（含主管 1 名），分娩 6 人（含主管 1 名），保育育肥 8（含主管 1 名）人。

（2）猪场员工工资：场长 10 000 元/月，防疫主管 8 000 元/月，岗位主管 5 000 元/月，饲养员 3 200 元/月。

（3）生产目标及成本：猪场 MSY18 头，上市肥猪 18 000 头，全程料肉比 3∶1，增重成本 13.6 元/千克。

（4）考核指标及计算：各项考核指标，配种分娩率 85%，平均健仔数 9.5 头，母猪年产胎次 2.18，初生重 1.3~1.5 千克，25 日龄平均断奶重 6.5 千克，70 日龄出保育重 25 千克，24 周龄上市体重 105 千克，分娩成活率 92%，保育成活率 96%，育成成活率 98%，全期成活率 86%，全程料肉比 3∶1。

2. 考核方案

（1）场长考核方案：

1）年出栏任务 1.8 万头以上，每增加出栏 1 头，奖励 20 元，增加存栏按 92% 计算出栏头数。

2）增重成本 14 元/千克，各岗位存栏猪计重标准：分娩 3 千克/头，保育 15 千克/头，生长育肥 65 千克/头，节省成本按 50% 予以奖励。

3）人员培养目标：培养各岗位后备主管及核心饲养员骨干，经公司考核认定合格后，每培养成熟主管 1 人，奖励 5 000 元；每培养核心饲养员 1 人，奖励 1 000 元。

4）场长及主管：工资每月预发 80%，完成目标，年底补发；奖金总额 50% 奖励场长，另外 50% 由场长分配奖励生产团队。

（2）配怀舍：

1）每周完成分娩目标数为 42 窝，按月计算，计酬 20 元/窝，每周平均低于 40 窝，罚 20 元/窝；42～45 窝，增加数每窝奖励 40 元/窝，超过 45 窝以上，每增加一窝奖 80 元。

2）产健仔数 1 头，计酬 8 元/头。完成数为健仔标准一胎>1千克；二胎>1.2 千克。

3）每周配种数 45～55 头，计酬 5 元/头；月累计周平均低于 45 头，罚款 10 元/头；50～55 头奖 10 元/头。

4）按实际分娩数计算，健仔数超过窝平均 9.5 头的部分仔猪，按每头 30 元/头另外计算奖励（未完成当月总目标分娩窝数无奖）。

5）主管按员工考核工资的 1.6 倍计酬。

（3）分娩舍：

1）接产 1 窝计酬 10 元。

2）断奶 1 头合格仔猪（25 日龄 6.5 千克），计酬 9 元/头（断奶重低于 5 千克或疝气等，只计算重量，不计头数）。

3）窝平均断奶数按 8.74 头/窝（9.5×92%）计算，超过部分奖励按 60 元/头计算，不足部分罚按 30 元/头计算。

4）断奶重按 0.5 元/千克计酬。

5）单元合格断奶数超 11 头/窝，单项奖励 1 000 元。

6）主管按员工的 1.6 倍计酬。

（4）保育舍：

1）转出 1 头合格猪奖励 1 元。

2）增重每千克计酬 0.17 元/千克。

3）按 96% 计算合格转栏，超过部分按 80 元/头奖励，不足部分按 40 元/头罚。

4）合格猪标准 70 日龄体重 ≥ 18 千克，健康无病残，出栏日龄变化按日增重 500 克计算。

（5）育肥舍：

1）出栏计酬 2 元/头。

2）增重计酬 0.13 元/千克。

3）按出栏率 98% 计算，增加出栏计酬 200 元/头，减少罚 100 元/头。

4）出栏体重 85 千克以上为合格猪，低于 85 千克出栏不计出栏头数。

5）育肥舍饲养员每月预发 2 000 元，出栏后一并结算，主管按保育育肥岗饲养员平均工资 1.6 倍计酬。

3. 年终奖　年终奖励在翌年元月 25 日前发放，并同时签订下一年合同。年终奖励发放之前，确定下一年度的生产目标，根据猪场实际情况，对绩效考核指标和方案进行适当的调整。

注：每个猪场的情况都不会与其他猪场完全一样，制定绩效考核方案时必须根据自己场内的实际情况制定，不能照抄别人。

第十一章 养猪信息化建设

养猪信息化建设就是利用新的通信技术结合智能化养猪设施，在养猪生产过程中实现自动化、智能化、数据化、信息化等精细化管理模式。

第一节 养猪数据化技术

数据库系统化、信息化、数据化管理是现代化养猪生产经营的重要保证，是做好生产计划、确保生产有序进行的前提条件，是分析成本与效率的依据，也为猪场重大决策提供技术性支撑。

一、数据化管理的条件

（一）信息化管理的组成和原则

1. 信息化管理的组成 猪场信息系统由基础系统和其他系统两部分构成，基础系统中包含生产管理系统和计算软件两个部分，其中生产管理是猪场信息系统的基础和核心。

2. 信息化管理的原则 数据输入简单化（应用一些电子终端现场录入，减少中间环节与核对环节），数据分析多样化，分析结果通俗化，数据应用方便化，充分发挥数据的指挥与导向作用。

（二）数据的作用

数据是猪场不可或缺的宝贵资料，猪场的业绩、效益和利润取决于生产统计体系的建设及对数据的准确分析，数据在猪场管理中主要有以下五个作用：

（1）掌握关键数据，科学指导生产管理。

（2）针对关键环节，提高管理的精准性。

（3）充分利用数据，提高育种水平。

（4）规范工作流程，减少管理漏洞。

（5）精准核算成本，提高盈利能力。

二、数据的采集与上报

猪场数据主要有三大类：生产管理数据、日常成本管理数据和销售数据。

（一）数据采集的基础工作

1. 统一猪舍编号规则　"G"代表公猪车间，"D"代表待配车间，"R"代表妊娠车间，"F"代表分娩车间，"B"代表保育车间，"F"代表育肥育成车间。

在每栋猪舍醒目位置用红色油漆涂刷数字编号，如"1""2""3"等。

"车间代码+猪舍序号"就是猪舍编号，比如妊娠车间5号则编号为"R15"。分生产线（区）在编号前加"X1""X2""X3"等。猪舍分单元的在编号后加"D1""D2""D3"等，比如生产1区分娩舍6号第2单元则编号为"X1F6D2"。

猪舍内栏位编号，在对应墙正中也用红色油漆涂刷数字编号，如"1""2""3"等，以便为生产原始记录及日报、周报、月报等设计填写及关联计算汇总与栏位实物对应，确保会计统计"账栏物表"相符。

2. 及时对猪群分类　初生活仔分健仔和弱仔，断奶猪仔分合格仔和不合格仔，保育猪苗分正品苗和残次苗，育成肉猪分正品猪和残次猪，种猪分特优、特级、优级种猪，以方便财务统计与生产、销售、考核等多部门交流，避免出现误解。

3. 固定统计概念排序

（1）D（杜洛克）、L（长白）、Y（大约克）。

（2）健仔、弱仔、畸形、死胎、木乃伊。

（3）空断＝断奶＋空怀母猪［包括超期发情（断奶后超过7天以上发情）＋返情＋流产＋空怀等］。

（4）期初存栏、转入、转出、死亡、淘汰、上市、期末存栏等，是统计工作交流及提高统计效率的必备条件。

（二）采集工作

猪场日常管理中有很多日常报表，由猪场中各个岗位、不同的员工分类填写，定期上报，由专人负责录入电脑管理系统中，进行各种汇总和分析。

1. 数据的采集方式　数据的采集方式有纸质记录人工采集、纸质记录＋电子记录的半自动采集、个别阶段的数据全自动采集等。

2. 生产数据主要采集模块　生产数据日常记录和统计、生产计划、周技术培训例会、现场技术指导和工资计件考核是猪场生产六大管理模块，其中统计数据是生产计划和统筹生产管理的基础，是预测生产结果和监督生产的重要手段，是成本核算和工资计件的依据。

3. 现场统计数据

（1）母猪：试情记录、配种输精记录、公猪采精记录、妊娠检查（B超检测）记录、耗料记录、物料消耗记录（水、电、兽药、低值易耗）、免疫记录、死淘记录、发病治疗记录、转群记录、阶段日报等。

（2）分娩：分娩记录、断奶记录（包括个体称重记录）、寄养记录、耗料记录、物料消耗记录（水、电、兽药、低值易耗）、免疫记录、死淘记录、发病治疗记录、转群记录及阶段日报。

（3）保育：转入记录、耗料记录、物料消耗记录（水、电、兽药、低值易耗）、免疫记录、发病治疗记录、死淘记录、仔猪转出记录、仔猪栏位分配卡记录及阶段日报。

（4）育成育肥：转入记录、耗料记录、物料消耗记录（水、电、兽药、低值易耗）、免疫记录、发病治疗记录、死淘记录、猪只转出记录、猪只栏位分配卡记录、出售记录、种猪性能测定记录、后备猪初选记录、后备猪驯化培育试情记录、后备猪转群记录、阶段日报。

（5）其他：测定记录、月末盘点记录、猪群估重记录、部位消毒记录（含器械、工具、工作服清洗消毒）、无害化处理记录、物料出/入库记录、舍温记录、设备检修记录等。

（三）数据采集的注意事项

数据采集必须把握及时性和准确性。当天发生的事件必须当天下班前进行采集、汇总、审核，当日录入系统；每个区段负责人负责数据采集，原始数据纸质表格要签字，技术领导要审核；数据的采集、审核、录入及原始材料保存要有管理办法。

（四）数据上报时间

（1）日报：当天晚上10：00前录入，第2天早上9：00上报。

（2）周报：指周日至周六，周六晚上及周日录入汇总，周一上午9：00上报。

（3）月报：指月初1号至月末31号（或29、30号），次月1~2号录入汇总，3号上午12：00前上报。

（4）季报：次季第1个月1~4号录入汇总，5号上午12：00前上报。

（5）年报：次年1月1~5号录入汇总，6号上午12：00前上报。以便提高统计分析速度，及早发现和解决问题。

三、数据报表填写

报表主要反映猪群周转存栏动态、饲料消耗情况及关键生产指标。大多数猪场数据统计分析过于形式化，猪场报表五花八门，设计不合理、填写不规范。

（一）报表设计和报表制作

1. 报表设计 依据生产管理、考核计件、成本核算及育种分析需要原始数据来源，以及统计目的设计原始记录表格。根据猪场生产目的，如原种场、祖代场、父母代场、测定场、培育场和肥育场等，以及猪场发展不同阶段重点提升指标来细化，增减表格及内容项。

（1）根据需求及用途等分为日快报、日报、周报、月报、季报、年报。

1）日快报内容主要包括疫情、急淘、异常淘售、异常淘埋、超正常死亡等。

2）日报主要包括购入、销售数量及生产统计情况。

3）周快报：是在周报表简化的基础上增加配种分娩率及断奶周配率、孕损率等生产指标的快报。

4）月报、季报、年报：报表格式基本相同，季报是月报的累计，年报是季报的累计。

月报主要包括生产数量统计、业绩指标统计、消耗指标统计及一部分性能指标统计。

年报除了月报内容外还包括全部的性能指标统计等。

（2）日报表和周报表：包括汇总表、配种明细表、配怀车间生产情况表、种猪死淘明细表、产仔明细表、分娩车间生产情况表、保育车间生产情况表、育成车间生产情况表、车间转群上市明细表、猪场销售明细表等。

（3）月报包括生产指标月报、生产情况月报、生产费用月报、猪群盘存月报表、配怀车间生产月报、分娩车间生产月报、保育车间生产月报、育成车间生产月报、各栋舍饲养员饲料消耗明细月报表、各栋舍饲养员药品消耗明细月报表、各栋舍饲养员低耗品消耗明细月报表、各栋舍饲养员水电消耗明细月报表。

2. 报表制作

（1）日报表：见表11-1、表11-2。

表11-1　生产日报表

项目	基础猪								仔猪			育肥
	公猪			母猪					哺乳		培育	
	后备	种用	试情	后备	空怀	妊娠	产房		窝数	头数		
							待产	哺乳				
日初数												
出生												
转入												
调入												
购入												
增加小记												
转出												
出售种猪												
出售肥猪												
淘汰												
死亡												
自宰												
捐赠												
减少小计												
日末数												

表 11-2　　日报情况汇总表

日期	用料情况	饮水	通风情况	舍温情况	猪群状况	用药情况	免疫情况
1							
2							
3							
4							
5							
6							
7							
8							
9							
10							
11							
12							
13							
14							
15							
16							
17							
18							
19							
20							
21							
22							
23							
24							
25							
26							
27							
28							
29							
30							

注：如该月有 31 日，增加一行。

（2）周报表：见表11-3。

表11-3　生产情况周汇总表

报表：　　年　月　日　　周号：　　生产汇总周报表　　报表人：

项　目		数　字	本周	累计	备　注
配 种 妊 娠 舍	配种 情况	断母			1. 断母周配率 本周　　% 累均　　%
		返母			
		后母			
		小计			
	变 动 及 存 栏 情 况	公猪　转入			2. 完成周配计划 本周　　% 累均　　%
		公猪　转出			
		公猪　死淘			
		公猪　存栏			
		空怀 母猪　转入			3. 流产 本周　　头 累计　　头
		空怀 母猪　转出			
		空怀 母猪　死淘			
		空怀 母猪　存栏			
		后母 母猪　转入			4. 返情 本周　　头 累计　　头
		后母 母猪　转出			
		后母 母猪　死淘			
		后母 母猪　存栏			
		妊娠 母猪　转入			5. 妊检空怀 本周　　头 累计　　头
		妊娠 母猪　转出			
		妊娠 母猪　死淘			
		妊娠 母猪　存栏			

续表

项　目　数　字			本周	累计	备注
分娩舍	产仔情况	预产胎数			1. 分娩率 本周　　% 累均　　% 2. 胎均活仔 本周　　头 累均　　头
		繁殖胎数			
		活产仔			
		死胎			
		木乃伊			
		畸形			
		总产仔			
	断奶	断奶仔猪数			
	变动存栏情况	转入母猪			28 日龄转出均重　千克 本周累均　　千克 仔猪周耗料　　千克 头日均　　千克 母猪周耗料　　千克 头日均　　千克
		转出	母		
			仔		
		死淘	母		
		死亡	仔		
		存栏	母		
			仔		
本周末存栏	保育舍	转入			49 日龄转出均重　千克 本周累均　　千克 仔猪周耗料　　千克 头日均　　千克
		转出			
		死亡			
		存栏			
本周末总存栏	育肥舍	转入			154 日龄出栏均重　千克 本周累均　　千克 料肉比：
		出栏			
		死亡			
		存栏			

（3）月报表：见表11-4。

表11-4　月度猪情况变动表

	期初存栏	转进或增加	转出	死亡	售淘汰	售肥猪	售仔猪	期末存栏
基础母猪								
后备母猪								
种公猪								
后备公猪								
哺乳仔猪								
育仔猪								
育成猪								
育肥猪								
合计								

报表人：　　　　　　　　　　　　　　　　　　　日期：

（4）快报表：见表11-5。

表11-5　猪场生产快报

存栏	总存栏(头)		产仔	产仔窝数	
	种公猪(头)			产活仔数	
	后备公猪(头)		断奶	断奶窝数	
	种母猪(头)			断奶头数	
	后备母猪(头)				
死亡头数		其中仔猪			
销售	数量	去向			
		联合体	肉联厂	企业单位	小贩
种猪(头)					
肥猪(头)					
淘汰猪(头)					
自宰(头)					
合计(头)					

（5）其他报表：见表11-6至表11-10。

表11-6为种猪淘汰登记表。

表 11-6　种猪淘汰报表

耳号	猪别	棚舍	淘汰原因	备注
技术员：　　　　　　年　月　日　场长：　　　　　　年　月　日				

表11-7为饲料使用登记表。

表 11-7　饲料使用登记表

舍号	猪别	料别	标准	头数	用量	总量	备注
1							
2							
3							
4							
5							
6							
7							
8							
9							
10							
合计							

表11-8为生猪出栏计划表。

表11-8　生猪出栏计划表

舍号	饲养员	转入头数	转入日期	转入日龄	转入均重	计划上市日期	实际上市头数	实际上市日期	实际上市日龄	实际上市均重	备注

计划上市：160日龄　　　　　　　　填报人：　　　日期：　年　月　日

表11-9为药品需求计划表。

11-9　药品需求计划表

序号	品名	规格	单位	数量	单价	金额	备注
1							
2							
3							
4							
5							
6							
7							
8							
9							
10							

表 11-10 为其他用品需求计划表。

表 11-10　其他用品需求计划表

1							
2							
3							
4							
5							
6							
7							

（二）报表填写规范

（1）所有车间原始报表必须用纸质填写，作为统计工作最基本的原始凭证。

（2）猪场车间原始报表由车间组长填写，各栋舍原始报表由饲养员填写。

（3）填写报表要求做到统计及时、数据准确、内容完整、格式规范、文字清晰，不得弄虚作假。

（4）所有原始报表必须当天填写当天汇总，做到日事日清，周事周毕，日清周结。

（5）休假者休假前必须与替班人员交代清楚报表的填报工作。

（6）人事变动时必须做好报表资料的交接工作，不得带走或销毁。

（7）猪场所有原始报表填写完后，交到上一级主管，经查对、核实后及时交给猪场场部财务统计；会计复核后，如有发现不实或有投诉，交由统计部门到生产线核实后再审核、复核签字，才能作为统计的原始凭证。

四、数据的处理

（一）数据统计基础术语

数据统计基础术语见表11-11。

表11-11　数据统计基础术语

饲养母猪数	包括后备母猪和基础母猪的总数
基础母猪数	已经至少配种一次并且未离场的母猪数
基础母猪天数	从第一次配种直到离场的天数之和
后备母猪	进入种群但还未分娩的母猪
生产天数	妊娠天数与哺乳天数之和
非生产天数	除开生产天数即为非生产天数，一般按年计算
非生产天数对效益的影响	每头断奶仔猪的盈亏平衡点×PSY/365＝1天NPD的成本
断奶-发情配种时间间隔	断奶后到发情的时间
PSY	平均每头母猪每年断奶仔猪数，也称为母猪年生产力
LSY	平均每头母猪每年分娩胎数，也称为胎指数，主要受非生产天数的影响
NPD	包括必须的非生产天数和非必须的非生产天数，非必须的主要受返情、流产、空怀、淘汰、死亡等影响，这些损失一定程度上会通过配种分娩率体现出来
死亡损失	配种后为分娩而死亡的母猪将大大地增加NPD，假设一头母猪妊娠113天时死亡，该死亡损失造成的NPD即113天

（二）数据统计

1. 生产数据统计　包括：返情流产空怀数、配种数（断奶、返情、流产、空怀）、分娩窝数、产仔数（健仔、弱仔、畸形、死胎、木乃伊）、断奶数、转群数、死亡数、淘汰数、购入数、销售数、各品种阶段猪只（包括基础母猪、后备母猪、妊娠母猪、临产母猪、哺乳母猪、空怀母猪、成年公猪、后备公猪、哺乳仔猪、保育猪、育成猪等）存栏数、待售猪只数。

2. 业绩指标统计　包括：断奶周配率、配种分娩率、失配率、返情率和流产率等，胎产总仔、健仔、弱仔、畸形、死胎、木乃伊胎和无效仔率等，窝平均断奶仔猪数、窝平均转保育正品仔猪数、净产量，以及成活率、死亡率、淘汰率、上市率、正品率等。

3. 消耗指标统计　包括：饲料、药物、低值易耗品、人工（计件工资）、水电等群栋批消耗量，各阶段、全程、全群等料重比，各阶段头药费，仔猪落地物料人工消耗成本、各阶段消耗增重头成本和斤成本等。

4. 性能指标统计　包括：日增重、100千克上市日龄、后备母猪初情日龄、胎龄结构、后备母猪利用率、公猪利用率、生产母猪更新率、生产公猪更新率、繁殖周期、年分娩胎次、年均窝产总仔数、每头母猪年提供断奶仔猪数（PSY）等。

（三）数据管理

1. 手工管理　小规模猪场（低于200头母猪）采用的管理方式。此类猪场母猪存栏少，员工操作电脑的能力有限，数据主要记录在母猪档案卡上或墙上，包括配种、返情、流产、分娩等信息，主要用于当前生产管理的实时指导，几乎未能发挥数据的积累及统计分析的价值。

2. EXCEL 管理　中等规模猪场（200~1 000头母猪）普遍采用的数据管理方式，对人员使用电脑的要求较高，同时还要有养猪专业知识作为基础。通过对上述基础数据的整理加工，计算一些指标如存栏、分娩率、成活率等，制作周报表及月报表。

3. 软件管理　软件的开发很好地解决了上述两种管理方式中存在的问题，大大提高了数据管理效率及其价值。目前市场上的猪场管理系统比较多，下面列举几种常用的软件及功能比较。

（1）国际知名软件：

Pig CHAMP：最广泛和知名养猪管理专业软件，美国明尼苏达大学等单位开发。

Pig WIN：新西兰软件，由 Massey 大学等单位开发。

（2）国内软件：GPS 猪场生产育种管理系统、GBS（猪场育种管理系统）、猪场超级管家、猪场综合信息管理系统（网络平台版）。

（四）数据分析方法

常用的生产数据分析方法有很多，且列举几个常用的方法如下：

1. 与生产标准比较为各类生产指标设立标准　将输出数据与标准比较，从而发现生产的优缺点，这是生产中最常用的方式。比如为胎均总仔、胎均断奶活仔、产房死淘率、保育死淘率等建立标准范围，超出则视为异常。

2. 同比、环比　所谓同比，即与往年同月进行比较；所谓环比，即与本年度往期比较（常常比较上个月情况），与往年同月比较，也可以大致判断生产的走势，从而判定生产的状况。比如分析本月配种分娩率，可以与去年同期比，也可与上月比较。

3. 横向对比　与规模相同的猪场对比。通过横向比较，发现本场的优势和不足，及时改进落后，提高生产成绩。

4. 分析数据变化趋势　可以借用往年同期或前几个月的数据变化规律，预测当前的生产状况。根据往年逐月的变化规律，判断生产情况是否偏离正常。

5. 与计划对比　年初或月初制订了各类生产计划，通过数据统计分析而当前猪场的实际执行情况，通过此类分析可实现生产的正确导向，避免方向偏差。

（五）数据分析

1. 图表分析　1 个 NPD 的成本可以通过下列公式简单测算。

假设一个农场的 PSY 为 18 头，每头断奶小猪价值 400 元，则一个 NPD 的机会成本 =（18×400）/365 = 19.7 元。如果农场有详细的财务管理，知道平均每头母猪的年费用，假设为 5 400 元，则真实的 1 个 NPD 的成本 = 平均每头母猪的年费用 / 365 = 5 400/365 = 14.8 元。图 11-1 所示为 PSY 的一个分解图，展示各个指标之间的相互影响关系。从配种至断奶阶段，不管 PSY 是多少，每头母猪平均的年费用基本上是固定的，所以断奶仔猪的成本主要由生产效率决定。

（1）PSY 图表分析：见图 11-1。

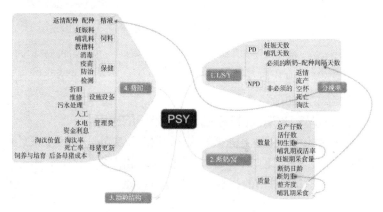

图 11-1　PSY 各指标的影响关系

（2）FVP 图表分析：见图 11-2。

图 11-2 所示为 FVP（全价值猪）的一个分解图，主要描述断奶至出栏阶段的生产效率及各指标的相互关系。其中，日增重是最核心的一个生产指标，受断奶猪品种、断奶日龄、断奶重、饲养密度及环境等因素影响。

2. 数据模型　在大量数据积累的基础上，可以进一步分析数据里体现的规律，制作数据模型用于生产上的指导及决策，如

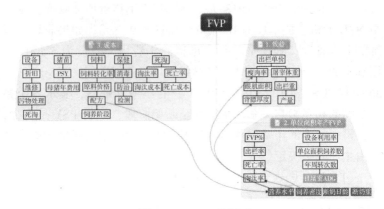

图 11-2　FVP 分解图

胎龄结构优化模型，每个猪场根据不同胎龄、品种的母猪大型养猪企业数据管理与信息化系统建设的生产表现及成本分摊，制定出更适合本场的最经济的胎龄结构。

（六）MS EXCEL 在养猪生产统计方面的应用

Microsoft Excel 是美国微软公司开发的 Windows 环境下的电子表格系统，是目前应用广泛的表格处理软件之一。

1. 统计学中常用的指标　平均数 average、标准差 stdev、变异系数 CV。

$$CV = 平均数/标准差 \times 100\%$$

2. 场长常用的统计学检验　连续性数据检验，符合正态分布，如日增重；非连续数据检验，如口蹄疫抗体数据；卡方检验（频率），如成活数、死亡数。

（1）连续性数据检验：

1）t-检验：两组样本检验，结果输出：P 值>0.05 差异不显著；≤0.05 差异显著；≤0.01 差异极显著。

2）方差分析：多组样本检验。总体差异极显著（P 值<

0.01）时，需进一步做组间多重比较。Excel 不具备做组间多重比较的功能，需要利用 Excel 自己动手计算。

（2）非连续性数据检验：需要将数据转换成连续数据，可以取对数转换。然后进行方差分析，同样，组间存在极显著的差异，需要进一步进行多重比较。

（3）卡方频率数据检验：如成活率、死亡率的检验不能用 t-检验或方差分析，因数据值有两种"状态"，要么是"死亡数"，要么是"存活数"，符合二项分布，应使用卡方检验。

五、数据管理与监控

（一）成立相应的组织机构（有专人管理）

猪场规模化后，需要处理的数据量比较大，需要成立专门的管理机构来完成数据的分析管理。

（二）建立制度

建立健全公司关于系统及数据管理办法。保证数据应用的科学性和安全性，数据管理要求系统安全性、稳定性，及时备份数据，系统用户分组合理、权限适当，更换登录人员必须及时更改密码；数据填报、录入、上报要求及时性、准确性；纸质数据必须定期整理、保存，保存期至少 8 年；计算机数据要存储数据管理的备份。

（三）几类报表的管理

报表包括：日报、周报、月报；主要技术指标情况；饲料、兽药投入品使用情况；猪群生长效率情况（生长速度、料肉比）；后裔性能测定及后备猪选留情况；后备猪补充情况；种群的优化情况；综合生产指标完成情况。

1. 当天日报、周报、月报 主要关注：存栏情况、分娩数量、配种数量、死亡数量、出售情况等。每日浏览日报（周报、月报），对于主要数据异常情况要过问，有问题责成相关技术人员进行分析，找出问题症结，提出解决方案。

2. 周报 除了关注死亡率外，还关注周配种数、分娩数、当期妊娠检查阳性率、周批次分娩率、周批次窝均产仔情况及存栏密度情况等，有些指标要与计划指标和历史同期指标对比。周报是对一周生产情况的准确记录。

3. 月报 关注配种、分娩情况、月死亡率情况、出售猪情况、存栏压力、投入品消耗情况、饲料效率、生长速度、猪群健康情况等。月报是对一个月生产情况的记录、分析。

（四）投入品监控

1. 饲料使用监控 根据猪场工艺设计情况、饲料饲喂方案、实际分娩数据、实际转群数据、各群猪饲养日情况和各群猪实际消耗饲料情况，通过数据整理分析，可以知道饲料使用是否合理。

2. 疫苗兽药使用监控 根据猪场免疫程序、实际分娩数据、实际转群数据、各群猪饲养日情况和各群猪实际消耗疫苗情况，通过数据整理分析，可以知道疫苗兽药使用是否合理。

3. 其他 对其他投入品也可监控，如水、电、煤、低值易耗品等。

（五）生产数据监控

1. 配种数量的监控 养猪要按照设计规模均衡生产，一般采用以周为单位批次生产，即每周一个批次，也可 3 周或 4 周一个批次，无论一个批次历经几周，每个批次都要求均衡的配种数量，否则会给产房带来栏位方面的压力，也不能有效地利用产栏。

2. 窝均产活仔数的监控 窝均产活仔数波动，在一定程度上反映了猪场在一段时间内试情、配种、输精及妊娠期管理的优劣。如果统计单一品种在一段时间范围内窝均产仔数会更有意义。

第二节　物联网养猪技术

物联网智能化养猪技术是规模化养猪发展方向，其技术核心是以猪舍探头、传感器和中央处理系统等物联智能设备，实时监控猪舍各项指标，对猪进行身份识别、发情监测、疾病诊断、环境控制、参与饲养管理整个过程等，自动化数据分析和现场处理的综合技术。

一、物联网养猪特征

（一）物联网养猪的概念

养猪物联网可以通俗地理解为，把与养猪所有相关的内容通过信息传感设备与互联网连接起来，进行信息交换，即物物相息，以实现智能化识别和管理。

（二）物联网养猪的特点

（1）养猪生产中利用物联网上部署了海量的多种类型传感器，每个传感器都是每个养猪环节的信息源，通过传感器获得的养猪数据，并不断更新数据。

（2）养猪物联网技术的重要基础和核心是互联网加上科学养猪技术管理要求，通过各种有线和无线网络与互联网融合，将猪体信息实时准确地传递出去。

（3）养猪物联网不仅提供了传感器的连接，其本身也具有智能处理的能力，能够对养猪过程进行智能控制。

（三）物联网在养猪中的应用

养猪物联网通过养殖环境信息的智能感知，安全可靠传输及智能处理，实现对养殖环境信息的实时在线监测与智能控制，健康养殖过程精细投喂，个体行为监测、疾病诊断与预警、育种繁育管理。

养猪业应用物联网技术营造相对独立的养殖环境，彻底摆脱传统养猪业对人员管理的高度依赖，实现养猪集约、高产、高效、优质、健康、生态和安全。

二、物联网技术原理和功能

（一）架构原理

物联网技术的应用可为现代养猪产业提供革命性的解决方案，全面深入的物联网养猪架构主要分为以下四个层次。

1. 感知层 通过传感器检测猪舍温湿度、氨气、光照、硫化氢、二氧化碳等环境参数，并由多个传感器结合无线射频技术和网络构成无线传感网络实现实时大范围的检测。

2. 传输层 通过 WLAN、CDMA、LTE 等移动宽带通信技术及 Zigbee 和 RFID 等短距离通信技术，以及公网传输、光通信网络、接入服务器等将上述大规模采集的环境无线传感数据传输到后台处理中心。

3. 处理层 基于 SOA 架构、webservice 后台服务、移动终端 APP 应用技术，采用先进的数据库和服务器技术及处理分析软件，如二维或三维的 GIS 地理信息系统来对处理的数据进行分析和处理控制。

4. 应用层 物联网通过采用数据挖掘、大数据处理技术结合云平台，对大量采集的猪场环境数据进行数学建模、分析，做出猪场环境或管理的合理判断、决策及预测等。

（二）主要功能

1. 实现物联网大节点低功耗数据的采集 物联网可以提供大规模的低功耗和大范围的无线通信检测节点，帮助大型或中小型养猪场进行各种环境和工作场景的检测。

2. 无线远程视频监控 通过物联网，用户随时随地通过智能手机或电脑可以观看到养猪现场实际影像；无线监控设备安装周期短、成本低、维护方便，对生猪、母猪等的生长进程可方便地进行 360 度远程监控。

3. 数据存储和分析 物联网技术养猪系统可对检测数据进行分析，给出日报、周报、月报和季报等分析报告，帮助用户发现管理问题并及时解决。

4. 远程控制 用户可以远程实时监控猪场各种状况，并通过物联网技术进行生产流程操作。根据需要还可以通过远程视频监控系统邀请专家，向猪场提供远程指导和治疗。

5. 环境检测信息报警控制 用户设定自定义的环境数据范围，超出范围时会发出报警信息以提醒用户解决或直接控制相关的猪场设备。

6. 手机移动监控 通过各种移动终端如手机、iPad 和电脑等实时查看各种由无线传感器模块传来的数据并根据设置阈值控制养猪现场的风机、卷帘等各种猪场环境控制设备，调节养猪现场的通风、温湿度、空气质量、光照、噪声等环境参数。

三、物联网技术应用条件和设计

（一）监控系统的硬件配置

在猪场管理系统中，所需的硬件配置如表 11-12 所列。

表 11-12　猪场管理系统所需硬件配置

序号	名称	数量
1	高清网络监控摄像头	6 台
2	工业级嵌入式网关	1 台
3	交换机	2 台
4	PC 智能控制盒	1 个
5	高功率无线继电器	6 个

续表

序号	名称	数量
6	氨气传感器	2个
7	硫化氢传感器	2个
8	Zig Bee CO_2 传感器	2个
9	Zig Bee 温湿度传感器	2个
10	Zig Bee 光传感器	2个
11	Zig Bee 基站	1个
12	AMP 5类 F/UTP 屏蔽电缆	600 米
13	光缆	2 000 米
14	服务器	1台
15	显示器	1台

（二）电子耳标识别

电子耳标是一种非接触性耳标系统，易于自动识别，它具有二维码耳标所不具备的防水、防碱、耐高温、使用寿命长、读取距离大（可在1米以外识读）、标识上数据可以加密、存储数据容量更大、存储信息可更改等优点，而且可以实现同时识别多个目标，从而达到猪只耳标识别的信息化和自动化。

电子耳标包括主标和辅标，辅标上设有锥体的耳标头，所述主标包括耳标面，耳标面上凸出有耳标颈，耳标颈的顶端设有与辅标耳标头形状相适配的锁孔，所述耳标颈内设有低频芯片，所述主标耳标面内设有频芯片。电子耳标可以将猪只的基本信息写入芯片中。工作人员只要手持一台无线手持终端，识读所需要跟踪的耳标，相关信息即在手持终端上显示出来。可根据此信息对其的日常采食、病史、免疫记录等进行相应的处理。

（三）监控网络设计

图11-3所示为大型养猪场监控系统的网络拓扑图，对大型

养猪场各个地点的猪舍进行监控。各个猪舍中的各类传感器和摄像头可广泛采集各种数据，并将数据通过网关传输到养猪场监控数据服务中心，以对获取的大量生猪养殖数据进行分析、处理及显示。

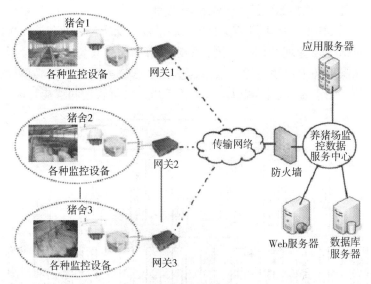

图 11-3 大型养猪场监控系统网络拓扑图

图 11-3 为猪场智能监控系统，可实现全过程监控、科学管理和即时服务。具体的系统功能包括视频监控功能、环境远程监测功能、环境调节设备远程控制功能和报警功能等。主要功能如下：

（1）视频监控功能可以实时地传送活动图像信息到用户客户端。同时，客户端还可以控制前端摄像机，改变摄像角度、方位、镜头焦距等，从而实现对现场大范围的观察和近距离的特写。

（2）通过环境远程监测和设备控制，可对现有猪场设备进行远程操作。

（3）利用报警功能，用户可根据需求在智能平台上设置阈值，当采集到的环境数据超过阈值的时候，系统可以进行自动报警。

（四）监控系统的 webservice 设计

图 11-4 所示为猪场智能化管理平台系统所包含的功能模块。它包括登录管理、系统首页、公告中心、信息总览、地理位置、特殊操作和用户注册等。其中，信息总览是本系统的核心模块，它包括用户管理、配置管理、监控管理、文章管理和智能管理。

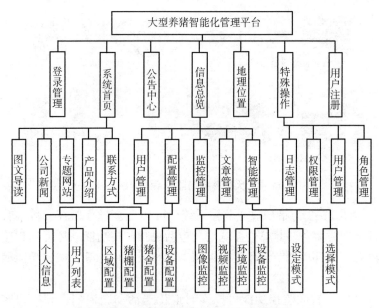

图 11-4　猪场智能化管理平台功能模块

1. 登录管理模块　主要实现管理员登录功能。成功登录后，系统可发送短信及邮件提醒。

2. 系统首页模块　主要包括图文导读、公司新闻、产品介绍、联系方式和专题网站5个部分。

3. 公告中心模块　主要实现后台编辑相关文章内容的展示。

4. 地理位置模块　主要实现代表猪场内区域的红色标注的地图展示。

5. 信息总览模块　主要功能包括监控管理、配置管理、用户管理和智能管理。

（1）监控管理包括图像监控、视频监控、环境监控和设备监控。

1）图像监控主要实现以图片形式对猪舍进行监控。

2）视频监控主要实现以视频播放的形式对猪舍进行监控。

3）环境监控主要实现综合性监控，包括设备控制及视频、环境数据的监控。

4）设备监控主要实现对设备进行监控管理，包括摄像头、网关、节点、继电器及其他水电气设备（如灯、风扇）等。

（2）配置管理是大型养猪场智能监控系统的一个重要模块，它主要实现区域配置、猪舍配置、猪棚配置和设备配置功能。

1）区域配置主要实现对养猪场区域的增删改查配置。

2）猪舍配置主要实现对猪舍的增加、删除、修改和查找配置。

3）猪棚配置主要实现对猪棚的增加、删除、修改和查找配置。

4）设备配置主要实现对设备的增删改查配置。

（3）用户管理主要包括个人信息管理与用户列表及操作管理。

1）个人信息主要实现对管理员信息的查看及修改，包括头像修改、密码修改和基本信息修改。

2）用户列表主要实现对用户基本信息的查看、修改及账号冻结和解冻等操作。文章管理主要实现"系统首页"和"公告中心"内容的编辑。

（4）智能管理主要实现对指定的猪棚设定相应的自动化管理模式。

6. 特殊操作模块 包括权限管理、角色管理、用户管理和日志管理。

（1）权限管理主要实现对系统用户的权限进行查询及编辑操作。

（2）角色管理主要负责对角色的增加、删除、修改、查找和为指定角色分配权限。

（3）用户管理主要实现用户角色授予的编辑及清空权限的操作。

（4）日志管理主要实现管理员有关写操作的记录。

7. 用户注册模块 主要实现注册新的管理员，但新管理员并没有任何权限，需要超级管理员后台授予相关权限。

（五）管理平台主要数据库设计

猪场实时监控过程中，各种数据汇集到智能监控系统信息平台所在的数据服务中心，中心可以使用 Oracle、My SQL 及 MS SQL Server 等数据库来管理及存储数据。该系统建立所涉及的主要数据表格包括用户表、网关表、传感器表、传感器数据表和控制命令表。各个表格之间用主键、外键之间的关系进行联系，这些表格的详细信息不再分别介绍。

（六）数据采集与传输

将采集的数据有效地传输到指定的存储介质或数据库中。养猪物联网系统的构建不仅需要采集个体的行为数据，更需要采集养殖的环境数据，由此构成了养猪物联网的两大类基础数据。

1. 个体的数据采集与传输方案 个体信息通过在指定生产的识读器中嵌入数据采集的模块，实现个体耳标的识别、数据采集与数据传输的一体化。在识读器识别个体耳标后，手工录入必要的数据，该数据将缓存于识读器中，或者通过无线通信信号上传至远程数据服务器中分类保存。

2. 养殖环境数据采集与传输方案 养殖环境（温湿度、关照强度、空气质量等）及体征行为是连续变化的。为营造猪只的舒适环境，满足猪只的福利、生理及生产需求，需要动态监测养殖区域（圈、栏）的环境参数，为精准化饲喂和环境动态控制提供参数。为此，国内外有关单位在传统的环境控制的基础上，将传感器技术与移动通信技术融合起来，获得了基于物联网技术的环境数据采集与控制方案。

四、物联网技术的应用介绍

猪场监控数据服务中心接收网关发来的传感器及视频数据，在对数据进行分析和处理后，通过 Web 服务器向用户展示。同时，用户可通过手机客户端或者 PC 客户端对远程设备进行控制，控制命令通过 Web 服务器转发给安装在猪舍中的网关。网关通过串口向继电器设备发送控制命令来实现通电电路打开和关闭，进而控制设备的运行。

（一）电脑控制系统应用介绍

1. 系统登录界面 管理员需要输入账号、密码及验证码，经后台验证通过后才算登录成功。

2. 位置显示 通过位置显示，可选择局部区域或者大范围区域进行查看。用户单击红点可看到该区的基本信息，并可进入该区域进行监控管理。

3. 数据管理 进入猪场数据管理界面，通过区域管理模块可实现对用户、养殖区、设备等静态信息的基本管理，包括增加、删除、修改和查询等操作。

4. 传感器实时数据分析处理及动态显示界面图 通过实时数据处理模块，可对收集的各种传感器数据进行处理，并通过报表的方式显示实时环境监控信息及网关下属传感器组成比例等信息。报表方式有折线图、时序分布图和饼状图等。同时，用户通过查看报表可更直观地了解猪场的实时环境信息。

5. 视频监控 用户进入养殖区域管理界面后，单击 Web 页面的相关链接，可以通过控制摄像头查看猪舍现场视频，观察猪的生长情况。同时，还可以对远程摄像头做出一些控制，比如上下左右地移动和拍摄存储等。

6. 设备的手动控制及智能化控制管理界面 用户通过查看猪场不同区域的数据分析后，如发现环境因素不在合适的范围内时，可主动对远端的相应设备进行控制，还可实现温湿度调节、光照调节及加强空气流通性等。例如，当温度过高的时候，对风扇、水帘（电磁阀）进行控制，实现对猪舍的降温处理；当空气中的有害气体成分过高时，对门窗、风扇等进行控制，加强空气的流通性等。

同时，为了避免对猪舍环境调节的不精确性及人工监控的不足，还可以通过设置"智能模式"来实现对猪场环境的智能化调节。通过设置传感器的参数，并启用该模式，服务器将会传输相关的配置参数到不同的网关，并将智能化控制参数存储到网关的嵌入式数据库中。网关根据嵌入式数据库控制命令管理表格中的参数，对各自收集的数据做出分析处理，在无须人工干涉的情况下，就可实现对设备的智能控制，达到自动调节的目的。

（二）手机客户端监控管理

手机客户端的用法主要是根据使用者的习惯来设计的。手机客户端页面大致有欢迎页面、登录页面、区域显示页面、个人信息页面、数据动态页面、控制调节页面、图像监控页面和警报分析页面等。

为了开发大型养猪场智能化管理平台手机客户端并实现其主要功能，需要实施以下几个主要步骤，包括搭建软件开发框架、收集程序开发资料、手机客户端和服务端交互、手机客户端显示数据、手机客户端控制设备、播放实时视频及警报分析等。

（三）精准饲喂控制

实施精准饲喂，必须是以猪只个体为单元，因此需要按个体采集数据，实现具有差异性的个性化饲喂，已在母猪的饲喂与控制上取得了成功。

母猪生产力水平代表了一个国家养猪业的科技含量，不仅影响饲养成效，而且影响着成本控制，通过智能化的数字控制，满足母猪不同个体的生理变化及营养需求的动态变化，具有"私人定制"的特点，最终提高母猪的生产力水平。

物联网母猪饲喂系统具有典型的物联网核心技术特征，包含感知、数据采集与传输及饲喂控制的 3 个层面，因此可称为母猪精准饲喂物联网系统。

母猪进入门采用传感器与电动门及中央控制器协同工作的方式，提高了猪只有序进入饲喂器的效率；根据感知的猪只信息，通过上位计算机显示其历史档案，决定饲喂的频率与数量，实施具有阈值设定下的自动饲喂，实现了基于感知、数据分析及饲喂控制的闭环控制，基本达到了无人控制下按母猪个体体况的精细化饲喂。

五、养猪管理软件介绍

（一）GPS 猪场生产管理信息系统与 GBS 种猪育种数据管理与分析系统

GPS 猪场生产管理信息系统与 GBS 种猪育种数据管理与分析系统是由北京佑格科技发展有限公司联合中国农业大学及国内众多知名种猪生产企业联合开发的生产管理与育种数据处理软件，二者数据共享，方便种猪生产场的管理。主要包括以下界面功能：

（1）综合统计分析。

（2）种猪生产成绩分析。

（3）生产转群情况分析。

（4）饲料消耗情况分析。

（5）兽医防疫情况分析。

（6）购销情况的统计分析。

（7）场内当前猪群状况统计分析。

（8）日常工作安排（日常监督）。

（9）种猪淘汰工作指导。

（10）种猪个体信息查询。

（二）猪场管家

猪场管家是一款专业为中、大型养猪企业用户推出的管理应用系统软件。通过猪场管家，用户可以很方便地对自己的产业进行管理和统计，而且猪场管家 APP 支持多终端同步使用。主要界面功能有：

（1）母猪资料管理。

（2）公猪资料管理。

（3）仔猪资料管理。

（4）私聊管理。

（5）繁殖记录管理。

（6）猪只盘点管理。

（7）配种记录管理。

（8）变动记录管理。

（9）注射管理。

（10）生产录入。

（11）数据统计。

第三篇

养猪生物安全篇

随着养猪规模化和养猪产业化的快速发展，出现了疫病复杂性、防控艰巨性的普遍现象；这就要求养猪从业者必须把生物安全体系建设放到第一位。

猪场生物指养猪生产过程中对病原微生物、转基因生物制品及其产品、外来有害微生物等生物体对人类、猪体和生态环境可能产生潜在风险或现实危害的防范和控制。

猪场生物安全体系建设包括：猪场外部环境、猪场内部环境两大方面。猪场外部环境包括：猪场选址、猪场建造、养猪模式、工艺技术等；猪场内部环境包括：科学管理、种猪引进、饲料安全、消毒免疫、安全用药等。

第十二章　猪场生物安全基础知识

第一节　猪病发生原因和免疫机制

猪病的种类很多，包括传染病、寄生虫病、内科病、外科病、产科病、营养代谢病及中毒性疾病，而危害最严重的是传染病，其特点是大批发生，发病率和死亡率高，严重影响养猪业的发展，造成巨大的经济损失。

一、猪病发生条件

传染病是指由病原微生物引起的，具有一定潜伏期和临诊表现，并具有传染性的疾病。传染病的流行必须具备 3 个互相联系的环节，即传染源、传播途径和易感受体。

（一）传染源

传染源主要是指病原能在其中繁殖并被排出体外的动物机体和其他生物媒体（如昆虫、猫、鼠等）。对于患病动物和带毒（菌、虫）动物主要采取隔离、尽早诊断、治疗和淘汰的方法，并与定期和经常性地对圈舍消毒等措施相结合。传染源中细菌和病毒区别如下。

1. 病毒　病毒是 DNA（脱氧核糖核酸），与蛋白质一样，是由氨基酸合成的。病毒是一种非细胞形态的微生物，它体积小，只能用电子显微镜才能观察到。它无细胞壁，由基因组核酸和蛋白质外壳组成，是必须在活细胞内寄生并复制的非细胞型微生物。

2. 细菌　细菌是微生物，与蛋白质一样，是由氨基酸合成的，包括真细菌和古生菌两大类群。其中除少数属古生菌外，多数的原核生物都是真细菌。可粗分为6种类型，即细菌（狭义）、放线菌、螺旋体、支原体、立克次体和衣原体。通常所说的即为狭义的细菌，是一类形状细短，结构简单，多以二分裂方式进行繁殖的原核生物，是在自然界分布最广、个体数量最多的有机体，是大自然物质循环的主要参与者。

细菌主要由细胞壁、细胞膜、细胞质、核质体等部分构成，有的细菌还有荚膜、鞭毛、菌毛等特殊结构。绝大多数细菌的直径大小在0.5~5微米。可根据形状分为三类，即球菌、杆菌和螺形菌（包括弧菌、螺菌、螺杆菌）。

还有一种利用细菌的生活方式来分类，分为两大类：自养菌和异养菌，其中异养菌包括腐生菌和寄生菌。

3. 细菌和病毒的区别和联系　在一定的环境条件下，细菌和病毒都可以在机体中增殖，并可能导致疾病发生。

（1）细菌：较大，用普通光学显微镜就可看到，它们的生长条件也不高。由于细菌有它的生长及代谢方式，常用抗生素对付它。

（2）病毒：比较小，一般要用放大倍数超过万倍的电子显微镜才能看到。病毒没有自己的生长代谢系统，它的生存靠寄生在宿主和细胞中依赖其他的代谢系统。也是因为如此，目前抗病毒的特殊药物不多。

（二）传播途径

传播途径是指病原体从某一传染源到达另一易感动物所经过的途径或方式。传播途径可分为直接接触和间接接触两种。

1. 直接接触　指经过交配、啃咬而传播。直接接触在没有外界因素参与下，传染源与易感者直接接触而引起的传播。如猪的狂犬病是被疯狗咬伤后感染而发病。

2. 间接接触　大多数传染病则以间接接触为主，如通过空气、飞沫、土壤、被污染的饲料和饮水及人员往来、交通工具进行传播，也有经过昆虫的叮咬或啮齿动物活动而传播，如猪乙型脑炎。因此，必须根据这些传播媒介的活动规律加以预防或杀灭，从而达到防治疾病的目的。

（三）易感染性

易感染性是指机体对某种疾病病原的敏感性，这取决于机体本身和外在因素。猪只抵抗力越弱则易感性越大，抵抗力越强则易感性越小。保护易感机体（降低易感性）主要通过下列三种不同的途径来实现。

1. 抗病育种　选育抗病性强的猪品种（品系），使猪获得天然免疫力。

2. 加强免疫接种　免疫接种是贯彻疾病"防重于治"的重要措施，至少在目前对发病急、死亡率高的一些烈性传染病和尚未有效治疗药物的疾病，尤其是病毒病是必需的。

3. 改善饲养管理　提高猪只的健康水平，创造猪群生长的最适环境，减少疾病发生的诱因，最大限度地发挥其生产潜力。

二、感染与免疫

感染与免疫是密不可分的。感染使猪体产生免疫力，结果又阻止感染。感染强调微生物的病原性及其过程，而免疫则强调微生物的抗原性。免疫可分为非特异性免疫和特异性免疫。

（一）感染

感染是指病原体侵入机体，在体内繁殖，释放毒素和酶或侵入细胞，造成细胞损伤的一系列病理变化过程。能够引起感染的病原主要是病原微生物（如细菌、病毒）和寄生虫等。这些能够引起感染的病原微生物即感染源，感染源可分为外源性和内源性。

1. 外源性　外源感染是指存在于外界环境（如土壤、空气、水等）、昆虫体内或带菌（毒）动物中，通过直接接触或间接接触能从一个个体（或群体）传播到另一个个体（或群体），造成疾病的流行，即存在于动物体外的感染源引起的感染。而有时猪体内存在的某些微生物在正常情况下对机体不致病（是否对机体有害尚不能定论），两者和平共处，而当机体抵抗力下降，或因长途运输、应激因素等，这些微生物异常活跃起来并大量增殖，就对机体产生致病性；或者离开原来的生活环境，发生易位定殖，转而对机体有害，导致发病。

2. 内源性　存在于体内的感染源引起的感染是内源性感染。当饲养管理不当、长途运输或其他应激发生时，猪体抵抗力下降导致疾病发生。

3. 感染后果　取决于病原微生物与机体之间的相互作用。一般感染的后果有以下三种。

（1）显性感染：指病原微生物侵入机体后，机体出现一定的症状。它是由病原微生物的数量、毒力及侵入的门户所决定的，也与机体的免疫力有关。病原微生物突破了机体的免疫屏障对机体造成病理损伤，猪出现明显的临床症状。

（2）隐性感染：指侵入的病原体尽管能在一定部位生长和繁殖，但不出现临床症状。这是因为机体与病原体之间的斗争处于平衡状态。隐性感染是否成立，则取决于猪的免疫状况和病原特性及两者相互斗争的结果。猪的免疫力不高，但又有一定抵抗力，不足以将病原体消灭，这是发生隐性感染的一个常见原因。隐性感染有的则是由于病原的特性造成的，一方面病原感染了处于非易感日龄的猪而不发病，但仍可起到携带病原的作用。隐性感染猪尽管不出现症状但仍有可能排出病原成为散毒者，也可以不排毒但成为病毒的储藏者。无论何种情况，隐性感染猪在疾病的流行上具有重要的流行病学意义。

（3）痊愈：指病原被消灭或排出体外，机体恢复健康。它是感染与抗感染免疫的理想结局。造成这种结局的原因有三个：

1）机体不是该病原的理想宿主。

2）机体迅速动员自身的免疫力将病原消灭。

3）敏感药物抑制或杀灭了病原微生物。

（二）免疫

免疫与感染是一对矛盾，没有感染就不可能产生免疫，但免疫的目的是消除感染，保证动物的健康。但有时感染却抑制免疫。

1. 免疫的机制　免疫可分为非特异性免疫和特异性免疫两种。

（1）非特异性免疫：指机体对侵入抗原的非特异性防卫功能，如吞噬、炎症、屏障作用等。

（2）特异性免疫：可分为细胞免疫和体液免疫两种类，表12-1。

12-1　猪的特异性免疫的分类和机制

免疫种类	细胞免疫	体液免疫
概念	是由T淋巴细胞识别抗原引起的，并由效应T细胞和巨噬细胞介导的免疫应答，它不能通过血清传递，但能通过淋巴细胞传递	是B细胞产生的抗体参与的免疫应答
基本过程	（1）抗原加工和向T细胞提呈（抗原包括内源性抗原和外源性抗原） （2）T细胞的抗原识别和激活（识别与MHC分子结合的复合体） （3）效应阶段：T细胞激活后产生辅助T细胞的细胞毒性细胞	（1）抗原的加工和B细胞向辅助性T细胞的提呈 （2）辅助T细胞和T细胞的相互作用（淋巴细胞分化增殖） （3）效应阶段（清除抗原）

续表

免疫种类	细胞免疫	体液免疫
参与的因子	T细胞、TK细胞、NK细胞、TH细胞、记忆T细胞、迟发性变态反应淋巴因子激发性T细胞、放大T细胞	IgA、IgE、IgD、IgG、IgM
作用对象	外源性抗原：细胞外细菌、真菌、寄生虫合成的蛋白质，疫苗及其他蛋白内源性抗原：细胞内合成的病毒抗原和肿瘤抗原	激活补体：调理作用，使吞噬作用增强，中和毒素和感染过程

2. 免疫方式 猪对病原体的免疫力可分为先天性免疫和获得性免疫两种。

（1）先天性免疫主要与遗传因素有关，即抗病力。

（2）获得性免疫：用生物制品接种而产生的各种免疫力都属于获得性免疫，它可分为被动免疫和主动免疫，二者又可分为天然的和人工的免疫（表12-2）。

表12-2 获得性免疫的分类

	被动免疫	主动免疫
人工	通过给猪注射高免血清或康复猪血清的方式而产生的免疫	指用活疫苗、灭活疫苗免疫猪而产生抗体，靠自身产生免疫力
天然	仔猪从母猪初乳中获得母源抗体	自然感染康复后产生的免疫力
临床意义	主要用于：①患病猪的紧急治疗；②做好母猪的免疫工作，使仔猪从初乳中获得抗体保护	①是疫病预防的主要方式，但应正确选择疫苗的种类和制定合理的免疫程序；②从免疫猪或病愈康复猪获得血清；③紧急接种，如猪瘟、伪狂犬病发生时的紧急接种

3. 抗体产生的规律 无论是用活疫苗还是用灭活疫苗（菌苗）来免疫动物，尽管产生抗体的快慢和维持的时间不尽一致，但抗体产生的规律基本上是一致的，即具有经过初次应答、再次

应答和回忆应答等特征。

（1）初次应答：初次接触抗原后，未活化的 B 细胞克隆被抗原选择性激活，进行增殖分化，大约经过 10 次分裂，产生一群浆细胞克隆，导致了特异性抗体的产生，这个过程称为初次应答。在初次应答时，依次产生了 IgM 和 IgG，产生抗体所需时间称为潜伏期或诱导期。在这一时期动物机体尚不具备抵抗病原入侵的能力。

（2）再次应答：当机体再次接触到相同的抗原时，尽管被抗体中和一小部分，但随后迅速产生更高水平的抗体，维持时间较长。再次应答的特点有：潜伏期短，产生抗体水平高，IgG 占优势。但再次应答是建立在初次应答的基础上，没有基础免疫就谈不上再次应答。疫苗的加强免疫就是为了激发再次应答，使机体产生更高水平的抗体。

（3）回忆应答：抗原刺激机体后产生抗体，经过一段时间后，抗体滴度逐步下降。此时机体若再次接触抗原物质，可使已消失的抗体迅速上升，称为回忆应答。免疫回忆应答主要依靠 T 细胞和 B 细胞的记忆细胞。在实际工作中，要充分理解并灵活运用抗体产生的规律来防治猪的传染病。

1）做好基础免疫：保护动物在抗体产生的诱导期中避免病原微生物的入侵。主要是通过加强饲养管理。通常，活苗、灭活苗和类毒素产生抗体的潜伏期分别为 3~4 天、1 周和 2~3 周。

2）重视加强免疫：尽管基础免疫后产生了一定水平的抗体，但加强免疫可激发机体的再次应答，产生的抗体水平更高和维持时间较长。

（三）猪群免疫力影响因素

1. 疫苗问题　疫苗是免疫成败最重要的因素，它包括疫苗本身的质量、疫苗的储存和运输、使用。

（1）质量因素：疫苗的质量是由生产厂家、冷链运输和储存环境决定。对猪群产生免疫力高低影响甚大。

1）冻干疫苗：需要低温保存，而且保存时间不宜过长。随保存温度的升高，其保存时间相应缩短。在-15℃以下时其保存时间多在一年左右，在4~8℃时其保存时间仅有6个月左右，当温度更高时其保存期还会大大缩短。这类疫苗应当严格实行冷链运输和储存，切忌反复冻融、忽冷忽热或阳光照射，否则会造成部分抗原的失活致效价下降或失效。

2）液体疫苗：又分油佐剂和水剂苗，这类疫苗储存方法是在4~8℃条件下冷藏，有效期18个月。切忌冻结，也不宜储存于高温环境中。

（2）疫苗的使用：冻干苗是否失真空，油佐剂苗是否破乳，有无变质、有无异物、是否过期，保存中有无因保存不当而致失效等。如发生上述情况时，这些疫苗均应废弃不用。

1）冻干苗：严格按照疫苗所要求的方法进行稀释，稀释液应先放在4~8℃冰箱内预冷，稀释后的疫苗应按规定的方法保存并在规定的时间内使用；使用时要检查真空度，失真空的疫苗质量肯定有所下降，应弃之不用。用注射器稀释疫苗时，注射器中的液体会自动滴入疫苗瓶中，无须用手推注，否则疫苗即失去真空。这个细节在实施接种前必须加以观察。保证疫苗注射剂量的准确和注射的密度；使用活菌疫苗免疫后在规定时间内不得对猪只使用抗菌药物；防止注射疫苗后的不良反应；对注射器械、注射部位等严格消毒，防止交叉感染，每注射一头猪后均应更换针头，防止疫病的血液传播。

2）灭活苗：灭活苗必须充分摇匀后再使用，尤其是放置一段时间后的组织灭活苗和铝胶苗。油剂苗不应出现破乳现象，如油剂苗出现油相和水相分层的则不用。因为即使手工摇匀也难以使抗原与佐剂充分混匀，免疫时会造成不同猪只免疫抗原剂量不等，导致部分猪只免疫失败，成为潜在的感染者。鉴于此，油剂苗的储存切忌冻结，否则会造成破乳。

2. 免疫程序问题　猪场根据养猪的生产特点，按照各种疫苗的免疫特性，合理地制定预防接种的次数、剂量、间隔时间，这就是免疫程序。当前猪场免疫程序存在以下问题：

（1）思想不重视：对免疫重要性认识不够，不重视结合本场实际科学合理的免疫程序，此现象在中小型猪场比较突出。

（2）盲目照搬现象严重：缺乏疫病防控专业知识，生搬别的猪场免疫程序，难以达到预期。

（3）免疫流于形式：重视免疫有没有执行，不重视免疫效果。

3. 猪群自身的问题

（1）健康状况：体格健壮、发育良好时，注苗后产生较高免疫力；而体弱、有病、生长发育较差的猪，注射疫苗后易发生不良反应，所产生的主动免疫力也较低，重症猪易发生早产、流产或影响胎儿发育。在无疫情时对这类猪的疫苗注射可暂缓进行。饲料霉变、药物使用不当等各种原因引起的中毒也会影响猪群的免疫力，导致猪群免疫失败。

（2）营养因素：抗体的化学本质是免疫球蛋白，是一种由众多氨基酸组成的蛋白质，因此如果猪饲料中蛋白质或氨基酸的供给不足或缺乏蛋白质合成所需的微量元素或维生素，抗体的生成就没有足够的原料，很难保证产生较高效价的抗体。

（3）其他疾病的干扰：猪群在发生免疫抑制性疾病时，影响猪的免疫力，导致猪群免疫力低下而致免疫失败。

三、猪病类别、发生过程、流行特点和防控趋势

（一）猪病分类

猪病的种类很多，包括传染病、寄生虫病、内科病、外科病、产科病、营养代谢病及中毒性疾病，而危害最严重的是传染

病，它往往是大批发生，发病率和死亡率很高，严重影响养猪业的发展，造成巨大的经济损失。生产中通常分为两大类：传染病和普通病。

1. 传染病　包括细菌性、病毒性和寄生虫病。

2. 普通病　包括内科病、外科病等。

（二）发病过程

当病菌入侵机体时，体内被免役组织和细胞被动员起来一起对付病原体，按猪病的发生、发展及转归可分为四期。

1. 潜伏期　指病原体侵入机体起，执行机体警戒任务的辅助性T细胞能快速识别，向机体发出警报，这段至首发症状时间一般称为潜伏期。不同传染病其潜伏期长短各异，短至数小时，长至数月乃至数年；同一种传染病，不同个体潜伏期长短也不尽相同。通常细菌潜伏期短于蠕虫病；细菌性食物中毒潜伏期短，短至数小时；狂犬病、获得性免疫缺陷综合征其潜伏期可达数年。推算潜伏期对传染病的诊断与检疫有重要意义。

2. 前驱期　是潜伏期末至发病期前，出现某些临床表现的一短暂时间，一般1~2天，呈现乏力、发热、皮疹等表现。多数传染病看不到前驱期。前驱期内机体会出现以下三个特点。

（1）防御屏障：自然杀灭细胞是一种机体警戒力量，不需要抗原警报，可立即在机体内寻找和杀灭侵入病毒和细胞，但需要快速增员力量。

（2）快速增员细胞：巨噬细胞（白细胞）对辅助性T细胞转来的警报作出应答，帮助处理病原体，尤其是细菌、真菌和被病毒入侵的细胞，能够识别敌人，联络辅助性T细胞去动员B细胞来驰援。

（3）首要防御力量：B细胞的武器是抗体，完全动员需要14天的时间（接种免疫疫苗）在机体遭到病原体攻击时，能快速建立防御型屏障，同时动员机体的巨噬细胞攻击入侵病原体，与另一种辅助性 T 细胞给 B 细胞组织所需的武器（有用的抗体）做好和病原体战斗的准备。

3. 发病期（症状明显期）　是各传染病之特有症状和体征，随病日发展陆续出现的时期。症状由轻而重，由少而多，逐渐或迅速达高峰。随机体免疫力的产生与提高趋向恢复。抗击病原体侵入的各种应答体系建立之后，B 细胞开始消灭入侵抗原，这时机体需要大量能量，出现大量能识别病原体的抗体。

4. 康复期　病原体完全或基本消灭，免疫力提高，病变修复，临床症状陆续消失的时间。多为痊愈而终局，少数疾病可留有后遗症。处于机体战斗状态的辅助性 T 细胞侦查到机体已经胜利。开始解除大部分机体抗原，如果没有这种细胞，处于战斗状态的免疫部队除了攻击病原体外，还可以攻击机体健康细胞，所以康复期内，机体需要稳定的恢复。

（三）疫病流行特点、防控措施

1. 流行特点　当前猪病流行特点归结为四点：

（1）猪病种类增多，混合感染居多：猪病以多种细菌加多种病毒混合存在，原发、继发、并发相替进行。主要的流行性猪病：繁殖与呼吸道综合征（PRRS）、猪伪狂犬病、猪圆环病毒 2 型感染（PCV2）、流行性感冒（SIV）、猪喘气病等。

（2）母猪繁殖障碍性疫病增多。原有的母猪繁殖障碍性传染病主要有猪流行性乙型脑炎、弓形虫病和猪瘟及猪布鲁分枝杆菌病。现在又增加了猪蓝耳病、猪圆环病毒病及猪传染性胸膜肺炎等，当几种病原混合感染时母猪流产现象最为严重。

（3）猪的呼吸道疾病日益增多。目前，在猪疫病中，猪呼吸道疫病最为常见，发病率高达 80%，死亡率 5%～30%，给养殖户造成很大的经济损失。常见的有猪蓝耳病、猪传染性胸膜肺炎等。

（4）猪免疫抑制性疫病导致的免疫失败。目前，引起免疫抑制的疾病主要是猪圆环病毒2型感染、猪蓝耳病。除此之外，母猪隐性感染猪瘟野毒后也可造成免疫失败。

2. 防控措施 猪病防控是一个系统工程，需要国家与政府，行业者与消费者切合实际的配合结合，并以法律法规的规范与科技手段的结合才能奏效。

（1）国家与政府：政府应出台相应的法律法规与配套政策措施来规范行业行为。

1）改变现行以散养为主的养猪模式、交易模式，严格执行集中定点屠宰。

2）立法以保证标准化健康养殖体系的建立与执行。

3）改变过分依赖疫苗和药品的现状，以生物安全为主，疫苗免疫为辅；扶正保健为主，去邪保健为辅。

4）修改标准，修改不适应猪用生物制品的标准，监控生物制品生产与流通的各个环节，以确保疫苗质量，杜绝疫源性疾病问题。

5）加强对敏感病原的免疫监测，以便制定合理的免疫程序，淘汰带毒猪。

6）加强对无公害的扶正功能保健品等来控制猪病以代替抗生素的系统研究。

（2）强调"防"重于"治"的思想：提高猪场的饲养管理水平，降低疫病的发生和感染机会，有效控制烈性病的传播，始终贯彻"防重于治"的理念，在工作安排上，"防"占据重要地位，改善条件、加强管理、接种疫苗、严格消毒、增加猪群抗病体质，使猪群处于健康状态。

（3）处理好个体和群体在猪病防治中的作用：猪群防治重视个体，更要特别重视群体，应着眼于整个猪群的情况，及时消除猪群隐患，紧急情况下及时淘汰个体病猪，力保群体安全。

（4）养猪场：总的趋势是走无公害的猪病防控道路。

1）新建的养猪场要保证从场址选择、猪舍设计、建造等方面满足生物安全防控需要。

2）有优良健康的种猪保证，实行全进全出，保证良好的环境的关键设施设备，满足猪场需要，搞好平时饲养管理以保证猪只健壮，是预防疾病的基础。

3）通过以卫生消毒为主的生物安全体系，尽量减少病原微生物进入猪场。

4）做好免疫抑制病因的预防是猪病控制的重中之重。

5）在病源监测和免疫监测的基础上，结合疫苗的发展现状，确定重要传染病的免疫，制定科学合理的免疫程序是控制猪病的配套措施。

6）改变预防保健观念，保证猪体健康。

第二节　猪病临床诊断技术

猪病临床诊断是兽医专业的一门专业技术，是养猪生产中非常简单和普遍的诊断方法，通过借助一些简单的器械（如体温表、听诊器等）直接对病猪或病死猪进行检查，临床诊断简便易行，也是最基本的诊断方法。

一、临床检查的内容和方法

（一）临床检查目的

以诊断为目的，应用于临床实际的各种检查方法称为临床检查法。临床检查能够快速、准确地掌握猪群发病情况、发病症状和发病危害，为正确、全面的诊断和分析病情做出全面、系统的判断。

（二）临床检查的基本方法

临床检查的基本方法主要包括：问诊，视诊，触诊，叩诊，听诊，嗅诊。包括现病史和既往史、饲养管理情况。

因为这些方法简单、方便、易行，在任何场所对任何动物均可实施并且多可直接地、较为准确地判断病理变化，所以一直被沿用为临诊的基本方法。

1）现病史：发病时间与地点、疾病的表现、发病的经过、饲养人员估计到的致病原因、猪群的发病情况。

2）既往史：以前得过什么病、水平传染、缺乏症。

二、系统性检查诊断

（一）体表检查

1. 精神　健康的猪，尾巴活动自如，不停地摇摆，且能迅速灵敏地对外界刺激做出反应。贪食好睡，若喂食则应声而来，吃饱后倒地就睡。如果肉猪精神不振、两眼无神、眼角有眼屎、背脊发硬、头尾下垂、常趴在墙角落或行走摇晃，则为病猪。

2. 皮肤及毛色　健康的猪，皮肤光滑圆润，毛色光亮，肌肉丰满富有弹性。如果猪皮粗硬且缺乏弹性，表面发现肿胀、溃疡、红斑、烂斑、疹块，特别是出现针尖大小的出血点，指压不褪色，表明该猪患传染病。

3. 特定姿势　猪的卧地姿势有侧卧和平卧两种。当处于寒冷状态时，猪的四肢缩于腹下而平卧，以减少躯体与寒冷地面的接触。猪呈犬坐姿势提示呼吸困难，常见于肺炎、心功能不全、胸膜炎或贫血。如猪站立时头颈向前伸直也表示有呼吸障碍。患有胸膜炎的猪通常弓背站立。有跛行的病猪，通常不愿站立或是倚栏而立。有严重的前肢跛行的猪常常以鼻触地来避免前肢负重。

4. 体型体态　体型体态也可以反映健康状况，营养状况应与同栏猪比较。架子猪的体表不应有明显的骨结构，而应背弓腹圆，但过分弓背或驼背，且脊柱、肋骨或盆骨外凸均属异常。腹部应充盈但不膨胀。成年猪站立时背部平直或微弓，两侧腹壁平坦或微凸。

5. 观察呼吸　由于猪呼吸频率的正常范围较大，故应把病猪的呼吸频率与同栏健康猪进行比较。肺炎、心功能不全、胸膜炎、贫血、劳累和疼痛均可引起呼吸加快；肺炎和胸膜炎可引起腹式呼吸。视诊之后，可根据需要将猪保定起来做仔细的全身检查。

6. 采集皮屑　用解剖刀刮取皮屑至微微出血。可用矿物油、10%氢氧化钾或甘油将皮屑从皮肤上转移到玻片上或试管内。除观察皮肤的颜色外，还可以通过测定脉搏和心脏听诊来检查心血管系统。

（二）体温检查

1. 健康的猪体温　受生理因素（年龄、性别、品种、神经类型、生产阶段、营养状况等）、状态（剧烈运动、兴奋、采食、咀嚼等）、环境气候条件（地域、季节、气温、湿度、风力等）等方面的影响而引起一定的生理性波动。猪的正常体温为38.5~39.5℃，不同年龄猪的生理参数见表12-3。

2. 体温测量方法　测定体温时，以直肠温度为准。一般用水银式体温计进行测定。方法是先将体温计水银柱甩至35℃以下，用消毒棉球擦拭后涂上润滑油剂，一手将猪尾根提起并推向对侧，另一手持体温计插入肛门中，放下尾部，用夹子将温度计固定于尾毛上，3~5分钟后取出读数。排除生理性因素和其他正常因素影响后，体温的增减即属异常。

12-3　不同年龄猪的生理参数

年龄	直肠温度（℃）（±0.3℃）	呼吸（次/分）	心率（次/分）
初生猪	39.0	50~60	200~250
哺乳仔猪	39.2		
断奶猪（9~18千克）	39.3	25~40	90~100
架子猪（27~45千克）	39.0	30~40	80~90

续表

年龄	直肠温度（℃）（±0.3℃）	呼吸（次/分）	心率（次/分）
肥育猪（45~90千克）	38.8	25~35	75~85
妊娠母猪	38.7	13~18	70~80
公猪	38.4	13~18	70~80

（三）呼吸系统检查

（1）除了在最初视诊时要观察呼吸外，对呼吸系统的检查还要检查鼻漏是浆液性的、脓性的还是血性的，以及口鼻部解剖结构是直的、弯的还是短的。

（2）看鼻盘及呼吸。健康的猪，鼻盘潮湿、有汗珠，颜色稍红而清洁，无污浊黏液。病猪鼻盘干燥无汗、龟裂或附有较多污浊黏液，鼻孔有大量鼻涕溢出。健康的猪呼吸均匀，每分钟10~20次。感冒、发烧、中毒、患传染病的猪，呈腹式呼吸，呼吸加快或困难。

（四）消化系统检查

1. 口腔检查　首先检查牙齿的状况，牙龈是否损伤和感染，是否有水疱和溃疡。腹部应当圆鼓。猪粪的正常颜色为棕黄色、棕绿色或暗棕色，主要取决于采食饲料的种类。如果粪便变红、变黑或变黄，特别是含有血液或黏液时，均表明胃肠道机能紊乱。正常质地的猪粪应能成形，掉到地上后能稍稍散开。只有在各种疾病状态下，猪粪才会呈水样或过于干硬。

2. 肛门及粪便检查　健康的猪，肛门干净无粪便。粪便从外观上分两种：一是腹泻，二是便秘。腹泻又分两种：一种是水样腹泻，二种是糊状。如发现肛门周围污秽，尾巴粘有稀粪或肛门内直肠脱落或尾下垂不动弹，提示患有消化道疾病或其他疾病。健康猪的粪便呈结节状、松散，外表光滑湿润。如发现粪便干硬或稀软，甚至呈水样，可见未消化的饲料有的粪便外表附有黏液或黏膜，色泽异常，甚至有血液，则为病猪。

（五）泌尿生殖系统检查

1. 母猪生殖系统外观检查 阴门应稍稍隆起，并呈一定角度以便于交配。健康母猪阴道黏膜的颜色为粉红色。有时可见外阴肿胀、撕裂或血肿等异常情况。产后母猪从阴道内排出一定量的恶露是正常现象，但恶露过多、呈脓性或难闻的臭味，则表明有异常情况。

2. 公猪生殖系统检查 检查两个睾丸是否大小一致，阴囊皮肤颜色是否完整，触诊可发现发热、疼痛和质地异常。对阴茎的检查应先拉出阴茎，然后察看是否有损伤、溃疡、畸形、粘连和系带紧张等异常情况。检查包皮应注意包皮憩室是否有溃疡、是否蓄积尿液。

3. 尿液检查 健康猪的尿液为无色或淡黄色，尿液澄清透明。如尿液浑浊不透明则为病猪。健康猪在采食后饮水或有规律地饮水。如出现无规律或饮水量过大或长时间不饮水则为病态。病猪常啃食泥土、墙壁。

（六）视力系统检查

一般检查有无结膜炎、分泌物和视力。长期过量的眼泪生成或鼻泪管阻塞将导致内侧眼角下部皮肤的污染，形成不同程度的泪痕。

三、猪病分类诊断

（一）发热类疾病

发病猪异常表现较多的症状主要集中在体温、皮肤、消化、呼吸、精神、运动等方面，其中体温的变化较为明显。

1. 根据病猪体温升高程度划分 可分为微热、中等热、高热及最高热4种。

（1）微热：临床体温升高 $0.5 \sim 1.0 \, ℃$ ，一般多见于局限性的炎症及轻微的病症。如一般性感冒、口腔炎等。

（2）中等热：临床体温升高 1~2℃，常见于消化道、呼吸道的一般性炎症及某些急性、慢性传染病，如胃肠炎、支气管炎等。

（3）高热：体温升高 2~3℃，临床多见于急性感染性疾病与广泛性的炎症，如猪瘟、蓝耳病、综合感染性猪高热病、流感、大叶性肺炎等。

（4）最高热：体温升高 3℃以上，临床多见于急性、烈性传染病，如炭疽病等。有时内科热射病与日射病也会出现最高热的情况。

2. 根据病猪发热后呈现的曲线不同划分　又可分为 5 种热型。

（1）稽留热：高热持续数天或更长时间，且昼夜温差在 1.0℃以内。

（2）弛张热：体温升高后维持时间较长，昼夜温差在 1.0℃以上，而不降至常温。

（3）间歇热：发热期和无热期较有规律地相互交替，间歇时间较短并且重复出现的一种热型。

（4）回归热：与间歇热相似，只是发热期和无热期间隔的时间较长，并且发热期和无热期的出现时间大致相等，常见于亚急性和慢性传染性疾病。

（5）不定型热：体温变动极不规则，无一定规律性，见于许多非典型经过的疾病。

（二）呼吸系统异常类疾病

健康猪正常呼吸 10~20 次/分钟，受生理和外界条件影响，出现一定的变化。

1. 呼吸次数增多类疾病　多见于病变影响呼吸器官、支气管、肺、胸膜的疾病；伴有发热类的疾病；心脏衰弱及贫血、失血性疾病；膈的运动受阻、腹内压升高或胸壁疼痛类的疾病；脑及脑膜充血，炎症初期及某些中毒性（如亚硝酸盐中毒）疾病等。

2. 呼吸次数减少类疾病　多见于脑室积水引起的颅内压升高或某些中毒与代谢紊乱、上呼吸道高度狭窄等。伴有呼吸式与呼吸节律改变者，常提示预后不良。

3. 呼吸困难　此为临床最为常见的症状。主要表现为呼吸时，吸气、呼气费力，时间显著延长。病猪弓背，肷窝变平，腹部缩小，肛门突出，有明显的二段呼气。肋弓明显下陷，出现喘沟，呼吸越困难，喘沟越深。呼气时，由于腹部肌肉强力收缩，腹内压增大，故肛门突出，吸气时肛门反而陷入，称为肛门抽缩运动。出现该症状一般有5种情况：

（1）肺源性呼吸困难：主要病变发生在肺部，由于肺部出现广泛性病变，有效呼吸面积减少，肺活量降低，肺泡弹性减退或细支气管狭窄，肺泡内空气排出困难引起。

（2）心源性呼吸困难：是心功能不全（心力衰竭）的主要症状之一。因心脏血液输出量的减少，肺循环障碍，肺换气受限，导致缺氧和二氧化碳滞潴留。病猪表现混合性呼吸困难的同时，伴有明显的心血管系统症状，运动后心跳、气喘更为严重，肺部可听到湿啰音。临床多见于伴有心功能障碍类的疾病。

（3）血源性呼吸困难：严重贫血时红细胞和血红蛋白减少，血氧不足，导致呼吸困难，尤其运动后更为显著。

（4）中毒性呼吸困难：因毒物来源之不同，可分为内源性和外源性两种。内源性常见于代谢性酸中毒和败血症。外源性主要是采食了有毒物质。

（5）神经性呼吸困难：主要是中枢神经系统障碍所致。

（三）消化道异常类疾病

临床消化道异常主要表现为病猪采食和排便发生变化。临床出现无食欲、采食减少或废绝，一般情况下判断猪已患病。猪的正常排便次数与采食饲料的次数、数量、质量有密切关系。正常情况下猪每日排便6~8次。病理情况下主要表现为：

1. 便秘 表现排便费力，次数减少，粪便干硬，如小球状。

2. 腹泻 频繁排便甚至排粪失禁，粪便呈稀糊状甚至水样。下痢是各种类型肠炎的特征。

3. 失禁 多为肛门括约肌弛缓或麻痹所引起，可见于荐部骨髓损伤或脑的疾病。引起顽固性腹泻的各种疾病，也常伴有失禁现象。

（三）精神与运动类疾病

1. 沉郁 因大脑皮层轻度抑制引起。病猪多表现头耷拉，眼半闭，站立不动，弓腰收腹，反应迟钝，呼唤或驱赶，伸腰懒动。多见于发热类疾病，一定程度的缺氧或血糖过低，发热引起代谢性酸中毒所致。同时出现嗜睡、狂躁、抽搐、痉挛等现象。

2. 运动失调 病理情况下，大脑、小脑、中枢神经系统障碍，或腹泻引起电解质平衡紊乱，或发热引起的体液酸碱平衡失调等，均可出现运动失调现象。

（四）皮肤变色类疾病

皮肤变色类疾病主要表现为充血性、瘀血性、出血性皮肤发红、红斑、紫斑、黑褐斑、斑块、斑疹等。常发部位多在四肢末梢，躯体内侧及口腔、肛门、脐部周围。大致可分为充血性皮肤斑疹、出血性皮肤斑疹和单纯性皮肤疱疹3种。

四、剖检和病料送检技术

（一）尸体剖检准备工作

进行尸体剖检，尤其是剖检患传染病尸体时，剖检人员既要注意防止病原的扩散，又要预防自身的感染，因此必须做好准备工作。

1. 剖检时间 病猪死亡或人为宰杀后应尽早进行解剖。时间过长尸体会发生变化，造成识别病变困难。一般死后尸体应在 24 小时内进行剖解（尤其夏季），时间过长，易腐败分解，失去剖检意义。

2. 剖检地点 最好在有一定设备的病理解剖室进行。如果必须在现场进行，可选择远离生产区的偏僻地方进行，严防因解剖造成疫病的扩散和传播。

3. 用具选择 使用专用的解剖工具。准备剖检器械和消毒用的药品。剖检时常用的消毒液为 0.1% 新洁尔灭溶液、3% 来苏儿溶液。病理材料固定液为 10% 甲醛溶液和 75% 酒精。为防止剖检人员感染，还应准备 3% 碘酊、70% 酒精、棉花、纱布等。

4. 解剖取样 剖检人员应边进行剖检，边采集病料，供病理组织学检查及病原学检查之用。

5. 尸体、污物处理 剖解后的尸体、污水、污物，也都必须进行严格的深埋、焚烧等无害化处理，对场地进行全面消毒，运送尸体的工具等要严格消毒与处理，污染的土层和草料，应深埋或火毁。

（二）剖检技术

1. 对体表和组织的检查

（1）病死猪用自来水冲洗掉体表粘上的粪污。然后由头向后躯检查各天然孔（口、鼻孔、眼、耳、肛门、阴门）有无分泌物及排泄物，数量和性状、气味、黏膜的颜色，接着检查头部、颈部、前肢、胸部、腹部、后肢、臀部和皮肤颜色及形状、腹围大小、被毛光泽、关节大小、蹄部情况等。检查时应注意倒卧侧，倒卧侧皮肤颜色发绀，并且舌向倒卧侧垂出口角。

（2）体表、天然孔和皮肤检查完以后，剖检猪多取背卧位，使尸体仰卧，用刀沿两前肢内侧切断肩胛骨前缘的肌肉，在肩胛软骨上方切断斜方肌，然后切断肩胛骨后缘肌肉、胸肌、腋下血管和神经，最后切断肩胛骨上内方附着的肌肉至皮下，向前沿下颌骨内侧切至颌下，让两前肢倒向两侧；在股关节上面切断臀肌，然后沿两侧腹股沟于股骨大转子和坐骨结节之间切断股二头肌、半膜肌和半腱肌，切断股骨内侧各肌肉及关节囊中的纤维囊状韧带、圆韧带，两后肢倒向两侧。将四肢与躯体分离，又要保持一定的联系，使尸体平稳地呈仰卧状，这样可以借四肢固定尸体，避免尸体左右倾斜。必要时可剥去皮肤。在剥皮时应注意皮下脂肪量和颜色、血管状况、断端流出血液颜色、黏稠度、是否凝固、肌肉颜色等，体表淋巴结大小、颜色、周围组织状况及其切面是否外翻、颜色等。

（3）体表淋巴结和肌肉检查完后，由下颌部位起切向胸骨柄，沿肋软骨与胸骨结合处用刀切至耻骨前缘，将下颌及颈部皮肤、胸骨和部分腹壁切除下来，胸腔和腹腔就暴露出来了，胸腹腔是否积水和是否有炎症即可一目了然。

2. 各内脏器官的检查

（1）腹腔器官的检查：

1）胃：观察胃的大小、充盈度、浆膜颜色，然后沿胃大弯将胃剪开，注意胃壁的厚度、胃内容物的性状、黏膜的颜色、有无出血或溃疡面及黏膜下有无积液。

2）小肠：小肠肠系膜血管充盈度，脂肪是否丰润，肠系膜淋巴结大小、颜色、切面情况、浆膜颜色，肠管充盈度。剖开肠管，肠管壁厚度，肠内容物颜色、数量、性状、气味、黏膜状况等。

3）大肠：结肠与盲肠浆膜颜色，肠系膜状况，是否有水肿或出血，肠腔内容物的多少、性状、颜色，肠黏膜颜色，有无溃疡和出血。

4）肝脏：颜色，被膜是否光滑，边缘是否钝，切面是否外翻，肝的质度、胆囊大小，胆囊壁及周围组织状况，黏膜颜色，有无溃疡。

5）脾脏：颜色，被膜是否紧张光滑，边缘有无出血性坏死，脾脏大小、质度、切面状况等。

6）肾脏：肾周围脂肪多少，肾包膜是否容易剥脱，肾的大小、颜色，肾表面有无出血灶与梗死灶，切面是否外翻，皮质与髓质部的状况，肾乳头与肾盂的情况，有无积尿。

7）膀胱：大小，内容物性状，黏膜颜色，有无出血现象。

（2）呼吸系统检查：

1）喉头黏膜颜色，会厌软骨黏膜有无出血，喉头腔有无积液，积液性状。

2）气管黏膜颜色，气管腔有无积液。两侧大小。

3）肺膜是否光滑，各个部位的肺小叶颜色，切面状况等。

（3）心脏检查：要着重观察心包是否积液，心外膜是否光滑，冠状沟、纵沟脂肪量和颜色，有无出血，心肌颜色、质度。心耳内外膜和两侧心室的内膜，以及两房室孔瓣膜的状况，心室是否积血，凝固状况等。

（4）脑的检查：要特别注意脑软膜充血和出血变化，脑室是否增大，大脑切面灰质与白质的变化。

尸体剖检中，因临床表现不典型，仅凭肉眼观察难以确诊时，必须采取病理材料送诊断室做进一步检验。

（三）病料的采取

1. 生物检验材料的采取和送检

（1）急性败血性疾病：可采心血、脾、肝、肾和淋巴结等。

（2）有神经症状的病猪：可采脑和脊髓等。

（3）心血、浆膜腔积液：可用消毒吸管或注射器吸取脓汁和阴道分泌物，可用消毒棉球收集后放于消毒试管内。

（4）病毒性疾病：可将所采取的组织放入50%甘油盐水溶液中，不同病料要分装，不可混合。血液涂片和组织触片固定后，可在玻片间用火柴梗隔开后包扎寄送。

2. 中毒病料的采取和送检　采集肝、胃等脏器的组织、血液和较多的胃肠内容物，装入清洁的容器内，并注意切勿与任何化学试剂接触和混合，密封后在冷藏条件下（装有冰块的保温瓶）送出。

3. 病理组织材料的采取和送检

（1）病理组织材料：要做到系统、全面，才不致有所遗漏。特别是在病情不明的情况下，更应如此。但有时也可根据剖检所见和疑似病变等具体情况，有重点地采取组织。

（2）采取的组织块厚度一般不超过5毫米，面积应在1.5~3平方厘米，切面要平整。但通常第一次所取组织块要大些。以便固定后再重新修整组织块，同时，还可留下部分组织备用。

（3）所取组织块通常固定在不少于5~10倍以上体积的10%福尔马林溶液中，容器底部垫上脱脂棉，以防组织固定不良和变形。当组织漂浮于固定液面时，可覆盖脱脂棉或纱布。胃肠、胆囊、膀胱等黏膜组织，切取后，将浆膜面贴于硬纸上，徐徐放入固定液中。切勿用手触及黏膜，也不要用水冲洗，以免改变其原有的颜色和微细结构，固定时间12~24小时。当组织块很多，为避免混淆，可将组织块分类固定，几个病例的材料放在同一容器时，应先将每一病例的组织块附以标签，分别用纱布包好，再放入固定液中。

（四）细菌分离培养和采集

1. 事先消毒　采取病料所用器械都应事先消毒，确保无毒无菌，采样时应无菌操作。如果动物已死亡，取样应注意如下几点：

（1）对急性死亡的：从耳尖或四肢末梢血管取血制成涂片，染色镜检，在排除炭疽后方能剖检取样。

（2）采取病料的时间：原则上是越早越好，夏季要在动物死亡后 2 小时内采取病料。

（3）为了提高病原微生物的阳性分离率，采取的病料要尽可能齐全，除了内脏、淋巴结和局部病变组织外，还应采取脑组织和骨髓，以防遗漏。

（4）认真填写好病料送检单和剖检病理变化记录。

2. 病料的采取方法

（1）内脏器官：采取心、肺、肝、脾、肾等有病变的组织及其淋巴结，无病变时也要采取，无菌剪取 1~2 厘米大的方块，分别装入灭菌容器内。

（2）血液：要全血时，无菌采取血液 10 毫升，立即注入装有 0.5% 肝素溶液 0.1 毫升或 7% 枸橼酸钠溶液 1 毫升的灭菌试管内，并立即混合均匀。分离血清时，将无菌采取的血液直接注入灭菌试管，待血液自然凝固后分离血清。从尸体采取血液时，可用灭菌注射器或吸管从右心房抽取。

（3）粪便：可用棉拭子插入肛门蘸取，或扑杀病猪后由肠管采取，立即放低温下保存。

（4）脓汁：先将表面清洁消毒，然后以灭菌注射器或吸管抽取深部的脓汁；若是开口化脓灶或皮肤、黏膜表面化脓，可用灭菌棉拭子浸沾脓汁后，放入试管中。

（5）皮肤和黏膜：采取病变局部的皮肤和黏膜及其所属淋巴结，放入甘油溶液中。

（6）脑和脊髓：无菌采取脑及脊髓 1~2 厘米大的方块，放入甘油盐水溶液中。

（7）胆汁：用灭菌注射器抽出后放入灭菌试管中。

（8）肠和胃：剪取有病变的部位，也可将肠管一段（6~8 厘米）用线扎紧两端后剪下送往实验室。

（9）乳汁：先用消毒药液洗净乳头及其附近，弃去最初挤出的几滴乳汁，然后采乳约 10 毫升放入灭菌试管内。

（10）流产胎儿：可将整个胎儿用塑料薄膜包紧，装入箱中送检。

（五）病毒分离用样品的采集与保存

采集用于病毒分离样品，其原则是尽可能采集新鲜样品。最理想的时期，是在机体尚未产生抗体之前的疾病急性期。濒死动物的样品，或死亡之后立即采集的样品也有利于病毒分离。采集样品的选择一般是：呼吸道疾患采集咽喉分泌物；中枢神经疾患采集脑脊髓液；消化道疾患采集粪便；发热性疾患和非水泡性疾患采集咽喉分泌物、粪便及全血；水疱性疾患采集水疱皮和水疱液。若是尸体剖检后采集样品，一般是采集有病理变化的器官或组织。不同的病毒病采集的样品各有不同，样品的采集对于疾病的检测与定性非常重要。

1. 血液样品　每个病猪抽取 10～15 毫升全血，使其自然凝固分离血清。将血清置于灭菌瓶中于低温冰箱中保存。待 2～3 周后再抽血一次分离血清。有时也用枸橼酸钠或肝素抗凝血或脱纤血进行病毒分离或血细胞分类。

2. 组织器官样品　死后立即采集，直接放入灭菌瓶中，不加防腐剂。

3. 粪便样品　直接放入灭菌试管中或对半加入含复合抗生素的上述平衡盐溶液。

（六）血清学试验材料的采取和送检

1. 血样制备注意事项

（1）在疾病发展期的病猪耳静脉和前腔静脉采血，或在刚死尸体的心脏内，采血量根据需要 3～5 毫升即可满足常规血清学检验的需要。

（2）利用一次性注射器采血后，要使注射器内留有一定的空隙便于析出血清，也可注入消毒干燥的试管内使其凝结。

（3）采血后可把血样先置室温 2 小时或 37℃ 温箱 1 小时，

以利于血液的凝固，析出血清。

（4）有条件的单位可自己分离出血清送检以减少红细胞的破裂溶血。

（5）血清应在冷藏条件下送往实验室，最好在 3 天以内送检，以防止血清抗体效价的降低，导致诊断误差的出现。

2. 送检血清注意事项

（1）明确送检目的，是抗体监测还是疾病的诊断。

（2）抗体的监测随机有代表性地对各阶段的猪只采血即可。疾病感染的检测对于血清样品有一定的要求，恰当选样有助于结果的诊断。

（3）疾病的诊断一般采集的为发病猪只的血样，但为便于结果的分析比较，健康无病的猪只也要抽检几份便于结果的分析。

（4）对于送检血清的背景一定要清楚，比如疫苗的注射情况、发病猪只的剖检情况、用药情况，这样便于有针对性地进行检测和结果分析。

第三节　猪病实验室诊断技术

病原学诊断、血清学诊断和分子生物学诊断都属于实验室诊断；实验室诊断是猪病诊断的重要手段，它是确定病原体和病原体感染状况的客观依据。

一、病原学诊断

病原学诊断是细菌与病毒等病原微生物的分离鉴定，是一项很基本的确诊方法。

（一）细菌分离与鉴定

1. 培养基的制备　目前通常采用现成的各种干粉培养基成

品，用蒸馏水配制而成，此种培养基使用方便，可直接应用进行各种培养基的制备。

（1）普通培养基：①营养琼脂。②鲜血琼脂。

（2）特殊培养基。

2. 细菌的培养

（1）病料的处理：采集的病料在接种培养前，应对其性状进行观察并做记录，各种病料在分离培养前均应涂片，作革兰氏染色、镜检，以了解细菌的形态、染色特性，并大致估计其含菌量。通过肉眼观察和显微镜下看到的结果，对病料中可能含有的病原菌做出最初步的估计。如果病料是病变组织，又是用无菌方法采集的，在接种前一般无须做特别处理。但如果病料被杂菌污染严重，则需根据要分离的病原菌的特性，采用一些对病原菌无害但对杂菌有杀灭或抑制作用的方法，以抑制杂菌生长。有些病料（如乳汁、尿等）含菌太少，则应先做集菌处理，然后接种，以提高检出率，其集菌方法有离心法和过滤法。离心法取沉淀物作培养物；过滤法取沉积于滤板上表面的病料做培养。

（2）细菌的分离与接种：培养细菌时，须将标本或细菌培养物接种于培养基上，常用接种方法有如下几种。

1）平板画线接种法。本法为最常用的分离培养细菌的方法，通过平板画线后，可使细菌分散生长，形成单个菌落，有利于从含有多种细菌的标本中分离出目的菌，分离培养用的平板培养基应表面干燥，可于临用前置37℃孵育箱内30分钟，这样既表面干燥有利于分离培养，又使培养基预温，对培养某些较娇弱的细菌有利。

2）斜面接种法。采用该法目的是进行纯培养。其方法是从平板分离培养物上用接种环挑取单个菌落或者是取纯种，移种至斜面培养基上，先从斜面底部自下而上画一条直线，再从底部开始向上画曲线接种，尽可能密而匀，或者直接自下而上画曲线接种。

3）倾注接种法。此法适用于乳汁和尿液等液体标本的细菌计数。其方法是取原标本或经适当稀释的标本 1 毫升，一般是（10-1）～（10-5）倍稀释，置于直径 9 厘米无菌平皿中，倾入已溶化并冷却至 50℃左右的培养基约 15 毫升，立即混匀待凝固后倒置于 37℃培养 18～24 小时，做菌落计数。

其他还有穿刺接种法和液体接种法等。

（3）细菌的培养方法：根据培养细菌的目的和培养物的特性，培养方法分为一般培养法、二氧化碳培养法和厌氧培养法 3 种。一般培养法是将已接种过的培养基，置于 37℃培养箱内18～24 小时，需氧菌和兼性厌氧菌即可于培养基内生长。少数生长缓慢的细菌，需培养 3～7 天直至 1 个月才能生长。为使培养箱内保持一定湿度，可在其内放置一杯水。培养时间较长的培养基，接种后应将试管口用塞棉者塞后用石蜡凡士林封固，以防培养基干裂。

3. 细菌的鉴定 通过分离培养获得的病原菌，必须达到不含有其他微生物的纯培养程度，才能进行系统鉴定。系统鉴定就是通过病原菌的形态结构、生长特性、生理生化特性、抗原性和病原性大小等检测，并用已知标准免疫血清确定分离细菌的属、种和型。微生物鉴定的程序通常是根据其形态、生长、生化特性等定种，最后根据抗原的免疫血清学检测定型。

4. 细菌血清型鉴定及血清学试验 细菌抗原结构比较复杂，有存在于细胞壁的菌体抗原（O 抗原），运动性的细菌在菌体抗原之外还有鞭毛抗原（H 抗原），它具有不同的种、型特异性。包围于细胞壁外面的抗原称表面抗原，包括种、型特异性很强的荚膜抗原及 Vi 抗原和 K 抗原。此外还有存在于某些革兰氏阴性杆菌表面的菌毛抗原。从抗原的特异性程度可区分为：存在于属间细菌所共有的共同抗原，这种抗原的存在，只能表明其属性。

另一类抗原为特异性抗原，只存在于特定的种、型，是最后确定细菌种、型的重要依据。血清型鉴定是微生物鉴定的特异方法。

5. 细菌毒力测定　病原性细菌致病能力的强弱称为毒力。通常毒力越大，致病性就越强。同一种病原菌，因菌株不同，致病力大小也不相同，有强毒、弱毒和无毒株之分。用来表示微生物毒力大小的单位有最小致死量（MLD）或最小感染量（MID）和半数致死量（LD_{50}）或半数感染量（ID_{50}）两种。

（二）病毒的分离与鉴定

1. 病毒分离前样品的实验室处理方法　病毒含量较高的样品浸出液或体液，可不经过病毒分离直接用于诊断鉴定。病毒含量较少的样品，则需通过病毒的分离增殖来提高诊断的准确性和鉴定的可靠性。病毒分离首先要对样品进行适当的处理，然后接种实验动物或培养的组织细胞。

（1）组织器官样品：用无菌操作取一小块样品，充分剪碎，置乳钵中加玻璃砂磨或用组织捣碎机制成匀浆，随后加 1~2 毫升 Hank's 平衡盐溶液制成组织悬液，再加 1~2 毫升继续研磨，逐渐制成 10%~20% 的悬液；加入复合抗生素；以 8 000 转/分钟离心 15 分钟，取上清液用于病毒分离。

（2）粪便样品：加 4 克的粪便于 16 毫升 Hank's 平衡盐溶液中制成 20% 的悬液；在密闭的容器中强烈振荡 30 分钟，6 000 转/分钟低温离心 30 分钟，取上清液再次重复离心；用 450 纳米的微孔滤膜过滤；加二倍浓度的复合抗生素。然后直接用于病毒分离或进行必要的浓缩后再行病毒分离。

（3）无菌的体液（腹水、骨髓液、脱纤血液、水泡液等），可不做处理，直接用于病毒分离。

（4）病毒分离样品脂类物质的去除：有些病毒样品（如组织样品）脂类和非病毒蛋白含量很高，必要时在浓缩病毒样品之前可用有机溶剂（如正丁醇、三氯乙烯、氟利昂等）抽提。方法是将预冷的等量有机溶剂等量加入样品中，强烈振荡后以1 000转/分钟离心5分钟，脂类和大量非病毒蛋白将保留在有机相中，病毒保留在水相中。应当注意的是，病毒必须对这些有机溶剂有抗性。

二、血清学诊断

在猪流行病诊断调查中，对致病原因作微生物学培养，查找致病病原菌，属病原学诊断。当分离出原菌后，为作证实，将分离的病原菌再和患猪血清作抗原抗体凝集试验，作为病因确证，称为血清诊断。血清学诊断具有特异性与针对性。这是实验技术得到应用的必然条件之一。另一方面，是实验技术的简单化，如试剂盒的出现，使之易掌握、易应用，这也是被应用的条件之一。

（一）凝集类试验

凝集类试验包括普通凝集试验、血凝和血凝抑制试验、间接血凝试验和反向间接血凝试验、乳胶凝集试验。

（二）沉淀类试验

沉淀类试验包括琼脂凝胶免疫扩散试验、环状沉淀试验、絮状沉淀试验。

（三）中和类试验

中和类实验包括病毒毒价的测定、中和试验。

（四）补体结合类试验

补体结合类试验包括抗体稀释法补体结合试验、补体稀释法补体结合试验。

（五）变态反应类试验

（六）标记类试验

标记类试验包括免疫荧光技术、酶联免疫吸附试验（ELISA）、免疫酶技术、放射免疫分析。

（七）其他血清学试验

其他血清学试验包括免疫电镜技术、病毒蚀斑技术、变态反应。

三、分子生物学诊断

分子生物学诊断即应用分子生物学的手段对猪病进行诊断。通过测猪体内遗传物质的结构或表达水平的变化而做出诊断的技术。利用主要指编码与疾病相关的各种结构蛋白、酶、抗原抗体、免疫活性分子基因的检测。这些手段包括核酸探针技术、单克隆抗体技术、核酸扩增、核酸电泳、免疫印迹技术、图谱分析、核酸序列分析、DNA 芯片技术。且以前三种手段应用更多。分子生物学诊断对实验室条件和仪器设备及技术力量要求较高。

四、常见猪病的实验室检测

（一）猪瘟抗体检测

进行猪瘟抗体水平检测的试验主要是间接血凝试验。

1. 试验原理　抗原与其对应的抗体相遇，在一定的条件下会形成抗原抗体复合物，但这种复合物的分子团很小，肉眼看不见。若将抗原吸附（致敏）在经过特殊处理的红细胞表面，只需少量抗原就能大大提高抗原和抗体的反应灵敏性。这种经过猪瘟抗原致敏的红细胞与猪瘟抗体相遇，红细胞便出现清晰可见的凝集现象。

2. 试验器材与试剂　96 孔 1 100～1 200 伏型医用血凝板；0～100 微升可调微量移液器；塑料嘴；猪瘟间接血凝抗原（诊断液），每瓶 5 毫升，可检测血清 25～30 头份；阴、阳性对照血清，每瓶各 2 毫升；样品稀释液每瓶 10 毫升；待检血清每份 0.2～0.5 毫升（56℃水浴灭活 30 分钟）。

3. 操作步骤

（1）加稀释液：在血凝板上 1~6 排的各 1~9 孔；第 7 排的 1~3 孔，第 5 孔；第 8 排的 1~12 孔各加稀释液 50 微升。

（2）稀释待检血清：取 1 号待检血清 50 微升加入第 1 排第 1 孔，并将塑料嘴插入孔底，右手拇指轻压弹簧 2~3 次混匀（避免产生过多的气泡），从该孔取出 50 微升移入第 2 孔，混匀后取出 50 微升移入第 3 孔，直至第 9 孔混匀后取出 50 微升丢弃。此时第 1 排 1~9 孔待检血清的稀释度（稀释倍数）依次为 1：2、1：4、1：8、1：16、1：32、1：64、1：128、1：256、1：512。各孔的血清倍数可表示为 $1:2n$。取 2 号待检血清加入第 2 排第 1 孔，同样按上法稀释；取 3 号待检血清加入第 3 排第 1 孔，直到第 6 排。注意：每取一份血清时，必须更换塑料嘴一个。

（3）稀释阴性对照血清：在血凝板的第 7 排第 1 孔加阴性血清 50 微升，对倍稀释至第 3 孔混匀后丢弃 50 微升。此时阴性血清的稀释倍数依次为 1：2、1：4、1：8。第 5 孔为稀释液对照。

（4）稀释阳性对照血清：在血凝板的第 8 排第 1 孔加阳性血清 50 微升，对倍稀释至第 12 孔，混匀后从该孔取出 50 微升丢弃。此时阴性血清的稀释倍数依次为（1：2）~（1：4 096）。

（5）加血凝抗原：被检血清各孔、阴性对照血清各孔、阳性对照各孔、稀释液对照孔均各加血凝抗原（充分摇匀，瓶底应无血球沉淀）25 微升。

（6）振荡混匀：将血凝板置于微量振荡器上振荡 1~2 分钟，如无振荡器用手轻摇匀亦可，然后将血凝板放在白纸上观察各红血球是否混匀不出现血球沉淀为合格。盖玻板，室温下或 37℃ 下静置 1.5~2 小时判定结果，也可延至第 2 天判定。

4. 判定标准

"–"表示红细胞 100% 沉于孔底，完全不凝集（血球全部沉入孔底形成边缘整齐的小圆点）。

"+"表示约有25%的红细胞发生凝集（血球大部沉于孔底，边缘稍有少量血球悬浮）。

"++"表示50%红细胞出现凝集（少量血球沉入孔底，大部分血球悬浮在孔内）。

"+++"表示75%红细胞凝集。

"++++"表示90%~100%红细胞凝集。

5. 结果判定　移去玻板，将血凝板放在纸上，先观察阴性对照血清1∶8孔，稀释液对照孔，均应无凝集或出现"+"凝集；阳性血清对照（1∶2）~（1∶256）各孔应出现"++~+++ +"凝集合格；在对照孔合格的前提下，再观察待检血清各孔以呈现"++"凝集的最大稀释倍数为该份血清的抗体效价。例如1号待检血清各孔，以呈现"++~++++"凝集，第7孔呈现"+ +"凝集，第8孔呈现"+"凝集，第9孔无凝集，那么就可以判定该份血清的猪瘟的抗体效价为1∶128（1∶2⁷）。接种猪瘟疫苗的猪群免疫抗体达到1∶16（即第4孔呈现"++"凝集）为免疫合格。

6. 注意事项　勿用900或1 300血凝板，以免误判；污染严重或溶血严重的血清样品不宜检测；如为冻干诊断液，检测前，必须加稀释液浸泡7~10天方可使用，否则易发生自凝现象；用过的血凝板应及时冲洗干净，勿用毛刷或其他硬物刷洗板孔，以免影响孔内光洁度；使用血凝抗原时，必须充分摇匀，瓶底应无血球沉积；液体血凝抗原4~8℃储存有效期4个月，可直接使用，冻干血凝抗原4~8℃储存有效期3年；如来不及判定结果或静置2小时结果不清晰，也可放置第2天判定；每次检测，均需设阴性、阳性血清和稀释液对照；稀释不同的试剂要素时，必须更换塑料嘴；血凝板和塑料嘴洗净后，自然干燥，可重复使用。有时会出现"前带"现象，即第1至第2孔红细胞沉淀，而在第3至4孔又出现凝集，这是由于抗原抗体比例失调所致，不影响结果的判定。

（二）口蹄疫抗体检测

用于口蹄疫抗体水平检测的试验也是间接血凝试验。

（1）该试验是以口蹄疫 O、A、C、Asia-I 型病毒的细胞培养物经 PEG 浓缩，蔗糖密度梯度超离后纯化的病毒抗原分别致敏戊二醛鞣酸处理的绵羊红细胞而制成的血凝抗原，用于快速检测动物血清中的口蹄疫特异抗体水平。该法简易、快速、特异、直观，是当前检测抗体的实用方法。根据试验目的可分为用于鉴别诊断和用于监测疫苗接种动物的抗体水平的检测方法。

（2）检验方法和结果判定同猪瘟抗体检测。

（3）经实验室测定，口蹄疫 O 型灭活疫苗的免疫猪群血清中 O 型抗体效价达到 1∶128 及其以上时，猪群可耐受 20 个 O 型强毒发病量的人工感染。

（三）猪伪狂犬病实验室检测

用于猪伪狂犬病鉴别诊断的试验方法为阻断 ELISA 方法。

1. 原理 免疫效果很好的伪狂犬疫苗很多都是 gE 基因缺失疫苗。免疫 gE 基因缺失疫苗的猪可以产生抗伪狂犬病毒的抗体，猪伪狂犬 gE 基因抗体诊断试剂盒可以直接诊断猪血清中的 gE 基因抗体。如果没有感染野毒，检测为阴性。如果感染野毒，检测就会是阳性。此试剂盒可以检测用 gE 基因缺失疫苗免疫的猪是否感染伪狂犬。

2. 试剂盒的组成 包被伪狂犬病毒的 96 孔板，阳性样品（黄色），阴性样品（蓝色），酶标抗体（红色），10 倍浓缩的洗液，样品稀释液，TMB 底物，终止液。

3. 试剂的准备 试剂使用前必须使其达到室温。清洗液和稀释液由于盐分高可能结晶，使用前必须摇匀溶解。在 37℃ 水浴条件下很快溶解，在未完全溶解前勿使用。为了避免形成结晶，在重悬前先使溶液达到室温。取 1 份清洗液加入 9 份的灭菌水或去离子水中，稀释好的清洗液可在4℃保存3天或-20℃保存30天。

4. 操作步骤

（1）将试剂放在室温，并轻摇混匀。

（2）将阴、阳性血清和被检样品分别进行稀释一倍，各加入100微升稀释好的阳性、阴性对照及样品，并做好记录。盖上膜，在37℃条件下作用60分钟。

（3）去膜，用300微升的洗液洗3遍，并在吸水纸上将平板弄干（颠倒，在纸上轻敲）。

（4）各孔中加入100微升酶标抗体，盖上膜在37℃反应30分钟。

（5）去膜，用洗液（300微升）洗3次，干燥。加入100微升的底物，轻摇板2秒，将平板放在18～25℃的黑暗中作用15分钟。

（6）加100微升的终止液，轻敲平板混匀。用柔软的东西轻拭平板上的脏物，在450纳米下读数并记录结果。

5. 结果的计算　用血清抗体平均阻断率（INH%）来说明检测的结果，以下是它的计算公式：

INH（%）=［（阴性对照值-样品的OD值）/（阳性对照）］×100%

6. 结果判定　可行的结果的条件是阴性对照值-阳性对照值>0.6，INH%对照值>60%。若试验不成立，应再操作一次。

（1）如果被检样本的阻断率大于45%，该样本就可以被判为阳性。

（2）如果被检样本的阻断率小于40%，该样本就可以被判为阴性。

（3）如果被检样本的阻断率在40%～45%，该样本就可以被判为可疑。

说明：本试剂盒可以用来检测新鲜的、冷藏或冷冻的血样，血样和对照在用前要稀释一倍（即加入 50 微升的稀释液和 50 微升的样品或对照）。

（四）猪蓝耳病检测

用 ELISA 的方法检测猪血清中的 PRRSV 抗体。

1. 原理　利用间接 ELISA 的原理。PRRSV 被包被在 96 孔板上。样品被加在孔中，PRRSV 抗体与包被的病毒结合，没结合的物质可被洗掉，再加上酶标的抗猪抗体，洗去没结合的二抗，加上底物反应，包含 PRRSV 抗体的样品会显色。

2. 试剂盒的组成　包被 PRRSV 的 96 孔板 5 块；20 倍浓缩的洗液 120 毫升；3 倍浓缩的样品稀释液 100 毫升；酶标抗体（红色）30 毫升；阳性样品（黄色）2.2 毫升；阴性样品（蓝色）2.2 毫升；THB 底物 30 毫升；终止液 30 毫升；封盖膜5 块。

3. 用前准备

（1）样品的准备：样品要用稀释液 200 倍稀释；阳性和阴性样品已经准备好了，不需要稀释。

（2）试剂的准备：试剂必须在使用前使其达到室温。

1）清洗液（20×）：将浓缩清洗液用灭菌水或去离子水做 20 倍稀释，配好的液体要在 7 天内用完。

2）样品稀释液（3×）：将浓缩样品稀释液用灭菌水或去离子水做 3 倍稀释，本液体是不能保存的，必须现配，剩余液要倒掉。

4. 操作程序

（1）将试剂放在室温，并轻摇混匀，记录好所测样品和对照在平板的位子，阴阳性对照要双份。

（2）去膜，加入 50 微升阴阳对照样品和稀释了 200 倍的所测样品，盖上膜，在 37℃作用 60 分钟。

（3）去膜，用 300 微升的洗液洗 3 遍，并在吸水纸上将平板弄干（颠倒，在纸上轻敲），在每个孔中加入 50 微升酶标抗体，盖上膜，在37℃反应60分钟。

（4）去膜，用洗液（300微升）洗3次，晾干。加入50微升的底物，轻摇板2秒。将平板放在黑暗中，在18~25℃作用10分钟。

（5）加入50毫升的终止液，轻敲平板混匀。

（6）用柔软的东西轻拭平板上的脏物，在450纳米下读数并记录结果。

5. 结果的分析　本实验要在450纳米下读数，阳性对照要大于0.8，即阳性样品的读数是阴性的4倍，阳性值和阴性值之差不小于0.5。用IRPC来说明检测的结果。

$$IRPC = [(样品的OD值-阴性对照值)/$$
$$(阳性对照值-阴性对照值)] \times 100\%$$

6. 结果说明　如表12-4。

表12-4　猪蓝耳病检测结果说明

IRPC	样品
≤20	阴性
>20	阳性

第四节　猪场卫生和消毒技术

猪场卫生和消毒是猪场管理重要的组成部分，通过清洁和消毒，可以将病原体消灭在猪场外，净化生产环境，为猪群建立良好的生物安全保障体系，促进猪群健康，减少疫病发生；但是，猪场管理是个长久性工作，虽然清洁和消毒工作是每个猪场人人皆知的问题，但是在具体的生产管理中，慢慢对卫生和消毒不重视，表面上是打扫卫生和消毒了，事实上没有达到目的。

一、猪群卫生管理

（一）猪群的卫生

（1）及时打扫圈舍卫生，清理垃圾，保持舍内外卫生干净整洁，物品摆放整齐。

（2）注意通风换气，保持舍内空气良好，及时排出有害气体。

（3）生产垃圾，即使用过的药盒、瓶、疫苗瓶、消毒瓶、一次性输精瓶用后立即焚烧或妥善放在一处，适时统一销毁处理。

（4）舍内的整体环境卫生包括顶棚、门窗、走廊等平时不易打扫的地方，每次空舍后彻底打扫一次，不能空舍的每个月或每季度彻底打扫一次。舍外环境卫生每个月清理一次。

（5）放鸟、灭鼠，夏季灭蚊蝇。鼠药每季度投放一次，投对人、猪无害的鼠药。在夏季来临之际在饲料库投放灭蚊蝇药物或买喷洒的灭蝇药。

（二）清扫、消毒程序

清扫消毒程序：清扫→消毒→冲洗→熏蒸消毒。

（1）空舍后，彻底清除舍内的残料、垃圾及门窗尘埃等，并整理舍内用具。彻底清除舍内的残料、垃圾及门窗尘埃等。

（2）清洗舍内设备、用具，对所有的物体表面进行低压喷洒，浓度为2%~3%氢氧化钠溶液，使其充分湿润，喷洒的范围包括地面、猪栏、各种用具等，浸润1小时后再用高压冲洗机彻底冲洗地面、食槽、猪栏等各种用具，直至干净清洁为止。在冲洗的同时，要注意保护产房的烤灯插座及各栋电源的开关及插座。

（3）用广谱消毒药彻底消毒空舍所有表面、设备、用具，不留死角。消毒后用高锰酸钾和甲醛熏蒸24小时，通风干燥，空置5~7天。

（4）进猪前3天恢复舍内布置，并检查维修设备用具，维修好后再用广谱药消毒一次，用清水冲洗干净，通风晾干，待用。

二、猪场消毒的分类

（一）日常消毒

日常消毒又称预防性消毒，是根据生产的需要采用各种消毒方法在生产区和猪群中进行的消毒。主要有日常定期对栏舍、道路、猪群的消毒，定期向消毒池内投放消毒剂等；临产前对产房、产栏及临产母猪的消毒，对仔猪的断脐、断尾、断牙、剪耳号、阉割时的术部消毒；人员、车辆出入栏舍、生产区时的消毒；饲料、饮用水乃至空气的消毒；医疗器械如体温表、注射器、针头等的消毒。

（二）即时消毒

即时消毒又称随时消毒，是当猪群中有个别或少数猪发生一般性疫病或突然死亡时，立即对其所在栏舍进行局部强化消毒，包括对发病或死亡猪只的消毒及无害化处理。

（三）终末消毒

终末消毒又称大消毒，是采用多种消毒方法对全场或部分猪舍进行全方位的彻底清理与消毒。主要用于全进全出生产系统中，当猪群全部自栏舍中转出（即空栏）后，或在发生烈性传染病的流行初期和在疫病流行平息后，准备解除封锁前均应进行大消毒。

三、猪场消毒方法

（一）物理消毒法

物理消毒法包括机械性清扫刷洗、高压水冲洗、通风换气、高温高热（灼烧、煮沸、烘烤、焚烧等）和干燥、光照（日光、紫外线光照射等)。

1. 日光消毒 在直射日光的作用下，细菌很快死灭，例如，结核杆菌为 3~5 小时，猪瘟病毒为 5~9 小时，因此，日光是良好的消毒剂，凡可移动的饲养用具，均可采用此法进行消毒。

2. 干燥消毒 这种方法对很多病原体具有作用，因为它们生存需要水分，如果干燥、透风，且有日光作用时，消毒效果更好。

3. 高温消毒 在 50~60℃ 高温的作用下，使细菌表质的蛋白凝固，致细菌死亡。

(二)化学消毒法

采用化学药物（消毒剂）杀灭病原，是消毒中最常用的方法之一。理想消毒剂必须具备抗菌谱广、对病原体杀灭力强、性质稳定、维持消毒效果时间长、对人畜毒性小、对消毒对象损伤轻、价廉易得、运输保存和使用方便、对环境污染小等特点。为增强消毒效果，在实施上述消毒前，应先对消毒对象进行洗刷清扫，清扫后的消毒对象的传染源数量减少，从而使消毒剂更好地发挥作用。

(三)生物学消毒法

对生产中产生的大量粪便、污水、垃圾及杂草采用发酵法消毒，利用发酵过程中所产热量杀灭其中病原体，是广泛采用的方法。可采用堆积发酵、沉淀池发酵、沼气池发酵等。条件成熟的还可采用固液分离技术，并可将分离之固形物制成高效有机肥料，液体经发酵后用于渔业养殖。

四、猪场消毒应用

(一)人员消毒

1. 正确的消毒法

(1) 从场外进入生活区：大门口设消毒室，入场人员先通过喷雾消毒通道，进入紫外光消毒室，室内墙壁中部设紫外线灯，下铺麻袋，麻袋用2%氢氧化钠溶液洒湿。在紫外光消毒室内消毒15分钟，紫外灯与人体之间的距离不应超过2米，否则无效。

（2）进入生产区消毒：①本场员工从生活区进入生产区要经过洗澡，更换衣服、胶鞋，然后通过装有20~25厘米深的消毒液的通道后，方可进入生产区。②非本场人员或本场回场人员要进入生产区之前，至少要在生活区隔离3天以上，洗澡，更换新的生活衣物。

2. 错误的消毒法

（1）用喷雾器往进场人员身上喷洒消毒液，消毒液倒地上用脚沾一下。消毒药物进入体内需要有一个过程，才能将其杀死，那么你用喷雾器喷一下，瞬间能将其杀死吗？当然是不能的。

（2）有一部分猪场，只消毒别人不消毒自己，认为消毒麻烦是其第一种想法；认为在自己出入的范围内没有什么传染病是其第二种想法。这两种想法都是错误的。

（3）大部分猪场只重视服务人员不注意猪贩，忽视对拉猪车的彻底消毒：他们认为服务人员是看病的，这个场走走那个场走走一定带有不少的细菌，殊不知猪贩比服务人员更危险，因为服务人员大多是学过传染病相关知识，对细菌病毒有防范意识，而猪贩大多不懂这个专业，甚至是不以为意。据调查，口蹄疫的传播多数主要是通过猪贩而传播，因此应引起猪场的重视。

（4）大部分猪场不注意食堂买菜环节：饮食主要是指肉食类，把外界的生、熟肉食带入猪场，从而使一些细菌在猪场生长繁殖，侵害猪群。严禁从场外带回猪、牛、羊、狗、猫、马等动物的生、熟肉制品。

（二）物资消毒

1. 车辆消毒 一般情况下猪场的烈性传染病的传染源，除引种等原因之外，当属售猪和购猪的车辆了，车轮、车厢内外都需要进行全面的喷洒消毒。

这其中由两个因素所造成。

（1）运输人员不以为然：以为传染病对他来说没有多大的损失。

（2）猪场的重视不够：职工素质低，或不知消毒的重要性，或不以为然；猪场负责人不以为然。

2. 食物消毒 食物的消毒：一部分猪场生活区和生产区不分，对蔬菜、肉类等食物也没有消毒措施。最主要的是肉食，含有大量的细菌、病毒。不经过高温消毒可以长期存在并且繁殖；然而另一方面，一部分细菌和病毒对人不致病，而对猪却致病了。再者一部分细菌在通过人体内部时死亡，然后排出体外后造成污染。

3. 药物和猪用品消毒 药物和猪用品也是疾病的一个传染源。为什么说药物也是一个传染源呢？因为经销药物的地方是猪场人员，并且是病猪场人员经常出入的地方，所放的药物也是所有进出的人接触的，所以是有一定量的细菌存在的。一不小心就使病菌随药物和用品进入猪场。

4. 饲料消毒 也应该对饲料进行消毒：饲料销售点也是养殖户常去的地方，所以，也是病菌存在之处。如果不加以消毒，同样会把病菌带入猪场，一旦时机成熟就开始发病。

（三）消毒药物选择

1. 选择方法

（1）选择的消毒剂具有效力强、效果广泛、生效快且持久、稳定性好、渗透性强、毒性好、刺激性和腐蚀性小、价格适中等特点。

（2）充分考虑本场的疫病种类、流行情况和消毒对象、消毒设备及猪场的条件，选择对不同疫病消毒效果有效的几种不同性质的消毒剂。

（3）充分考虑本地区的疫病种类、流行情况和消毒对象及可能发展的趋势，选择对不同疫病消毒效果有效的几种不同性质的消毒剂。

2. 消毒药物分类

（1）碱类消毒剂：如氢氧化钠、生石灰和草木灰。氢氧化钠不能用作猪体消毒，3%～5%的溶液作用30分钟以上可杀灭各种病原体。10%～20%的石灰水可涂于消毒床面、围栏、墙壁，对细菌、病毒有杀灭作用，但对芽孢无效。

（2）双链季铵盐类消毒剂：如百毒杀、双季铵盐络合碘。此类药物毒性极低、安全、无味、无刺激性，且对金属、织物、橡胶和塑料等无腐蚀性，应用范围很广，是一类理想的消毒剂。有的产品还结合杀菌力强的溴原子，使分子亲水性和亲脂性倍增，更增强了杀菌作用，对各种病原均有强大的杀灭作用。此类消毒剂可用于饮水、喷雾、带畜禽消毒、浸泡等消毒。

（3）醛类消毒剂：如甲醛溶液（福尔马林）。仅用于空舍消毒（舍内有动物则不能用）。使用方法：放于舍内中间，按每立方米空间用甲醛30毫升、高锰酸钾15克，再加等量水，密闭熏蒸2～4小时，开窗换气后待用。

（4）氧化剂：如过氧乙酸。可用于载猪工具、猪体等消毒，配成0.2%～0.4%的水溶液喷雾。

（5）卤素类消毒剂：如漂白粉、碘伏等。

3. 使用时注意的事项

（1）稀释浓度是杀灭抗性最强的病原微生物所必需的最低浓度。

（2）任何有效的消毒必须彻底湿润被消毒的表面，进行消毒的药液用量最低限度是 0.3 升/米²，一般为 0.3~0.5 升/米²。

（3）消毒液作用的时间要尽可能长，保持消毒液与病原微生物接触，一般半小时以上效果较好。

（4）消毒前先打扫卫生，尽可能消除影响消毒效果的不利因素（粪、尿、垃圾）。

（5）现用现配，混合均匀，避免边加水边消毒现象。

（6）不同性质的消毒液不能混合使用。

（7）定期轮换使用消毒剂。

五、猪场卫生、消毒常见漏洞

（一）消毒前卫生清理不彻底

未清理干净的地面和猪体，即使消毒药物浸泡也需要相当时间才可浸透，一般的喷雾消毒起到的作用有限，不能达到消毒效果。

（二）猪场消毒行李衣物

行李和衣服，喷雾、浸泡无法进行，紫外线无法穿透，而细菌和病毒则可以钻进里面。如果这些物品在原先猪场用过，里面难免有其他猪场的病原，只有熏蒸可以杀灭，但又需要足够的时间。所以，如果猪场做不到免费提供行李时，也可以在隔离间安置公用行李，新饲养员在行李熏蒸消毒时仍有被子可用。

（三）消毒通道废弃

猪场消毒通道本来是最后一道安全屏障，但是有的饲养员为了不换胶鞋，在消毒池中垫砖块，人的鞋子就可以不通过消毒池，也就无法消毒了。

（四）长期使用单一品种消毒药物

长期使用同一种消毒药，细菌、病毒对药物会产生耐药性，对消毒剂也会产生适应性，消毒药对病毒的杀灭性降低，消毒效果下降，因此不能长期使用单一品种消毒药。

第十三章　猪场常见疾病防控技术

第一节　猪的烈性传染病

猪的烈性传染性病具有发病突然、病情严重、快速传播等特征，是制约养猪健康发展的重要因素，给猪场带来巨大损失，目前猪场多发的流行性、烈性转染病主要以病毒为主。

一、猪瘟

猪瘟是由猪瘟病毒引起的猪的一种高度传染性和致死性的传染病。

（一）病原

猪瘟病毒属于黄病毒科瘟病毒属，与牛黏膜病病毒、马动脉炎病毒有共同抗原性。本病毒只有一个血清型，但病毒株的毒力有强、中、弱之分。

（二）流行病学

本病仅发生于猪，病猪是本病的主要传染源，由尿、粪便和各种分泌物排出病毒。各品种、年龄和性别的猪均易感。在本病常发地区，猪群有一定免疫性，其发病率和病死率均较低；在新疫区发病率和死亡率在 90% 以上。

（三）临床症状

潜伏期为 5~7 天，短的 2 天，长的可达 21 天。分为最急性型、急性型、亚急性型、慢性型、温和型和繁殖障碍型。

1. 最急性型　多见于流行初期，突然发病，症状急剧，表现为全身痉挛，四肢抽搐，高热稽留，皮肤和黏膜发绀，有出血斑点，经 1~8 天死亡。病程稍长的，可见有急性型症状。

2. 急性型　病猪在出现症状前，体温升高至 41℃ 左右，持续不退，表现为行动缓慢、头尾下垂、拱背、寒战、口渴、常卧一处或闭目嗜睡，眼结膜发炎，眼睑浮肿、分泌物增加，在下腹部、耳根、四蹄、嘴唇、外阴等处可见到紫红色斑点。病初排粪困难，不久出现腹泻，粪便呈灰黄色。公猪包皮内积有尿液，用手挤压后流出灰白色恶臭浑浊液体。哺乳仔猪也可发生急性猪瘟，主要表现为神经症状，如磨牙、痉挛、角弓反张或倒地抽搐、死亡。

3. 亚急性型　常见于老疫区或流行中后期的病猪。症状较急性型缓和，病程 20~30 天。

4. 慢性型　慢性猪瘟在中、大型猪只中常见，病猪表现为消瘦，贫血，全身衰弱，常伏卧，步态缓慢无力，食欲减退，便秘和腹泻交替。有的病猪在耳端、尾尖及四肢皮肤上有紫斑或坏死痂。病程 1 个月以上。长期发育不良成为僵猪。妊娠母猪感染后，将病毒通过胎盘传给胎儿，造成流产，仔猪断奶后出现腹泻。

5. 温和型　病情发展缓慢，病猪体温一般为 40~41℃，皮肤常无出血小点，腹下部多见瘀血和坏死。有时可见耳部及尾巴皮肤坏死，俗称干耳朵、干尾巴。病程长达 2~3 个月。

6. 繁殖障碍型　此类主要发生于种猪群，隐性感染，不表现任何临床症状。但受感染的母猪病毒可经胎盘感染胎儿，也能通过精液传递给仔猪。引起流产，产木乃伊胎、死胎、弱仔。

（四）病理变化

肉眼可见病变为小血管变性引起的广泛性出血、水肿、变性和坏死。

（五）诊断

1. 临床综合诊断 猪瘟的发生不受年龄和品种的限制，无季节性，发病率、病死率都很高。免疫猪群则常为零星散发。

2. 实验室诊断

（1）酶联免疫吸附试验（ELISA）：敏感性高，可检测抗原与抗体，但猪瘟主要是检测抗体。猪瘟的单抗 ELISA，可区分强毒与弱毒的感染。

（2）正向间接血凝：对条件要求不高，便于基层推广应用，敏感性和特异性都较好，一般认为间接血凝结的抗体水平在 1：16 以上者能抵抗强毒攻击。

（3）兔体交互免疫试验：猪瘟强毒不引起家兔体温反应，但能使其产生免疫力，而猪瘟兔化弱毒能使家兔发生热反应，但对产生免疫力的家兔则不应出现体温反应。将病猪的病料用抗生素处理后，接种家兔 7 天后再用猪瘟兔化弱毒静脉注射，24 小时后每 6 小时测温 1 次，连测 3 天，如发生定型热反应，则病料中所含的病毒不是猪瘟病毒。同时设 3 只健康兔不接种病料作为对照。

（4）免疫荧光试验：采取猪瘟早期病猪的扁桃体和淋巴结或晚期病猪的脾和肾组织，做冰冻切片或组织切片，丙酮固定后用猪瘟荧光抗体染色检查，2~3 小时即可确诊，对猪瘟病猪的检出率在 90%以上。

3. 鉴别诊断 在临床上，急性猪瘟与急性猪丹毒、最急性猪肺疫、败血性链球菌病、猪副伤寒、弓形虫病等有许多类似之处，诊断区别时，临床症状表现结合实验室检测综合对比分析，应注意鉴别。

（六）防制措施

猪瘟尚无治疗方法，感染猪须扑杀，尸体无毒害销毁，无发病时做好积极防治。

1. 流行时的防制措施

（1）隔离封锁：在封锁地点内停止生猪及猪产品的集市贸易和外运，至最后一头病猪死亡或处理后 3 周，经彻底消毒，才可解除封锁。

（2）对全场所有猪进行测温和临床检查，将病猪及其污染物及时做无害化处理，以免扩散。凡被病猪污染的猪舍、环境、用具、吃剩的饲料、粪水等都要彻底消毒。做好经常性的全场消毒工作，控制病菌的滋生。

（3）紧急预防接种：疫区内的假定健康猪，应立即注射猪瘟疫苗，剂量可增至常规量的 4 倍。

（4）对猪群检测抗体水平，建立科学合理的免疫程序以提高免疫力。

2. 治疗　无有效疗法，以对症治疗为主。对种猪，在病初可用抗猪瘟血清、排疫肽或干扰素等进行治疗，对慢性型、温和性猪瘟可采用降温药和抗生素防止继发感染。抗猪瘟血清 0.2～0.5 毫升/千克体重，每天 1 次，连用 3 天；对症治疗，饮用水中加葡萄糖或多维 1 000 克/吨。

二、猪口蹄疫

口蹄疫（FMD）是由口蹄疫病毒感染引起的偶蹄动物共患的急性、热性、接触性传染病。

（一）病原

口蹄疫由小核糖核酸病毒科的口蹄疫病毒引起，口蹄疫病毒属于小 RNA 病毒科，有 O 型、A 型、C 型、亚洲 1 型、南非 1 型、南非 2 型、南非 3 型等 7 个血清主型，每个主型内又有若干个亚型。

（二）流行病学

口蹄疫能感染多种偶蹄动物，通常经呼吸道和消化道感染，体液、分泌物、精液、奶汁含有大量病毒；本病一年四季均可发生，但气温和光照强度等自然条件对口蹄疫病毒的存活有直接影响，一般是冬春低温季节多发，夏秋高温季节少发。

（三）临床症状

自然感染的潜伏期为 24~96 小时，人工感染的潜伏期为18~72 小时。症状主要表现在猪病初体温升高至 40~41℃，以蹄部水疱为特征，蹄冠、蹄踵、蹄叉、副蹄和吻突皮肤、口腔腭部、颊部及舌面黏膜等部位出现大小不等的水疱和溃疡，水疱也会出现于母猪的乳头、乳房等部位。病猪表现出精神不振、体温升高、厌食等症状。当病毒侵害蹄部时，蹄温增高，跛行明显，常导致蹄壳变形或脱落，病猪卧地不能站立。水疱充满清朗或微浊的浆液性液体，水疱很快破溃，露出边缘整齐的暗红色糜烂面；如无细菌继发感染，经 1~2 周病损部位结痂愈合。若蹄部严重病损，则需 3 周以上才能痊愈。仔猪常因肠炎或心肌炎死亡。

（四）病理变化

除口腔、蹄部或鼻端（吻突）、乳房等处出现水疱及烂斑外，咽喉、气管、支气管和胃黏膜也有烂斑或溃疡，小肠、大肠黏膜可见出血性炎症。仔猪心包膜有弥散性出血点，心肌切面有灰白色或淡黄色斑点或条纹，心肌松软似煮熟状。组织学检查心肌有病变灶，细胞呈颗粒变性，脂肪变性或蜡样坏死。

（五）诊断

根据流行特点、临床症状、病理变化，可作出初步诊断，确诊需进行实验室检查。常用的实验室检查方法有琼脂扩散试验、中和试验、反向间接血凝试验、ELISA、免疫荧光抗体试验等。

（1）病料采集。在发病猪中，选症状典型的蹄部或鼻端（吻突）未破溃的病猪，先用清水冲洗蹄部和鼻端，用脱脂棉拭干，用注射器抽取水疱液，注入青霉素空瓶内，不加保存液和防腐剂。用剪刀剪下水疱皮，疱皮重量不少于3克，置于盛有50%甘油生理盐水（1∶1）的玻璃瓶内，冷藏送检。

（2）在普通兽医诊断实验室，可以应用正向间接血球凝集试验检测猪O型口蹄疫的抗体。在正常免疫情况下，疫苗抗体水平能正确反映疫苗抗体对猪的保护力，即口蹄疫抗体水平达到1∶27（1∶128）以上为免疫合格。

（3）新诊断技术。口蹄疫诊断已从血清学诊断技术发展到分子生物学诊断技术，更加简便、快速、精确、灵敏及高通量化。

（六）防制措施

当前，国外对口蹄疫防治积累了丰富经验，预防和积极治疗等措施是有效的。

1. 预防　做好口蹄疫疫苗的免疫注射工作，猪场的消毒防范工作要落实到位。一旦发现疑似病猪，要及时采集病料，确诊定型，采取"早、快、严、小"的原则，迅速控制疫情。

2. 治疗　无特效疗法，病猪以对症治疗为主，猪舍及周围环境每天喷雾消毒1~2次；为确保价格昂贵的种猪安全，可使用口蹄疫血清或高免血清，每千克体重皮下注射0.5~1.0毫升，24小时后即可抗击强毒的感染，保护期为20~30天。

三、猪圆环病毒病

猪圆环病毒病是猪的一种常发病毒性感染疾病，可导致猪群产生严重的免疫抑制，导致继发或并发其他传染病发生，我国于2001年首次发现，对养猪业危害严重。

（一）病原

猪圆环病毒属于圆环病毒科圆环病毒属，为单股负链环状DNA病毒，无囊膜，是已知动物病毒中最小的病毒，该病毒对外界抵抗力较强，对氯仿不敏感，目前将圆环病毒分为不致病的圆环病毒1型（PCV-1）和致病的圆环病毒2型（PCV-2）。

（二）流行病学

猪是圆环病毒（PCV）的自然宿主。PCV-1对猪无致病性，但能产生抗体。

PCV-2对猪有较强的易感性，经口腔、呼吸道感染不同年龄的猪。怀孕母猪感染后，可经胎盘垂直传播感染仔猪。公猪感染后也可经精液排出病毒。育肥猪场的大多数猪在2~4月龄时对PCV-2血清转阳，说明猪之间的水平传播非常明显。感染21~71天的猪，血液和组织中存在PCV-2病毒；检测22周龄猪，其血清中有PCV-2核酸，感染猪不管有无临床症状都可能发生持续感染。

（三）临床症状

猪圆环病毒病的临床症状与仔猪断奶后多系统衰竭综合征、猪皮炎与肾炎综合征、繁殖障碍等疫病有关。

1. 剖检变化 PCV-2相关性繁殖障碍的特征病变，病理损害为非化脓性到坏死性或纤维性心肌炎，在心肌炎病变组织中存在大量PCV-2，在猪胚中心脏是PCV-2增殖的主要场所。大体解剖可见心脏肥大和多处心肌变色。肺脏、肝脏有不同程度的萎缩，脾脏肿肉变，盲肠和结肠黏膜充血或瘀血。

2. 表现症状 有的表现为不同程度的肌肉萎缩，皮肤苍白，有20%的病猪出现黄疸的现象。

（四）诊断

在断奶仔猪群中的消瘦和死亡率比过去增加，个体病例符合下列三项标准的可定义为圆环病毒病。

1. 临床表现 感染发病猪临床表现是生长延迟和消瘦，常有呼吸困难和腹股沟淋巴结肿胀，有时出现黄疸。

2. 病理学 病理组织学变化是淋巴组织出现特征性组织病

理学变化，淋巴细胞消失，肉芽肿样炎症，部分病猪有包涵体病变。

3. 病毒学　在病猪的淋巴和其他组织病变内存在中度到大量的 PCV-2。

4. 实验室诊断方法　病原检测用荧光 PCR 方法、血清学检测 ELISA 方法。

（五）防制措施

1. 预防　科学使用灭活佐剂 PCV-2 疫苗；降低饲养密度、改善饲养环境。猪场内严禁饲养猫、狗，搞好卫生消毒。

2. 治疗　无特效药，对症治疗。发病时用抗生素防止继发感染，生物制剂抗病毒治疗，同时配合中药联合用药。

四、猪繁殖与呼吸综合征（蓝耳病、PRRS）

PRRS 是一种危害严重的病毒性传染病，小猪致死率高，种猪呈繁殖障碍。猪的 PRRS 是以猪为终端宿主，只会感染猪，其他动物不会感染。

（一）病原

病毒为单股正链 RNA 病毒，属套式病毒目，动脉炎病毒科，动脉炎病毒属。病毒呈球形，有囊膜。高致病性猪蓝耳病病毒为美洲型 PRRSV。

（二）流行病学

猪是高致病性蓝耳病的唯一宿主，病猪和带毒猪是本病的主要传染源。主要传播途径是接触感染，空气传播和精液传播，也可通过胎盘垂直传播。本病传播迅速，主要经呼吸道感染，当健康猪与病猪接触，如同圈饲养、频繁调运、高密度集中等，更容易导致本病发生和流行。

（三）临床症状

人工感染潜伏期 4~7 天，自然感染一般为 14 天。根据病的严重程度和病程不同，临诊表现不尽相同。

1. 急性型　发病猪表现为精神沉郁，食欲废绝，发热，出现呼吸困难，可见耳部、体表皮肤发紫，小猪大量死亡，母猪流产。

2. 慢性型　主要表现为猪群生产性能下降、生长缓慢、繁殖性能下降、免疫功能下降，易继发感染其他细菌性和病毒性病。

3. 亚临型　感染猪不发病，表现为 PRRS 持续性感染，猪群血清学抗体阳性，阳性率 10%～88%。

以下是各类猪的临床症状表现：

1. 母猪　病初精神倦怠、厌食、发热。妊娠后期发生早产、流产、死胎、木乃伊胎及弱仔。这种现象往往持续 6 周，而后出现重新发情的现象，但常造成母猪不育或产奶量下降，少数猪耳部发紫，皮下出现一过性血斑。有的母猪出现肢体麻痹性神经临诊症状。

2. 仔猪　以 2～28 日龄感染后临诊症状明显，死亡率高达 80%。早产仔猪在出生后当时或几天内死亡，大多数出生仔猪表现为呼吸困难、肌肉震颤、后肢麻痹、共济失调、打喷嚏、嗜睡，有的仔猪耳紫和躯体末端皮肤发绀。育成猪双眼肿胀，出现结膜炎和腹泻，并出现肺炎。

3. 公猪　感染后表现为咳嗽、喷嚏、精神沉郁、食欲减退、呼吸急促和运动障碍、性欲减弱、精液质量下降、射精量少。

（四）病理变化

肉眼主要见肺出血、瘀血，以及心叶、尖叶为主的灶性暗红色实变；扁桃体出血、化脓；脑出血、瘀血、软化灶及胶冻样物质渗出；可见心衰、心肌出血、坏死；脾、淋巴结新鲜或陈旧性出血、梗死；肾表面和切面部分可见出血点、斑等；部分猪肝可见黄白色坏死灶或出血灶；肾表面凹凸不平；胃黏膜有不同程度的出血斑或溃疡斑；肠出血等。由于本病毒可以引起免疫抑制，临床上容易出现其他病原体的继发感染或混合感染，使病理变化更加严重。

（五）诊断

根据母猪妊娠后期发生流产，新生仔猪死亡率高，以及临诊症状和间质性肺炎等可初步做出诊断。但确诊还需要实验室诊断。

1. 病毒分离与鉴定　病猪的肺、死胎儿的肠和腹水、母猪血液、鼻拭子和粪便等可用于病毒的分离。病料经处理后接种合适的细胞，并经过染色或中和实验可以鉴定病毒。

2. ELISA 方法检测抗体　其敏感性和特异性都较好，许多国家已将此法作为监测和诊断猪繁殖与呼吸综合征的常规方法。

3. RT-PCR　目前已建立多种扩增 PRRSV 基因的 RT-PCR 方法，并已广泛应用于临诊检测。对一些特殊的样品，尤其是对细胞有毒性而不能进行病毒分离的样品（如精液）、已灭活的样品、已被 PRRSV 特异性抗体中和的样品和病毒含量不高的样品等，RT-PCR 不失为一种更有效的检测方法。

（六）防制措施

猪蓝耳病没有特效药物，一般以对症治疗为主，并采取综合性防治措施。猪群稳定后，加强猪群营养供应，加强消毒，做好药物保健，不乱接种疫苗。

五、猪伪狂犬病（PRV）

猪伪狂犬病是由猪伪狂犬病毒引起的猪的急性传染病，是危害全球养殖业的重大传染病，该病呈暴发性流行，可引起母猪流产、死胎、公猪不育，新生仔猪大量死亡，育肥猪呼吸困难、增重缓慢等。

（一）病原

伪狂犬病病毒属于疱疹病毒科，猪疱疹病毒属。疱疹病毒亚科的猪疱疹病毒Ⅰ型，为双股 DNA 病毒。

（二）流行病学

猪是伪狂犬病病毒的贮存宿主和传染源。伪狂犬病的发生具有一定的季节性，多发生在寒冷的季节，但其他季节也有发生。

（三）临床症状

猪伪狂犬病的临床表现有以下 4 大症状：

1. 妊娠母猪 发生死胎，发生流产，产死胎、木乃伊胎，其中以产死胎为主。而细小病毒引起的母猪繁殖障碍则以产木乃伊胎为主。伪狂犬病无论是头胎母猪还是经产母猪都发病，而且没有严格的季节性，但以寒冷季节即冬末初春多发生。

2. 种猪不育 母猪不发情、配不上种，出现死胎或断奶仔。猪患伪狂犬病后，母猪配不上种，返情率高达 90%，有反复配种数次都屡配不上，耽误了整个配种期。公猪感染伪狂犬病病毒后，表现为不育、睾丸肿胀、萎缩，丧失种用能力。

3. 仔猪大量死亡 主要表现在刚生下的仔猪第 1 天正常，从第 2 天开始发病，3~5 天内是死亡高峰期，有的整窝死亡。发病仔猪表现出高热、食欲废绝、明显的神经症状、昏睡、流涎、呕吐、拉稀、抑郁震颤，继而出现运动失调、间歇性抽搐、昏迷以至衰竭死亡，1~2 天内死亡。15 日龄以内仔猪死亡率较高。

（四）病理变化

剖检一般无特征性病变，神经症状明显的病猪剖检可见脑膜充血、水肿，脑灰质有点状出血，脑脊髓液显著增多。鼻腔卡他性或出血性炎症，扁桃体水肿并伴以咽炎和喉头水肿，肺充血、水肿，呼吸道内有大量泡沫状水肿液，淋巴结水肿充血，间质出血，肝脾肾有坏死灶，胃底部和大肠有呈斑块出血性炎症。急性死亡的仔猪剖检主要是肾脏布满针尖样出血点，有时见到肺水肿及脑膜表面充血、出血。

（五）诊断

根据临诊症状及流行病学，可初步诊断为本病。临床症状不明显的需要进行实验室检查。主要依靠血清学方法，包括血清中和试验、琼脂扩散试验、补体结合试验、荧光抗体试验及酶联免疫吸附试验等。其中血清中和试验最灵敏，假阳性少。

（六）防制措施

做好猪舍内外的卫生消毒，疫苗免疫接种是预防和控制猪伪狂犬病的根本措施，以净化猪群为主要手段，实行"小产房""小保育"、低密度、分阶段饲养的饲养模式，加强猪群的日常管理。

1. 预防 母猪的抗体通过初乳传给仔猪，母体源体可持续4~6周。母体被动免疫可以保护仔猪的致命感染。已发病或检查出伪狂犬病病毒感染阳性的猪场，所有的猪都应进行免疫。

（1）灭活疫苗：种猪（包括公猪）第1次注射后，间隔4~6周后加强免疫一次，以后每6个月注射一次，产前一个月左右加强免疫一次，可获得非常好的免疫效果，能将哺乳仔猪保护到断奶。留作种用的断奶仔猪在断奶时注射一次，间隔4~6周后加强免疫一次，以后按种猪免疫程序进行。育肥用的断奶仔猪在断奶时注射一次，直到出栏。

（2）弱毒疫苗：种猪第1次注射后，间隔4~6周加强免疫一次，以后每隔4个月注射一次。育肥猪6周龄时注射一次，直到出栏。

2. 治疗 目前尚无特效治疗办法，高免血清被动免疫适用于最初感染猪群中的哺乳仔猪，在临床上可采取经过免疫或发病康复母猪的血液，或分离血清后，给受到严重威胁的仔猪注射。

（1）饲料内添加清瘟败毒散1 000克/吨+酒石酸泰乐菌素200克/吨+优质多维500克/吨，连用5~7天。

（2）重症可对症治疗，注意改善条件。

3. 猪场伪狂犬病净化

（1）保证各个阶段猪只的合理营养供给。

（2）做好清洁、消毒工作，减少舍内有害气体，改善小环境。

（3）合理做好病毒定期检测，及时清除阳性猪，合理使用疫苗。

（4）做好净化后保护工作。

六、链球菌病

小猪链球菌病是猪的一种常见病，可引起脑膜炎、败血症、心内膜炎、关节炎和肺炎等，猪是主要传染源，主要感染部位是上呼吸道、生殖道、消化道。

（一）病原

链球菌病的病原菌为链球菌，是革兰氏阳性球菌。本菌对热敏感，一般消毒药可在短时间内杀死本病原菌。

（二）流行病学

链球菌在自然界分布广泛，猪的易感性较高。各种年龄的猪都可感染发病，仔猪和成年猪均有易感性，以新生仔猪、哺乳仔猪的发病率和病死率较高，多为败血症型和脑膜炎型；其次为中猪和怀孕母猪，以化脓性淋巴结炎型多见。病猪、临床康复猪和健康猪均可带菌，当它们互相接触，可通过口、鼻、皮肤伤口而传染。一般呈地方流行性。

（三）临床症状

本病潜伏期1~3天。依据临床表现不同，猪链球菌病可分为猪败血性链球菌病（败血型）、猪链球菌性脑膜炎（脑膜炎型）、关节炎型、猪淋巴结脓肿（淋巴结脓肿型）4种类型。

1. 败血症型　在流行初期常有最急性病例，前晚未见任何症状，次晨已死亡。急性型病例，常见病猪精神沉郁，体温41.5~42℃以上，呈稽留热，减食或不食；眼结膜潮红、流泪，有浆液性鼻汁，呼吸浅表而快。少数病猪在病的后期，耳、四肢下端、腹下有紫红色或出血性红斑，有跛行，病程2~4天。死后剖检，呈现败血症变化，各器官充血、出血明显，血液增量，脾肿大，各浆膜有浆液性炎症变化等。

2. 脑膜炎型　病初体温升高、不食、便秘，有浆液性或黏液性鼻汁。继而出现神经症状、运动失调、转圈，空嚼、磨牙，仰卧于地，四肢游泳状划动，甚至昏迷不醒。病程1~2天。死后剖检，脑膜充血、出血，脑脊髓液混浊、增量，有多量的白细胞，脑实质有化脓性脑炎变化。

3. 关节炎型　由前两型转来，或者从发病起即呈关节炎症状，表现一肢或几肢关节肿胀、疼痛、跛行，甚至不能站立，病程2~3周。死后剖检，见关节周围肿胀、充血，滑液混浊，重者关节软骨坏死。关节周围组织有多发性化脓灶。

4. 化脓性淋巴结炎型　多见于颌下淋巴结。受害淋巴结肿胀、坚硬，有热有痛，可影响采食、咀嚼、吞咽和呼吸。有的咳嗽，流鼻汁。至化脓成熟，肿胀中央变软，皮肤坏死，自行破溃流脓；脓带绿色，黏稠，无臭，不引起死亡。子宫炎时可发生流产与死胎。

（四）病理变化

1. 最急性型　气管和肺内也有泡沫性液体，血液凝固不良。

2. 急性型　胸、腹下和四肢有紫斑或出血斑。气管内有淡红色泡沫性液体，肺水肿出血，肺胸膜粗糙与胸壁粘连。全身淋巴结肿大出血，脾肿大出血，呈暗红色或黑紫色，可见出血性梗死灶。心内膜有出血点。肾肿大出血。消化道黏膜和膀胱有出血点，关节囊有渗出液。

3. 慢性型　可见浅表淋巴结化脓或皮肤化脓。

（五）诊断与治疗

1. 诊断　根据猪链球菌病的流行特点、临床症状、病理变化、实验室检验等可以做出诊断。在临床上，如果病猪不表现症状突然死亡，发现高热、耳和鼻发绀、呼吸急促、神经症状，部分有关节肿、跛行等症状的，均可怀疑为猪链球菌病。在这种情况下，需按规定进行实验室检查确诊。

实验室检查方法：

（1）血象。

（2）病原学检查。

（3）血清学检查。

（4）分子生物学检查。

2. 免疫预防　疫区（场）在60日龄首次免疫接种猪链球菌病氢氧化铝胶苗，以后每年春秋各免疫1次，不论大小猪一律肌内或皮下注射5毫升，浓缩菌苗注射3毫升，注射后21天产生免疫力，免疫期约6个月。猪链球菌弱毒菌苗，每头猪肌内或皮下注射1毫升，14天产生免疫力，免疫期6个月。

3. 治疗　将病猪隔离，按不同病型进行相应治疗。

（1）淋巴结脓肿：待脓肿成熟变软后，及时切开，排除脓汁，用3%过氧化氢溶液或0.1%高锰酸钾冲洗后，涂以碘酊。

（2）败血症型及脑膜炎型：应早期使用抗生素或磺胺类药物。青霉素每头每次80万~160万单位，每天肌内注射2~4次。庆大霉素1~2毫克/千克体重，每天肌内注射2次，应连续用5天。也可用10%强力霉素注射液，0.1毫升/千克体重，每隔24小时注射1次，连用3天。

第二节　猪的呼吸系统病

呼吸系统疾病在养猪生产中最为常见，轻者影响育肥后期出栏时间，重者导致死亡，必须引起重视。

一、猪流感

猪流感又叫猪流行性感冒，是猪的一种急性传染性呼吸器官病，传染性高，秋冬季高发。其特征为突发、咳嗽、呼吸困难、发热及迅速转归等。

（一）病原

猪流感病毒属于正黏病毒科，甲型流感病毒属。造成感染猪流感病毒的血清型主要有 H1N1、H1N2 和 H3N2。

（二）临床症状

本病潜伏期 1~3 天，表现为食欲减退或废绝、反应迟钝、衰竭、病猪挤在一起，个别猪只身体发红。由于肌肉关节痛，驱赶时病猪不愿走动，迫使行走会出现张口呼吸，此外还伴发严重的阵发性咳嗽，发病猪的体温可达 40.5~42℃，出现结膜炎、卡他性鼻炎、喷嚏、大便干结、小便发赤。由于长时间厌食，病猪体重明显下降，虚弱甚至昏迷死亡。

（三）病理变化

可见鼻、咽、喉、气管、支气管黏膜充血、水肿，虽然肺脏病变不一，但常见到的病变是在肺脏的尖叶和心叶。正常的肺组织和病变组织的分界线明显，病变区为紫红色硬结，切面如鲜牛肉，一些肺叶水肿，病变处不一定发生凹陷。单发生猪流感，肉眼病变很复杂，如果并发细菌性疾病，病变很容易被掩盖。

（四）诊断与防治

1. 诊断 根据流行情况、临床症状、病理解剖可初步诊断，确诊需要实验室诊断，可做病毒分离或特异性抗体检测。

2. 预防 采取标准化的生物安全措施，进行疫苗接种，注意在 10 周龄之前要免疫接种，以避免母源抗体的干扰。免疫接种应该是猪流感控制计划中的一种有效方法。

3. 治疗　控制继发感染，在发病猪群内及时投喂抗生素。对本病无特殊药物，只有采用对症治疗的药物来减轻病情，避免继发感染的发生，减少传染源，结合血清学监测最终净化该病。

二、猪传染性胸膜肺炎

猪传染性胸膜肺炎是由胸膜肺炎放线杆菌引起的一种接触性传染病，是猪的一种重要呼吸道疾病，给集约化养殖业造成巨大损失，被公认为是危害现代化养殖业的五大疫病之一。

（一）病原

本病病原菌为革兰阴性菌，菌体抵抗力不强，不耐干燥和热，一般消毒剂可在短时间内将其杀死。我国流行的主要以血清7型为主，其次为血清2、4、5、10型。

（二）流行病学

各种年龄的猪对本病均易感，本病最常发生于育成猪和成年猪。病猪和带菌猪是本病的传染源，通过飞沫和直接接触传染。主要传播途径是空气、猪与猪之间的接触、污染排泄物或人员传播。猪群的转移或混养，拥挤和恶劣的气候条件均会加速该病的传播和增加发病的危险。

（三）临床症状

本病潜伏期为 1～7 天。由于年龄、免疫状态、环境因素及病原的感染数量的差异，临诊上发病猪的病程可分为最急性型、急性型、亚急性型和慢性型。

1. 最急性型　突然发病，病猪体温升高至 41～42℃，心率增加，精神沉郁，废食，出现短期的腹泻和呕吐症状，早期病猪无明显的呼吸道症状。后期出现心力衰竭，鼻、耳、眼及后躯皮肤发绀，晚期呼吸极度困难，常呆立或呈犬坐式，张口伸舌，咳喘，并有腹式呼吸。临死前体温下降，严重者从口鼻流出泡沫血性分泌物。病猪于出现临诊症状后 24～36 小时内死亡。有的病例见不到任何临诊症状而突然死亡。此型的病死率高达 80% ~ 100%。

2. 急性型　病猪体温升高至 40.5~41℃，严重的呼吸困难，咳嗽，心力衰竭，皮肤发红，精神沉郁。由于饲养管理及其他应激条件的差异，病程长短不定，所以在同一猪群中可能会出现病程不同的病猪，如亚急性或慢性型。

3. 亚急性型和慢性型　多于急性后期出现。病猪轻度发热或不发热，体温在 39.5~40℃，精神不振，食欲减退，有不同程度的自发性或间歇性咳嗽，呼吸异常，生长迟缓。病程几天至 1 周不等，或治愈或当有应激条件出现时，症状加重，猪全身肌肉苍白，心跳加快而突然死亡。

（四）病理变化

本病主要病变在肺和呼吸道内，肺呈紫红色，肺炎多是双侧性的，并多在肺的心叶、尖叶和隔叶出现病灶，其与正常组织界线分明。根据不同类型有以下变化：

1. 最急性型　病死猪剖检可见气管和支气管内充满泡沫状带血的分泌物。肺充血、出血和血管内有纤维素性血栓形成。肺泡与间质水肿。肺的前下部有炎症出现。

2. 急性型　喉头充满血样液体，双侧性肺炎，常在心叶、尖叶和膈叶出现病灶，病灶区呈紫红色，坚实，轮廓清晰，肺间质积留血色胶样液体。随着病程的发展，纤维素性胸膜肺炎蔓延至整个肺脏。

3. 亚急性型　肺脏可能出现大的干酪样病灶或空洞，空洞内可见坏死碎屑。如继发细菌感染，则肺炎病灶转变为脓肿，致使肺脏与胸膜发生纤维素性粘连。

4. 慢性型　肺脏上可见大小不等的结节（结节常发生于膈叶），结节周围包裹有较厚的结缔组织，结节有的在肺内部，有的突出于肺表面，并在其上有纤维素附着而与胸壁或心包粘连，或与肺之间粘连。心包内可见到出血点。

（五）诊断

根据本临床症状及病理变化特点，可做出初步诊断。确诊需进行实验室检查。实验室诊断包括直接镜检、细菌的分离鉴定和血清学诊断。

1. 镜检　从鼻、支气管分泌物和肺脏病变部位采取病料涂片或触片，革兰氏染色，显微镜检查，如见到多形态的两极浓染的革兰氏阴性小球杆菌或纤细杆菌，可进一步鉴定。

2. 病原的分离鉴定　将无菌采集的病料接种在7%马血巧克力琼脂、划有表皮葡萄球菌十字线的5%绵羊血琼脂平板或加入生长因子和灭活马血清的牛心浸汁琼脂平板上，于37℃含5%~10%二氧化碳条件下培养。如分离到的可疑细菌，可进行生化特性、CAMP试验、溶血性测定及血清定型等检查。

3. 血清学诊断　包括补体结合试验、2-巯基乙醇试管凝集试验、乳胶凝集试验、琼脂扩散试验和酶联免疫吸附试验等方法。该方法可于感染后10天检查血清抗体，可靠性比较强，但操作烦琐。

（六）预防和治疗

1. 预防　加强饲养管理，严格卫生消毒，保持舍内空气质量，对已感染该病的猪舍定期进行血清学检查，清除血清学阳性猪，及时用药并接种免疫。

2. 治疗　以解除呼吸困难和抗菌为原则进行治疗，有条件的猪场最好做药敏试验，选择敏感药物进行治疗并保持足够长的疗程。

三、猪支原体肺炎

猪支原体肺炎是由猪肺炎支原体引发的一种慢性肺炎，又称猪地方流行性肺炎，又叫猪喘气病。长期以来，本病一直被认为是对养猪业造成重大经济损失的传染病之一。

（一）病原

猪支原体肺炎由猪肺炎霉形体引起，是由肺炎支原体引起的一种高度接触性呼吸道传染病。支原体分离很困难，潜在致病性和控制困难。

（二）流行病学

本病只感染猪，其他动物不感染，不同年龄、性别的猪，都易感染本病。

（三）临床症状

临床症状为咳嗽与气喘。根据病的经过大致可分为急性、慢性和隐性3个类型。

1. 急性型 以怀孕母猪及小猪多见。病猪常见无前驱症状，突然精神不振，头下垂、站立或趴伏在地，呼吸次数剧增，每分钟达60～120次及以上；呼吸困难，严重者张口伸舌，口鼻流沫，发出哮鸣声，似拉风箱。病程一般1～2周，致死率较高。

2. 慢性型 呈连续的痉挛性咳嗽。咳嗽时站立不动，颈伸直、头下垂，直至将呼吸道分泌物咳出或咽下为止，或咳至呕吐。随着病程的发展，常出现不同程度的呼吸困难，表现为呼吸次数增加和腹式呼吸（气喘）。

3. 隐性型 感染后不表现症状，但猪体内存在着不同程度的肺炎病灶，偶有喘气和轻微咳嗽。

（四）病理变化

本病主要病变在肺、肺门淋巴结和纵隔淋巴结。全肺两侧均显著膨大，有不同程度的水肿。在心叶、尖叶、中间叶及部分病例也在膈叶出现融合性支气管肺炎变化。其中病变以心叶、尖叶、中间叶最为显著，而膈叶的病变多集中于其前下部。早期病变多在心叶上发生，如粟粒大至绿豆大，逐渐扩展融合成多叶病变（融合性支气管肺炎）。病变的颜色多为淡灰红色或灰红色，半透明状。病变部界限明显，像鲜嫩的肌肉样，俗称"肉变"。病变部切面湿润而致密，常从小支气管流出微混浊灰白色带泡沫的浆性或黏性液体。随着病程延长或病情加重，病变部的颜色变深，呈淡紫红或灰白色带泡沫的浆性或黏性液体，半透明的程度减轻，坚韧度增加，俗称"胰变"或"虾肉样变"。肺门淋巴结和纵隔淋巴结显著肿大，呈灰白色，切面外翻湿润，有时边缘轻度充血。

（五）防制措施

1. 预防　建立免疫健康种猪群是切断传染源、减少和控制新生仔猪发病的有力措施。疫苗免疫：疫苗一定要足量注射；注意注射疫苗前15天内不用药。

2. 治疗　脉冲性使用抗生素可减缓疾病的临床症状和避免继发感染，常用的抗生素种类很多，一旦停药，病会复发，容易产生耐药性。推荐发病猪泰乐菌素+鱼腥草注射液（0.2毫升/千克体重），肌内注射。出现继发感染时配合抗病毒药肌内注射，复方替米考星（100克拌料100千克连用1周）。

四、猪肺疫

猪肺疫又名猪巴氏分枝杆菌病，是由多杀性巴氏杆菌所引起的猪的一种急性传染病。

（一）病原

多杀性巴氏杆菌属巴氏杆菌科巴氏杆菌属，为革兰氏阴性。

（二）流行病学

本病传染源为病猪及健康带菌猪。病菌存在于急性或慢性病猪的肺脏病灶。

（三）临床症状

本病潜伏期为1~14天，临床上一般分为最急性型、急性型和慢性型。

1. 最急性型　俗称"锁喉风"，突然发病，无明显症状死亡。病程稍长的可表现为体温明显升高（40.5～42.2℃），食欲废绝，全身衰弱，横卧或呈犬坐式；或伸颈呼吸，有时有喘鸣声，呼吸极度困难，黏膜发红，心跳加快。喉头肿胀、发热、红肿，严重的向上可至耳根，向后可达胸前。耳根、腹侧、四肢内侧出现红斑。口鼻流沫，迅速恶化、死亡。

2. 急性型　此型常见。除具败血症的症状外，还表现为胸膜肺炎。体温升高（40.5～41.6℃）。最初发生痉挛性干咳，呼吸困难，流黏稠鼻液，有时混有血液；后为湿咳，胸部疼痛。病势加重，呼吸更困难，张口呼吸，呈犬坐式，可视黏膜发绀，脓性结膜炎，初便秘后腹泻。最后心脏衰竭，多因窒息、休克而死。病程为5～8天，不死的则转为慢性。

3. 慢性型　多见于流行后期，主要表现为慢性肺炎和慢性胃肠炎症状，病猪精神沉郁，食欲不佳，下痢，消瘦，持续性咳嗽和呼吸困难，鼻有脓性分泌物，慢性关节炎，不及时治疗往往衰竭死亡。

（四）诊断和防治

1. 诊断　根据临床症状和病理变化可做出初步诊断，确诊需进一步做实验室诊断。

2. 实验室诊断

（1）镜检：无菌采取肺、肝、脾、淋巴结等涂片，亚甲蓝或革兰氏染色后镜下观察。

（2）分离培养：病料接种血清培养基，观察培养物特性并鉴定。

3. 防治措施

（1）搞好卫生消毒，加强饲养管理，增强猪的抵抗力。

（2）活疫苗在断奶后15天以上注射1次，种猪每年注射2次。但由于每种疫苗都只有一个血清型。因此在有其他血清型的多杀性巴氏杆菌侵入时，在以后的猪群中用自家苗来预防。

（3）治疗：饲用土霉素、泰乐菌素、硫黏菌素、氨苄青霉素、喹诺酮类药物。注射用药剂量为氨苄青霉素 6.6 毫克/千克体重，泰乐菌素 17.6 毫克/千克体重，氟哌酸 0.15 毫克/千克体重。

第三节　猪的消化系统病（腹泻）

猪消化系统疾病是猪常发的疾病，不同年龄和不同品种的猪均可发生，严重威胁着养猪业的发展。生产管理中引起猪腹泻的病原大致可分为病毒、细菌和寄生虫 3 类。

（1）病毒性病原：包括猪流行性腹泻病毒（PEDV）、传染性胃肠炎病毒（TGEV）、轮状病毒（RV）、猪腺病毒（PAV）、猪呼肠孤病毒（REOV）等。

（2）细菌性病原：包括产肠毒素大肠杆菌、产气荚膜梭菌、沙门杆菌等。

（3）寄生虫性病原：包括球虫、类圆线虫等。

一、猪传染性胃肠炎

猪传染性胃肠炎是由猪传染性胃肠炎病毒引起的猪的一种高度接触性消化道传染病，以呕吐、水样腹泻和脱水为症。致两周龄内仔猪高死亡率的病毒性传染病。

（一）病原

传染性胃肠炎病毒（TGEV）属于冠状病毒科，冠状病毒属，单股 RNA。病毒对乙醚和氯仿敏感。

（二）流行病学

本病对各种年龄的猪均有易感性，10 日龄以内的仔猪最为敏感，发病率和死亡率都很高。该病的发生具有明显的季节性，以冬春寒冷季节较为严重。其他动物对本病不易感。

（三）临床症状

仔猪突然发生呕吐，接着发生剧烈水样腹泻，粪便常为乳白色、灰色或黄绿色，带有未消化的凝乳块，有恶臭。严重脱水，体重快速下降，体温先短期升高后随之下降，发病后 2~7 天死亡，10 日龄以内仔猪的病死率高达 100%。3 周龄以上的仔猪可耐过，但发育不良、生长缓慢。

（四）病理变化

肉眼可见尸体脱水明显，主要病变在胃和小肠。哺乳仔猪的胃常胀满，滞留有未消化的凝乳块。胃横膈膜憩室部黏膜下有出血斑，胃底部黏膜充血或不同程度的出血，小肠内充满白色或黄绿色液体，含有泡沫和未消化的小乳块，肠壁变薄而无弹性，肠管扩张呈半透明状。肠系膜出血。

（五）诊断

本病的诊断可根据临诊症状、流行病学及病理变化做出初步诊断。确诊还须进行实验室诊断。实验室诊断方法主要有：

1. 免疫荧光法 取腹泻早期病猪空肠和回肠的内容物做涂片，进行直接或间接荧光染色，然后用缓冲甘油封盖，用荧光显微镜检查，可见上皮细胞及沿着绒毛的胞浆膜上呈现荧光者为阳性。

2. RT-PCR 快速诊断法 根据 TGEV 标准毒株的基因序列，设计合成一对引物，片反转录聚合酶链反应（RT-PCR）技术对发病猪的粪便进行检测，结果得到与预期大小相一致的 PCR 产物，则可证实该病毒为 TGEV。

（六）防治措施

1. 预防 强化猪场的日常防疫、卫生管理，定期消毒、免疫预防是防制本病的有效方法。

2. 治疗 本病尚无特效药物，以对症治疗为主，在患病期间大量补充葡萄糖氯化钠溶液，盐酸吗啉胍片（每片 0.1 克），其用量为成年母猪 3 片/次，15 日龄以内哺乳仔猪 1 片/次，15 日龄以上哺乳仔猪 1.5 片/次，育肥猪 2 片/次，每日 3 次，喂食（吃奶）前投服。

二、猪轮状病毒病

轮状病毒感染是由轮状病毒感染引起仔猪暴发消化道功能紊乱的一种急性肠道传染病。

（一）病原

轮状病毒主要存在于病猪的肠道内，猪轮状病毒（RV）属于呼肠弧病毒科，轮状病毒属的 A、B、C、E 群。

（二）流行病学

病毒主要存在于病猪及带毒猪的消化道。病毒随粪便排到外界环境后，容易污染饲料、饮水、垫草及土壤等，可经消化道途径使易感猪感染发病，一般排毒时间可持续数天，可严重污染环境。本病呈地方流行性，有一定季节性，主要集中在冬季，气温低能使发病率提高。发病猪多为 8 周以下的仔猪，日龄越小、发病死亡率越高，发病率一般为 50%~80%，死亡率一般为 10%以内。

（三）临床症状

腹泻是本病的主要症状，粪便呈黄色、灰色或黑色，水样或糊样，严重者带有黏液和血液。腹泻 3~4 天后，部分病例出现严重脱水。此病多在 2~3 天内恢复，死亡率一般为 10%。如继发其他疾病，使病情恶化，死亡率可达 10%~20%。

（四）病理变化

病猪严重脱水，皮毛粗糙。病变主要在消化道，病变位置只局限于小肠，在小肠的后 1/3~2/3 处的肠壁变薄，通透性增大，呈半透明状，小肠绒毛萎缩。小肠内部含有大量的黄色或灰黄色的液体或絮状物，有腥臭的气味。胃壁弛缓，内含有白色的凝乳块，盲肠和结肠有黄色或褐色的内容物，呈膨胀状。

（五）防制措施

1. 预防　用猪轮状病毒油佐剂灭活苗或猪轮状病毒弱毒双价苗对母猪或仔猪进行预防注射。油佐剂苗于怀孕母猪临产前30 天肌内注射 2 毫升；仔猪于 7 日龄和 21 日龄各注射 1 次，注射部位在后海穴（尾根和肛门之间凹窝处），每次每头注射 0.5毫升。弱毒苗于临产前 5 周和 2 周分别肌内注射 1 次，每次每头1 毫升。

2. 治疗　目前无特效治疗药物。

（1）防脱水和酸中毒，可用 5%～10% 葡萄糖盐水和 10% 碳酸氢钠溶液静脉注射，每天 1 次，连用 3 天。

（2）硫酸庆大霉素注射液 16 万～32 万单位，地塞米松注射液 2～4 毫克，一次肌内或后海穴注射，每天 1 次，连用 2～3 天。

三、猪流行性腹泻

由猪流行性腹泻病毒引起的一种接触性肠道传染病，1971年首发于英国，20 世纪 80 年代传入我国，可发生于任何年龄的猪，日龄越小，症状越重，死亡率越高。

（一）病原

猪流行腹泻病毒（PEDV），属于冠状病毒科，冠状病毒属。

（二）流行病学

本病只发生于猪，病猪是主要传染源，主要感染途径是消化道。使本病呈地方流行性，多发生于寒冷季节。

（三）临床症状

潜伏期一般为 5～8 天，主要临床症状为水样腹泻，哺乳仔猪突然发生呕吐，急剧水样腹泻，粪便为黄色或灰色，气味恶臭，病初体温升高，腹泻后迅速下降，病猪产生脱水，体重迅速下降，被毛粗乱，精神沉郁、厌食，消瘦及衰竭，出现口渴症状，至发病3~7天多数或全部仔猪死亡；日龄越小死亡越快，死亡率越高。3周龄以上仔猪死亡率较低，耐过不死的仔猪发育不良，有的成为"僵猪"。断奶猪、育成猪、成年猪症状较轻，出现精神沉郁、厌食，个别出现呕吐，水样腹泻呈喷射状，水样便呈黄绿色或灰色，气味恶臭。泌乳母猪的乳汁分泌减少或停止。

（四）诊断和防治

1. 诊断　剖检病变主要局限于小肠，肠腔内充满黄色液体，肠壁变薄，肠系膜充血，肠系膜淋巴结水肿，胃内空虚，有的充满胆汁黄染的液体。组织病理学的变化主要在小肠和空肠，肠腔上皮细胞脱落，构成肠绒毛显著萎缩，绒毛与肠腺（隐窝）的比率从正常的7：1下降到3：1。

2. 预防和治疗　本病用抗生素治疗无效，可参考猪传染性胃肠炎的防治办法，猪群紧急接种胃流二联菌或胃流轮三联菌。对失水过多的病猪，静脉注射葡萄糖盐水。或用康复或人工感染发病的母猪，其初乳中抗体滴度很高，可使获得保护。可用康复猪抗凝全血每天注射10毫升，连续3天，可起到一定的预防和治疗作用。

四、猪大肠杆菌病

　　猪大肠杆菌病是由病原性大肠杆菌引起的仔猪的一种肠道传染性疾病。常见的有仔猪黄痢、仔猪白痢和仔猪水肿病3种，以发生肠炎、肠毒血症为特征。

（一）病原

　　本属菌为革兰氏染色阴性，无芽孢，大肠杆菌O抗原有171种，H抗原有64种，K抗原有103种。其互相组合可形成许多血清型。致病性大肠杆菌的许多血清型均可引起猪发病。

（二）流行病学

7日龄以内的仔猪最容易感染本病，特别是1~3日龄的仔猪，发病率通常在90%以上，死亡率高。发病率随日龄的增加而逐渐降低。本病的流行无明显的季节性，主要经消化道感染。

（三）临床症状

潜伏期2~3天，典型症状是剧烈腹泻、排黄色或灰黄色混有小气泡并带腥臭的水样粪便，几分钟即拉稀一次，后躯及尾巴沾满污粪。病猪表现口渴、精神沉郁、停止吮乳、无呕吐现象、严重脱水、皮下消瘦、双眼下陷、肛门周围和腹股沟等处皮肤发红，昏迷而死。

1. 仔猪黄痢　出生后1周以内多发，1~3日龄最常见。随日龄增加而减少，7日龄以上少发生。同窝仔猪的发病率在90%以上，死亡率高。粪便呈黄色糨糊状，肛门冒出稀粪，迅速消瘦、脱水、昏迷死亡。

2. 仔猪白痢　发生于10~30日龄仔猪，以2~3周龄较多见，1月龄以上的猪很少发生，其发病率约50%，病死率低。仔猪突然发生腹泻，开始排糨糊样粪便，继而变成水样；随后出现乳白色、灰白色或黄白色下痢，气味腥臭。病猪体温和食欲无明显变化，病猪逐渐消瘦、拱背，皮毛粗糙不洁，发育迟缓。病程一般3~7天，绝大部分猪可康复。

3. 猪水肿病　常见于断奶不久的仔猪，肥胖的猪最易发病，育肥猪和10天以下的猪很少见。发病率一般在30%以下，但病死率很高，约90%。断奶猪突然发病，表现为精神沉郁、食欲下降至废绝，心跳加快，呼吸浅表，病猪四肢无力，共济失调；静卧时，肌肉震颤，不时抽搐，四肢划动如游泳状，触摸敏感，发出呻吟或鸣叫，后期转为麻痹死亡。整个病期体温不出现升高，同时部分猪表现出特殊症状，眼睑和脸部水肿，有时波及颈部、腹部皮下，而有些猪体表没有水肿变化。该病病程为1~2天，个别可达 7 天以上，病死率约为 90%。

（四）诊断

根据流行病学、临诊症状和病理变化可做出初步诊断，确诊需分离病原，做血清型鉴定。实验诊断方法为：采取发病仔猪粪便（最好是未经治疗的），或新鲜尸体的小肠前段内容物，接种于麦康凯或鲜血琼脂平板上，挑取可疑菌落做纯培养，经生化试验确定为大肠杆菌后，再做肠毒素或吸着因子的测定。

（五）防制措施

1. 预防

（1）做好母猪分娩前后的环境清扫和消毒工作。母猪产前产后需特别注意生物安全工作，有乳腺炎的母猪应及早治疗，产房应保持清洁干燥并严格消毒，哺乳前要进行乳房清洗。

（2）免疫预防：血清预防，对本场 5 岁以上的老母猪的血清，往往可以防止本场致病性大肠杆菌的感染，口饲血清比注射血清的方法更为有效。疫苗预防，大肠杆菌 k88、k99 双价基因工程苗，大肠杆菌 k88、k99、987p 三价灭活菌苗及后者加上 p41 的四价灭活苗等。于母猪产前 40 天和 15 天各注射 1 次。另一种是自家疫苗免疫，即从本场分离出致病性大肠杆菌，研制成疫苗用于本场的母猪免疫，其针对性较好，是目前国内外用疫苗防制该病较为理想的方法。

2. 治疗　对症治疗，加强管理。

（1）仔猪黄痢：病程很急，而初生仔猪抵抗力又很弱，死亡率很高，因此对该病应以预防为主，搞好综合性防疫措施。

（2）仔猪白痢：除参照仔猪黄痢的有关措施外，常用药物治疗方面，早期及时用药，对症治疗，治愈率较高，用多价大肠杆菌的高免血清治疗本病亦有效。

（3）猪水肿病：加强饲养管理，不随意改变饲料和饲养方法，适当调整饲料中蛋白质含量，防止仔猪便秘等。对于有病猪群，在断奶期间，适当添加一定的抗菌药物进行预防，效果较好，可选用土霉素、新霉素、磺胺类药物、大蒜素等。

五、仔猪腹泻病综合征

引起仔猪腹泻的原因有很多，不同病因引起的仔猪腹泻在发病时间、发病症状、死亡率、粪便的颜色与气味等方面各不相同，应仔细观察，鉴别诊断，针对不同的病因进行仔猪腹泻的防治。

（一）仔猪腹泻的原因

仔猪腹泻的原因主要是生理性、营养性、应激性、母乳中脂肪含量过高引起的腹泻和病原性腹泻5种。病原性腹泻又分为病毒性、细菌性和寄生虫性3种。鉴别要点如下：

1. 生理性腹泻

（1）发病猪日龄在14日龄内。

（2）母猪乳汁偏少。

（3）体温正常。

（4）如果没有病原继发感染，死亡率低。

2. 营养性腹泻

（1）粪便颜色发黄。

（2）粪便中带有酸味。

（3）仔猪贫血、消瘦。

（4）体温正常、母猪产奶多的仔猪容易腹泻。

3. 应激性腹泻

（1）猪只在转群或换料前正常，转群或断奶后腹泻。

（2）粪便颜色大多为灰白色。

4. 母乳中脂肪含量过高引起仔猪腹泻

（1）母猪过肥或过度消瘦。

（2）粪便为白色稀粪，表面发亮、黏稠，水不易冲走。

5. 病原性腹泻

（1）细菌性腹泻：大肠杆菌引起的黄白痢、魏氏梭菌引起的仔猪红痢、螺旋体引起的猪血痢、沙门杆菌引起的仔猪副伤寒。

（2）病毒性腹泻：猪传染性胃肠炎、流行性腹泻、猪轮状病毒等。

（3）寄生虫性腹泻：球虫、鞭虫、结节虫、类圆线虫病等。

（二）鉴别诊断

1. 红痢（梭菌性肠炎）　1~7 日龄多发，最急性 1 日龄发病，体温升高；最大最健康的仔猪症状明显，出现症状基本 100% 死亡；最急性四肢划动，虚脱，粪便黄色至红色。

2. 大肠杆菌

（1）黄痢：3~7 日龄多发，发病越早，死亡率越高，可达 95%~100%；仔猪发病后严重脱水，无呕吐，腹部苍白，肛门有黄色稀粪，黄色稀粪有气泡，内含凝乳小片，恶臭。

（2）白痢：10~30 日龄多发，一窝仔猪陆续发病，发病时日龄越大，死亡率越低。潮湿季节多发；灰白色粥状粪便，有气泡。腹泻逐渐发生，散布慢。

3. 传染性胃肠炎　7~10 日龄多发，小于 10 日龄发病仔猪死亡率近 100%，大于 4 周龄发病死亡率 0~20%；发病仔猪呕吐、腹泻、脱水；粪便淡黄白色水样，有特殊气味。

4. 流行性腹泻　各年龄猪均易发生，发病日龄越小的仔猪死亡率越高，7 日龄内发病仔猪死亡率达 50%~100%；发病仔猪水样腹泻，呈喷射状，淡绿色水样稀粪，有的食后呕吐；母猪、肥猪亦可发病，但死亡率低，传播速度比传染性胃肠炎慢。

5. 轮状病毒　1~5 周龄均可发生，死亡率较低；寒冷季节多发；偶见呕吐、腹泻、脱水、水泻。

6. 球虫病　小于 5 日龄不发病，7 日龄多发，死亡率一般较低，如有其他病并发感染则死亡率高达 75%；发病仔猪消瘦、被毛粗乱、排稀粪（灰黄色水样稀粪、恶臭）。

（三）防治措施

根据不同病因采取不同方法，采取对症治疗为主等方法。保证母猪有充足饮水、保证仔猪尽早补料、保证猪场的生物安全，同时注意猪舍环境（温度、湿度、通风）。

第四节　猪的营养代谢疾病

营养代谢性疾病是营养紊乱和代谢紊乱疾病的总称。

猪的营养代谢病有很多种，包括糖、脂肪及蛋白质代谢障碍，常见有元素代谢障碍病、微量元素缺乏、维生素缺乏症及其他营养代谢病。

一、猪的营养代谢疾病的基本特征

（一）发病原因

引起猪群营养代谢病的原因很多，归纳起来，主要有以下几个方面：

1. 对营养物质的供给和摄入不足　猪肠道短，食物流速快，体内合成维生素少，日粮不足或日粮中缺乏某种必需的营养物质如蛋白质（特别是必需氨基酸）、维生素、常量元素和微量元素等，或因诸多胃肠道疾病对营养物质消化、吸收障碍，导致机体摄入不足，影响营养物质在猪体内的合成代谢。

2. 营养供应不足　猪对营养物质的需要在特殊生理活动时增加、疾病时消耗增加、饲料中抗营养物质过多时需要量也增加。

3. 高密度饲养易引起应激反应　猪本身对营养物质的需求量高。猪营养代谢性疾病的发生不是偶然的。体内营养物质间的关系是复杂的，各营养物质除均具有特殊的作用外，还可通过转化、依赖、拮抗作用，以维持营养物质间的平衡，一旦平衡被打破，均可导致疾病。

4. 饲料中存在抗营养物质 日粮配置时没有充分考虑饲料中的抗营养物质或抗营养因子，导致肠道蛋白质、能量等营养物质消化、吸收利用能力下降，不能满足猪只自身需要。

（二）猪群营养代谢病的临床特点

（1）无传染性，不会发生流行，只要改善营养和机体的代谢状况后症状就会消失，恢复正常。

（2）发病缓慢，病程长，典型症状出现较晚。

（3）食用同种饲料的群体同时发病，症状有许多相似之处，受损的组织与脏器比较广泛。

（4）哺乳及断奶仔猪体弱多病，死亡率高。

（5）体温正常或偏低。

（6）早期诊断困难。

（7）种猪表现繁殖障碍、哺乳母猪泌乳减少或无乳等综合征候。

（三）防治要点

（1）供应合理的日粮。根据不同种类猪群的不同生理发育阶段，合理搭配饲料日粮的数量和质量，既要考虑机体的生理需要，又要注意营养物质间的平衡，同时还要考虑公猪配种期、母猪妊娠期和泌乳期、幼龄猪生长期等情况下的特殊需要。可有效预防猪营养代谢病。

（2）遵循缺什么，补什么，缺多少，补多少的原则，保证营养物质的供应。

（3）以临床症候群、临床病理学指标、病理解剖学特征变化为基础；参考有针对性的防治措施的实践效果，最终取得综合诊断的基本根据。

二、仔猪低血糖征

仔猪低血糖征又称仔猪憔悴病或乳猪病，初生仔猪低血糖是由于仔猪血糖浓度降低而引起的一种代谢病。

（一）病因

正常血糖水平为 90~130 mg/dl，当下降到 50mg/dl 以下时，出现症状。仔猪出生后第一周内不能进行糖原异生作用，完全依赖母乳作为机体的营养来源，如此时摄食母乳糖原不足，则体内糖原可迅速耗竭，血糖降低，引起低血糖症。

（二）临床症状

病初精神沉郁，吮乳停止，四肢无力或卧地不起，肌肉震颤，步态不稳，体躯摇摆，运动失调，颈下、胸腹下及后肢等处水肿。病猪尖叫、痉挛、抽搐，头向后仰或扭向一侧，四肢僵直，或做游泳状运动，磨牙空嚼，口吐白沫，瞳孔散大，对光反应消失，感觉功能减退，皮肤苍白，被毛蓬乱，皮温降低，后期昏迷不醒，意识丧失，很快死亡。病程不超过 36 小时。

（三）诊断

母猪产后少乳或无乳，发病仔猪的临诊症状，尸体剖检在消化道中见不到消化物、脱水、肝脏小而硬及仔猪对葡萄糖治疗的效果显著能做出诊断。本病应与新生仔猪细菌性败血症和细菌性脑膜炎、病毒性脑炎等引起明显的惊厥等疾病进行鉴别诊断。

（五）综合防制

1. 预防　加强怀孕母猪后期的饲养管理，保证在怀孕后期提供足够的营养，确保仔猪出生后能吃到充足的乳汁，避免仔猪低血糖症的发生；同时注意初生仔猪的防寒保暖工作。

2. 治疗　治疗原则：一头发病，全窝防治，早期补糖，标本兼治。

（1）补糖：10%~20% 葡萄糖溶液 10 毫升，肌内或静脉注射，4~5 小时 1 次，连用 2~3 天，同时也可灌服一定量的白砂糖水。

（2）促进糖原异生：交替应用促肾上腺皮质激素和肾上腺皮质激素，以促进糖原的异生和氧化，可提高疗效。促肾上腺皮质激素 10~15 单位，一次肌内注射；醋酸可的松注射液 0.1~0.2 克，一次肌内注射。

三、仔猪铁缺乏症

仔猪铁缺乏症又称仔猪营养性贫血或仔猪缺铁性贫血，由于机体铁缺乏而引起猪贫血和生长受阻的营养代谢病。

（一）病因

本病多见于新生仔猪。新生仔猪对铁需要量很大，其体内铁储存量很少，一般母乳中都缺乏铁。没有补充铁剂，仔猪出生时，体内贮存的总铁量在 50mg 左右，每天需要消耗 7mg，极易发生缺铁性贫血。

（二）临床症状

仔猪多在出生后 8~10 天发病。病猪表现为精神沉郁，食欲减退，被毛粗乱、发黄、暗淡无光泽，生长缓慢。可视黏膜苍白，黄染，呼吸加速，脉搏加快。有时腹泻，粪便颜色不正常。病程约为 1 个月，通常 2 周龄发病，3~4 周龄病情加重，5 周龄好转，6~7 周龄痊愈。

（三）防治

1. 预防　仔猪出生后 3 天一次性注射 10 毫升牲血素，可预防仔猪缺铁性贫血。

2. 治疗　补充铁质，充实铁质储备。可采用口服铁剂和注射铁剂。口服铁剂有 20 余种，硫酸亚铁为首选药物。肌内注射的铁剂有糖氧化铁、糊精铁、葡萄糖铁或右旋糖铁等。

四、猪异食癖

（一）病因

猪异食癖是一种由于饲养管理不当、环境不适、饲料营养供应不平衡、疾病及代谢功能紊乱等引起的一种应激综合征。

（二）症状

病猪出现咬尾、咬耳、食粪、饮尿、拱地、闹圈、跳栏、母猪食子等现象。相互咬斗是异食癖中较为恶劣的一种。

（三）防治措施

1. 预防措施　加强饲养管理，营造良好的生活环境。合理布控猪舍；分散猪只注意力。在猪圈中投放玩具如链条、皮球、旧轮胎及青绿饲料等，分散猪只关注的焦点，从而减少咬尾症的发生。

2. 治疗措施　对症用药，控制异食癖。对患慢性胃肠疾病的猪，治疗主要以抑菌消炎、清除肠内有害物质为原则，结合补液、强心措施，并辅以抗生素治疗。

第五节　猪场病毒性疾病净化方案

有一些猪病严重影响规模化养猪业安全、肉产品质量安全和公共卫生安全，对于一些烈性猪病必须净化。

一、猪伪狂犬病的净化方案

猪伪狂犬病的净化给猪场带来明显的经济效益和品牌效益，可通过定期的监测和严格的生物安全措施净化伪狂犬病。

（一）猪伪狂犬病常用的实验室检测方法

猪伪狂犬病实验室检测方法包括血清学检测和病原学检测，实际工作中，目前最常用的检测方法包括以下三种：

1. gE 抗体鉴别诊断方法　由于目前绝大部分猪场使用伪狂犬 gE 基因缺失疫苗，采用 gE-ELISA 方法可以对该病进行鉴别诊断。对于 gE 抗体阳性猪，可能为感染发病猪、感染康复猪或者健康仔猪（母源抗体）3 种情况。对于 gE 抗体阴性猪，可能为健康猪，或者猪刚刚感染野毒抗体尚未转阳。

2. gB 抗体检测方法　gB 抗体为保护性抗体，由于 gB 抗体无法区分疫苗毒和野毒，且不能确定 gB 抗体水平高低与免疫时机、临床发病之间的关系，在目前猪群普遍感染伪狂犬野毒的情况下，gB 抗体检测意义有限。

3. PCR 病原检测方法　对于感染带毒猪，脑、肾、扁桃体等组织 PCR（gE 片段）检出率相对较高。对于 PCR 检测为阴性的猪，可能为健康猪，或者是组织病料含毒量低、检测方法不敏感等情况。

（二）猪伪狂犬病控制方案

1. 建立健全生物安全体系　采取良好的生物安全措施，其目的是最大限度地防止疾病传入和在场内传播。

（1）周边环境的控制：猪场应远离居民区和交通要道，远离同行的猪场；水源，主要采用地下水，严格检测水质；猪场周边种植隔离苗木，且应背风向阳。

（2）良好的场内和舍内环境控制：良好的场内栏舍规划（销售区与生活区、生活区与生产区、种猪区与育肥区之间形成有效隔离），场内道路每天进行消毒，不允许员工串区，栏舍门口放置消毒盆，栏舍周围设置防鸟网，定期进行灭犬猫灭鼠，实行全进全出的转群规定，栏舍内带猪消毒、转群后空置消毒，生产区人员不得进入卖猪通道，栏舍内良好的温湿度控制等。

（3）人员与物品的消毒：人员消毒（外来人员原则上不允许进入场内，如果要进入要经过 3 天左右的隔离并穿着隔离服装；员工外出回来要经过 1~3 天隔离），物品消毒（进场车辆喷雾消毒、消毒池消毒；所有物品必须经过 24 小时以上的紫外灯照射)。

（4）建立生物安全预警机制：绿色预警信号（省外发生重大疫情未波及本省），黄色预警信号（省内发生重大疫情），红色预警信号（市内发生重大疫情，特别是周边城镇）。发生红色预警时进行封场，严禁场内人员外出，请假回场需隔离一段时间。

（5）引种检疫淘汰阳性猪：新引进后备猪及精液必须来自 PRVgE 抗体阴性的群体。引入的种猪必须隔离饲养 30 天以上，全部野毒抗体呈阴性后，方可混群，对于野毒感染阳性猪要坚决淘汰，避免入群。

2. 合理的免疫程序 尽管疫苗免疫后不能完全阻止猪体强毒的感染、病毒排出及潜伏感染，但仍然是防治伪狂犬病的重要手段之一，不但可以阻止猪发病，减少强毒扩散，还可降低强毒感染后排毒量，缩短强毒排毒时间。

（1）免疫程序：种母猪（种公猪）每年集中普免 4 次。

（2）仔猪免疫日龄的确定：分别测定仔猪在 50 日龄、60 日龄和 70 日龄时的伪狂犬病抗体（gB 抗体或全病毒抗体），每个阶段抽样 30 份，样品来自 10 窝猪，每窝 3 头，确保采样的均衡性。根据抗体水平确定仔猪的免疫日龄。

（3）生长肥育猪：根据出栏时间和出栏体重不同要求，免疫 1~2 次。

（4）免疫效果评估：仔猪免疫后 3 周，检测 30 份血清 gB 抗体和 gE 抗体。当 gE 抗体为阴性时，如果 85% 的样品为 gB 抗体阳性，即可认为群体免疫合格。

3. 免疫与监测、淘汰相结合

（1）对已感染的种群可采取淘汰感染猪群：因场制宜，科学选取清除净化方案。一是在伪狂犬病感染抗体阳性率 10% 以内的，采用连续3次；每隔4~6周进行一次全群采血检测，淘汰野毒感染的种猪。二是在伪狂犬病感染抗体阳性率10%以上的，暂时不采取净化措施，全群高强度连续免疫PRV基因缺失疫苗3次（3次时间为1周、4周、8周，每次2头份），不断引入阴性后备种猪，2~3年后抽检检测评估群体阳性率，当阳性率≤10%时，按方法一处理。3次全群检测完成后留取不免疫PRV疫苗的岗哨猪（哨兵猪），同时不断补充检测合格的阴性后备种猪，从而达到全面净化猪伪狂犬病毒，最终可以停止疫苗的免疫接种。

（2）阴性猪场：对种猪群在免疫基因缺失活疫苗和采取生物安全等措施的基础上，每年两次进行野毒感染抗体检测，淘汰野毒感染猪，直到全群野毒感染阴性为止，仔猪坚持滴鼻免疫，以保证本猪场自繁自养后备猪伪狂犬野毒抗体阴性。用本场后备猪进行正常的淘汰更新，一般3年就可以达到伪狂犬病净化场。

（三）伪狂犬病清除与净化存在的问题

目前，大多数猪场伪狂犬阳性率居高不下，大多数猪场伪狂犬控制与净化进展不太理想，主要原因可归纳为以下几点：

1. 免疫次数不够 在2011年之前，猪场一般采取种猪群跟胎免疫（产前30天）或者每年普防2~3次，仔猪50~80日龄只免疫1次的做法，在当时可以较好的防控伪狂犬。在2011年之后，原来的防控策略已经不能防控伪狂犬新毒株感染，需要增加免疫频率，维持猪群较高的中和抗体水平，才能取得理想的防控效果。根据临床观察统计，对于伪狂犬阳性猪场，建议使用高效价疫苗，种猪群每年普防4次，仔猪除出生滴鼻外，在保育阶段和育成前期分别注射免疫。两针免疫可以显著减少育肥猪临床症状的发生，但病毒容易在育肥中大猪阶段活跃，主要表现为亚临床感染，gE抗体阳性率升高（图13-1），易继发传胸、链球菌等细菌病。建议猪场考虑在育肥中期（100~130日龄）进行第3针免疫注射，这样更有利于开展伪狂犬净化工作。

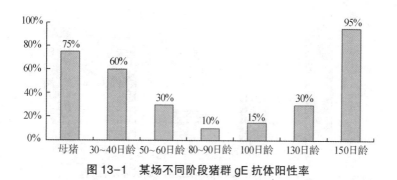

图 13-1 某场不同阶段猪群 gE 抗体阳性率

2. 疫苗效价偏低 针对伪狂犬新毒株，现有疫苗保护力下降，需要使用高效价的疫苗强化免疫，提高中和抗体水平，才能降低感染风险，减少猪群排毒。对于伪狂犬阳性场，如果全群使用普通苗，血清学检测多表现为猪群 gE 抗体阳性率居高不下（图 13-2），仔猪除典型神经症状外，副猪嗜血杆菌、顽固性黄痢、呼吸道症状等问题相对突出。部分猪场为了节约成本，对种猪群使用高效苗，而对仔猪使用普通苗，在保育中后期或育成前期容易出现临床发病，gE 抗体阳性率升高现象（图 13-3）。

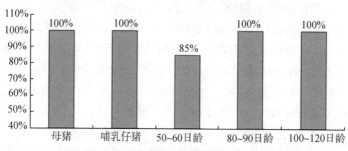

图 13-2 某场不同阶段猪群 gE 抗体阳性率

3. 阴性后备种猪转阳 对于伪狂犬阳性猪场，通过不断补充阴性后备种猪，逐步淘汰阳性种猪（自然淘汰和检测淘汰相结

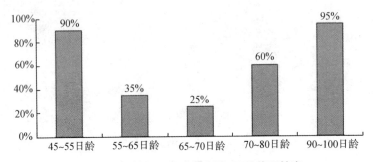

图 13-3　某场不同阶段猪群 gE 抗体阳性率

合），理论上猪场通过 2~3 年可以完成伪狂犬的净化工作。现实情况是部分猪场在引种（或自留）时没有提前检测，补充的就是阳性带毒后备种猪。一些猪场由于免疫程序不合理，在引入阴性后备种猪后又感染野毒，抗体转阳，例如，个别猪场在后备进场后未进行有效隔离和及时免疫接种而感染野毒。或者存在大日龄后备母猪（250 日龄以上）在配种前和配种后伪狂犬免疫衔接不好，导致疫苗接种间隔时间过长（超过 4 个月），从而出现免疫空档，造成野毒感染的现象。

4. 操作执行不到位　多数猪场还做不到一猪换一个针头，一部分猪场也仅仅做到种猪群一猪一针头。针头大小不合适、打飞针、漏防等现象时有发生，个别猪场母猪群颈部脓肿比例达30%以上。部分猪场育肥猪（或待售后备）压栏饲养超过 200 日龄而未及时进行免疫调整。全进全出、空舍消毒、拉猪车辆消毒等生物安全措施执行不到位等情况大量存在。

5. 其他方面漏洞　猪场存在饲养管理水平落后；饲料霉变严重；猪群密度大；生物安全条件差；蓝耳病等免疫抑制性疾病活跃等不利因素。

二、蓝耳病的净化方案

从单个猪群（尤其是种猪群）中净化/清除蓝耳病病毒是完全可能的，常用的方式是检测/淘汰法。

（一）抗体检测

1. 抗体阳性　机体感染过野毒（疫苗毒）或者是母源抗体（仔猪）。一般情况下，机体感染强毒产生的抗体较高。对于同一阶段的猪群，如果抗体水平适中、离散度小，一般蓝耳比较稳定。

2. 抗体阴性　机体未感染过野毒（疫苗毒），或者刚刚感染野毒抗体尚未转阳（一般需要 7~10 天）；还有一种情况是机体感染康复较长时间后，抗体水平已经下降至阴性。

对于蓝耳病，血清抗体水平高低不代表保护力大小。我们不仅关注单个样本的抗体水平，更要看整体的抗体水平、走势、离散度，同时结合免疫背景、日龄大小、生产临床等综合分析才有意义。

（二）病原检测

1. 病原 RT-PCR 阳性　检测到的可能是野毒或者疫苗毒，但猪群不一定发病。对于大多数猪场，仔猪在 50~90 日龄阶段容易检到 PCR 阳性猪。在成年猪或者胎儿体内如果检测到病原 PCR 阳性（排除疫苗因素），多是感染发病。

2. 病原 RT-PCR 阴性　未检测到说明没有感染或者曾经感染过但已不排毒，也可能是样品中病原含量低、检测方法不敏感等。

3. 病原 ORF5 测序　可以作为猪场蓝耳病分子流行病学调查。基因同源性大小不能代表毒株间的交叉保护力，不建议作为筛选疫苗的唯一标准。

（三）净化和控制

1. 严格的生物安全措施　猪场内部的生物安全措施与外部一样重要，控制病毒从感染动物散播给非感染动物，以避免或降低新产生的感染，尤其是不同圈之间的感染；控制携带病毒的媒介物，比如针头、剪牙钳、套猪器、铲子、扫带等。生物安全措施还包括禁止母猪的移动及保持生长猪的单向移动。

2. 全部清群再建群　在单点式猪场无法阻止病毒循环，可以考虑采用全部清群再组群策略，将猪场所有猪圈清空，再引入PRRS阴性或稳定的猪群。慎重引种，尤其是对供种场猪群蓝耳感染不明确的场区禁止引种。在引种的情况下，对引入种猪做好隔离驯化工作，引入种猪的驯化要在隔离舍（距离本场其他猪舍至少要大于100米）中进行。隔离时间不低于60天。

3. 猪群闭锁和轮换　当现有猪群中所有的经产母猪和公猪都对PRRSV建立了抵抗力后，就可建立PRRS阴性轮转。当所有生长猪在保育猪阶段结束后一年的时间内持续性抗体监测为阴性，这种猪场种猪完全为稳定状态。此时不再对后备猪进行PRRSV的适应与主动感染。建立后备猪群，通常这些阴性的后备猪应置于本场之外，并在场外分娩。而本场在4个月的时间内不选留后备猪，包括本场的后备猪。同时，尽量用新适应的后备母猪更新原有经产母猪。一旦猪群开放后，持续向生产母猪群引入阴性的后备猪，之前感染的阳性母猪逐渐淘汰，用PRRS抗体和抗原阴性的后备猪替代。

4. 制定合理的免疫程序并且严格执行　蓝耳疫苗要选择大的生产厂家，最好注射弱毒苗确保免疫效果。免疫程序的制定需要根据检测结果。

5. 检测与清除方案　如果猪场PRRS抗体阳性率低于15%，可对所有猪群进行检测，在同一时间抽样，同时采用EILSA和PCR方法检测，只要EILSA和PCR任意一种方法为阳性，则立即淘汰，这将迅速清除 PRRS。

三、猪瘟净化方案

猪瘟给我国养猪业造成了巨大经济损失，因猪瘟死亡的猪只占 1/3 以上。规模化猪场为降低猪瘟带来的经济损失，要加强针对猪瘟的防控，切实做好猪瘟净化工作。

（一）猪瘟净化过程

猪场猪瘟净化一般分为三个阶段。

（1）第一阶段对猪场带毒情况进行调查和评估，通过免疫和淘汰等手段提高抗体合格率。

（2）第二阶段稳定控制猪瘟情况，保证母猪群抗体合格率在 90% 以上，公猪逐头监测，进一步监测和维持抗体水平。

（3）第三阶段在稳定控制基础上进一步全群净化猪瘟病毒，全场公猪、母猪逐头检测扁桃体抗体水平，病毒检测无阳性猪。

（二）抗体检测

全面监测猪瘟抗体水平，首先要进行猪群猪瘟抗体的检测，了解猪群猪瘟抗体水平。母猪群按 10% 的比例进行采样，种公猪进行全群采样，了解猪群的猪瘟抗体合格率、抗体整齐度、离散度情况。阻断率低于 30% 说明血清中没有特异性猪瘟抗体，属于易感猪群，一旦接触猪瘟病毒极有可能感染发病；阻断率介于 30%~40% 判为可疑病例，需要过段时间采血重新测定；猪瘟抗体阻断率大于 40% 判为阳性，说明有血清中有特异的猪瘟抗体；猪瘟抗体阻断率大于 50%，判定为免疫合格，说明血清中特异性猪瘟抗体水平可以有效抵抗猪瘟病毒感染。

（三）猪瘟净化措施

1. 种公猪、母猪方案　种公猪和母猪是整个猪场生产线的源头，其健康状况很大程度上决定了整个猪场猪群的健康状况。因此，种公猪和母猪的猪瘟净化是猪场猪瘟净化工作的重中之重。

种公猪和母猪要求全群检测猪瘟抗原，抗原全阴性者判定为合格，阳性者表示感染猪瘟建议淘汰。对具有繁殖障碍现象的母猪，采集血液，用猪瘟病毒（CSFV-Ag）抗原 ELISA 检测试剂盒检测，理想的免疫状态是抗体阳性率 100%，合格率 90%；并按母猪群 10%、种公猪群 100% 的比例采集扁桃体样本，经 RT-PCR 扩增鉴别疫苗毒和野毒，必要时测序。准备引入的后备猪扁桃体样本检测猪瘟病毒 100% 阴性，且抗体水平合格，补免后仍不合格的不能留作种用，转育肥猪处理。

所有进入种猪群的后备猪必须要求猪瘟抗体和猪伪狂犬病抗体都合格，并做好种母猪、种公猪、猪精的带毒状况的监测，判断是否含有病原。必须坚决彻底地淘汰猪瘟抗原阳性猪只和经强化免疫后猪瘟抗体仍不合格的猪只，这一点至关重要。

2. 怀孕母猪方案 如果说后备母猪是猪场的后备生产力，那么怀孕母猪就是猪场的直接生产力，其健康状况直接关系到所产仔猪的健康与否。因此建议怀孕母猪全群检测猪瘟抗原，要求抗原检测全阴性，阳性者坚决淘汰，否则产出持续性感染猪，潜在的损失更大。怀孕早期猪瘟抗体检测不合格者，可以补免苗，怀孕后期不建议补免疫苗，可以在小猪出生时施行超前免疫。

3. 仔猪方案 仔猪随机采样 30 头，通常 30 头样本数可以很好地代表整个仔猪群的猪瘟抗体水平。根据检测结果决定是否全群补免疫苗，确定最佳免疫时间。

猪场要有效防控猪瘟，除要加强日常饲养管理动物保健提高猪只自身抵抗力外，还要对猪群抗体水平实行定期监控，保证猪群有较高抗体水平，有足够的免疫力抵抗猪瘟。

第十四章　养猪用药技术规范

猪场合理用药不仅可促进猪的生长，还达到预防保健和治疗疾病的目的。实际生产管理中，猪场在药物的使用上存在着误区，如乱用药、多种药盲目混合、超计量等现象，造成药物中毒、加剧病原菌耐药性的产生及药物残留等，既贻误病情，造成直接经济损失，又会产生公共卫生和食品安全问题。因此，猪场如何合理科学用药是管理人员必须要掌握的。

第一节　猪场用药基础知识

一、兽药的概念、分类和作用

（一）兽药的概念

1. 兽药的定义　兽用药物简称兽药，是指用于预防、治疗和诊断动物疫病，或有目的地调节动物生理功能，促进动物生长、繁殖和提高生产效能的化学物质。

2. 兽药（GMP）　兽药 GMP 为兽药生产质量管理规范的简称。GMP 是在药品生产过程中，用科学、合理、规范化的条件和方法，来保证生产优良药品的一整套系统的、科学的管理规范，是药品生产和管理的基本准则。

3. 兽药的质量标准　我国的兽药质量标准共分为三大类：

（1）国家标准：即《中华人民共和国兽药典》和《中华人民共和国兽药规范》（分别简称《中国兽药典》及《中国兽药规范》）。2000年版《中国兽药典》收载化学药品、抗生素、生物制品和各类制剂共469种，其中新增32种。

（2）专业标准：由中国兽药监察所制定、修订，农业部审批发布，如《兽药暂行质量标准》《进口兽药暂行质量标准》等。

（3）地方标准：各省、自治区、直辖市兽药监察所制定，现已大部分取消。

（二）兽药的分类

兽药主要包括：化学药品、抗生素、生化制品、中药材、中药制剂、疫苗、血清制品、诊断制品、微生态制品及消毒药品、外用杀虫剂等。

1. 第一类　我国创制的原料药品及其制剂。

2. 第二类　我国研制的国外已经批准生产，但未列入国家药典、兽药典或国家法定药品标准的原料药品及其制剂。

3. 第三类　我国研制的国外已经批准生产，并列入国家药典、兽药典或国家法定药品标准的原料药品及其制剂。

4. 第四类　改变剂型或改变给药途径的药品。

5. 第五类　增加适应证的西兽药制剂、中兽药制剂。

（三）药物的作用与不良反应

1. 药物作用

（1）预防或控制传染病的发生与流行：采用药物对猪群投放药物进行群体预防或控制，可有效地防止疫病发生或终止其流行。

（2）预防营养缺乏与代谢障碍病：使用药物后可预防营养缺乏和代谢障碍病；使用铁钴针可防治仔猪缺铁性贫血；使用锌制剂防治锌缺乏所致的皮肤病。

（3）防治猪群应激：适时合理地使用口服补液盐能预防或

迅速缓解应激状况，大量而方便地给猪群补充水分和电解质，纠正酸中毒，调节猪体的代谢和内分泌。

（4）治疗：治疗作用是药物的主要作用。一般分为对症治疗与对因治疗。

1）对症治疗：改善疾病症状但并不能消除体内的致病因素。这种治疗虽不能从根本上消除病因，但能缓解症状，减轻痛苦。

2）对因治疗：消除致病因素。治疗疾病时对症治疗与对因治疗同样重要，应根据病情合理应用。

2. 药物不良反应 药物治疗时，产生与治疗无关的有害作用，即为药物的不良反应。主要有副作用、毒性反应、过敏反应、继发反应等。

（1）副作用：药物在治疗剂量时，引起的与防治疾病治疗无关甚至有害的作用。

（2）毒性作用：药物过量或久用所产生的严重的功能紊乱、组织损伤的作用。毒性反应可立即发生，也可长期蓄积后逐渐产生，导致药理作用的延伸或加重，进而出现对猪体的毒害，称为毒性作用。

（3）过敏反应：过敏反应指已免疫的机体在再次接受相同物质刺激时所发生的反应。极少数猪在应用药致敏后，再次用该药时发生的一种特殊反应。这是免疫反应的异常表现，又称变态反应。这种反应与剂量无关。有些过敏反应是遗传因素引起的，称为特异质反应。在过敏反应中，有免疫机制参与的称为变态反应，即首次与药物接触致敏后，再次给药时呈现的特殊反应。

（4）继发反应：不是由药物直接作用产生，而是因药物作用诱发的反应。继发于治疗作用所出现的不良反应。

（5）耐药性（抗药性）：是反映一个化疗药物对细菌是否再敏感的术语。当病原体与化疗药多次接触后，对药物的敏感性逐渐降低甚至消失，导致化疗药物对耐药菌的疗效降低或基本无效。细菌对药物产生耐药性的方式主要有：①细菌产生分解代谢抗菌药物酶。②细菌改变自己的代谢途径。③质粒传导等。某种病原体对某一类的某种化疗药产生耐药后，往往对其同一类的药物也具有耐药性，这种现象称为交叉耐药性。

（三）影响药物作用的特殊屏障

1. 血脑屏障　血脑屏障是由星形胶质细胞和血管内皮细胞共同构成的具有防御功能的结构，它的存在就像在中枢神经系统外围构筑的一道防线，在保护脑免受外界化学性伤害的同时，也将好多对脑有利的物质（包括药物）阻隔在脑之外，包括大分子、脂溶度低、DP 不能通过。

2. 胎盘屏障　胎盘屏障是胎盘绒毛组织与子宫血窦间的屏障，胎盘是由母体和胎儿双方的组织构成的，由绒毛膜、绒毛间隙和基蜕膜构成。大部分药透过胎盘的机制仍是被动扩散，但葡萄糖等可按促进扩散的方式转运，一些金属离子如钠、钾，内源性物质如氨基酸等，维生素类及代谢抑制剂可按主动转运的方式通过胎盘。影响药通过胎盘屏障的因素较多。一般弱酸、弱碱性药易于通过；脂溶性大的药易通过。

3. 血眼屏障　血眼屏障是指循环血液与眼球内组织液之间的屏障。血眼屏障包括血房水屏障、血视网膜屏障等结构，它使全身给药时药物在眼球内难以达到有效浓度，因此大部分眼病的有效药物治疗是局部给药。与血脑屏障相似，脂溶性或小分子药物比水溶性大分子药物容易通过血眼屏障。

二、猪场用药原则

（一）配伍禁忌

药物的配伍禁忌分类。

1. 药理性（疗效性）配伍禁忌　是指药理作用相抵触，如喹诺酮类与氯霉素同用药效降低；阿托品对抗水合氯醛引起的支气管腺体分泌作用。

2. 化学性配伍禁忌　是指引起化学变化，如乙酰水杨酸与碱性药物配伍引起分解；维生素 C 与苯巴比妥配伍引起后者析出。

3. 物理性配伍禁忌　如水溶剂与油溶剂配合分层；含结晶水的药物配伍时，结晶水析出使固体药物变成半固体或泥糊状态。

（二）联合用药

1. 联合用药的目的

（1）产生协调作用，提高抗菌效果，增强对重症感染或耐药性致病菌的疗效。

（2）扩大抗菌谱，使严重的混合感染获得及早有效的控制。

（3）降低毒性反应。

（4）防止或延缓耐药性的产生。

2. 联合用药的效果

（1）两种杀菌药联合应用，可获得协调作用。

（2）两种杀菌药联合应用，可获得累加作用。

（3）杀菌药和抑菌药合用可产生协同作用，亦可产生拮抗作用。繁殖期杀菌药与抑菌药合用，可因抑菌药抑制了细菌的生长繁殖，减弱杀菌药的杀菌作用，尤其是先用抑菌药后用繁殖期杀菌药，就会出现拮抗作用，但如先用繁殖期杀菌药而后用抑菌药就不会出现拮抗作用。

（4）同类抗菌药物，特别是氨基苷类，作用相仿，而毒性相加，不宜合用。

（三）可以配伍的药品

（1）青霉素类和头孢菌素类与克拉维酸、舒巴坦、TMP 合用有较好的抑酶保护和协同增效作用；与氨基糖苷类药理上呈协同作用。

（2）四环素类与同类药物及非同类药物，如泰牧菌素、泰乐菌素配伍用于胃肠道和呼吸道疾病。

（3）甲氧苄啶、澳美普宁、阿的普宁、巴喹普宁、二甲苄啶对磺胺类和绝大部分抗菌药物有抗菌增效协同作用。

（4）丁胺卡那霉素与TMP合用对各种革兰氏阳性杆菌有效；氨基糖苷类与多黏菌。

（5）大环内酯类与磺胺二甲嘧啶、磺胺嘧啶、磺胺间氧甲嘧啶、TMP的复方可用于治疗呼吸道疾病。

（6）红霉素、泰乐菌素与链霉素联用，可获得协同作用；北里霉素治疗时常与链霉素、氟苯尼考合用；泰乐菌素可与磺胺类合用。

（7）喹诺酮类与杀菌性抗菌药及TMP在治疗特定细菌感染方面有协同作用，如环丙沙星+氨苄青霉素对金黄色葡萄球菌表现相加作用；环丙沙星+TMP对金黄色葡萄球菌、链球菌、大肠杆菌、沙门杆菌有协同作用，可与磺胺类药物配伍应用。

（8）林可酰胺类林可霉素与四环素或诺氟沙星配合应用于治疗合并感染；林可霉素可与壮观霉素合用治疗呼吸道疾病；林可霉素可与新霉素、恩诺沙星合用。

（9）繁殖期杀菌药与静止期杀菌配伍常获得协同作用，如青霉素与链霉素配伍常用。羧苄西林与庆大霉素联合应用有一定的协同作用，但二者不可置于同一容器中，应分别滴注。

（10）静止期杀菌药与快速抑菌药配伍，常获得协同或相加作用。

（11）静止期杀菌药与慢速抑菌药配伍，常获得协同或相加作用。

（12）快速抑菌药与慢速抑菌药配伍，常获得相加作用。

（四）不能配伍应用的药物

（1）同类药物不要配伍应用。

（2）青霉素及头孢菌素类抗菌药物不要与抑菌剂如四环素类药物配伍应用。

（3）两者之间发生化学反应的制剂不可混合在一起应用，如酸与碱、氧化剂与还原剂。

（4）两者之间发生物理变化如有吸潮、融化的制剂不可混合在一起应用。

（5）两者的药理作用相互拮抗不可配伍应用，如兴奋剂与抑制剂、拟胆碱药与抗胆碱药、拟肾上腺药与抗肾上腺药等。两者在一起产生毒性增强作用尽可能不配伍使用，如强心苷与钙剂等。

（6）青霉素类最好不与四环素类、氯霉素类、大环内酯类等抗菌药物合用；也不能和维生素C、碳酸氢钠等同时使用；头孢菌素类忌与氨基糖苷类混合使用。青霉素类和头孢类在静脉注射时，最好与氯化钠配合，与5%或10%葡萄糖配合时应即配即用，长时间会破坏抗生素的效价。

（7）氨基糖苷类不可与氯霉素类合用。

（8）链霉素与磺胺类药物混合配伍应用会发生水解失效。

（9）氟喹诺酮类与利福平、氯霉素类、大环内酯类、硝基呋喃类合用有拮抗作用。

三、给药方法

不同的给药方法，影响药物的吸收速度、吸收量及血液中的药物浓度，因而也影响药物作用的快慢与强弱，甚至改变药物作用性质。

（一）投药法

猪场最常用的投药方法有饮水给药和拌料给药，这两种方法节约人工，同时有效果，有群防群治的优点。

1. 饮水给药　适用于猪群发病、食欲降低而仍能饮水时。计算药量、体重、饮水量和拌料给药方法相同，只是将药物溶解到饮水中。为了保证饮水给药的疗效，饮水给药之前，应让整群猪停止饮水一段时间。

2. 拌料给药 药物一般是难溶于水或不溶于水的药物。此外，需要注意几点：

（1）准确掌握混料浓度：混料给药时应按照拌料给药浓度，准确、认真计算所用药物的剂量。要严格按照体重，计算总体重，再按照要求把药物拌进料内。

（2）确保用药混合均匀：为了使所有猪只都能吃到大致相等的药物，必须把药物和饲料混合均匀。拌药时坚持做到：从小堆到大堆，反复多次搅拌，加入饲料中的药量越小，越要先用少量饲料混匀。

（3）用药后密切注意有无不良反应：药物混入饲料后，可与饲料中的某些成分发生拮抗反应，这时应密切注意不良作用。如饲料中长期混合磺胺类药物，易引起维生素 B 和维生素 K 的缺乏，这时应适当补充这些维生素。另外还要注意中毒等反应，发现问题及时加以补救。

（二）注射给药法

注射给药法是指将药物注射到肌肉、皮下、静脉、腹腔内等防治猪病的方法，对于症状严重的个体临床上最为常用。

1. 肌内注射 对有刺激性或吸收缓慢的药剂，如水剂、乳剂、油剂等，以及大多数免疫接种时，都可采用肌内注射。肌内注射操作简便，剂量准确，药效发挥迅速、稳定。肌内注射时，水溶液吸收最快，油剂或混悬剂吸收较慢。刺激性太强的药物不宜肌内注射。肌内注射的部位，猪在耳根后或臀部。进行肌内注射时，注射部位常规消毒。左手接触注射部位，右手持注射器，呈垂直刺入。刺入深度以针头的 2/3 为宜，紧接着将药液推入，注射完毕，局部消毒。

2. 皮下注射 刺激性小的注射液、疫（菌）苗、血清等，都可采取皮下注射。皮下注射时，药物吸收较慢，如药液量较多，可多点进行。皮下注射的部位，猪在耳根后或股内侧，局部常规消毒，左手提起皮肤形成皱褶，右手持连接针头的注射器，在皱褶基部刺入针头，推进药液，注射完毕，局部消毒，适当按摩，以利吸收。

3. 静脉注射 将药液直接注入静脉的给药方法称为静脉注射。静脉注射给药时，药物直接进入血液循环，奏效迅速，适用于危重病例急救、输液或某些刺激性强的药物。静脉注射的部位，猪在耳静脉，压迫血管，使静脉努张，针头沿静脉与皮肤成45度角，迅速刺入皮肤直至静脉血管内，待有回血，即可将药液注入。静脉注射的技术要求较高，注射部位及器具，必须严格消毒，注入药液前，必须将针管或输液管内的空气排净，药液温度要接近猪体温，注射速度不宜过快，并要密切注意反应，出现异常，立即停止注射或输液，进行必要的处理。

4. 腹腔注射 腹腔容积大，浆膜吸收能力强，当猪静脉输液困难时，可以采取腹腔注射输液。腹腔注射部位，在腹壁后下部。提起病猪后肢保定，使腹腔器官前移，局部常规消毒。注射时，左手拇指压在耻骨前3~5厘米处，右手持注射器，在腹中线旁2厘米进针，注入药液，拔出针头后再次消毒。

5. 气管注射 治疗中、气管或肺部疾病时，可采用气管注射。仰卧或侧卧（病侧向下）保定，前部略微抬高，气管部皮肤常规消毒。注射时，右手持连接针头的注射器，将针头在两气管轮之间刺入，缓缓推入药液，拔出针头后再次消毒。

6. 乳管注射 治疗母猪乳房疾病时，常采用乳管注射。保定病猪，挤净乳汁，清洗并消毒乳头及乳房。左手握住乳头，右手将乳导管或无尖针头插入乳头管，推进药液。术毕，拔出乳导管，捏住乳头，防止药液流出，同时按摩乳头和乳房，使药液散开。

（三）灌肠给药法

灌肠给药法是指将灌肠器胶管插入肛门内，使灌肠器或吊桶内的药液、温水或肥皂液输入直肠或结肠，用于治疗便秘，或在进行直肠检查前用以清除粪便的方法。

（四）鼻、眼滴药法

鼻、眼滴药法是指在治疗小猪局部疾病或免疫接种时，将药物或疫苗直接滴在鼻腔内或眼结膜上的方法，也常用于鼻炎、结膜炎治疗。

（五）局部涂擦法

局部涂擦法是指通过皮肤给药以达到局部药效作用的方法，特别适宜治疗体外寄生虫病。但脂溶性大的杀虫药可被皮肤吸收，应防中毒。将松节油、碘酊、樟脑酊等药物，直接涂擦在未破损的皮肤上，以发挥局部消炎、镇痛作用。

四、药物剂量换算方法

（一）剂量单位及其换算

1. 药物剂量单位　固体药物以克或毫克，液体药物以毫升作为常用剂量单位。某些抗生素和维生素，用国际单位作剂量单位。群体用药时，给药剂量常用百分比浓度、克/千克、百万分之一（10^{-6}）浓度表示。

2. 个体给药剂量　按每千克体重用药量表示，如毫克/千克、克/千克。用药时，按个体实际体重计算给药剂量，即为该头（只）的一次给药剂量。

3. 日剂量与疗程剂量　在防治猪病中，往往把1天用药数次的用量之和称为日剂量。疗程剂量指连续用药数日甚至数周时，日剂量的总和。在确定给药方案时，应根据用药目的、机体状况（年龄、性别、品种、生长发育阶段、对药物的敏感性等）、生产类型等因素，慎重选择剂量、日用药次数和疗程。

（二）固体、半固体、液体剂型药物计量单位换算

（1）固体和半固体剂型：单位为千克、克、毫克（1克＝1 000毫克＝1 000 000微克，1千克＝1 000克，1两＝50克）。

（2）液体剂型：药物则用容量表示，单位为毫升、升（1升＝1 000毫升）。

（三）部分抗生素、激素、维生素及抗毒素（抗毒血清）的单位换算

用单位（U）或"国际单位"（IU）来表示。1国际单位青霉素相当于0.60微克纯晶青霉素 G 钠盐；1国际单位维生素 A 相当于0.60微克 β-胡萝卜素或相当于0.30微克维生素 A 醇。

（四）饲料或水中所含药物的浓度的换算

例如：1ppm（已不常采用）表示1千克（1 000 000毫克）饲料或1升水中含药1克，即百万分之一。那么，若配制30ppm喹乙醇，配法是在1吨饲料中加入30克喹乙醇，或在100千克饲料中加入3克喹乙醇，或1千克饲料中加入30毫克，即百万分之30。ppm 与百分比（%）可互相换算，如将%换算为 ppm，将小数点向右移四位，例如：0.10%＝1 000ppm；如将 ppm 换算为%，将小数点向左移四位，例如：500ppm＝0.05%。

（五）药物含量关系的换算

给药时，常用剂量/头（表示每头用药1次的量）也有的用剂量/千克体重计算（表示每千克体重的用药量）表示。化学制剂的百分含量，如：10%磺胺嘧啶钠注射液是指100毫升内含10克磺胺嘧啶钠。

（六）内服给药剂量与饲料添加给药量的换算

内服剂量通常是以每千克体重使用药物剂量来表示，饲料添加剂量是以单位饲料重量中添加药物的重量来表示。一次内服量的多少与体重成正比关系。而饲料添加给药剂量与每日耗饲量相关，消耗饲料多，药物在饲料中的比例减少；如果每日消耗饲

料减少，则药物在饲料中的比例应增大。

以猪为例做简要说明：实践中，如果已知猪口服某种药物的剂量，即可估计出药物在饲料或饮水中的添加剂量。设 D 为每千克体重每次内服某种化学药物的重量（毫克），T 为 24 小时（每日）内服药物的次数，W 为猪每日每千克体重的饲料消耗量（千克饲料），肥育猪每日饲料消耗量占体重的 5%，即每日平均每千克体重的饲料消耗量为 W＝1 千克体重×5%（千克饲料/千克体重）＝0.05 千克饲料，则肥育饲料中添加药物的比例（R）为：R＝DT/W（毫克/千克饲料）。仔猪与母猪饲料添加药物量可稍作调整。一般条件下，仔猪的每日饲料消耗量可以其体重的 6%~8%计算；种母猪以其体重 2%~4%计算，哺乳期以 3%~5%计算。

（七）饮水中添加药物的换算

猪的饮水量约为饲料量的 2 倍，以此推理，饮水中添加量约为饲料添加量的 1/2。如治疗猪病诺氟沙星添加到饲料中的剂量为 200~400 毫克则添加到饮水中的剂量为 100~200 毫克，即 1 000 千克饮水中添加诺氟沙星 100~200 克。通过饮水添加用药，其药物应该是水溶性制剂，否则，药物会在水中沉积下来，造成药物剂量不足或治疗无效。

（八）（%）、克/千克（g/kg）、百万分浓度（ppm）

ppm 与其他剂量单位的换算法见表 14-1。

表 14-1 ppm 与其他剂量单位的换算法

ppm	%	g/kg	g/t	g/b
1	0.000 1	0.001	1	0.000 45
10	0.001	0.01	10	0.004 5
100	0.01	0.1	100	0.045
1 000	0.1	1	1 000	0.45

第二节 猪场常用生物制品

猪的生物制品是以普通技术或以基因工程、细胞工程、蛋白质工程、发酵工程等生物技术获得的微生物、细胞及各种动物的组织和液体等生物材料制备的，用于疾病预防、诊断和治疗的药品。生物制品多是用微生物或其代谢产物制成，从化学成分上看，多具蛋白特性，而且有的制品本身就是活的微生物。生物制品不同于一般兽药，它是通过刺激机体免疫系统产生免疫物质（抗体）才发挥其功效，在动物体内出现体液免疫、细胞免疫或细胞介导免疫。

一、常用生物制品分类和使用

生物制品是根据免疫学原理，用微生物（细菌、病毒、立克次体及微生物的毒素等）、动物的血液、组织制成。

包括：供预防传染病发生的菌苗、疫苗、类毒素；供治疗或紧急预防用的抗菌血清、抗病毒血清、抗病毒素、噬菌体、干扰素等和供诊断传染病用的各种抗原抗体诊断液等。

（一）生物制品的分类

1. 疫苗 疫苗为病毒或立克次体接种于动物、鸡胚或组织经培养后加以处理而制成的。可分为弱毒疫苗和死毒疫苗。

（1）弱毒疫苗：给动物接种以后，一般看不到动物有任何发病症状，即使有反应，也十分轻微。其他与活菌苗大体相同；但若保存温度不适宜，很易失效。所以一般都制成冻干产品，并备有相应的冷藏设备。

（2）死毒疫苗：一般是用化学药品将病毒灭活，而保留其免疫原性。

2. 菌苗 分为死菌苗及活菌苗两种。

（1）死菌苗：使用具有良好免疫原性的强毒菌种，在适宜的培养基上生长、繁殖后，利用化学和其他方法，在不破坏其抗原的原则下，将其杀死制成的。死苗有以下优缺点。

1）优点：稳定，安全性好；油乳剂灭活苗免疫维持期较长；储藏及运输要求不高，一般2~8℃避光保存；使用方便，不需稀释，直接使用，疫苗在使用前应恢复到常温，并充分摇匀，便于制备多价苗和多联苗。

2）缺点：用量较大，需多次接种；产生免疫力的时间较长（10天以上）；疫苗副反应较大；难以产生局部免疫力。紧急预防接种效果不好；抗原需求量大，浓度高，制造工艺复杂；上市前需要一定的休药期。

（2）活菌苗：选用无毒或弱毒但免疫原性高的菌种，经培养、繁殖后制成的。活菌苗株进入机体后，能继续生长繁殖，对机体呈长时间刺激，持续产生抗体。与死菌苗相比，活菌苗具有以下优缺点：

1）优点：一次免疫接种剂量小，免疫力坚强且较持久，产生免疫力快，并可促进机体出现细胞免疫反应，产生全身及局部免疫。

2）缺点：有些疫苗毒株不稳定，存在返祖和返强现象；毒力偏强的毒株接种后可能有疫苗反应现象；活疫苗均需冷冻真空干燥，在低温条件下储存运输；母源抗体干扰由保护性抗体产生；活疫苗需专用稀释液。

（3）类毒素：用细菌产生的外毒素，加入甲醛后，使变为无毒性但仍有免疫性的制剂，称为"类毒素"，如破伤风类毒素。

上述三类制品（菌苗、疫苗、类毒素）接种后，能刺激动物自动产生免疫力，这种方法叫"人工自动免疫法"，这类制品叫"自动免疫制剂"。

3. 抗病血清　抗病血清是抗菌、抗病毒、抗毒血清的总称。

（1）用细菌免疫马或其他大动物所取得的免疫血清称为抗菌血清。

（2）用病毒免疫马或其他大动物所取得的免疫血清，称为抗病毒血清。

（3）用细菌类毒素或毒素免疫马或其他大动物所取得的免疫血清称为抗毒素（或抗毒血清）。

这类血清中含有大量抗体，注入猪体后，不用自身制造抗体，就可以获得免疫力，这种免疫方法叫"人工被动免疫法"，这类制品叫"被动免疫制剂"。免疫血清主要用于治疗。

4. 诊断液　常用的诊断液分为：

（1）抗原：用以检验猪血清中有无特异性抗体存在。

（2）诊断血清：诊断血清内有经标定的已知抗体，用以检查可疑猪组织内有无该种疫病特异性抗原（病原微生物或其代谢物）存在。

（3）变态反应原：是利用病原微生物或其代谢产物，制成的一种具有特异性的诊断液。

（二）生物制品的使用

1. 稀释

（1）正确选择稀释剂：每种疫苗一般都有特定的稀释剂，稀释疫苗前要仔细阅读说明书并用规定的稀释剂进行稀释。

1）稀释时要注意检查疫苗质量，如疫苗瓶已破损、失去真空或已干缩、变色等不能使用的疫苗应剔出并妥善处理。

2）稀释时要防止污染，注意消毒。

3）现用现稀释，疫苗稀释量应掌握在 1~2 小时内用完为宜。稀释好的疫苗应放在阴凉处或置于保温箱中，避开阳光和热源。

2. 免疫剂量　免疫接种后在体内有一个繁殖过程，接种到体内的疫苗必须含有足量的有活力的病源，才能激发机体产生相应抗体而获得免疫，若免疫的剂量不足将导致免疫力低下或诱导免疫力耐受，而免疫的剂量过大也会产生强烈应激，使免疫应答减弱甚至出现免疫麻痹现象。因此，正确的免疫剂量是保证免疫效果的重要因素之一。一般按照说明书的推荐剂量就足以产生较高的免疫力，不必擅自增加或减少剂量。

3. 免疫反应

（1）一般反应：注射油苗后的肿胀、出血，过一段时间后会消失；若由于消毒不严，将导致注射部位发炎、坏死、溃烂等。

（2）严重反应：因品种、个体的差异，可能出现急性过敏反应（如呼吸加快、肌肉震颤、口吐白沫等），甚至因不及时抢救而死亡，部分妊娠母猪可能出现流产。

（3）急性死亡：免疫后产生变态反应、应激反应等可能造成死亡，注射器污染、正处于疫病潜伏期时也可能造成死亡。

（4）免疫反应的处理：轻度反应一般1~2天后可自行恢复，不必采取措施。严重反应时一般采取对症治疗的办法以减轻免疫反应，必要时可注射肾上腺素、氢化可的松等药物进行抢救。为防止和减轻免疫反应，免疫期间可添加一些抗应激药物、多维等。

4. 免疫接种操作规程

（1）专人负责：包括免疫程序的制定，疫苗的采购和储存，免疫接种时工作人员的调配和安排等，都应有专人有条不紊地开展免疫接种工作。

（2）疫苗使用前要逐瓶检查：瓶有无破损，封口是否严密，标签是否完整，有效日期、生产厂家、批准文号和检验号等，以便备查，避免伪劣产品。

（3）充分摇匀：灭活油乳剂苗接种前应将疫苗充分摇匀，

但不可剧烈振摇，防止产生气泡。

（4）接种健康猪：免疫接种前应检查了解猪群的健康状况，对于精神不良、食欲欠佳、呼吸困难、腹泻、便秘、慢性病、寄生虫病、临产母猪及处于疫病潜伏期的猪不能接种。

（5）控制用药时间：如果是注射针对细菌病、支原体的活疫苗，在注射前3天及后7天，在饲料或饮水中不能添加任何抗菌药物。

（6）免疫接种时：应按照说明书的要求进行（个别疫苗需增加免疫剂量）。一旦开封，应于当日用完。每接种一头猪更换一个针头，注射部位先消毒后接种。

（7）免疫接种后：接种结束须做好记录，注明接种猪品种、大小、性别、数量、接种时间、疫苗批号和注射剂量等。在疫苗接种后，观察7~10天，2小时内要有人巡视检查，遇有过敏反应的猪应立即用肾上腺素等抗过敏药物抢救，并详细记载有关情况。

（8）物品处理：使用后的棉球、用具、疫苗瓶、包装物和未用完的疫苗等应集中进行消毒，不得乱弃，以防污染环境。

5. 使用注意事项

（1）严格检查质量：要逐瓶检查其性状、冻干苗真空度、有无破损、标签是否清晰、疫苗有无变色、干缩，加稀释液摇晃后能否及时溶解等情况，凡失真空、疫苗瓶破损、无标签、干缩、溶解不好、油苗油水分层变色、出现沉淀等的疫苗均不能使用。

（2）选择最佳接种途径：每种疫苗都有最佳的接种途径，应根据疫苗的性质、猪种类及年龄、免疫程序、数量等具体情况来选择，同时要按照说明书规定的接种途径免疫。

（3）不要多种疫苗同时接种：也不能多种疫苗随便混用，以免产生疫苗间的相互干扰或失去免疫作用。一般初免时要用毒力弱的疫苗，二免、三免时可用毒力较强的疫苗。

（4）油乳佐剂灭活疫苗注射前一定要预温：油苗从冰箱取出后如果立即进行注射，会导致油苗吸收不良，在注射部位形成大小不等的疙瘩，不但影响免疫效果，而且增加防疫注射的难度。预温方法是在注苗前4~5小时，把从冰箱中取出的油苗放到37~40℃的温水中，使油苗的温度接近猪的正常体温时再进行注射，注射时还要经常摇动疫苗。油苗必须在2~8℃之间保存，切不可冰结。

（5）卵黄抗体不能与疫苗混用：否则会产生中和反应，失去抗体的作用。使用抗体后，必须在短期内接种疫苗，以产生主动免疫。如果包装瓶内抗体呈液状、无冰或无冰絮，都应废弃，不能使用。

（6）废弃疫苗和疫苗空瓶的处理：凡失真空、破损、无标签、疫苗变色、油乳剂灭活苗不慎被冻结等问题的疫苗不能使用，均应废弃。废弃的活疫苗必须高温或用火烧，将细菌或病毒杀死后集中处理，死疫苗可采取深埋的办法，用完后的疫苗空瓶也必须集中消毒处理，不随意乱扔。

（三）生物制品的保存方法

（1）生物制品怕热、怕光，有的还怕冻，保存条件直接会影响到制品质量。温度愈高，保存时间愈短。

（2）最适宜的保存条件是2~10℃干燥阴暗处。除活疫苗及干燥制品不怕冻结外，其他制品一般不能在0℃以下保存，否则会因冻结而造成蛋白变性，融化后会发生大量溶菌或出现摇不散的絮状沉淀而影响免疫效果，甚至会加重接种后的反应。

（3）各种生物制品对热的稳定性又根据其性质和质量不同而有区别，一般活菌苗、活疫苗最怕热，在室温中放置，效力就明显下降，因此必须在2~10℃保存；死菌苗，一般可在室温保存。

（4）生物制品多标有失效期及有效期，如已过期即不可使用。《生物制品检定法规储存规则》规定："凡超过规定储存时间之半成品或过效期之成品，除另有规定经再次检定可以延长效期者外，须由库中提出废弃之。"

二、猪的常用其他生物制品

（一）抗血清

1. 抗猪瘟血清

（1）主要成分与含量：抗猪瘟血清是用猪经猪瘟弱毒疫苗免疫后，再用猪瘟病毒高度免疫，经采血、分离血清并加适当防腐剂制成的。

（2）性状：略带棕红色的澄明液体，外置后瓶底有少量灰白色沉淀。

（3）作用与用途：用于猪瘟的紧急预防及治疗发病初期的猪瘟病猪。

（4）用法与用量：皮下或肌内注射。预防量：体重 20 千克以下，注射 15~20 毫升；20 千克以上，每千克体重注射 1 毫升。治疗剂量加倍，次日再重复注射一次。如有必要亦可将澄明血清做静脉注射。

（5）贮藏与有效期：2~15℃冷暗处保存 36 个月。

2. 抗口蹄疫 O 型血清

（1）主要成分与含量：本免疫血清系用 O 型口蹄疫病毒弱毒株高度免疫牛或马后，采取血液，分离血清，经加工处理制成的。

（2）性状：淡红色或浅黄色透明液体，瓶底有少量灰白色沉淀。

（3）作用与用途：用于治疗或紧急预防猪 O 型口蹄疫。

（4）用法与用量：供皮下注射。预防量：仔猪每头为 1～5 毫升；成年猪每千克体重为 0.3～0.5 毫升。治疗量：按预防剂量加倍。

（5）贮藏与有效期：于 2～15℃冷暗干燥处保存，有效期为 2 年。

（6）注意事项：冻结过的血清不能使用。用注射器吸取血清时，不要把瓶底沉淀摇起。为避免发生过敏反应，可先行注射少量血清，观察 20～30 分钟，如无反应，再大量注射。如发生严重过敏反应时，可皮下或静脉注射 0.1％肾上腺素，每猪 2～4 毫升。

3. 抗伪狂犬病血清

（1）主要成分与含量：本品系用猪经伪狂犬病活疫苗基础免疫后，再经伪狂犬病病毒高度免疫，采血、分离血清，并加适当防腐剂制成的。

（2）性状：黄褐色清亮液体，久置瓶底微有沉淀。

（3）作用与用途：用于治疗或紧急预防猪的伪狂犬病。

（4）用法与用量：本品可皮下或肌内注射。预防量每次10～25 毫升，治疗量加倍。必要时可间隔 4～6 天，重复注射 1 次。

（5）贮藏与有效期：于 2～10℃阴冷干燥处保存，有效期为 2 年。

4. 抗猪丹毒血清

（1）主要成分与含量：本品系用马经猪丹毒活疫苗基础免疫后，再用猪丹毒杆菌高度免疫，经采血、分离血清，并加适当防腐剂制成的。

（2）性状：略带乳光的橙黄色透明液体，久置瓶底微有灰白色沉淀。

（3）作用与用途：用于治疗或紧急预防猪丹毒。

（4）用法与用量：于耳根后部或后腿内侧皮下注射，也可静脉注射。

1）预防量：仔猪 3~5 毫升，体重 50 千克以下的猪 5~10 毫升，50 千克以上的 10~20 毫升。

2）治疗量：仔猪 5~10 毫升，50 千克以下的猪 30~50 毫升，50 千克以上的 50~75 毫升。

（5）贮藏与有效期：于 2~15℃ 阴冷干燥处保存，有效期为 3 年半。

（二）抗病毒生物制品

1. 排疫肽（免疫球蛋白溶液）

（1）主要成分与含量：免疫球蛋白。

（2）性状：本品为无色或淡黄色液体。

（3）作用与用途：常见猪病的应急预防和发病后的治疗，增强免疫，中和病原微生物，提高抗病能力。对猪流感、胃肠炎、流行性腹泻、丹毒、仔猪副伤寒、伪狂犬病等均有明显的预防和治疗效果；增强仔猪体质，提高仔猪成活率；提高抗应激能力，可在长途运输前应用。

（4）用法与用量：皮下或肌内注射，每 50 千克体重注射本品 1 毫升，连用 3 天，重症加量。

（5）贮藏与有效期：低温冷冻保存。

（6）注意事项：忌与酸碱溶液一起注射，用前摇匀，开瓶后一次用完。内有轻微混浊为正常，不影响品质。

2. 转移因子

（1）主要成分与含量：转移因子。

（2）性状：本品为无色或淡黄色液体。

（3）作用与用途：将供体免疫信息转移给受体淋巴细胞，使之致敏而获得较持久的免疫力。增强机体免疫功能，提高机体抵抗力，减少免疫抑制、免疫麻痹、免疫失败、免疫不全、免疫应激发生的比例。适用于猪慢性病毒病，配合各种抗生素，可以控制大肠杆菌病、慢性呼吸道病及其他混合感染。

（4）用法与用量：皮下或肌内注射，每40千克体重使用本品1毫升。配合活疫苗一起使用，一次即可。预防，每天1次，连用1~3次。配合抗菌、抗病毒、解热镇痛药物等使用，每天1次，连用3天，重症加量。

（5）储藏与有效期：低温冷冻保存。

（6）注意事项：不得与酸碱溶液同时注射；开启后一次用完，有污染勿用；可以和活疫苗同时使用；妊娠、哺乳母猪使用无毒副作用。

3. 干扰素　具有广谱抗病毒、抗肿瘤、免疫调节及抗菌增效功能。

（1）理化性质：白色粉末状或无色澄明液体。

（2）作用与用途：干扰素是一种病毒类阻断制剂，它与猪综合抗病力密切相关，能全方位激活机体的免疫功能，显著提升抗体水平，制造抗病毒蛋白，增强机体抗菌抗病毒能力。它不仅可抑制已感染细胞内的病毒复制，而且还可以抑制已感染细胞内病毒的复制，还可使未感染细胞处于抗病毒状态，对阻断病毒细胞间的传播有显著的效果。

（3）用法与用量：

1）预防：肌内注射。一次量，每50千克体重2毫升，每天1次，连用2次。

2）治疗：肌内注射。一次量，每50千克体重2~3毫升，每天1次，连用3次。用量根据病情酌情增减。

3）粉剂的使用：每头50千克猪的一次量每100万单位。最佳使用方式为肌内注射，亦可口服或腹腔给药，可与相关抗生素联合使用，为避免所选抗生素之间发生配伍禁忌作用，所选抗生素最好为单方。

4. 白细胞介素

（1）理化性质：无色澄明液体。

（2）作用与用途：本品为一种应用基因工程重组技术生产的生物制剂，能激活和增强动物 T 细胞、巨噬细胞、NK 细胞、杀伤细胞、LAK 细胞、淋巴细胞的免疫活性，同时可诱导机体产生干扰素类细胞因子，增强机体的抗感染能力。

（3）用法与用量：肌内注射，3 万~5 万单位/（千克体重·次）。每天 1 次，连续给药，一个疗程 3~5 次。重症加量，如需要稀释，可用注射用水。

第三节 猪场常用抗微生物药

抗微生物药物也叫抗感染药物，是能够杀死或者抑制微生物生长或繁殖的药物，包括抗菌药物、抗病毒药物、抗滴虫原虫药物、抗支原体、抗衣原体、抗立克次体药物。

一、猪用抗微生物药分类

（一）抗菌素概念和组成

抗生素原称抗菌素，是细菌、真菌、放线菌等微生物的代谢产物，以其低微浓度抑制和杀灭他种病源微生物。抗生素除能从微生物的培养液中提取外，随着化学合成的发展，现在不少品种能人工合成或半合成。

抗菌药物对病原菌有杀灭和抑制作用，属于化疗药。

常用抗菌药物比较多，归纳起来分为两大类，即抗菌素类药物和合成药物。抗菌素药物包括青霉素类、头孢菌素类、氨基糖苷类、四环素类、大环内酯类、氯霉素类等。

合成抗菌药包括磺胺类、喹诺酮类、呋喃类和抗菌增效剂等药物。

（二）常用抗菌药物的分类

抗菌药物分：抗细菌药物、抗真菌药物；抗菌药物又分为：抗生素、合成或半合成药物。根据对微生物的作用方式，常用抗菌药物可分为：

1. Ⅰ类——繁殖期杀菌药（作用于细胞壁） 青霉素类、头孢菌素类、万古霉素、喹诺酮类，作用于 DNA 回旋酶。

2. Ⅱ类——静止期杀菌药（抑制蛋白质的合成） 氨基糖苷类、多黏菌素类、喹诺酮类，作用于 DNA 回旋酶。

3. Ⅲ——速效抑菌药（抑制蛋白质的合成） 酰胺醇类（氯霉素类）、大环丙脂类、四环素类、林可霉素。

4. Ⅳ——慢效抑菌药（抑制叶酸代谢） 磺胺类 TMP、DVD、OMP。

（三）抗菌药作用原理和耐药性的形成

1. 抗菌作用原理

（1）抑制细胞壁黏肽的合成。

（2）增加细胞质膜的通透性。

（3）抑制核酸的合成。

（4）抑制蛋白的合成。

2. 耐药性形成 耐药性是病原体或细胞对反复应用的化学抗菌药物敏感性降低或消失的现象。耐药性分为固有耐药性和获得耐药性。

（1）固有耐药性：由细菌染色体基因记忆决定，代代相传的耐药性，如肠道杆菌对青霉素的耐药性。

（2）获得性耐药性：多数由质粒介导或染色体介导的耐药性。

二、常用抗生素介绍

抗生素是抗微生物药物里最主要的一类药物，包括青霉素类、头孢菌素类、氨基糖苷类、大环内酯类、四环素类、氯霉素类、多肽类等。

（一）青霉素类

青霉素类抗生素包括天然青霉素和人工半合成青霉素抑制细菌细胞壁的合成，为繁殖期杀菌药。

1. 青霉素（苄青霉素、青霉素 G）

（1）性状：青霉素钠、钾盐易溶于水，临用时溶于注射用水中，水溶液不稳定、不耐热，室温中 24 小时大半被分解失效，故需随用随配。

（2）作用与用途：主要对链球菌、葡萄球菌、猪丹毒杆菌、破伤风梭菌、炭疽杆菌等多种革兰氏阳性菌和少数革兰阴性球菌有抑菌和杀菌作用。青霉素可治疗各种敏感菌所致的疾病。

（3）用法与用量：肌内注射一次量，每千克体重 2 万~3 万单位，一天 2~3 次。

（4）注意事项：青霉素不宜与四环素、土霉素、卡那霉素、庆大霉素、多黏菌素 E、磺胺药钠盐及碳酸氢钠、维生素 C、去甲肾上腺素、阿托品、氯丙嗪等混合使用。

2. 氨苄青霉素（氨苄西林）

（1）性状：白色晶粉。内服片剂为氨苄青霉素的水合物。注射剂为钠盐，易溶于水，水溶液碱性强（pH 值为 8~10），极不稳定，遇碱性物质能迅速分解失效。

（2）作用与用途：对革兰氏阳性和阴性细胞有抑菌作用。

（3）用法与用量：内服一次量，每千克体重 20~40 毫克，一天 2 次。肌内注射一次量，每千克体重 10~20 毫克，一天 2 次。

3. 羟氨苄青霉素（阿莫西林）

（1）性状：为白色或类白色晶粉。味微苦。在水中微溶，在乙醇中几乎不溶。0.5% 水溶液的 pH 值为 3.5~5.5。

（2）作用与用途：作用、应用、抗菌谱与氨苄西林基本相似。对肠球菌和沙门杆菌的作用较前者强2倍。

（3）用法与用量：内服一次量，每千克体重10~15毫克。一天2次。肌内注射一次量，每千克体重4~7毫克，每天2次。

（二）头孢菌素类

头孢菌素类又名先锋霉素类，是一类广谱半合成抗生素。根据发现时间的先后，可分为第一、二、三、四代头孢菌素。具有杀菌力强、抗菌谱广（尤其是第三、四代产品）、毒性小、过敏反应较少等特点，作用机理同青霉素，属繁殖期杀菌药。

1. 四代产品的区别

（1）第一代：头孢噻吩（先锋Ⅰ）、头孢氨苄（先锋Ⅳ）、头孢唑啉（先锋Ⅴ）、头孢羟氨苄。第一代头孢菌素对革兰阳性菌（包括耐药金葡菌）的作用强于第二、三、四代，对革兰氏阴性菌的作用则较差，对绿脓杆菌无效。

（2）第二代：头孢孟多、头孢西丁、头孢克洛、头孢呋辛。第二代头孢菌素对革兰氏阳性菌的作用与第一代相似或有所减弱，但对革兰阴性菌的作用比第一代增强；部分药物对厌氧菌有效，但对绿脓杆菌无效。

（3）第三代：头孢噻肟、头孢唑肟、头孢曲松、头孢哌酮、头孢他啶、头孢噻呋。第三代头孢菌素对革兰阴性菌的作用比第二代更强，尤其对绿脓杆菌、肠杆菌属、厌氧菌有很好的作用。但对革兰氏阳性菌的作用比第一、二代弱。

（4）第四代：头孢吡肟。第四代头孢菌素除具有第三代对革兰阴性菌有较强的作用外，抗菌谱更广。

2. 使用方法
头孢菌素类只有头孢氨苄、头孢羟氨苄和头孢克洛可以口服给药，其他均需通过注射途径给药。

（1）作用与用途：头孢菌素的抗菌谱与广谱青霉素相似，对革兰氏阳性菌、阴性菌及螺旋体有效。主要用于消化道、呼吸道、泌尿生殖道感染。如果是革兰氏阳性菌引起的疾病，使用第一代比第三代更好。

（2）用法与用量：头孢噻吩钠（噻孢菌素钠、先锋霉素 I）肌内注射一次量，每千克体重 10~20 毫克，每天 1~2 次。

1）头孢氨苄胶囊、预混剂（2%）内服，一次量，每 1 千克体重 10~30 毫克。每天 3~4 次。

2）注射用头孢噻肟钠，静脉注射，一次量，每 1 千克体重 20~30 毫克，每天 4 次。静脉、肌内或皮下注射，一次量，每千克体重 25~50 毫克，每天 2~3 次。

3）注射用头孢噻呋钠，肌内注射，一次量，每千克体重 3~5 毫克，每天 1 次，连用 3 天。

（三）氨基糖苷类

氨基糖苷类抗生素是由氨基糖与氨基环醇通过氧桥连接而成的苷类抗生素，是抑制蛋白质合成，为静止期杀菌性抗生素。

氨基糖苷类抗生素按其来源可分为两大类：一类是链霉菌产生的，一类由小单胞菌产生。

1. 链霉素

（1）性状：常用的硫酸链霉素，易溶于水，但遇氧化剂、还原剂、醇、酸等易失效。

（2）作用与用途：主要对革兰阴性菌有效。用于治疗巴氏杆菌、志贺痢疾杆菌、沙门杆菌、大肠杆菌引起的急性感染。

（3）用法与用量：肌内注射一次量，每千克体重 10~15 毫克，每天 2~3 次。

2. 庆大霉素（艮他霉素）

（1）性状：硫酸庆大霉素为白色粉末，易溶于水，水溶液较稳定。

（2）作用与用途：对金黄色葡萄球菌、炭疽杆菌、链球菌等多种革兰阳性菌和阴性菌有良好的抗菌作用。用于敏感菌引起的败血症，肠道、泌尿道、呼吸道等严重感染。

（3）用法与用量：肌内注射（或静脉注射）一次量，每千克体重 2～4 毫克，每天 2 次。内服一次量，每千克体重 5～10 毫克，每天 2 次。

3. 卡那霉素

（1）性状：常用其硫酸盐，为白色或类白色晶粉，溶于水，性质稳定。

（2）作用与用途：对大肠杆菌、巴氏杆菌、沙门杆菌、变形杆菌等大多革兰阴性菌有较强的抗菌作用。卡那霉素适用于敏感菌引起的败血症，呼吸道、泌尿道、肠道等感染。对猪喘气病和萎缩性鼻炎有一定疗效。

（3）用法与用量：肌内注射一次量，每千克体重 10～15 毫克，每天 2 次。

（四）四环素类

四环素类药物因分子结构中具有共同的氢化骈四苯环而得名，分为天然品和半合成两大类，天然的四环素类中包括金霉素、四环素和去甲金霉素等，半合成品有多西环素和米诺环素。

1. 土霉素（氧四环素）

（1）性状：为淡黄色至暗黄色的结晶性粉末或无定形粉末，无臭。易溶于稀盐酸，难溶于醇，极难溶于水。遇光、热、氧化剂等稳定性降低。

（2）作用与用途：具有广谱抗菌作用。除对革兰阳性和阴性菌有抑制生长繁殖作用外，对衣原体、支原体（如猪肺炎支原体）、立克次体、螺旋体也有一定程度的抑制作用。可用于防治猪巴氏分枝杆菌病、炭疽、大肠杆菌和沙门杆菌感染和猪支原体肺炎等。也可作为猪饲料药物添加剂，以改善饲料利用率和促进增重等，同时对一些疾病也有一定的防治作用。

（3）用法与用量：粉剂内服一次量，每千克体重 10～25 毫克，每天 2 次。混饲每 1 000 千克饲料 300～500 克（治疗）。静脉或肌内注射，一次量，每千克体重 5~10 毫克，每天 2 次。静脉注射用 5% 葡萄糖注射液或灭菌生理盐水溶解，肌内注射配成 2.5% 浓度。

2. 强力霉素（脱氧土霉素、多西环素）

（1）性状：其盐酸盐为淡黄色或黄色晶粉。易溶于水，水溶液较四环素、土霉素稳定。

（2）作用与用途：临床用途同土霉素。本品不仅抗菌作用强，且半衰期长，静脉注射后还可通过血脑屏障。

（3）用法与用量：内服一次量，每千克体重 3~5 毫克，一天 1 次。混饲每 1 000 千克饲料掺入 150~250 克。

（五）大环内酯类

大环内酯类抗生素，广义上又指链霉素菌产生的广谱抗生素，第一代是红霉素及其酯类衍生物；第二代包括阿奇霉素、罗红霉素、克拉霉素等，第三代为泰利霉素。

1. 泰乐菌素

（1）性状：为白色结晶，具弱碱性，微溶于水，其盐类易溶于水，水溶液性质较稳定。

（2）作用与用途：多用于呼吸系统，对革兰氏阳性菌和一些阴性菌有抗菌作用。作为添加剂，促进幼猪生长。

（3）用法与用量：内服一次量，每千克体重 7~10 毫克，每天 3 次。混饲，每 1 000 千克饲料掺入 10~100 克。肌内注射一次量，每千克体重 5~13 毫克，每天 1~2 次。

2. 替米考星 系由泰乐菌素的一种水解产物半合成的动物专用抗生素，药用其磷酸盐。

（1）作用与用途：具有广谱抗菌作用，对革兰氏阳性、某些革兰氏阴性、支原体、螺旋体等均有抑制作用；对胸膜肺炎放射线杆菌、巴氏杆菌及支原体具有比泰乐菌素更强的抗菌活性。

（2）用法与用量：本品禁止静脉注射。掺入混饲时，每

1 000千克饲料 200～400 克。皮下注射，一次量，每千克体重10～20毫克，每天1次。

（六）氯霉素类

氯霉素类是一种由委内瑞拉链霉菌中分离提取的广谱抗生素，包括氯霉素、甲砜霉素。氟苯尼考是氯霉素的第三代衍生物。

（1）性状：白色或类白色结晶性粉末，无臭，在甲醇中溶解，在冰醋酸中略溶，在水或氯仿中微溶解。

（2）作用与用途：主要用于细菌性疾病。如猪传染性胸膜肺炎、黄痢、白痢。但本品有胚胎毒性，故怀孕母猪禁用。

（3）用法与用量：混饲，每1 000 千克饲料掺入 50 克，连喂 3～5 天。内服，一次量每千克体重 20 毫克，每天 1 次。肌内注射一次量，每千克体重 20 毫克，每 2 天 1 次。

（七）磺胺类药物

磺胺类药物为人工合成的抗菌药，具有抗菌谱较广、性质稳定、使用简便等优点。根据临床使用情况分为三类：①肠道易吸收的碘胺药；②肠道难吸收的磺胺药；③外用磺胺药，根据药物作用时间长短分为三类：短效、中效、长效。

1. 磺胺嘧啶（SD）

（1）性状：为白色或类白色结晶粉末。遇光渐变暗。易溶于碱性溶液，微溶于乙醇或丙酮，不溶于水。

（2）作用或用途：抗菌作用较强。因其与血浆蛋白结合率较低（25%以下），故可通过血脑屏障。适用于治疗脑部细菌性感染、流行性乙型脑炎混合感染、出血性败血症、猪弓形体病及呼吸、泌尿道、消化道和体表感染等。

（3）用法与用量：内服一次量，每千克体重首次量 0.14～0.2 克，维持量 0.07～0.1 克，每天 2 次。磺胺嘧啶钠注射液静脉或肌内注射一次量，每千克体重 0.05～0.1 克，每天 1～2 次。

2. 磺胺甲基异噁唑（SMZ、新诺明）

（1）性状：为白色结晶性粉末，味微苦。在水中几乎不溶，在稀盐酸、氢氧化钠溶液中易溶。

（2）作用与用途：抗菌谱与 SD 相似，但抗菌作用较强。主要用于呼吸道和泌尿道感染。与甲氧苄氨嘧啶联合应用，可明显增强其抗菌作用，抗菌范围与用途也相应扩大。本品与血浆蛋白结合率高，溶解度较低，排泄较慢，容易出现结晶尿和血尿等。

（3）用法与用量：内服一次量，每千克体重首次量为 0.05～0.1 克，维持量为 0.025～0.05 克，每天 2 次。

3. 磺胺间甲氧嘧啶（磺胺-6-甲氧嘧啶、制菌磺、SMM）

（1）性状：为白色或类白色结晶粉末，遇光色渐变暗。丙酮中略溶，乙醇中微溶，水中不溶，稀盐酸或氢氧化钠溶液中易溶。

（2）作用与用途：是抗菌作用最强的磺胺药，对细菌感染效果较好，对猪弓形体病、仔猪水肿病疗效也较高，对猪萎缩性鼻炎亦有一定疗效，与甲氧苄氨嘧啶合用可增强疗效。

（3）用法与用量：内服一次量，每千克体重首次量为 0.05～0.1 克，维持量 0.025～0.05 克，每天 1～2 次。静脉或肌内注射一次量，每千克体重 0.05 克，每天 1～2 次。

4. 磺胺二甲嘧啶（SM2）

（1）性状：为白色或微黄色结晶粉，味微苦，遇光色渐变深。在热乙醇中溶解，水或乙醚中不溶，稀酸或稀碱溶液中易溶。

（2）作用与用途：抗菌作用较 SD 稍弱，用途同 SD。

（3）用法与用量：内服一次量，每千克体重首次量 0.14～0.2 克，维持量 0.07～0.1 克，每天 1～2 次。静脉或肌内注射一次量，每千克体重 0.05～0.1 克，每天 1～2 次。

（八）喹诺酮类药物

喹诺酮类药为人工合成的抗菌药，具有广谱、口服有效、副作用小等优点。喹诺酮药物分为四代，目前使用多为第三代，常用药物有诺氟沙星、氧氟沙星、环丙沙星等。

1. 诺氟沙星

（1）性状：类白色粉末，味微苦，几乎不溶于水。

（2）作用与用途：抗菌谱较广。对革兰阴性杆菌的作用明显强于吡哌酸，且二者无交叉耐药性，对革兰氏阳性菌也有较强的抗菌作用。主要用于泌尿道、肠道、呼吸道和皮肤感染。对于炎症细菌的清除率高于氨苄青霉素、红霉素、庆大霉素等。

（3）用法与用量：内服一次量，每千克体重 10～20 毫克，每天 1～2 次。肌内注射一次量，每千克体重 10 毫克，每天 2 次。

2. 环丙沙星（环丙氟哌酸）

（1）性状：类白色粉末，味苦。

（2）作用与用途：用于革兰氏阴性菌或阳性菌引起的呼吸系统、泌尿系统、全身感染、仔猪黄白痢、猪肺疫等。

（3）用法与用量：内服一次量，每千克体重 5～15 毫克，每天 2 次。肌内注射或静脉滴注一次量，每千克体重 2.5 毫克，每天 2 次。

3. 恩诺沙星（乙基环丙沙星）

（1）性状：为最新型氟喹诺酮类衍生物。

（2）作用与用途：具有广谱和极高的抗菌作用。适用于仔猪白痢、黄痢、水肿型大肠杆菌、仔猪副伤寒、猪肺疫、丹毒、支原体肺炎、萎缩性鼻炎、地方性流行性肺炎、胸膜肺炎、肠炎、腹泻、子宫炎、链球菌等。

（3）用法与用量：内服一次量，每千克体重 2.5～5 毫克，每天 2 次。肌内注射一次量，每千克体重 2.5 毫克，每天 1～2 次。

（九）抗菌增效剂

抗菌增效剂是一类与某类抗菌药物配伍使用时，以特定的机制增强该类抗菌药物活性的药物。与磺胺类药及抗生素并用时，具有明显的增效作用，可增效数倍至数十倍，极少单独使用。常用的抗菌增效剂有：三甲氧苄氨嘧啶（TMP）、二甲氧苄氨嘧啶（DVD）、二甲氯甲基苄氨嘧啶（OMP）。

1. 三甲氧苄氨嘧啶（TMP）

（1）性状：白色或类白色结晶性粉末，无臭、味苦。在氯仿中略溶，水中几乎不溶，冰醋酸中易溶。

（2）作用与用途：抗菌谱与磺胺相似。内服吸收迅速而完全。单独应用时，细菌能迅速产生耐药性，若与磺胺药合用，由于对细菌、叶酸的双重阻断，可使抗菌效力提高数倍至数十倍。常以 1∶5 与磺胺合用。复方制剂主要适用于链球菌、葡萄球菌及革兰氏阴性杆菌引起的呼吸道、泌尿道感染，以及败血症、腹膜炎、蜂窝织炎，亦用于仔猪肠道感染及猪萎缩性鼻炎。

（3）用法与用量：内服一次量，每千克体重 10 毫克，12 小时 1 次。复方磺胺嘧啶片，内服每天量，每千克体重 30 毫克（以 SD 计），2 次分服。

2. 二甲氧苄氨嘧啶（敌菌净、DVD）

（1）性状：白色或微黄色结晶性粉末，几乎无臭。在水、乙醇、乙醚中不溶，在盐酸中溶解。

（2）作用与用途：抗菌作用比 TMP 弱，内服吸收较少，在胃肠内浓度高，故适用于肠道细菌性感染。常与磺胺配合应用，对猪弓形体病亦有效。

（3）用法与用量：磺胺对甲氧嘧啶、二甲氧苄氨嘧啶预混剂（磺胺对甲氧嘧啶 200 克，二甲氧苄氨嘧啶 40 克，基质加至 1 000 克），混饲每 1 000 千克饲料添加 1 000 克。

（十）其他抗菌素

1. 林可霉素（洁霉素）

（1）性状：为碱性物质，可溶于水及多种有机溶媒。其盐酸盐为白色结晶粉末，易溶于水。

（2）作用与用途：抗菌作用与红霉素相似，但抗菌谱较红霉素窄。对革兰氏阳性菌如金黄色葡萄球菌（包括耐青霉素的金黄色葡萄球菌）、链球菌、肺炎球菌有较高的抗菌活性。炭疽杆菌、破伤风杆菌、多数产气荚膜杆菌对本品亦敏感。

（3）用法与用量：内服一次量，每千克体重 10~15 毫克，每天 1~2 次。肌内注射或静脉注射一次量，每千克体重 10 毫克，一天 1 次。

2. 泰牧菌素（泰妙菌素、泰妙灵、枝原净）

（1）性状：为白色或淡黄色结晶粉末，可溶于水（6%）。

（2）作用与用途：对革兰氏阳性菌、多种支原体和某些螺旋体均有较强的抗菌作用。常用以治疗猪支原体肺炎、嗜血杆菌胸膜肺炎和密螺旋体痢疾。本品不宜与聚醚类抗生素如盐霉素等混合应用。

（3）用法与用量：混饲每 1 000 千克饲料掺入 40~100 克，连用 5~10 天。混饮每 1 000 千克水加入 90~120 克，连用 3~5 天。

（十一）其他合成抗菌药

合成抗菌药还有痢菌净（乙酰甲喹、甲喹甲酮）。

（1）性状：鲜黄色微细结晶粉末，无臭，味微苦，遇日光及高温色渐变深。微溶于水，易溶于氯仿、苯、丙酮。

（2）作用与用途：具有广谱抗菌作用。对革兰氏阴性杆菌作用较强，对密螺旋体有特效。适用于治疗猪密螺旋体痢疾（猪血痢），且复发率低，对仔猪下痢（白痢、黄痢）、猪腹泻亦有较好的治疗效果。

（3）用法与用量：痢菌净粉内服一次量，每千克体重 5~10 毫克，每天 2 次。

痢菌净注射液肌内注射一次量，每千克体重 2.5~5 毫克，每天 2 次。

第四节 猪场其他常用药物

养猪生产中除了常用的抗菌药物外，还需要一些常用必备药物。

一、抗病毒药物

病毒病是严重危害养猪生产的传染性疾病，目前还没有疗效特别好的药物，国家也对病毒病的防治有严格的规定，抗病毒药的作用为直接抑制或杀灭病毒、干扰病毒吸附、阻止病毒穿入细胞、抑制病毒生物合成、抑制病毒释放或增强宿主抗病毒能力等，抗病毒药物作用主要是通过影响病毒复制周期的某个环节而实现。以下几种药物做了解介绍。

（一）核苷类抗病毒药物

核苷类抗病毒药物依据其结构可以分为非开环类和开环类。

1. 非开环核苷类抗病毒药物 核苷类抗病毒药物通常需要在体内转变成三磷酸酯的形式而发挥作用，这是此类药物共有的作用机制。非开环核苷类抗病毒药物有：齐多夫定、司他夫定、拉米夫定、扎西他滨等。

2. 开环核苷类抗病毒药物 开环核苷类抗病毒药物有：阿昔洛韦、更昔洛韦、喷昔洛韦、泛昔洛韦、阿德福韦酯等。常用的是阿昔洛韦。

（1）理化性质：白色结晶性粉末，无臭，无味。微溶于水，其钠盐易溶于水。

（2）作用与用途：阿昔洛韦对单纯疱疹 I 型、II 型病毒、水痘病毒、带状疱疹病毒、巨细胞病毒和 EB 病毒等均有抑制作用。

（3）用法与用量：混饲，每 1 000 千克料加入 50~100 克；内服：一次量，每千克体重 10~25 毫克，1 天 2 次；静脉注射：每千克体重 5~10 毫克。

（二）非核苷类抗病毒药物

非核苷类抗病毒药物主要品种有奈韦拉平、依发韦仑、蛋白酶抑制剂、沙奎那韦、奈非那韦等。

（三）其他抗病毒药物

其他主要抗病毒药物还有利巴韦林、盐酸金刚烷胺、盐酸金刚乙胺、膦甲酸钠和磷酸奥司他韦。

1. 利巴韦林

（1）理化性质：白色结晶性粉末，无味，可溶于水。

（2）作用与用途：广谱抗病毒药，抑制磷酸肌酐胶氢霉，使鸟嘌呤核苷酸不能合成而阻止病毒核酸的合成。对 DNA 和 RNA 病毒均有效，对病毒、肠病毒等引起的感染有显著疗效。

（3）用法与用量：

1）混饲：每 1 000 千克料加入 50~100 克。

2）混饮：每升水 10~200 毫克。

3）肌内注射：每千克体重 5 毫克，每天 2 次。

2. 吗啉胍（病毒灵）

（1）理化性质：白色结晶性粉末，味苦，易溶于水。

（2）作用与用途：通过抑制核酸和脂蛋白的合成而产生广谱抗病毒作用，对流感病毒、腺病毒有治疗作用。

（3）用法与用量：

1）混饲：每 1 000 千克料加入 100~300 克。

2）混饮：每升水加入 100~200 毫克。

3. 黄芪多糖

（1）理化性质：黄色或黄褐色粉末，可溶于水。

（2）作用与用途：具有补气益气，对机体的细胞免疫和体液免疫有重要调节作用，激活 T 淋巴细胞转化，能诱导机体产生干扰素。

（3）用法与用量：

1）内服：每次量 5~15 克。

2）肌内注射或静脉注射：每千克体重一次量 50~100 毫克。

二、解热镇痛药与急救药

（一）解热镇痛药物

此类药物能降低机体体温，使体温恢复正常，对正常动物温度没有影响，另外还有镇痛作用。

1. 安乃近

（1）理化性质：白色（供注射用）或略带微黄色（供口服用）结晶或结晶性粉末。无臭、味微苦，易溶于水。

（2）作用与用途：解热镇痛作用强，有一定的消炎、抗风湿作用。用于肌肉痛、风湿症、发热性疾病。

（3）用法与用量：安乃近注射液，肌内注射，一次量 1~3 克。

（4）注意事项：长期应用可引起粒细胞减少、抑制凝血酶原形成、加重出血的倾向。

2. 氨基比林

（1）理化性质：白色结晶或晶状粉末，无臭，味微苦，溶于水，水溶液呈碱性，易氧化变质，遇氧化剂易被氧化。

（2）作用与用途：解热镇痛作用强而持久，有抗风湿和消炎作用。内服吸收迅速，即时产生镇痛作用。用于发热性疾病、关节痛、肌肉痛和风湿症等。

（3）用法与用量：内服一次量 2~5 克。皮下或肌内注射，一次量 5~10 毫升。

（二）糖皮质激素类药物

糖皮质激素类药物能够对动物机体的发育、生长、代谢及免疫功能起调节作用，临床上广泛应用于抗炎和免疫抑制剂，在紧急情况下糖皮质激素为首选药物。

糖皮质激素药物短效的有：可的松、氢化可的松；中效的有：强的松、强的松龙、甲基强的松龙去炎松；长效的有：地塞米松、倍他米松。

1. 氢化可的松

（1）理化性质：白色或类白色结晶性粉末，略溶于乙醇或丙酮，微溶于氯仿，不溶于水。

（2）作用与用途：有影响糖代谢、非特异性抗炎和抗过敏等作用。用于发热性疾病、风湿症和过敏性疾病。

（3）用法与用量：静脉注射，一次量 20~80 毫克。

（4）注射事项：急性细菌性感染时应与抗菌药并用。禁用于骨质疏松症和疫苗接种期。

2. 地塞米松（氟美松）

（1）性状：白色或类白色结晶性粉末，无臭，易溶于丙酮，略溶于乙醇或氯仿，不溶于水。

（2）作用与用途：消炎作用与糖原异生作用约为氢化可的松的 25 倍，且水、钠潴留作用较小。用途同其他糖皮质激素。

（3）用法与用量：肌内或静脉注射一日量 4~12 毫克。严重病例可酌情增加剂量。

（4）注意事项：易引起孕猪早产，其他同氢化可的松。

（三）神经系统用药物

1. 中枢兴奋药（樟脑磺酸钠）

（1）理化性质：白色结晶粉末，易溶于水及热醇。

（2）作用与用途：具有直接和间接兴奋延脑呼吸中枢、大脑皮层的作用，有强心作用。用于治疗急性心力衰竭、中枢抑制药中毒及肺炎等引起的呼吸循环抑制。吸收迅速，适用于急救。

（3）用法与用量：肌内或静脉注射一次量0.2~1克。

（4）注意事项：猪临屠宰前不宜使用，以免影响肉质。

2. 镇静药（盐酸氯丙嗪）

（1）作用与用途：具有强大的中枢安定作用，可使狂躁变得安静。此外，还能抑制皮质下中枢，表现为基础代谢降低，体温下降，各器官活动减少。主要用于治疗破伤风、脑炎、中枢兴奋药中毒引起的狂躁和惊厥。

（2）用法与用量：肌内或静脉注射一次量0.2~1克。

三、呼吸和消化系统药物

（一）呼吸系统药物

1. 祛痰药：溴己新（必咳平）

（1）理化性质：其盐酸盐为白色或类白色结晶性粉末，微溶于水。

（2）作用与用途：新型黏液溶解性祛痰剂，能使痰中的黏多糖纤维分化和裂解，使痰液黏稠度降低，分泌增加，从而使痰液变稀，易于咳出。通过促进纤毛运动，改善呼吸道通气功能，适用于各种原因所致痰稠不易咳出的慢性呼吸道疾病。

（3）用法与用量：

1）内服：每千克体重0.25~0.5毫克。

2）肌内注射：每千克体重0.15~0.2毫克。

2. 镇咳药：喷托维林（咳必清）

（1）理化性质：白色结晶性粉末，无臭，味苦，有吸湿性，易溶于水，水溶液呈弱酸性。

（2）作用与用途：能抑制咳嗽中枢，并有局部麻醉和阿托品样作用。临床上咳必清常与祛痰药合用，治疗急性呼吸道炎症引起的剧烈咳嗽。对于多痰性咳嗽，不宜单独使用。

（3）用法与用量：内服一次量 0.05~1 克。

3. 平喘药：氨茶碱

（1）理化性质：为白色或微黄色，带有氨臭，味苦，溶于水。

（2）作用与用途：对呼吸道平滑肌有直接松弛作用，有益于改善呼吸功能。

（3）用法与用量：肌内注射，一次量 0.25~0.5 毫克。

（二）消化系统药物

1. 健胃药和助消化药

（1）健胃药：能够提高食欲，促进胃的分泌蠕动，主要药物为苦味健胃药（龙胆）、芳香健胃药（陈皮、豆蔻等）、盐类健胃药（人工盐）。

（2）助消化药：补充消化液中成分不足，快速恢复正常的消耗功能。主要药物有：稀盐酸、乳酸、胃蛋白酶、干酵母等。

（3）常用助消化药：

1）胃蛋白酶：

A. 理化性质：由胃部中的胃黏膜主细胞所分泌提取的一种含蛋白质分解酶的粉状物质，白色或淡黄色，有特臭，溶于水。

B. 作用与用途：有较强的分解蛋白能力，常用于胃液分泌不足所引起的消化不良。

C. 用法与用量：内服一次量为 1~2 克。

2）鞣酸蛋白：

A. 理化性质：淡棕色或淡黄色粉末，无臭无味，不溶于水。

B. 作用与用途：本身无活性，内服后在胃内不发生变化，也不呈现作用，进入肠内遇碱性肠液，则渐渐分解成为鞣酸和蛋白，而呈现收敛性消炎、止泻作用，主要用于急性肠炎、非细菌性腹泻等。

C. 用法与用量：内服，一次量2~5克。

2. 抗酸及治疗消化道溃疡药　抗酸药能够中和胃酸过多，保证 pH 为弱碱性。常用药物：氢氧化铝、氢氧化镁、碳酸氢钠等。常用药为碳酸氢钠，又名小苏打。

（1）理化性质：白色结晶性粉末，易溶于水。

（2）作用与用途：中和胃酸，作用快，用于胃酸过多、酸中毒及碱化尿液。

（3）用法与用量：内服一次量2~5克。

3. 泻药和止泻药

（1）泻药：有溶积性泻药（硫酸镁）、润滑性泻药（石蜡）、刺激性泻药（大黄）3大类。

（2）止泻药：有保护性止泻药（系硝酸铋）、抗菌止泻药（黄连素）、胃肠平滑肌抑制药（阿托品）3大类。

四、生殖系统的药物

（一）性激素

性激素是由动物性腺分泌或以人工方法合成的激素，有雌激素、雄激素等。

1. 雌二醇

（1）理化性质：白色结晶性粉末，无臭，难溶于水。

（2）作用与用途：促进雌性器官和副性腺的生长和发育，用于发情不明显的催情及胎衣、死胎的排除。

（3）用法与用量：肌内注射一次量3~10毫克。

2. 黄体酮（孕酮）

（1）理化性质：白色或微黄色结晶性粉末。无臭，在空气中稳定，不溶于水。

（2）作用与用途：具有抑制子宫收缩，降低子宫肌对催产素的敏感性（安胎），抑制发情和排卵等作用。主要用于母猪的同步发情和分娩，治疗习惯性流产和先兆性流产等（但必须非感染性或非激素因素引起的流产）。

（3）用法与用量：肌内注射一次量，每千克体重15~25毫克。必要时隔5~10天可重复注射。

3. 甲基睾丸素（甲基睾丸酮）

（1）理化性质：白色结晶性粉末，不溶于水。

（2）作用与用途：主要是促进雄性生殖器官发育成熟，临床上用于治疗种公猪的性欲缺乏，创伤，骨折，再生障碍性或其他原因的贫血。

（3）用法与用量：肌内注射一次量100毫克。

4. 己烯雌酚

（1）理化性质：白色结晶性粉末，无臭，难溶于水。

（2）作用与用途：具有促进生殖器官发育，提高子宫对催产素的敏感性，加强收缩力，促进母猪发情等作用。主要用于治疗子宫蓄脓、胎衣滞留、子宫炎，并配合催产素用于分娩时肌无力。

（3）用法与用量：内服和肌内注射一次量3~10毫克。

（二）促性腺激素

1. 垂体促黄体素（黄体生成素）

（1）理化性质：白色或类白色的冻干块状物或粉末，易溶于水。

（2）作用与用途：可促进母猪卵泡成熟和排卵，卵泡在排卵后形成黄体，分泌黄体酮，具有早期安胎作用。还可作用于公猪睾丸间质细胞，促进睾丸酮的分泌，提高性欲，促进精子的形成。主要用于治疗成熟卵泡排卵障碍、卵巢囊肿、早期胚胎死亡、习惯性流产、不孕、公猪性欲减退、精液量少及隐睾症等。

（3）用法与用量：静脉、肌内注射，5毫克/次。

2. 孕马血清促性腺激素（孕马血清）

（1）理化性质：白色或类白色无定型粉末。

（2）作用与用途：有明显的促卵泡发育，促排卵和黄体形成功能。诱导母猪发情，还能促使黄体激素分泌，提高性欲，常用于母猪不发情或发情不明显，促进发情、排卵、受孕并提高母猪排卵数，增加产仔数；还可以增加公猪的雄性激素分泌，提高性兴奋。

（3）用法与用量：静脉、肌内注射，500~1 000单位/次。

3. 绒毛膜促性腺激素

（1）理化性质：白色粉末，易溶于水。

（2）作用与用途：作用与黄体生成素相似，可以提高母猪卵泡成熟、排卵及黄体形成，刺激黄体分泌孕酮，短时刺激卵巢，可促进雌激素分泌并诱发发情。常用于诱导排卵、治疗排卵障碍、卵巢脓肿和习惯性流产，还可以增加公猪雄性激素的分泌，治疗公猪性功能退化。

（3）用法与用量：肌内注射，500~1 000单位/次。

（三）子宫收缩药

1. 催产素（缩宫素）

（1）理化性质：白色粉末或结晶。能溶于水，水溶液呈酸性。

（2）作用与用途：催产素具有选择性兴奋子宫平滑肌作用。适用于产后止血或产后子宫复原，胎衣不下，亦有催乳作用。

（3）用法与用量：静脉、肌内注射一次量，子宫收缩用30~50单位。

（4）注意事项：催产时，子宫颈口尚未开放，胎位不正，骨盆过窄及产道阻碍等异常情况时忌用。

五、猪场常用中药

中药是天然药物，具有低毒、副作用小、药残少、不易产生抗药性等特点。同时，中药来源广、疗效高、价格低，对提高养猪的经济效益具有重要作用。

（一）按功能可分为以下几类

1. 抗细菌中草药 大黄、黄连、黄芩、五倍子、苦参、桉叶、乌桕、松针、地锦草、穿心莲等。

2. 抗病毒中草药 大黄、黄连、黄芩、板蓝根、大青叶等。

3. 抗寄生虫中草药 苦楝皮、石榴皮、松针、菖蒲等。

4. 抗真菌中草药 菖蒲、苦参、白头翁等。

5. 增强免疫功能中草药 黄芪、党参、当归、甘草、丹参等。

6. 其他用途中草药 杜仲叶、苦参、山栀子可改善猪肉质和增加鲜度。

（二）临床常用中药

1. 清瘟败毒散 具有气血两清，清热解毒，凉血泻火之功效。

（1）理化性质：为灰黄色的粉末，气微香，味苦、微甜。

（2）作用与用途：泻火解毒，凉血，主要用于清热解毒，热毒发斑，高热神昏。临床上用于流行性疫病。

（3）用法与用量：通常拌料使用，每吨饲料拌本品500克（预防）或1 000克（治疗）。

2. 荆防败毒散

（1）理化性质：本品为淡灰黄色至淡灰棕色的粉末，气微香，味甘苦、微辛。

（2）作用与用途：辛温解表、疏风祛湿、消疮止痛；主治：风寒感冒、流感。

（3）用法与用量：拌料使用，猪一次量 40~80 克。

六、猪的常用消毒药

1. 酚类（来苏儿）

（1）理化性质：无色或灰棕黄色液体，有酚臭。

（2）作用与用途：能杀灭包括分枝杆菌在内的细菌繁殖体。

（3）用法与用量：1%~2%溶液用于手和皮肤消毒；3%~5%溶液用于器械、用具消毒；5%~10%溶液用于排泄物消毒。

2. 酸类（过氧乙酸）

（1）理化性质：其性状为无色液体，有刺激性气味，带有很强的醋酸味。

（2）作用与用途：本品属强氧化剂，具有杀菌作用快而强、抗菌谱广的特点，对细菌、病毒、霉菌和芽孢均有效。0.05%~0.5%溶液 1 分钟内能杀死芽孢，0.05%~0.5%溶液 1 分钟内可杀死细菌。

（3）用法与用量：过氧乙酸溶液浓度为 20%，0.04%~0.2%溶液用于耐酸用具的浸泡消毒。0.05%~0.5%的溶液用于猪舍及周围环境的喷雾消毒。

（4）注意事项：稀释后不宜久储（1%溶液只能保持药效几天）。对组织有刺激性和腐蚀性，对金属也有腐蚀作用，故消毒时应注意自身防护，避免刺激眼、鼻黏膜。

3. 碱类（氢氧化钠） 又名苛性钠。消毒用氢氧化钠，又称烧碱或火碱。

（1）理化性质：为白色不透明固体。

（2）作用与用途：烧碱属原浆毒，杀菌力强，能杀死细菌繁殖型、芽孢和病毒，2%溶液用于细菌性感染的消毒；5%溶液用于炭疽芽孢污染的消毒。

（3）用法与用量：猪舍地面、饲槽等消毒用2%溶液。

（4）注意事项：

1）对组织有腐蚀性，能损坏织物和铝制品。

2）消毒人员应注意防护。

4. 醇类（乙醇，又名酒精）

（1）理化性质：无色透明液体，易挥发。

（2）作用与用途：乙醇属于中效消毒剂，多用于皮肤消毒及器械消毒。

（3）用法与用量：

1）洗手消毒：用棉签蘸液涂于拟消毒部位，作用数分钟即可。

2）器械与小型物品消毒：将拟消毒物品浸于乙醇中，作用30分钟。

5. 醛类

甲醛溶液又称福尔马林。

（1）理化性质：甲醛溶液为无色或几乎无色的澄明液体，有刺激性特臭。

（2）作用与用途：不仅能杀死细菌的繁殖型，也能杀死芽孢（如炭疽芽孢），以及抵抗力强的结核杆菌、病毒及真菌等。主要用于猪舍、仓库、衣物、器具等的熏蒸消毒。

（3）用法与用量：主要为熏蒸消毒，每立方米需要15毫升甲醛溶液加水20毫升加热蒸发消毒4～10小时，消毒结束后打开门窗通风，消除甲醛味。

6. 卤素类（漂白粉）

（1）理化性质：漂白粉为白色或淡黄色粉末，有氯臭，能溶于水。

（2）作用与用途：漂白粉杀菌谱广，对细菌繁殖体、病毒、真菌孢子及细菌芽孢都有杀灭作用，主要用于水体消毒。

（3）用法与用量：饮水消毒用0.03%～0.15%。

第五节　猪场生物安全规范和药物配伍

一、养猪兽医防疫规程

中、小型集约化养猪场兽医防疫工作规程

（中华人民共和国国家标准 GB/T 17823—1999）（1999-08-11 发布　2000-02-01 实施）

1. 范围

本标准规定了集约化猪场兽医防疫工作的基本原则和方法。

本标准适用于中、小型集约化猪场，也可供其他类型猪场参考。

2. 总则

2.1　猪场建设的防疫要求

2.1.1　猪场场址应选择地势高燥、背风、向阳、水源充足、水质良好、排水方便、无污染、排废方便、供电和交通方便的地方。远离铁路、公路、城镇、居民区和公共场所 500 米以上。距屠宰场、畜产品加工厂、垃圾及污水处理场所、风景旅游区2 000米以上。周围筑有围墙或防疫沟，并建立绿化带。

2.1.2　猪场要做到生产区与生活区、行政区严格分开，并保持一定距离。

2.1.3　猪场大门入口处要设置宽同大门相同、长等于进场大型机动车轮一周半长的水泥结构的消毒池。

生产区门口设有更衣室、消毒室或淋浴室。猪场入口处要设置长 1m 的消毒地，或设置消毒盆以供进入人员消毒。外来车辆不得进入猪场。

2.1.4　根据防疫需求可建有消毒室、兽医室、隔离舍、病死猪无害处理间等，应设在猪场的下风向 50 米处。场内道路布局合理，进料和出粪道严格分开，防止交叉感染。

2.1.5　猪场要有专门的堆粪场，粪尿及污水处理设施要符合环境保护要求，防止污染环境。

2.2　管理要求和卫生制度

2.2.1　场长的职责为：

——兽医防疫卫生计划、规划和各部门的防疫卫生岗位责任制；

——淘汰病猪、疑似传染性病猪和隐性感染猪及无饲养价值的猪只。

2.2.2　猪场要建立有一定诊断和治疗条件的兽医室，建立健全免疫接种、诊断和病理剖检记录。

2.2.3　兽医技术人员的职责为：

——防疫、消毒、检疫、驱虫工作计划；

——配合畜牧技术人员加强猪群的饲养管理、生产性能及生理健康监测；

——有条件的猪场应开展主要传染病的免疫监测工作；

——定期检查饮水卫生及饲料的加工、贮运是否符合卫生防疫要求；

——定期检查猪舍、用具、隔离舍、粪尿处理和猪场环境卫生和消毒情况；

——负责防疫、病猪诊治、淘汰、死猪剖检及其无害处理；

——建立疫苗领用、保管、免疫注射、消毒、检疫、抗体监测、疾病治疗、淘汰、剖检等各种业务档案。

2.2.4　坚持自繁自养的原则，必须引进种猪时，在引进猪只前必须调查产地是否为非疫区，并有产地检疫证明。引入后隔离饲养至少30天，在此期间进行观察、检疫，确认为健康者方可并群饲养。及时注射猪瘟疫苗。

2.2.5　猪场严禁饲养禽、犬、猫及其他动物。猪场食堂不得外购猪肉。

2.2.6　外来参观者洗澡后，更换场区工作服和工作鞋，并遵守场内一切防疫制度。

2.2.7　场内不准带入可能染疫的畜产品或其他物品。场内兽医人员不准对外诊疗猪及其他动物的疾病。猪场配种人员不准对外开展猪的配种工作。

2.2.8　猪场的每个消毒池要经常更换消毒药液，并保持其有效浓度。

2.2.9　生产人员进入生产区时应洗手，穿工作服和胶靴，戴工作帽；或淋浴后更换衣鞋。工作服应保持清洁，定期消毒。饲养员严禁相互串栋。

2.2.10　禁止饲喂不清洁、发霉或变质的饲料。不得使用未经无害处理的泔水及其他畜禽副产品。

2.2.11　每天坚持打扫猪舍卫生，保持料槽、水槽、用具干净，地面清洁，舍内要定期进行消毒，每月 1~2 次。猪舍转群时要进行消毒。

2.2.12　猪场内的道路和环境要保持清洁卫生，因地制宜地选用高效低毒、广谱的消毒药品，定期进行消毒。

2.2.13　每批猪只调出后，猪舍要进行严格清扫、冲洗和消毒，并空圈 5~7 天。猪群周转执行"全进全出"制。

2.2.14　产房要严格消毒，有条件的可进行消毒效果检测，母猪进入产房前进行体表清洗和消毒，母猪用 0.1% 高锰酸钾溶液对外阴和乳房清洗消毒。仔猪断脐带要严格消毒。

2.2.15　定期驱除猪的体内、外寄生虫。搞好灭鼠、灭蚊蝇和吸血昆虫等工作。

2.2.16　饲养员认真执行饲养管理制度，细致观察饲料有无变质、注意观察猪采食和健康状态，排粪有无异常等，发现不正常现象，及时向兽医报告。

2.2.17　猪只及其产品出场，应由猪场提供疾病监测和免疫证明。

2.2.18　根据本地区疫病发生的种类，确定免疫接种的内容、方法和适宜的免疫程序，制定综合防治方案和常用驱虫药物。

2.3　扑灭疫情

猪场发生传染病时，或疑似传染病时，应采取以下措施：

——兽医应及时进行诊断，调查疫源，向当地防疫机构报告疫情，根据疫病种类做好封锁、隔离、消毒、紧急防疫、治疗和淘汰等工作，做到早发现、早确诊、早处理，把疫情控制在最小范围内；

——发生人畜共患病时，须同时报告卫生部门，共同采取扑灭措施；

——在最后一头病猪死亡淘汰或痊愈后，须经该传染病最长潜伏期的观察，不再出现新病例时，并经严格消毒后，方可撤销或申请解除封锁。封锁期间严禁出售、加工染疫病死和检疫不合格的猪只及产品，染疫病死的猪只按国家防疫规定的办法处理。

3.　猪场主要传染病免疫程序

各地养猪场应根据当地传染病发生病种及规律选用以下免疫种类及程序。

3.1　猪瘟

3.1.1　种猪：每年春、秋季用猪瘟兔化弱毒疫苗各免疫接种一次。

3.1.2　仔猪：20~30日龄、65~70日龄各免疫接种一次；或仔猪出生后未吃初乳前立即用猪瘟兔化弱毒疫苗免疫接种一次。

3.1.3　后备种猪：配种前1个月免疫接种一次；选留作种用时立即免疫接种一次。

3.2　猪丹毒、猪肺疫

3.2.1　种猪：春、秋两季分别用猪丹毒和猪肺疫菌苗各免疫接种一次。

3.2.2　仔猪：

——断奶后合群（或上网）时分别用猪丹毒和猪肺疫菌苗免疫接种一次；

——70日龄分别用猪丹毒和猪肺疫菌苗免疫接种一次。

3.3　仔猪副伤寒

仔猪断奶后合群时（33~35日龄）口服或注射一头份仔猪副伤寒菌苗。

3.4　仔猪大肠杆菌病（黄痢）

妊娠母猪于产前的40~42天和15~20天分别用大肠杆菌腹泻三价灭活菌苗（K88、K99、987P）免疫接种一次。

3.5　仔猪红痢病

妊娠母猪于产前30天和产前15天，分别用红痢灭活菌苗免疫接种一次。

3.6　猪细小病毒病

3.6.1　种公猪、种母猪：每年用猪细小病毒疫苗免疫接种一次。

3.6.2　后备公猪、母猪：配种前1个月免疫接种一次。

3.7　猪喘气病

3.7.1　种猪：成年猪每年用猪喘气病弱毒菌苗免疫接种一次（右侧胸腔内）。

3.7.2　仔猪：7~15日龄免疫接种一次。

3.7.3　后备种猪：配种前再免疫接种一次。

3.8　猪乙型脑炎

种猪、后备母猪在蚊蝇季节到来前（4~5月）用乙型脑炎弱毒疫苗免疫接种一次。

3.9　猪传染性萎缩性鼻炎

3.9.1　妊娠母猪：在产仔前1个月于颈部皮下注射一次传染性萎缩性鼻炎灭活苗。

3.9.2　仔猪：70日龄注射一次。

3.10　猪伪狂犬病

猪伪狂犬病弱毒疫苗用PBS（磷酸缓冲盐溶液）稀释成每头1毫升。

3.10.1　乳猪肌内注射0.5毫升，断奶后再注射1毫升。

3.10.2　3月龄以上猪只肌内注射1毫升。

3.10.3　妊娠母猪及成年猪肌内注射2毫升。

4. 寄生虫控制程序

4.1　药物选择

应选择高效、安全、广谱的抗寄生虫药。

4.2　常见蠕虫和外寄生虫的控制程序

4.2.1　首次执行寄生虫控制程序的猪场，应首先对全场猪进行彻底的驱虫。

4.2.2　对怀孕母猪于产前1~4周内用一次抗寄生虫药。

4.2.3　对公猪每年至少用药2次，但对外寄生虫感染严重的猪场，每年应用药4~6次。

4.2.4　所有仔猪在转群时用药1次。

4.2.5　后备母猪在配种前用药1次。

4.2.6　新进的猪驱虫两次（每次间隔10~14天）后，并隔离饲养至少30天才能和其他猪并群。首选药物有阿维菌素、伊维菌素、道拉菌素。

二、猪场细菌性疾病的首选药物（表14-2）

表14-2 猪场细菌性疾病的首选药物

病原微生物	所致主要疾病	首选药物	次选药物
葡萄球菌	化脓创、败血症、呼吸道及消化道感染、心内膜炎、乳腺炎	青霉素G	红霉素、头孢菌素、强力霉素、林可霉素、复方磺胺
耐青霉素金葡萄球菌	化脓创、败血症、呼吸道及消化道感染、心内膜炎、乳腺炎	氨苄青霉素等半合成耐青霉素酶青霉素	红霉素、卡那霉素、庆大霉素、林可霉素
溶血性链球菌	猪链球菌病	青霉素G	红霉素、头孢菌素、复方磺胺
化脓性链球菌	化脓创、肺炎、心内膜炎、乳腺炎	青霉素G	红霉素、四环素、氟苯尼考、复方磺胺
破伤风梭菌	破伤风	青霉素G	四环素、氟苯尼考、磺胺
猪丹毒杆菌	猪丹毒、关节炎、创伤感染	青霉素G	红霉素
李氏杆菌	李氏杆菌病	四环素类	红霉素、青霉素、复方磺胺
大肠杆菌	黄痢、白痢、水肿病	环丙沙星、诺氟沙星、乙基环丙沙星	
沙门氏菌	伤寒与副伤寒	诺氟沙星、乙基环丙沙星、氟苯尼考	四环素+链霉素、氨苄青霉素、磺胺、其他氟喹诺酮类
绿脓杆菌	烧伤感染、泌尿、呼吸道感染、败血症、乳腺炎、脓肿等	多黏菌素或庆大霉素	羧苄青霉素、四环素、头孢菌素、氟喹诺酮类

病原微生物	所致主要疾病	首选药物	次选药物
巴氏杆菌	猪肺疫	链霉素	氟喹诺酮类、复方磺胺、四环素、青霉素
坏死杆菌	坏死杆菌病、溃疡脓肿	复方磺胺、磺胺	四环素
布氏杆菌	布氏杆菌病、流产	四环素 + 链霉素、氟苯尼考	磺胺
胎儿弧菌	流产	链霉素	青霉素 + 链霉素、四环素
嗜血杆菌	肺炎、胸膜肺炎	四环素、氨苄青霉素	氟喹诺酮类、链霉素、卡那霉素、头孢菌素
猪痢疾密螺旋体	猪痢疾	痢菌净	林可霉素、二甲哨咪唑、泰乐菌素
猪肺炎支原体	猪气喘病	氟喹诺酮类	土霉素、泰乐菌素、卡那霉素
败血波氏杆菌	猪萎缩性鼻炎	四环素类	复方磺胺
胃肠道线虫	线虫病	伊维菌素	丙硫咪唑、左旋咪唑
螨	猪疥螨	埃维菌素、伊维菌素、摩西菌素、多拉菌素、爱比菌素	拟除虫菊酯类、有机磷酯类
弓形体	猪弓形体病	磺胺类 + 三甲氧苄氨嘧啶	

注：复方磺胺制剂即磺胺类药物 + 抗菌增效剂。

三、猪场常用药用法、用量和配伍（表14-3）

表14-3　猪场常用药用法、用量和配伍

1. 抗生素

药品分类	药品名	用法与用量	配伍禁忌
β内酰胺类	青霉素	肌内注射，每千克体重，2万~3万IU	疗效增强：链霉素、新霉素、多黏菌素、喹诺酮类；疗效降低：替米考星、罗红霉素、盐酸多西环素、氟苯尼考沉淀、分解失效：维生素C-多聚膦酸酯、氨茶碱、磺胺类
	苯唑西林	内服或肌内注射，每千克体重，10~15毫克，2~3次/天，连用2~3天	
	氨苄西林	内服，每千克体重，20~40毫克，2~3次/天；肌内或静脉注射，每千克体重，10~20毫克，2~3次/天；（高剂量用于仔猪和急性感染），连用2~3天	
	阿莫西林	内服，每千克体重，10~15毫克，2次/天；肌内注射，每千克体重，4~7毫克，连用2天	
	注射用头孢噻呋钠	肌内注射，每千克体重，3~5毫克，连用3天	疗效增强：新霉素、庆大霉素、喹诺酮类、硫酸黏杆菌素；疗效降低、沉淀、分解失效：氨茶碱、磺胺类、罗红霉素、盐酸多西环素、氟苯尼考
	氨苄西林钠-舒巴坦钠	内服，每千克体重，20~40毫克（以氨苄西林计），2次/天，连用3~5天	
	阿莫西林-克拉维酸钾片	内服，每千克体重，10~15毫克（以阿莫西林计），2次/天，连用3~5天	
氨基糖苷类	链霉素	肌内注射，每千克体重，10~15毫克，2~3次/天，连用5天	疗效增强：氨苄西林钠、头孢拉叮、头孢氨苄、盐酸多西环素、TMP；抗菌减弱：维生素C；疗效降低：氟苯尼考；毒性增强：同类药物
	庆大霉素	肌内注射，每千克体重，2~4毫克，2次/天，连用2~3天；静脉滴注（严重感染），用量同肌内注射；内服，每千克体重，仔猪5~10毫克，2次/天	
	卡那霉素	肌内注射，每千克体重，10~15毫克，2次/天，连用3天	

1. 抗生素

药品分类	药品名	用法与用量	配伍禁忌
氨基糖苷类	阿米卡星	肌内注射，每千克体重，5~7.5毫克，2次/天，连用3天	疗效增强：氨苄西林钠、头孢拉叮、头孢氨苄、盐酸多西环素、TMP；抗菌减弱：维生素C；疗效降低：氟苯尼考；毒性增强：同类药物
	新霉素	内服，每千克体重，10~15毫克，2次/天，连用2~3天	
	大观霉素	内服，每千克体重，20~40毫克，2次/天，连用3~5天	
	安普霉素	肌内注射，每千克体重，20毫克，2次/天，连用3天；内服，每千克体重，20~40毫克；混饲，每吨饲料，猪80~100克（用于促生长），连用7天	
四环素类	土霉素	内服，每千克体重，10~25毫克，2~3/天，连用3~5天；混饲，每吨饲料，猪300~500克；（治疗用）混饮，每升水，猪100~200毫克；肌内或静脉注射，每千克体重，5~10毫克，1~2次/天	疗效增强：同类药物及泰乐菌素、泰妙菌素、TMP；分解失效：氨茶碱；形成不溶性络合物：三价阳离子
	四环素	内服，每千克体重，10~25毫克，2~3次/天，连用3~5天；混饲，每吨饲料，猪300~500克；（治疗）混饮，每升水，猪100~200毫克；静脉注射，每千克体重5~10毫克，2次/天，连用2~3天	
	金霉素	内服，每千克体重，10~25毫克，2次/天；混饲，每吨饲料，猪300~500克	
	多西环素	内服，每千克体重，3~5毫克，1次/天，连用3~5天；混饲，每吨饲料，150~250克	

1. 抗生素

药品分类	药品名	用法与用量	配伍禁忌
氯霉素类	甲砜霉素	内服，每千克体重，10~20毫克，2次/天	疗效增强：新霉素、盐酸多西环素、硫酸黏杆菌素；疗效降低：氨苄西林钠、头孢拉定、头孢氨卡；毒性增强：卡那霉素、喹诺酮类、磺胺类、呋喃类、链霉素；抑制红细胞生成：叶酸、维生素B_{12}
	氟苯尼考	内服，每千克体重，猪20~30毫克，2次/天，连用3~5天；肌内注射，每千克体重，20毫克，1次/2天，连用2次	
大环内酯类	红霉素	内服，每千克体重，仔猪10~20毫克，2次/天，连用3~5天；静脉滴注，每千克体重，3~5毫克，2次/天，连用3天	疗效增强：庆大霉素、新霉素、氟苯尼考；疗效降低：盐酸林可霉素、链霉素；毒性增强：卡那霉素、磺胺类、氨茶碱；沉淀、析出游离碱：氯化钠、氯化钙
	泰乐菌素	猪200~500毫克（治疗弧菌性痢疾）混饲，每千克体重，猪10~100天；用于促生长内服，每千克体重，猪7~10毫克，3次/天，连用5~7天；肌内注射，每千克体重，猪5~13毫克，1~2次/天，连用5~7天	
	替米考星	混饲，每吨饲料，猪200~400克；皮下注射，每千克体重，猪10~20毫克，1次/天，本品禁止静脉滴注	
	螺旋霉素	内服，每千克体重，20~100毫克，1次/天，连用3~5天；皮下或肌内注射，每千克体重，10~50毫克，1次/天，连用5天	
	吉他霉素（北里霉素、柱晶白霉素）	混饮，每升水，100~200毫克，连用3~5天；混饲，每吨饲料，5.5~50克（用于促生长）；内服，每千克体重，猪20~30毫克，2次/天，连用3~5天	

续表

1. 抗生素

药品分类	药品名	用法与用量	配伍禁忌
林可胺类	林可霉素	内服，每千克体重，10~15毫克，1~2次/天；混饮，每升水，100~200毫克，连用3~5天；肌内注射，每千克体重，10毫克，1次/天，连用2天	疗效增强：甲硝唑；疗效降低：罗红霉素、替米考星；浑浊、失效：磺胺类、氨茶碱
多肽类	多黏菌素B	内服，每千克体重，仔猪2 000~4 000国际单位，2~3次/天	疗效增强：盐酸多西环素、氟苯尼考、头孢氨苄、罗红霉素、替米考星、喹诺酮类；毒性增强：硫酸阿托品、先锋霉素Ⅰ、新霉素、庆大霉素
	黏菌素（多黏菌素E）	内服，每千克体重，仔猪1.5~5毫克，1~2次/天；混饮，每升水，猪40~100毫克，连用5天，宰前7天停止给药；混饲（用于促生长），每吨饲料，哺乳期2~40克，仔猪2~20克	
	杆菌肽	混饲，每吨饲料，4月龄以下猪4~40克（以杆菌肽计）	
其他类	泰妙菌素	混饮，每升水，猪90~120毫克，连用3~5天；混饲，每吨饲料，猪40~100克，连用5~10天	

2. 化学合成类抗菌药

药品分类	药品名	用法与用量	配伍禁忌
磺胺类及其增效剂	磺胺噻唑	内服，每千克体重，首次量140~200毫克，维持量70~100毫克，2~3次/天，连用3~5天；静脉注射或肌内注射，每千克体重，50~100毫克，2~3次/天	疗效增强：TMP、新霉素、庆大霉素、卡那霉素；疗效降低：头孢拉叮、头孢氨苄、氨苄西林；毒性增强：氟苯尼考、罗红霉素
	磺胺嘧啶	内服，每千克体重，首次量140~200毫克，维持量70~100毫克，2次/天，连用3~5天；静脉注射或肌内注射，每千克体重，50~100毫克，1~2次/天，连用3~5天	

2. 化学合成类抗菌药

药品分类	药品名	用法与用量	配伍禁忌
磺胺类及其增效剂	磺胺二甲嘧啶	内服，每千克体重，首次量140~200毫克，维持量70~100毫克，1~2次/天，连用3~5天；静脉或肌内注射，每千克体重，50~100毫克，1~2次/天，连用3~5天	疗效增强：TMP、新霉素、庆大霉素、卡那霉素；疗效降低：头孢拉叮、头孢氨苄、氨苄西林；毒性增强：氟苯尼考、罗红霉素
	磺胺间甲氧嘧啶	内服，每千克体重，首次量50~100毫克，维持量25~50毫克，1~2次/天，连用3~5天；静脉或肌内注射，每千克体重50毫克，1~2次/天，连用3~5天	
	磺胺对甲氧嘧啶	内服，每千克体重，首次量50~100毫克，维持量25~50毫克，1~2次/天	
	复方磺胺对甲氧嘧啶	内服，每千克体重，20~25毫克（以磺胺对甲氧嘧啶计），1~2次/天，连用3~5天	
喹诺酮类	恩诺沙星	肌内注射，每千克体重，2.5毫克，1~2次/天，连用2~3天	疗效增强：头孢氨苄、头孢拉叮、氨苄西林、链霉素、新霉素、庆大霉素、磺胺类；疗效降低：四环素、盐酸多西环素、氟苯尼考、呋喃类、罗红霉素；析出沉淀：氨茶碱；形成不溶性络合物：金属阳离子（ Ca^{2+} 、 Mg^{2+} 、 Fe^{2+} 、 Al^{3+} ）
	诺氟沙星	内服，每千克体重，0~20毫克，1~2次/天；肌内注射，每千克体重，10毫克，2次/天	
	环丙沙星	内服，每千克体重，5~15毫克，2次/天；肌内注射，每千克体重，2.5毫克，2次/天	
	达氟沙星	肌内注射，每千克体重，1.2~2.5毫克，1次/天	
喹噁啉类	乙酰甲醇	内服，每千克体重，5~10毫克，2次/天，连用3天；肌内注射，每千克体重，2.5~5毫克，连用3天	
	喹乙醇	混饲，每吨饲料，5~10克	

续表

药品分类	药品名	用法与用量	配伍禁忌
硝基咪唑类	地美硝唑	混饲，每吨饲料，200~500 克	

3. 抗真菌药

	酮康唑	内服，每千克体重，5~10 毫克，1~2 次/天	
	两性霉素B	静脉注射，每千克体重，0.1~0.5 毫克，隔天1次或1周3次，总剂量4~11 毫克；临用前，先用注射用水溶解，再用5%的葡萄糖注射稀释成0.1%的注射液，缓缓静脉注入；外用，0.5%溶液涂敷或注入局部皮下或用3%软膏	

4. 其他药物

	药品名	用法与用量	配伍禁忌
助消化与健胃药	乳酶生	酊剂、抗菌剂、鞣酸蛋白、铋制剂	疗效减弱
	胃蛋白酶	中药	许多中药能降低胃蛋白酶的疗效，应避免合用，确需与中药合用时应注意观察效果
		强酸、碱性、重金属盐、鞣酸溶液及高温	沉淀或灭活、失效
	干酵母	磺胺类	拮抗、降低疗效
	稀盐酸、稀醋酸	碱类、盐类、有机酸及洋地黄	沉淀、失效
	人工盐	酸类	中和、疗效减弱
	胰酶	强酸、碱性、重金属盐溶液及高温	沉淀或灭活、失效
	碳酸氢钠（小苏打）	镁盐、钙盐、鞣酸类、生物碱类等	疗效降低或分解或沉淀或失效
		酸性溶液	中和失效

药品分类	药品名	用法与用量	配伍禁忌
colspan 4 中 4. 其他药物			
平喘药	茶碱类（氨茶碱）	其他茶碱类、洁霉素类、四环素类、喹诺酮类、盐酸氯丙嗪、大环内酯类、氯霉素类、呋喃妥因、利福平	毒副作用增强或失效
		药物酸碱度	酸性药物可增加氨茶碱排泄，碱性药物可减少氨茶碱排泄
维生素类	所有维生素	长期使用、大剂量使用	易中毒甚至致死
	B族维生素	碱性溶液	沉淀、破坏、失效
		氧化剂、还原剂、高温	分解、失效
		青霉素类、头孢菌素类、四环素类、多黏菌素、氨基糖苷类、洁霉素类、氯霉素类	灭活、失效
	维生素C	碱性溶液、氧化剂	氧化、破坏、失效
		青霉素类、头孢菌素类、四环素类、多黏菌素、氨基糖苷类、洁霉素类、氯霉素类	灭活、失效
消毒防腐类	漂白粉	酸类	分解、失效
	酒精（乙醇）	氯化剂、无机盐等	氧化、失效
	硼酸	碱性物质、鞣酸	疗效降低
	碘类制剂	氨水、铵盐类	生成爆炸性的碘化氮
		重金属盐	沉淀、失效
		生物碱类	析出生物碱沉淀
		淀粉类	溶液变蓝
		龙胆紫	疗效减弱
		挥发油	分解、失效
	高锰酸钾	氨及其制剂	沉淀
		甘油、乙醇（酒精）	失效

续表

药品分类	药品名	用法与用量	配伍禁忌
4. 其他药物			
消毒防腐类	过氧化氢（双氧水）	碘类制剂、高锰酸钾、碱类、药用炭	分解、失效
	过氧乙酸	碱类如氢氧化钠、氨溶液等	中和失效
	碱类（生石灰、氢氧化钠等）	酸性溶液	中和失效
	氨溶液	酸性溶液	中和失效
		碘类溶液	生成爆炸性的碘化氮

备注：（1）本配伍疗效表为各药品的主要配伍情况，每类产品均侧重该类药品的配伍影响，恐有疏漏，在配伍用药时，应详查所涉及的每一个药品项下的配伍说明。

（2）药品配伍时，有的反应比较明确，因为记录在案；有的不太明确，要看配伍条件，因配伍剂量和条件不同可能产生不同结果。因此，任何药物相互配伍均有可能因条件不同而产生不同结果。

四、猪场各类抗菌药配伍结果和禁忌

1. 猪用各类抗菌药配伍

（1）Ⅰ+Ⅱ协同作用。

（2）Ⅰ+Ⅲ拮抗作用。少数例外。如治疗脑膜炎用青霉素、氯霉素，但必须先用青霉素，2~3小时后再用氯霉素。

（3）Ⅰ+Ⅳ无关作用。

（4）Ⅱ+Ⅲ协同作用，但氯霉素不配氨基苷类（链霉素、庆大等）、喹诺酮类（蒽诺等）。

（5）Ⅱ+Ⅳ协同或相加作用。

（6）Ⅲ+Ⅳ相加作用。

2. 常用抗菌药的配伍禁忌表（表14-4）

表14-4　常用抗菌药的配伍禁忌

青霉素类	青霉素类											
头孢菌素类	±	头孢菌素类										
链霉素	+++		链霉素									
新霉素	++	−		新霉素								
四环素	±	±	±	++	四环素							
氯霉素	±		±	++	++	氯霉素						
红霉素	±	±	±	++	++	++	红霉素					
卡那霉素	±	±	−	−		−	−	卡那霉素				
多黏菌素	++		++	−	++	++		++	多黏菌素			
喹诺酮	++		++		±	±	±	++	++	喹诺酮		
磺胺类	++	±	++	++	++	−	++	++			磺胺类	
呋喃类	+		++	++	++	−		++	++	±	+	呋喃类

注：+++：两种药物间有协同作用；++：两种药物间有相加作用；+：两种药物间彼此无作用；±：两种药物间有拮抗作用。

五、猪场用药停药期规定（表14-5）

表14-5　猪场用药停药期规定

	兽药名称	执行标准	停药期
1	乙酰甲喹片	兽药规范1992版	35日
2	土霉素片	兽药典2000版	7日
3	土霉素注射液	部颁标准	28日
4	双甲脒溶液	兽药典2000版	8日
5	四环素片	兽药典1990版	10日
6	甲基前列腺素F_{2a}注射液	部颁标准	1日
7	甲磺酸达氟沙星注射液	部颁标准	25日
8	亚硒酸钠维生素E注射液	兽药典2000版	28日
9	亚硒酸钠维生素E预混剂	兽药典2000版	28日
10	亚硫酸氢钠甲萘醌注射液	兽药典2000版	0日
11	伊维菌素注射液	兽药典2000版	28日
12	吉他霉素片	兽药典2000版	7日
13	吉他霉素预混剂	部颁标准	7日
14	地西泮注射液	兽药典2000版	28日
15	地美硝唑预混剂	兽药典2000版	28日
16	地塞米松磷酸钠注射液	兽药典2000版	21日
17	安乃近片	兽药典2000版	28日
18	安乃近注射液	兽药典2000版	28日
19	安钠咖注射液	兽药典2000版	28日
20	芬苯哒唑片	兽药典2000版	3日
21	芬苯哒唑粉（苯硫苯咪唑粉剂）	兽药典2000版	3日
22	阿司匹林片	兽药典2000版	0日
23	阿苯达唑片	兽药典2000版	7日

续表

	兽药名称	执行标准	停药期
24	阿维菌素片	部颁标准	28 日
25	阿维菌素注射液	部颁标准	28 日
26	阿维菌素粉	部颁标准	28 日
27	阿维菌素胶囊	部颁标准	28 日
28	阿维菌素透皮溶液	部颁标准	42 日
29	乳酸环丙沙星注射液	部颁标准	10 日
30	注射用苄星青霉素（注射用苄星青霉素 G）	兽药规范 1978 版	5 日
31	注射用乳糖酸红霉素	兽药典 2000 版	7 日
32	注射用苯唑西林钠	兽药典 2000 版	5 日
33	注射用氨苄青霉素钠	兽药典 2000 版	15 日
34	注射用盐酸土霉素	兽药典 2000 版	8 日
35	注射用盐酸四环素	兽药典 2000 版	8 日
36	注射用酒石酸泰乐菌素	部颁标准	21 日
37	注射用硫酸双氢链霉素	兽药典 1990 版	18 日
38	注射用硫酸链霉素	兽药典 2000 版	18 日
39	复方磺胺氯哒嗪钠粉	部颁标准	4 日
40	复方磺胺嘧啶钠注射液	兽药典 2000 版	20 日
41	枸橼酸哌嗪片	兽药典 2000 版	21 日
42	氟苯尼考注射液	部颁标准	14 日
43	氟苯尼考粉	部颁标准	20 日
44	氢化可的松注射液	兽药典 2000 版	0 日
45	恩诺沙星注射液	兽药典 2000 版	10 日
46	盐酸二氟沙星注射液	部颁标准	45 日
47	盐酸左旋咪唑	兽药典 2000 版	3 日
48	盐酸左旋咪唑注射液	兽药典 2000 版	28 日

	兽药名称	执行标准	停药期
49	盐酸多西环素片	兽药典 2000 版	28 日
50	盐酸异丙嗪片	兽药典 2000 版	28 日
51	盐酸林可霉素片	兽药典 2000 版	6 日
52	盐酸林可霉素注射液	兽药典 2000 版	2 日
53	盐酸环丙沙星、盐酸小檗碱预混剂	部颁标准	500 度日
54	维生素 B_{12} 注射液	兽药典 2000 版	0 日
55	维生素 B_1 片	兽药典 2000 版	0 日
56	维生素 B_1 注射液	兽药典 2000 版	0 日
57	维生素 B_2 片	兽药典 2000 版	0 日
58	维生素 B_2 注射液	兽药典 2000 版	0 日
59	维生素 B_6 片	兽药典 2000 版	0 日
60	维生素 B_6 注射液	兽药典 2000 版	0 日
61	维生素 C 片	兽药典 2000 版	0 日
62	维生素 C 注射液	兽药典 2000 版	0 日
63	维生素 C 磷酸酯镁、盐酸环丙沙星预混剂	部颁标准	500 度日
64	维生素 E 注射液	兽药典 2000 版	28 日
65	维生素 K_1 注射液	兽药典 2000 版	0 日
66	喹乙醇预混剂	兽药典 2000 版	35 日
67	奥芬达唑片（苯亚砜哒唑）	兽药典 2000 版	7 日
68	普鲁卡因青霉素注射液	兽药典 2000 版	7 日
69	氰戊菊酯溶液	部颁标准	28 日
70	硝氯酚片	兽药典 2000 版	28 日
71	硫酸卡那霉素注射液（单硫酸盐）	兽药典 2000 版	28 日
72	硫酸安普霉素可溶性粉	部颁标准	21 日
73	硫酸安普霉素预混剂	部颁标准	21 日

续表

	兽药名称	执行标准	停药期
74	硫酸庆大—小诺霉素注射液	部颁标准	40 日
75	硫酸庆大霉素注射液	兽药典 2000 版	40 日
76	越霉素 A 预混剂	部颁标准	15 日
77	精制马拉硫磷溶液	部颁标准	28 日
78	精制敌百虫片	兽药规范 1992 版	28 日
79	蝇毒磷溶液	部颁标准	28 日
80	醋酸氢化可的松注射液	兽药典 2000 版	0 日
81	磺胺二甲嘧啶片	兽药典 2000 版	15 日
82	磺胺二甲嘧啶钠注射液	兽药典 2000 版	28 日
83	磺胺对甲氧嘧啶，二甲氧苄氨嘧啶片	兽药规范 1992 版	28 日
84	磺胺对甲氧嘧啶片	兽药典 2000 版	28 日
85	磺胺甲噁唑片	兽药典 2000 版	28 日
86	磺胺间甲氧嘧啶片	兽药典 2000 版	28 日
87	磺胺间甲氧嘧啶钠注射液	兽药典 2000 版	28 日
88	磺胺脒片	兽药典 2000 版	28 日
89	磺胺嘧啶钠注射液	兽药典 2000 版	10 日
90	磺胺噻唑片	兽药典 2000 版	28 日
91	磺胺噻唑钠注射液	兽药典 2000 版	28 日
92	磷酸左旋咪唑片	兽药典 1990 版	3 日
93	磷酸左旋咪唑注射液	兽药典 1990 版	28 日
94	磷酸哌嗪片（驱蛔灵片）	兽药典 2000 版	21 日
95	磷酸泰乐菌素预混剂	部颁标准	5 日